KB078752

친환경 에너지 자원과 미래

신재생에너지 시스템공학

NEW RENEWABLE ENERGY

SYSTEMS ENGINEERING

기술사 **신정수** 편저

일진사

머리말

오늘날 신재생에너지의 중요성은 아무리 강조해도 지나치지 않습니다. 우리가 앞으로 신재생에너지를 전력을 다해서 개발해야 하는 이유를 여기에 몇 가지 적어봅니다.

첫째, 인간은 원래 자연에서 왔으므로 자연의 에너지가 가장 자연스럽습니다. 인간이 발명한 형광등, 백열등, LED전등 등이 아무리 밝아도 대낮에 자연의 햇빛이 주는 안정감과 자연스러움을 따라갈 수는 없습니다. 또한 인간이 쓰고 있는 에너지 측면에서도 석유, 석탄, 가스 등의 화석연료는 매연과 이산화탄소를 내뿜어 각종 공해를 발생시키기 때문에 계속 사용하기에 무리가 있습니다. 이로 인해 인간은 점점 더 병들어가는듯 합니다.

원자력발전소 또한 마찬가지입니다. 체르노빌과 후쿠시마 원자력발전소 사태에서 보았듯이, 간혹 발생하는 원자력의 재앙을 버텨내기에 인간은 점점 힘이 듭니다. 저 무심히 흘러가는 강물이나 지구의 3분의 2를 차지하는 바다, 연일 내리쬐는 햇빛을 좀 보세요. 이러한 막대한 에너지원을 잘만 활용한다면 인간은 지구상 에너지의 일대 혁명을 몰고 올 수 있습니다. 지금도 신재생에너지 관련 기술개발을 위해 선진국을 중심으로 대부분의 국가에서 열심히 노력을 하고 있지만, 너무 느립니다. 좀 더 분발해야 할 시기입니다.

둘째, 원자력발전소와 기존 화석연료의 대안의 필요성입니다. 최근 일본의 후쿠시마 원전사태, 국내의 순환정전사태와 원전비리사건 등 블랙아웃의 우려가 우리 도처에 도사리고 있습니다. 더군다나 가채년수가 점점 짧아지고 있는 화석연료에 지나치게 의존하는 것은 앞으로 닥쳐올 위기를 재촉하는 것입니다.

셋째, 지구온난화 문제의 해결이 필요합니다. 지구는 점점 더 더워지고 있습니다. 예전 우리나라 연근해에서 많이 잡히던 명태, 쥐치, 정어리 등 한류성 어류들은 지금 자취를 감추었거나 그 어획량이 크게 줄어들었습니다. 현재 사과의 주산지는 대구가 아니고 북상하고 있습니다. 남산 위의 저 소나무도 21세기 후반이면 사라질 전망입니다. 또한 지구온난화로 인한 지구의 사막화, 홍수・가뭄・해일의 증가, 삶의 터전의 소실, 질병의 증가 등 인간이 앞으로 감당해야 할 숙제는 어마어마합니다. 이러한 지구온난화를 유발하는 온실가스를 감축하려면 자연에너지에 가까운 신재생에너지의 사용을 늘리는 방법이 유일하다고 생각합니다.

넷째, 나 잡아먹으라는 식으로 버티고 있는듯한 무심한 해양에너지와 지열에너지, 그리고 천연 바람에너지인 풍력 등을 그대로 내버려두기는 너무 아깝습니다! 인간의 자존심이 허락하지 않습니다. 인간은 이 속에서 뭔가 개발해내고 발전시켜나가야 할 막중한 책임이 있습니다.

다섯째, 신재생에너지에 대한 개발의 기회는 지구상의 그 어느 나라, 그 누구에게나 공평합니다. 개발하기에 따라서 엄청난 미래가치를 확보할 수 있고, 신재생에너지에 대한 투자는 국부의 원천으로 이어질 수 있을 것입니다. 신재생에너지는 앞으로 인류의 선택이 아닌 필수의 과제인 것입니다.

본 교재는 신재생에너지에 대한 독자들의 이해의 폭을 넓히고, 특히 미래의 희망인 우리 대학생들, 연구원들, 신재생에너지 입문자들에게 신재생에너지와 온실가스에 대해 충분히 학습할 수 있게 하여 미래에 대한 준비를 제대로 하게 함이 그 첫 번째 목적입니다. 또한 책의 내용상 공학의 기본 이론이나 엔지니어링, 설계, 시공 등 신재생에너지 산업계 기술 분야 전반에서의 활용도 가능하게 저작하였습니다. 특히 기술사, 에너지진단사, 에너지평가사, 신재생에너지 발전설비기사 등을 공부하시는 분들께도 신재생에너지 관련, 필요한 지식을 충분히 전달할 수 있도록 하기 위해 최선을 다하였습니다.

끝으로 이 책의 완성을 위해 지도와·도움을 아끼지 않으신 전주 비전대학교 한우용 교수님, 박효식 교수님, 김지홍 교수님, (주)제이앤지 박종우 대표님, 일진사의 임직원 여러분께 깊은 감사의 말씀을 올립니다. 그리고 원고가 끝날 때까지 항상 옆에서 많은 도움을 준 아내와 딸 이나, 아들 주홍에게도 다시 한 번 진심으로 고마움을 전합니다.

저자 신정수 올림

이 책의 특징

"신재생에너지에 대한 깊은 이해와 사랑이 짙게 있다면 우리 인류가 나아가야 할 에너지의 미래가 보입니다!"

1. 신재생에너지 및 그 관련 전 분야 총망라

신재생에너지라는 과목은 신재생에너지 한 분야에만 국한되는 학문이 아닙니다. 신재생에너지는 온실가스, 지구온난화, 녹색 건축물에서부터 넓게는 공조분야, 냉동분야 및 건축설비 분야까지 연관될 정도로 그 범위가 넓습니다. 따라서 관련 전 분야에서 현재 일반적으로 통용되는 보편적 기술, 대학 및 기업체의 연구분야 등에서 가장 중요하게 다루어지고 있는 전문적인 핵심기술 등 관련 기술내용을 총망라하고 미래 신재생에너지의 발전 및 전개방향을 제시하였습니다.

2. 논리적이고 체계적인 용어 해설

전문 기술내용들은 논리적이고 체계적인 서술이 아니라면, 내용의 이해가 어려울 수 있으므로, 논리적이고 체계적이면서도 상세한 구성이 될 수 있게 노력하였습니다.

3. 탄탄한 실력

신재생에너지 분야는 탄탄한 수학 · 물리 · 화학 · 공학적 기초지식 위에 발전적 학문이 연구되어야 합니다. 그렇다고 해서 너무 광범위한 관련지식을 요구하다 보면, '신재생에너지'라는 초점을 흐릴 수도 있기 때문에 핵심적인 관련지식을 엄선하여 수록함으로써 핵심 기초지식을 보다 탄탄하게, 쉽게 터득할 수 있게 하였습니다.

4. 이해력 증진

관련 유사 기술용어들은 가능한 함께 묶어 서로 연관지어 이해할 수 있도록 하였고, 많은 사진, 그림, 그래프, 수식 등을 활용해 해설을 하여 이해가 쉽도록 했습니다.

5. '✓핵심 해설'의 활용

대부분의 주요 주제 말미에 '✓핵심'을 추가하여 주어진 기술내용을 보다 확실히 이해할 수 있게 하였고, 한층 심화된 학습수준까지 이를 수 있도록 하였습니다.

6. '주➔' 형태로 부연설명

부연설명이 필요한 항목에는 '주➔' 표기를 덧붙여 충분한 설명이 될 수 있도록 하였습니다. 특히 필요한 부분에 적용사례와 향후의 기술전망 등도 덧붙여 설명하였습니다.

7. 방대한 자료와 깊이 있는 내용

관련 기술내용 및 용어들이 이 한 권의 책 안에 집대성될 수 있도록 최근 10년 이상의 논문, 협회지, 학회지, 관련 서적 등을 총망라하여 연구 및 책의 구성에 참조하였으며, 이론적 깊이를 중요시하여 각 용어별 핵심적 기술원리를 가능한 덧붙여 설명하였습니다.

8. 사진, 계통도, 그림, 그래프, 수식 등 다수 추가

각 주제의 이해를 돕기 위해 사진, 계통도, 그림, 그래프, 수식, 표, 흐름도 등을 많이 추가하였습니다. 현업에서도 이러한 시각적 표현방법을 잘 참조하여 학습 및 업무에 임한다면 더욱더 효과적으로 필요한 지식을 체득할 수 있을 것으로 사료됩니다.

9. 창의적 미래 비전을 제시

신재생에너지의 현재 기술 측면뿐 아니라 미래의 전개방향성 측면을 강조하여 독자들의 생각과 창의성을 일깨워서, 모두 신재생기술 분야에서 선두 지휘자가 될 수 있도록 창의적 내용 위주로 구성하였습니다.

10. 색인의 활용

책의 후미에 '색인'을 별도로 덧붙여 이를 기준으로, 모르는 용어 및 내용은 바로 접근이 가능하도록 꾸몄습니다.

11. 유용한 자료 제공

아래 블로그를 통하여 독자들의 질문을 받도록 하고 있습니다. 꼭 책의 내용이 아니더라도 현장 경험상 혹은 실무에서 부딪히는 문제들을 자유롭게 올려주시면 잘 검토하여 답변을 올려드리도록 하겠습니다.

※ 블로그 : http://blog.naver.com/syn2989

차 례

part 01 신재생에너지 응용설비

part 02 신재생에너지 시스템설계

제5장 지구온난화 및 온실가스 대책

제6장 빙축열 시스템

제7장 에너지 절약적 설계방안

제8장 신재생에너지 시스템 평가방법

제9장 신재생에너지 자동제어

제1편 신재생에너지 응용설비

제 1 장 | 신재생에너지 기술원리

01 태양에너지의 활용

(1) 태양의 구성층(Layers of the Sun)

① **핵 혹은 내핵**(Inner Core) : 핵은 수소 핵융합반응이 일어나는 태양의 중심부이다. 수소가 헬륨으로 바뀌는 이 반응에서 많은 에너지가 방출된다.

② **복사층**(Radiation Zone) : 태양의 복사층은 핵에서 나온 에너지를 복사의 형태로 대류층까지 전달하는 구간이다.

③ **대류층**(Convection Zone) : 대류층은 태양 내부에서 가장 외부에 있는 층이다. 대류층은 태양 표면에서 밑쪽으로 약 200,000 km 깊이에서부터 시작되고, 온도는 약 2,000,000 K이다. 이 층에서는 복사를 통해 에너지를 전파할 수 있을 만큼 밀도나 온도가 높지 않기 때문에, 복사가 아닌 열대류가 일어난다.

④ **광구**(Photosphere) : 광구는 태양의 표면으로, 약 100 km 두께의 가스로 이루어진다. 중앙부가 가장 밝고, 가장자리로 갈수록 복사방향에 대한 시선방향의 각이 커지므로 어두워지는데, 이런 현상을 '주연감광(limb darkening)'이라고 하며 흑점, 백반, 쌀알무늬 등을 관측할 수 있다. 태양은 약 27일을 주기로 자전하는데, 태양은 가스로 된 공과 같기 때문에 고체의 행성과 같이 회전하지는 않는다. 태양의 적도지역은 극지방보다 더 빠르게 회전한다. 태양의 반지름은 그 중심에서 광구까지의 길이를 말한다.

⑤ **채층**(Chromosphere) : 채층은 광구 위에 약 2,000 km까지 뻗어있다. 온도가 약 6,000 K에서 약 10,000 K까지로 불규칙하다. 이 정도의 높은 온도에서 수소는 불그스레한 색의 빛을 방출하는데, 이것은 개기일식 동안에 태양의 가장자리 위로 올라오는 홍염을 통해 확인할 수 있다.

⑥ **코로나**(Corona) : 코로나는 이온화된 기체가 높고 넓게 펴져있는 상층 대기권이다. 코로나의 형태와 크기는 일정하지 않지만 일반적으로 흑점과 관계가 깊다. 흑점이 최소일 때 코로나의 크기는 작고 최대일 때는 크고 밝으며 매우 복잡한 구조를 갖는다.

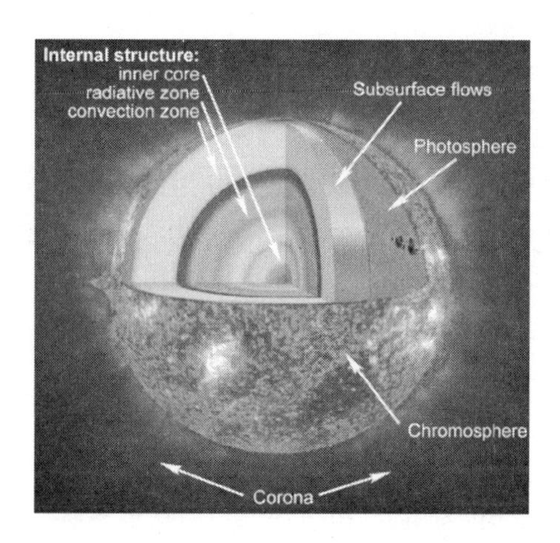

(2) 지구의 구성층 (Layers of the Earth)

① 지구 중심 근처의 온도는 약 4,500 K를 넘는다(태양의 표면 온도는 약 6,000~6,500 K).

② 지각은 주로 암석으로 이루어져 있고, 그중 가장 풍부한 원소는 산소와 규소이다. 금속 중 가장 풍부한 것은 알루미늄인데, 원소 전체로 볼 때에는 산소와 규소 다음으로 많다.

③ 맨틀의 화학 성분도 지각과 비슷한 면이 있지만 마그네슘과 철의 함량이 많이 증가한다.

④ 외핵에서는 철과 황이 풍부하고, 내핵에서는 철과 니켈이 풍부하다.

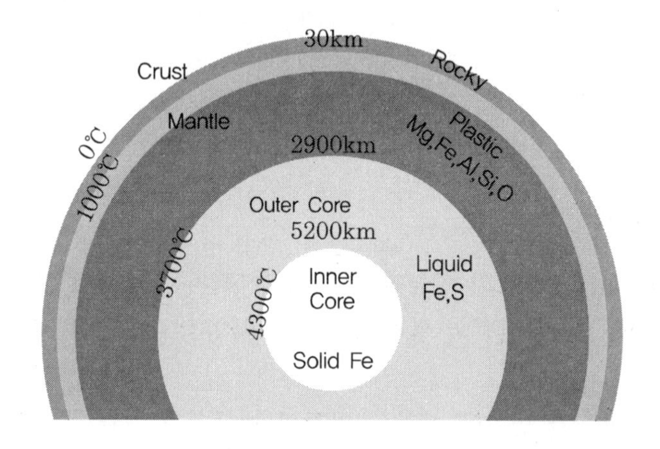

(3) 태양에너지 이용 역사

① 212 B.C. : Archimedes(아르키메데스)가 그리스 시라큐스를 공격하는 로마 함선을 광을 낸 동판거울로 태양광선을 모아 함선을 격침함

② **1891년** : 미국 발티모어의 발명가 클라렌스 켐프가 특허 등록하여 첫 번째 태양열 온수기 시스템이 등장함

③ **1973년** : 그리스 해군이 실제로 재현함. 50 m 거리의 목선에 불을 내어 태움

④ **2009년** : 미국 M.I.T.의 데이빗 왈라스 교수가 80명의 학생들과 함께 15분 만에 목재에 불이 붙음을 재현함

(4) 태양방사선의 특징

① '복사열'과 유사한 전자기 방사의 형태(전파, X-레이, 따뜻한 난로 등)이다.

② 태양 복사에너지의 약 절반은 인간의 눈으로 감지할 수 있는 파장 내이다.

③ 지구 대기권 밖 태양방사선의 강도는 일반 온돌패널의 약 10배 이상이다.

④ 오존층에 의해 단파장이 흡수되어 0.2~0.3 nm 영역에서는 대기 외부와 지표층의 스펙트럼이 차이가 난다.

⑤ 스펙트럼 파장대의 에너지 밀도는 자외선 영역이 5 %, 가시광선 영역이 46 %, 근적외선 영역이 49 % 수준이다.

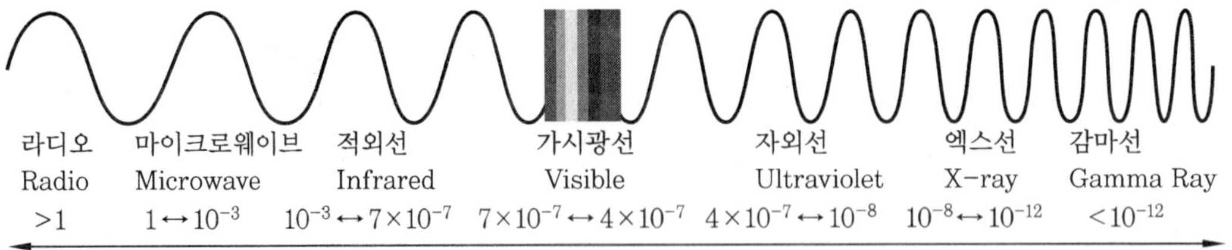

태양광 스펙트럼

(5) 태양각의 중요성

① 태양에너지 이용 시스템의 성능에 큰 영향을 끼치는 중요한 요소이다.

② 태양전지나 태양열 집열판의 설치 경사각이 태양각과 가급적 수직을 이루게 하는 것이 중요하다.

③ 연간 태양의 고도가 변함에 따라 태양각이 변동한다.

④ **혼합식(태양) 추적법** : '감지식 추적법+프로그램 추적식'으로 우수함

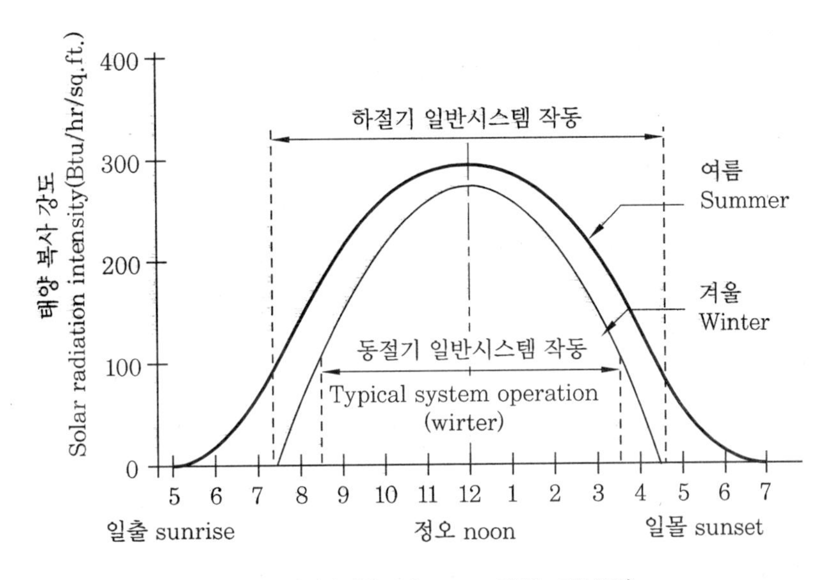

태양복사량 (맑은 날, 40도 경사, 정남향)

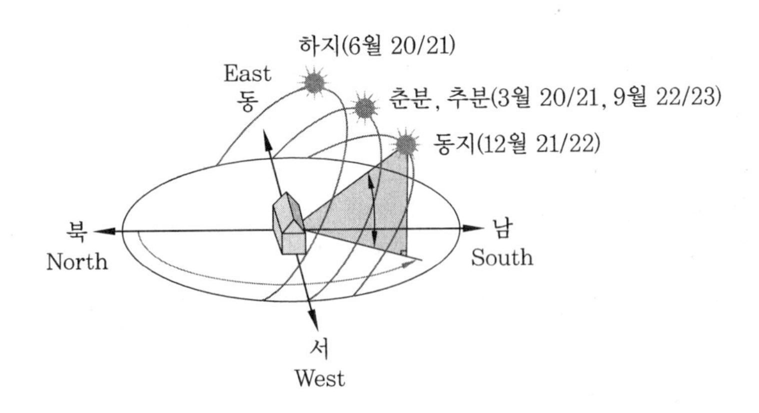

태양 고도의 변화 추이

(6) 태양에너지 적용 분야

① 발전 분야

(가) 집광식 태양열발전

㉮ 태양추적장치, 집광렌즈, 반사경 등의 장치가 필요

㉯ 고온의 증기를 만들어 터빈을 운전하여 발전을 행함

㉰ 발전용 집열기의 종류

㉠ PTC (Parabolic Trough Collector) : 구유형 집열기

㉡ Dish Type Collector : 접시형 집열기

㉢ CPC (Compound Parabolic Collector) : 복합 구유형 집열기

㉣ SPT (Solar Power Tower) : 타워형 태양열발전소

(나) 태양광발전

㉮ 소규모로의 전자계산기, 손목시계와 같은 일용품부터 인공위성, 대규모의 발전용까지 널리 사용

㉯ 실리콘 등으로 제작된 태양전지(Solar Cell)를 이용하여 태양광을 직접 전기로 변환

② 생활 분야

(가) 태양열 증류 : 고온의 태양열을 이용하여 탈수 및 건조 가능

(나) 태양열 조리기기(Cooker 등) : 집광렌즈를 이용하여 조리, 요리 등 가능

③ 조명 및 공조, 급탕 분야

(가) 주광 조명

㉮ 낮에도 어두워지는 지상 및 지하시설 등에 자연광 도입

㉯ 수직 기둥 속 렌즈의 반사원리를 이용하여 태양광 도입

(나) 난방 및 급탕

㉮ 축열조를 이용하여 태양열을 저장 후 난방, 급탕 등에 활용함

㉯ 태양열원 히트펌프 (SSHP)의 열원으로 사용하여 난방 및 급탕이 가능함

(다) 태양열 냉방시스템

㉮ 증기압축식 냉방 : 태양열을 증기터빈 가동에 사용하는 시스템
→증기터빈의 구동력을 다시 냉동시스템의 압축기 축동력으로 전달함

㉯ 흡수식 냉방 : 태양열을 저온 재생기 가열에 보조적으로 사용하는 시스템

㉰ 흡착식 냉방 : 태양열을 흡착제의 탈착 (재생) 과정에 사용하는 시스템

㉱ 제습냉방 (Desiccant Cooling System) : 태양열을 제습기 휠의 재생열원 등에 사용하는 시스템

④ 자연형 태양열(주택) 시스템 : 직접획득형, 온실부착형, 간접획득형, 분리획득형, 이중외피형 등

⑤ 기타 : 살균, 의학, 건강 등 다양한 용도로 사용

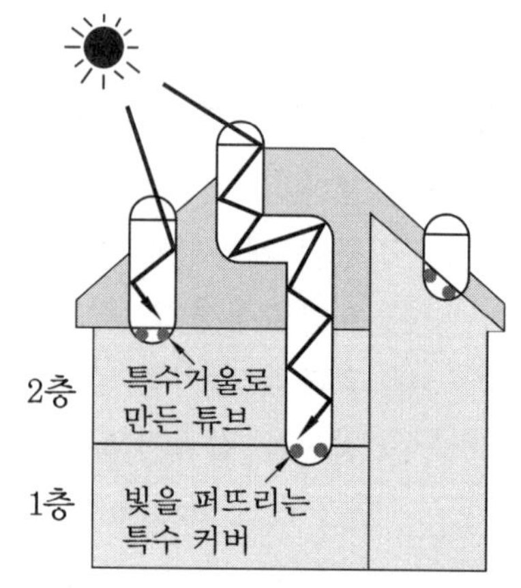

주광 조명

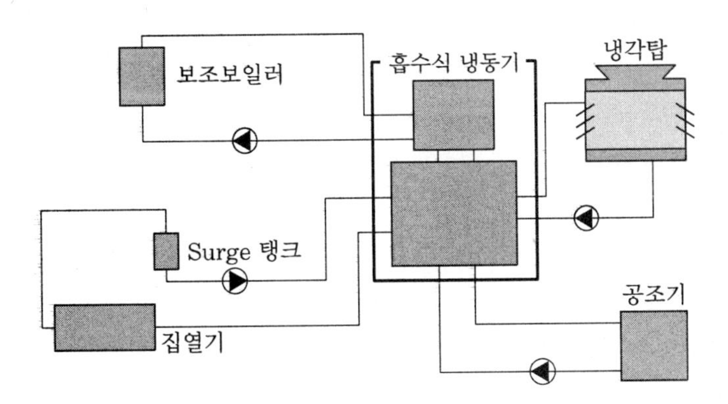

태양열 흡수식 냉방시스템 계통

주 ➔ 태양열 급탕이 타 태양열 이용 시스템 대비 유리한 점

1. 태양열 급탕은 태양열 난방, 태양열발전 등처럼 상대적으로 큰 에너지를 필요로 하지는 않는다.
2. 비교적 저온(약 40~80℃ 정도)이어서 열 손실이 적다.
3. 연중 계속적인 축열의 활용이 가능하다.
4. 소규모 제작이 용이하고, 보조가열원의 용량이 작아도 된다.
5. 급탕부하는 부하의 변동폭이 적다.
6. 급탕부하는 비교적 열량이 불규칙해도 사용 가능하다.
7. 가격이 비교적 저렴한 평판형 집열기로도 사용 가능하다.
8. 구름이 많거나 흐린 날에도 사용 가능하다.

✓핵심 태양에너지는 크게 태양광에너지와 태양열에너지로 나눌 수 있고, 증류, 조리기구, 조명 및 공조, 급탕 분야, 심지어는 냉방 분야에까지 다양하게 사용될 수 있다.

02 태양열에너지

태양광선의 열에너지를 모아 이용하는 기술로서 집열부, 축열부, 이용부, 제어부 등으로 구성된다.

(1) 태양열에너지의 장점

① 무공해, 무제한

② 청정에너지원

③ 지역적인 편중이 적음 ④ 다양한 적용 및 이용성
⑤ 경제성이 우수함

(2) 태양열에너지의 단점

① 열밀도가 낮고, 이용이 간헐적임 ② 초기설치비가 많음
③ 일사량 조건이 좋지 않은 겨울에는 불리함

(3) 평판형 집열기와 진공관형 집열기

① **평판형 집열기** : 집열면이 평면을 이루고, 태양에너지 흡수면적이 태양에너지 입사면적과 동일한 집열기로, 태양열 난방 및 급탕 시스템 등 저온 이용분야에 사용되는 기본적인 태양열 기기이다.

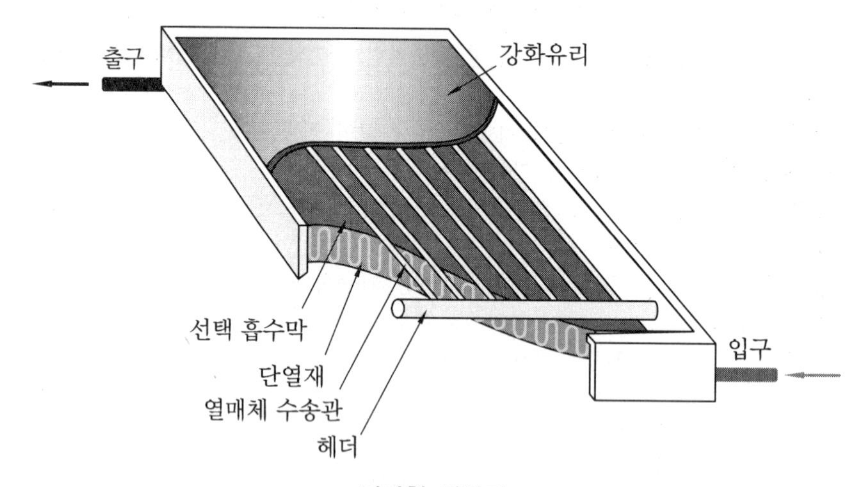

평판형 집열기

② **평판형 집열기 vs 진공관형 집열기**

구분	평판형 집열기	진공관형 집열기
장점	• 구조적으로 단순하여 취급이 간편 • 단위면적당 가격이 저렴(동일 획득열량 대비 40% 이상 저렴) • 하자 발생 우려가 적으며 시스템이 안정적임 • 사후관리의 용이성	• 겨울철 효율이 높음 • 고온에서 평판형보다 효율이 높으므로 100℃ 이상이 필요한 냉방 및 산업공정열 적용에 유리함
단점	• 집열효율이 진공관형에 비해 다소 떨어짐	• 가격이 비싸며, 개별 가구 설치 시 경제성을 신중히 고려해야 함 • 유리관 파손, 진공 파괴에 대한 우려, 보수비 증대 • 하절기 과열에 대한 대책 필요

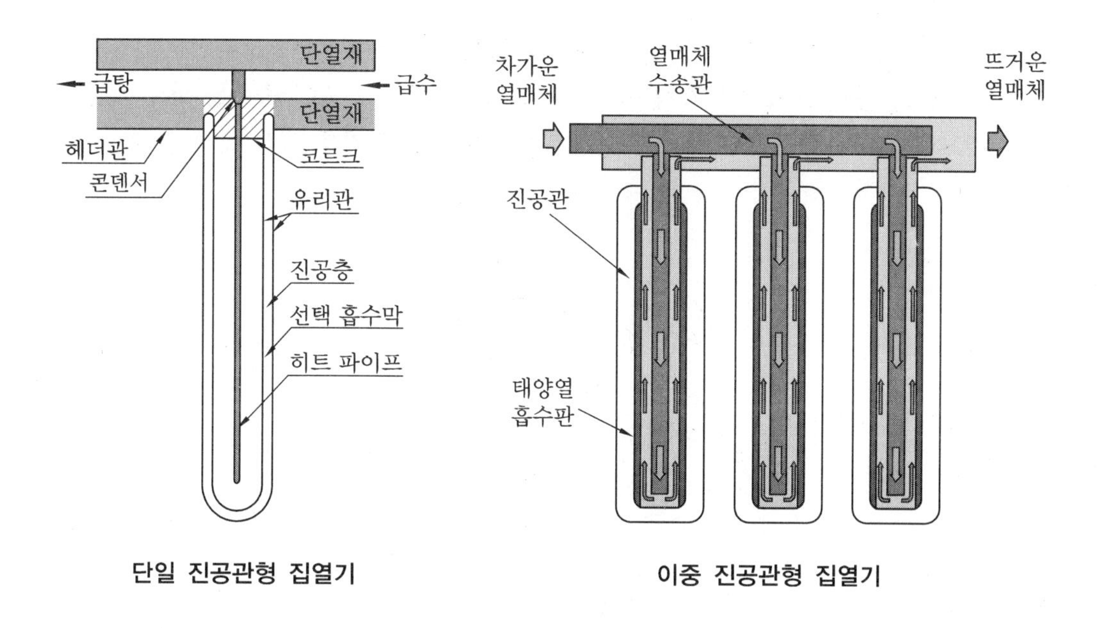

단일 진공관형 집열기　　　　　　이중 진공관형 집열기

(4) 집중형 태양열발전(CSP ; Concentrating Solar Power)

① 종류

㈎ 구유형 집광형 집열기(PTC ; Parabolic Trough Collector) : 태양에너지는 포물선형 곡선과 홈통(구유) 형상의 반사판 위에 곡면의 내부를 따라 놓여있는 리시버(receiver) 관에 집중됨

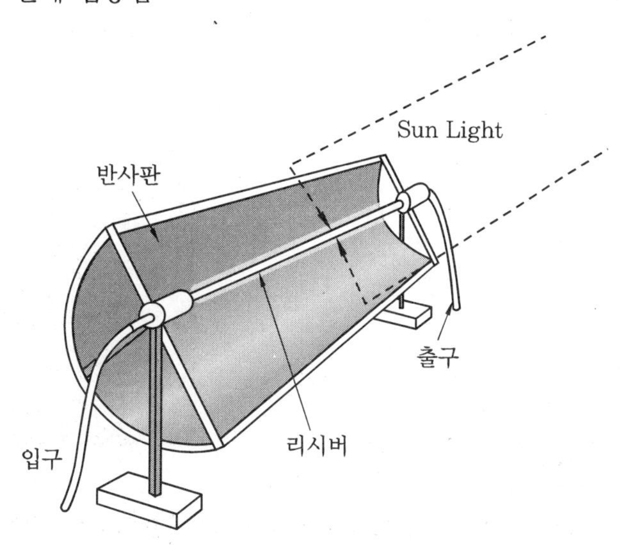

PTC(Parabolic Trough Collector)형 집광형 집열기

㈏ 접시형 집광형 집열기(Dish Type Collector) : 태양으로부터 직접 입사되는 태양에너지를 획득하여 작은 면적에 집중, 태양광선을 열 리시버로 반사하기 위하여

태양을 연속적으로 추적, 스털링엔진(햇빛과 같은 외부열원으로부터 제공되는 열로 피스톤을 움직여 자동차의 내연기관과 비슷하게 기계적인 출력을 생산, 엔진 크랭크축의 회전형태인 기계적인 발전기를 구동하고 전기를 생산)에 사용 가능함

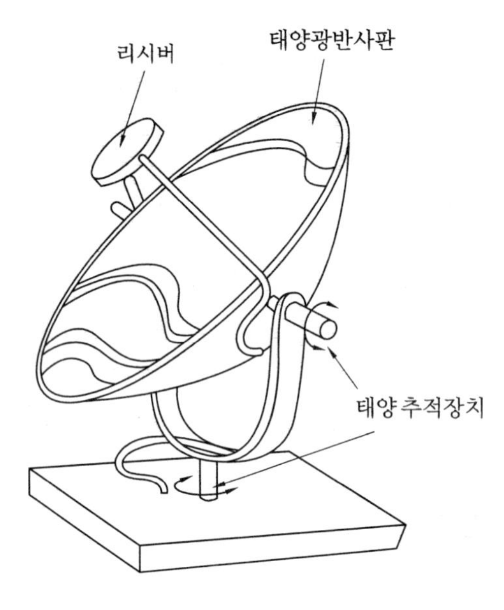

접시형 집광형 집열기

㈐ 시피시(CPC)형 집광형 집열기(Compound Parabolic Collector) : 양쪽의 반사판을 이용하여 태양광을 반사하여 가운데의 유리관에 집중시킴, 외부유리관은 없는 타입도 있음

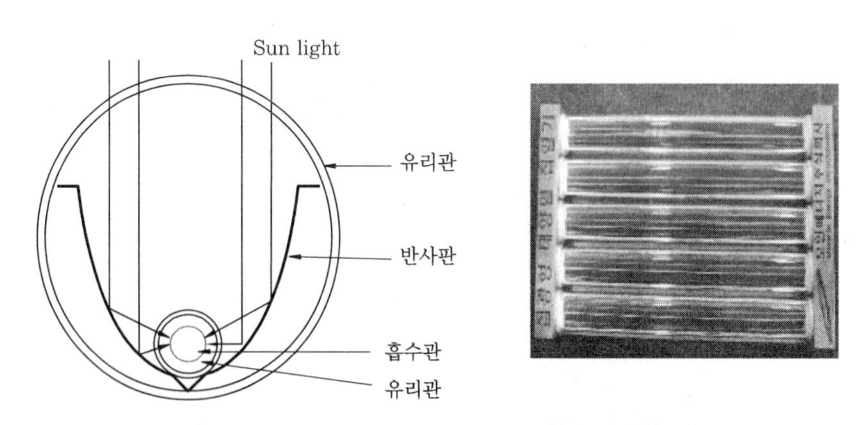

CPC (Compound Parabolic Collector)형 집광형 집열기

② 특징

㈎ 다양한 거울 형상의 반사원리를 이용하여 태양에너지를 고온의 열로 변환함

㈏ 태양에너지를 모아서 열로 변환시키는 부분+열에너지를 전기로 재차 변환할

수도 있음

(다) 상대적으로 저비용으로 첨두부하(Peak Demand) 시 전력을 공급할 수 있어 분산 에너지원으로 주요한 역할을 할 수 있음

(5) 태양열 발전탑(Solar Power Tower)

① 특징

(가) 전력타워라고도 하며 햇빛을 청정 전기로 변환하기 위하여 대형의 헬리오스탯(heliostats)이라는 태양 추적 거울(sun-tracking mirrors)을 대량으로 설치하여 타워 상부에 위치한 리시버에 햇빛을 집중 → 리시버에서 가열된 열전달유체는 열교환기를 이용하여 고온증기를 발생 → 고온증기는 터빈발전기를 구동하여 전기를 생산함

(나) 초기 전력타워에서는 열 전달유체로 증기를 사용하였으나, 현재는 열 전달과 에너지 저장 능력이 좋은 용융 질산염(molten nitrate salt) 등의 물질도 사용함

② 집광비(Concentrating rate) : 약 500~1,000의 집광비 사용

㈜ $집광비 = \frac{집광기\ 면적}{흡수기\ 면적}$

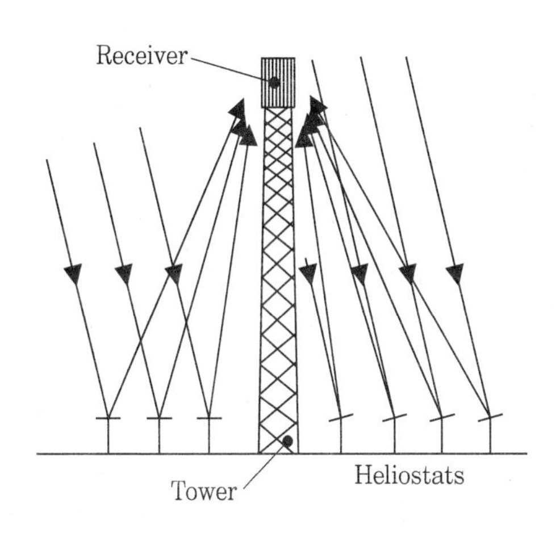

SPT(Solar Power Tower)의 반사원리

스페인의 11MW PS10 태양열발전소

국내 태양열발전 시스템
(Solar Power Tower ; 대구시 북구 서변동-북대구IC 인근)

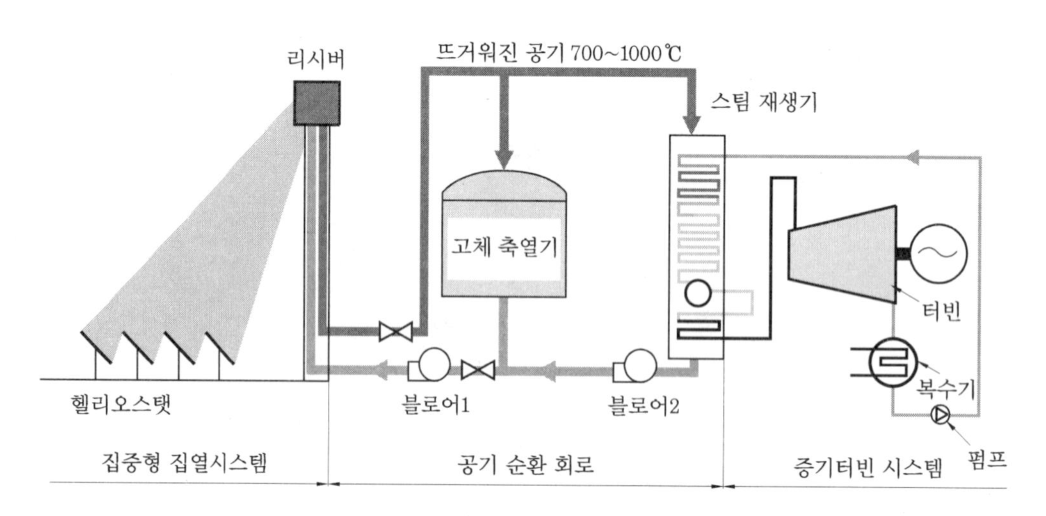

태양열발전 Cycle 계통도

✓ 핵심 태양에너지를 이용한 발전은 태양전지를 사용하여 직접 전기를 생산하는 방법 외에 태양열로 물을 가열하여 증기로 만든 후 터빈을 가동하여 발전하는 방식도 있다. 이를 전력타워 혹은 태양열발전탑(Solar Power Tower)이라고 한다.

(6) 태양열 난방 및 급탕시스템

① **태양열에너지 적용 분야** : 온수, 급탕, 공간의 냉난방

② **햇볕의 장점을 최대로 획득할 수 있도록 설계** : 특히 경제성 측면에서 투자비 회수기간이 짧아야 한다.

③ 태양열시스템은 건물의 신축, 재축, 증축, 리모델링 등 다양한 건축 시에 활용 가능하다.

④ 건물의 공간난방 등을 위하여 팬코일 유닛이나 공조기 등을 통하여 공기를 직접 가열하거나, 필요처에 온수를 공급할 수 있다.

겨울철 태양으로부터 많은 열을 획득하기 위하여 남측에 대형 판유리를 설치한 美 Colorado 주 Golden 시에 위치한 Sponslor-Miller 주택

태양열 난방 및 급탕시스템 설치사례

(7) 자연형 및 설비형 태양열시스템 비교

구분	자연형	설비형		
	저온용	중온용	고온용	
활용 온도	60℃ 이하	100℃ 이하	300℃ 이하	300℃ 이상
집열부	자연형시스템 공기식 집열기	평판형 집열기	• PTC형 집열기 • CPC형 집열기, 진공관형 집열기	Dish형 집열기, Power Tower
축열부	Tromb Wall (자갈, 현열)	저온축열 (현열, 잠열)	중온축열 (잠열, 화학)	고온축열 (화학)
이용 분야	건물공간난방	냉난방·급탕, 농수산 (건조, 난방)	건물 및 농수산 분야 냉난방, 담수화, 산업 공정열, 열발전	산업공정열, 열발전, 우주용, 광촉매폐수처리, 광화학, 신물질 제조

(8) 태양열 난방시스템의 구성요소

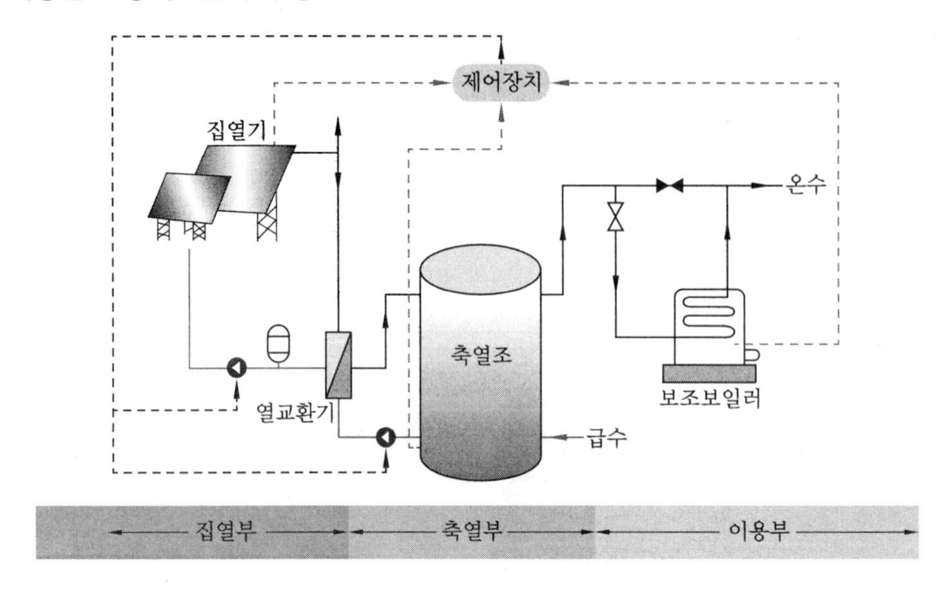

① **집열부** : 태양열 집열이 이루어지는 부분으로 집열온도는 집열기의 열손실률과 집광장치의 유무에 따라 결정됨

② **축열부** : 열 취득시점과 집열량 이용시점이 일치하지 않기 때문에 필요한 일종의 버퍼(buffer) 역할을 할 수 있는 열저장 탱크

③ **이용부** : 태양열 축열조에 저장된 태양열을 효과적으로 공급하고 부족할 경우 보조열원에 의해 공급

④ **제어장치** : 태양열을 효과적으로 집열 및 축열하고 공급, 태양열시스템의 성능 및 신뢰성 등에 중요한 역할을 하는 장치

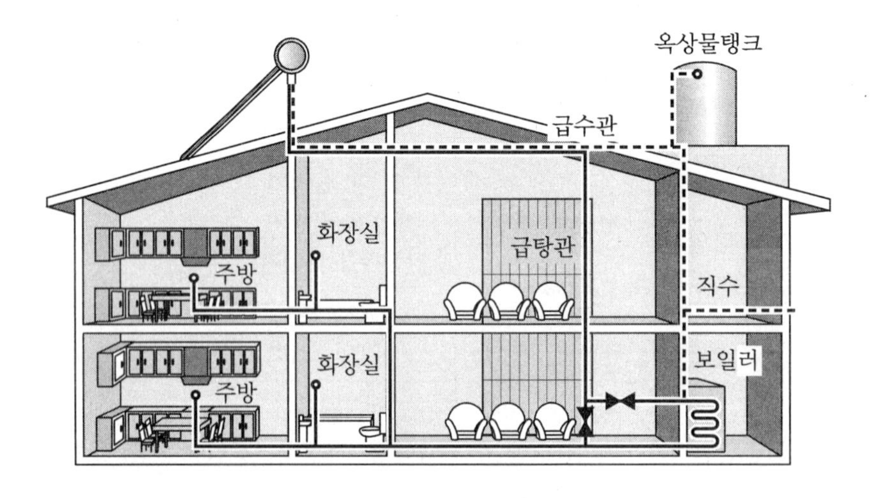

태양열 온수난방 설치사례

✓ 핵심 태양열 난방시스템의 3대 구성요소는 집열부, 축열부, 이용부이다. 여기에 추가적으로 제어장치, 안전장치, 열교환기, 펌프 등이 구성되어 전체 시스템이 완성된다.

(9) 태양굴뚝 (Solar Chimney, Solar Tower)

① 발전용 태양굴뚝

(가) 의의 : 태양열의 온실효과로 거대한 인공바람을 만들어 전기를 생산하는 방식이다.

(나) **원리**

㉮ 마치 가마솥 뚜껑 형태로, 탑의 아래쪽에 축구장 정도 넓이의 온실을 만들어 공기를 가열시킴

㉯ 중앙에 1천m 정도의 탑을 세우고 발전기를 설치함

㉰ 하부의 온실에서 데워진 공기가 길목 (중앙의 탑)을 빠져나가면서 발전용 팬을 회전시켜 발전 가능 (초속 약 15 m/s 정도의 강풍임)

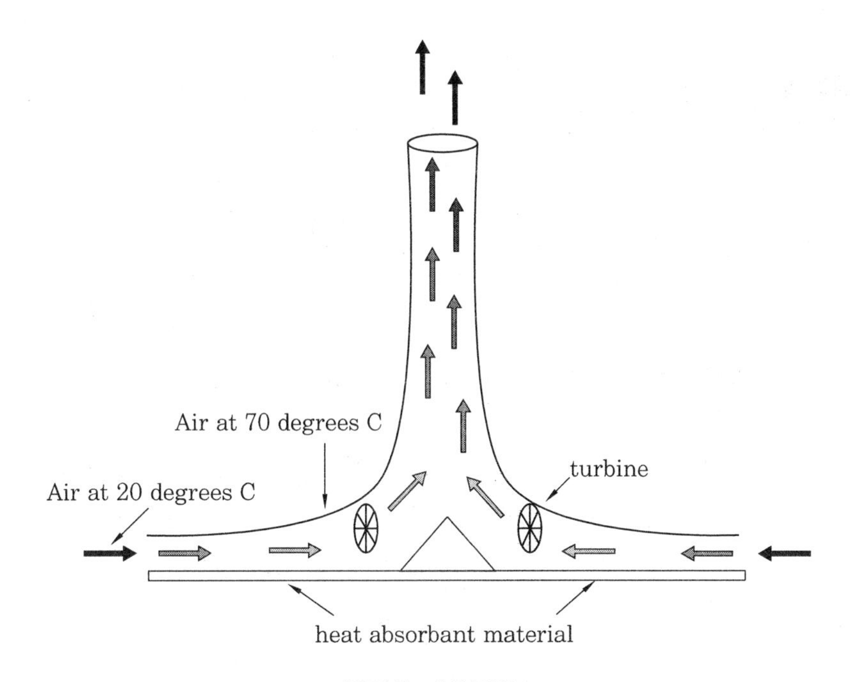

발전용 태양굴뚝

② 건물의 태양굴뚝

(가) 유럽의 패시브 하우스에 많이 적용하는 방식이다.

(나) 태양열에 의해 굴뚝 내부의 공기에 부력이 생겨 상승기류를 발생시킨다.

(다) 건물 내부의 자연환기를 촉진하여 냉방부하 및 온실가스 배출을 경감한다.

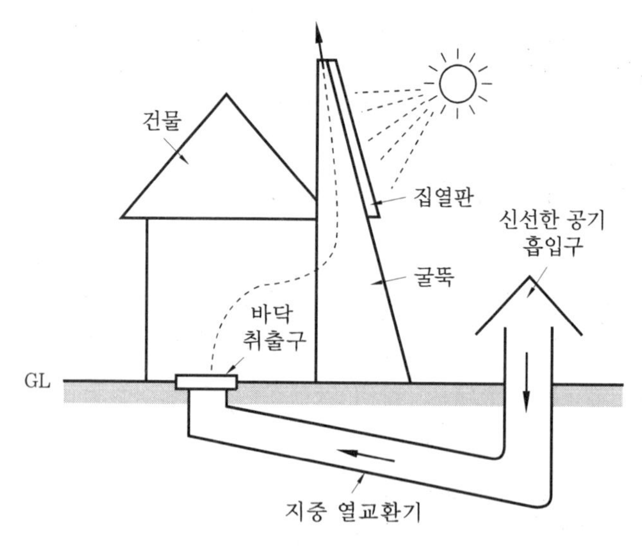

건물의 태양굴뚝(사례)

✓ 핵심 '발전용 태양굴뚝'은 하부에 대형 온실을 만들어 태양열을 흡수하여 더워진 공기가 굴뚝효과에 의해 상부로 급속히 이동하면서 팬을 회전시켜 발전하는 방식이다.

03 태양광에너지(Photovoltaics)

태양광발전 시스템은 태양광의 광전효과를 이용하여 태양광을 직접 전기에너지로 변환 및 이용하는 장치로 태양전지로 구성된 모듈 및 어레이, 축전장치, 제어장치, 전력변환장치(인버터), 계통연계장치, 기타 보호장치 등으로 구성된다.

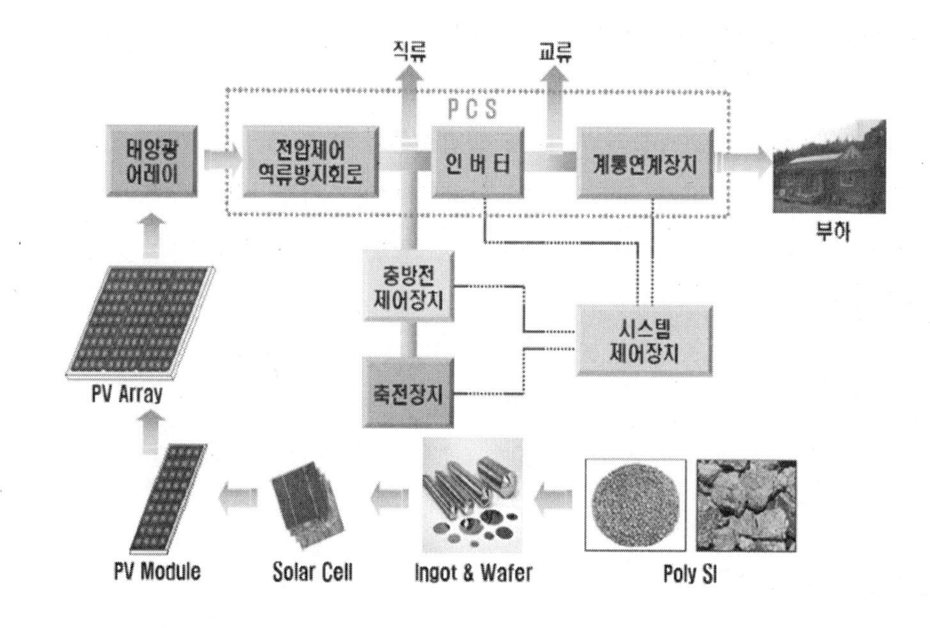

태양광시스템의 시스템 구성

(1) 태양광에너지의 장점

① 무공해, 무제한

② 청정에너지원

③ 부지 부족 시에는 건물일체형으로도 구현 가능

④ 유지보수 용이

⑤ 무인화 가능

⑥ 장기수명(약 20년 이상)

⑦ 안정적인 계통연계형으로도 구현 가능

(2) 태양광에너지의 단점

① 전력생산량의 지역별 · 시간별 · 계절별 · 기후별 차이가 많이 발생

② 시스템 초기 설치비용이 크고, 발전단가가 높음

(3) 태양전지의 역사

① **1839년** : 프랑스의 E.Becquerel이 최초로 광전효과(Photovoltaic effect)를 발견

② **1870년대** : H. Hertz의 Se의 광전효과 연구 이후 효율 1~2%의 Se cell이 개발되어 사진기의 노출계에 사용

③ **1940년대~1950년대 초** : 초고순도 단결정실리콘을 제조할 수 있는 Czochralski process가 개발

④ **1949년** : Schockely (쇼클리)가 p-n 접합이론을 발표

⑤ **1954년** : Bell Lab.에서 효율 4%의 실리콘 태양전지를 개발

⑥ **1958년** : 미국의 Vanguard 위성에 최초로 태양전지를 탑재한 이후 모든 위성에 태양전지를 사용

⑦ **1970년대** : Oil shock 이후 태양전지의 연구개발 및 상업화에 수십억 달러가 투자되면서 태양전지의 상업화가 급진전

⑧ **2000년 이후** : 태양전지 효율 7~20%, 수명 20년 이상, 기술개발과 대량생산으로 모듈가격 계속 하락 중

(4) 태양광 계통

① **독립형** : 계통 (한전전력망)과 단절된 상태, 비상전력용으로도 사용 가능한 구조

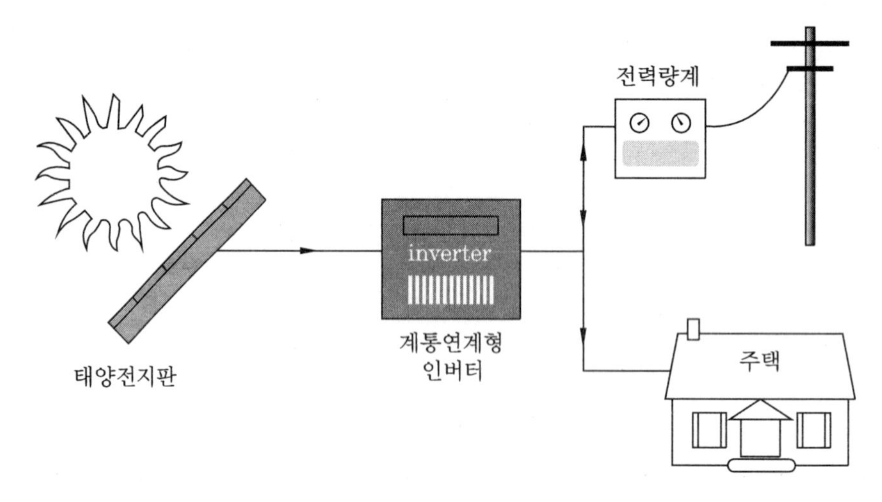

계통연계형 태양광발전 시스템

② **계통연계형** : 한국전력망과 연결된 상태로 작동하며 주택 내 부하 측에 전력을 공급하고 여분의 전기는 계통을 통해 한전으로 역전송하며, 역으로 태양광발전기로부터 공급되는 전력의 량이 주택 내 부하가 사용하기에 모자랄 경우 계통으로부터 부족한 양만큼 전력을 공급받는 방식, 계통 측 전기가 단전상태에서는 태양광발전기로부터 발전되는 전력도 자동 차단됨

③ **방재형 시스템** : 정전 시에 연계를 자립으로 대체하여 특정부하에 공급하는 축전 지정용 시스템

④ **하이브리드 시스템** : 독립형 시스템과 다른 발전설비와 연계하여 사용하는 형태

(5) 태양광발전과 태양열발전의 차이

① **태양광발전** : 태양빛 → 직접 전기 생산

② **태양열발전** : 태양빛 → 기계적 에너지로 바꾼 후 → 재차 전기를 생산

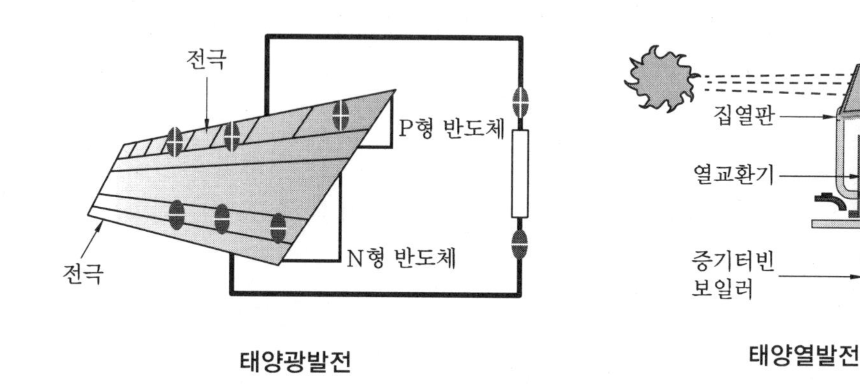

태양광발전　　　　태양열발전

(6) 광전효과와 광기전력효과

① **광전효과** : 아인슈타인이 빛의 입자성을 이용하여 설명한 현상으로 금속 등의 물질에 일정한 진동수 이상의 빛을 비추었을 때, 물질의 표면에서 전자가 튀어나오는 현상

㈎ 외부 광전효과 : 단파장 조사 시 외부에 자유전자가 방출(광전관, 빛의 검출/측정 등에 사용)

㈏ 내부 광전효과 : 전자 및 정공이 발생

② **광기전력효과** : 어떤 종류의 반도체에 빛을 조사하면 조사된 부분과 조사되지 않은 부분 사이에 전위차(광기전력)를 발생시키는 현상

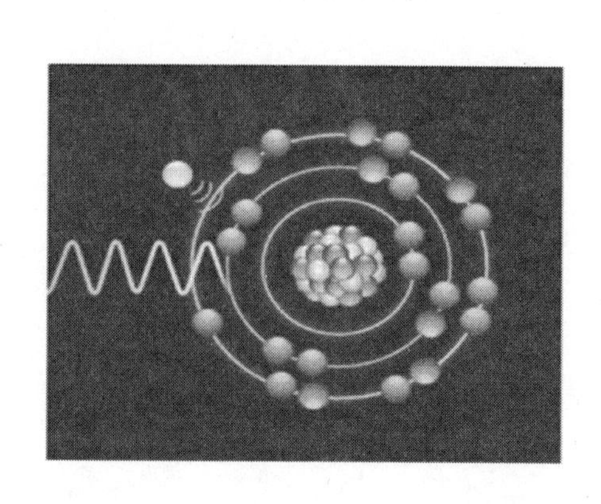

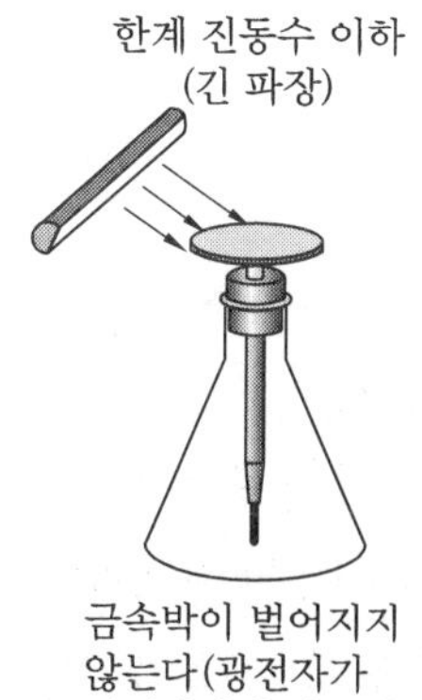

금속박이 벌어지지 않는다(광전자가 튀어나가지 않는다).

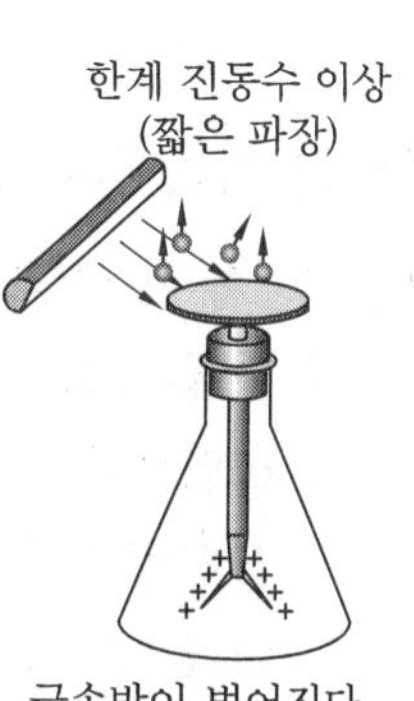

금속박이 벌어진다.
(광전자가 튀어나간다.)

(7) 태양전지의 원리

① 빛이 부딪치면, 플러스와 마이너스를 갖는 입자(정공과 전자)가 생성

(가) −전자는 n형 반도체로 모임 : 자유전자 밀도를 높게 하기 위해 불순물(dopant)로 인, 비소, 안티몬과 같은 5가 원자를 첨가(이렇게 전자를 잃고 이화된 불순물 원자를 도너(donor)라고 한다)

(나) +정공은 p형 반도체로 모임 : 정공의 수를 증가시키기 위해 불순물(dopant)로 알루미늄, 붕소, 갈륨 등의 3가 원자를 첨가(이러한 불순물 원자를 억셉터(acceptor)라고 한다)

② 전류의 흐름

(가) 태양전지가 빛을 받으면 광기전력 효과(반도체에 빛을 조사하면 조사된 부분과 조사되지 않은 부분 사이에 전위차가 발생하는 현상)에 의해 전자는 전면 전극으로, 정공은 후면 전극으로 형성된다.

(나) 태양전지 외부에 도선 및 부하를 걸면 +극에서 −극으로 전류가 흐르게 된다.

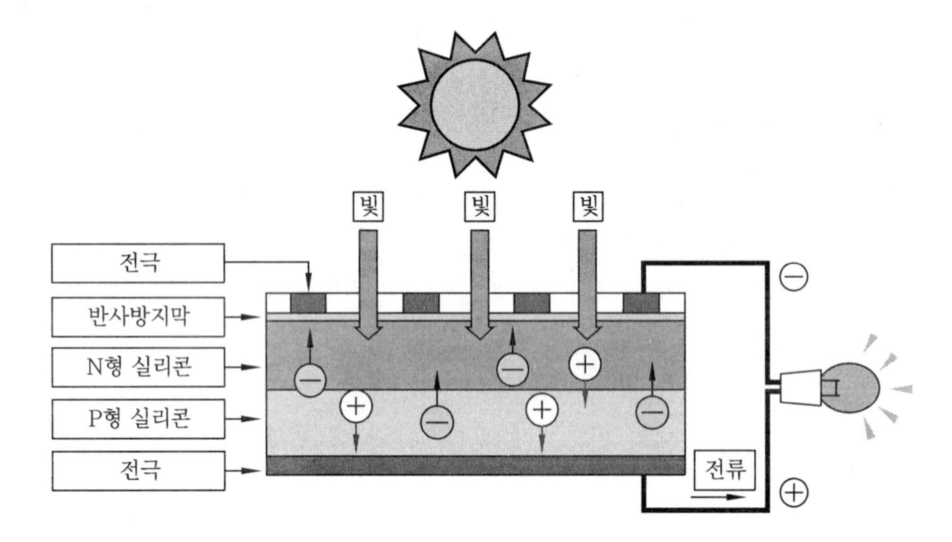

(8) 태양전지의 종류

① 실리콘계 태양전지

(가) 결정계(단결정, 다결정) 태양전지

㉮ 변환효율이 높다(약 12~20% 정도).

㉯ 실적에 의한 신뢰성이 보장된다.

㉰ 현재 태양광발전 시스템에 일반적으로 사용되는 방식이다.

㉱ 변환효율은 단결정이 다소 유리하고, 가격은 다결정이 유리하다.

㉮ 방사조도의 변화에 따라 전류가 매우 급격히 변화하고, 모듈 표면온도 증감에 대해서 전압의 변동이 크다.

㉯ 결정계는 온도가 상승함에 따라 출력이 약 0.45%/℃ 감소한다.

㉰ 실리콘계 태양전지의 발전을 위한 태양광 파장영역은 약 300~1,200 nm이다.

(나) 아모포스(비결정계) 태양전지

㉮ 구부러지는(외곡되는) 것을 말한다.

㉯ 변환효율은 약 6~10% 정도이다.

㉰ 생산단가가 가장 낮은 편이며, 소형시계, 계산기 등에도 많이 적용된다.

㉱ 결정계 대비하여 고전압 및 저전류의 특성을 지니고 있다.

㉲ 온도가 상승함에 따라 출력이 약 0.25%/℃ 감소한다(온도가 높은 지역이나 사막지역 등에 적용하기에는 결정계보다 유리하다).

㉳ 결정계 대비 초기 열화에 의한 변환효율 저하가 심한 편이다.

(다) 박막형 태양전지(2세대 태양전지 : 단가를 낮추는 기술에 초점)

㉮ 실리콘을 얇게 만들어 태양전지 생산단가를 절약할 수 있도록 하는 기술이다.

㉯ 결정계 대비 효율이 낮은 단점이 있으나, 탠덤 배치구조 등의 극복을 위한 다양한 노력이 전개되고 있다.

② 화합물 태양전지

(가) Ⅱ-Ⅵ족

㉮ CdTe : 대표적 박막 화합물 태양전지(두께 약 2μm), 우수한 광 흡수율(직접 천이형), 밴드갭 에너지는 1.45 eV, 단일 물질로 pn반도체 동종 성질을 나타냄, 후면 전극은 금/은/니켈 등 사용, 고온환경의 박막태양전지로 많이 응용됨

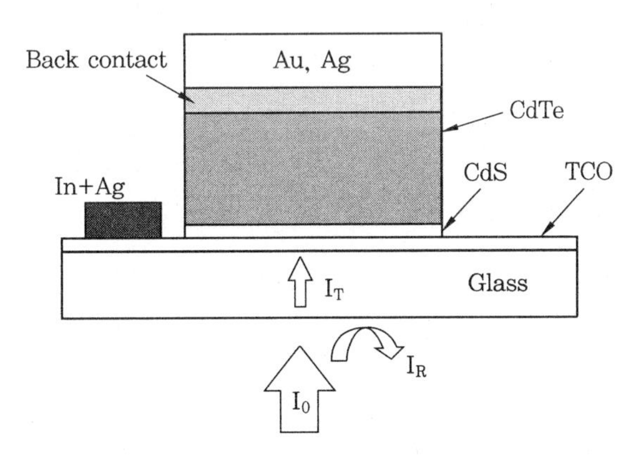

㉯ CIGS : CuInGaSSe와 같이 In의 일부를 Ga로, Se의 일부를 S으로 대체한 오원화합물을 일컬음(CIS 혹은 CIGS로도 표기), 우수한 광 흡수율(직접 천이형), 밴드갭 에너지는 2.42 eV, ZnO 위에 Al/Ni 재질의 금속전극 사용, 우수한

내방사선 특성(장기간 사용해도 효율의 변화 적음), 변환효율 약 19% 이상으로 평가되고 있음

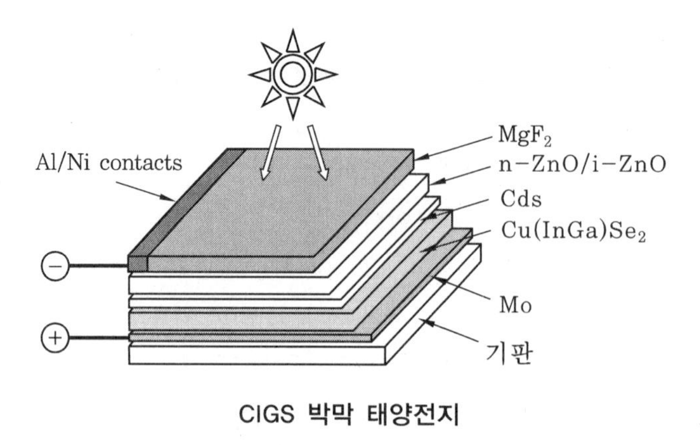

CIGS 박막 태양전지

(나) Ⅲ−Ⅴ족

㉮ GaAs (갈륨비소) : 에너지 밴드갭이 1.4 eV (전자볼트)로서 단일 전지로는 최대효율, 우수한 광 흡수율 (직접 천이형), 주로 우주용 및 군사용으로 사용, 높은 에너지 밴드갭을 가지는 물질부터 낮은 에너지 밴드갭을 가지는 물질까지 차례로 적층하여(Tandem 직렬 적층형) 40 % 이상의 효율 가능

㉯ InP : 밴드갭 에너지는 1.35 eV, GaAs (갈륨비소)에 버금가는 특성, 단결경판의 가격이 실리콘 대비 비싸고 표면 재결합 속도가 크기 때문에 아직 고효율 생산에 어려움 (이론적 효율은 우수)이 있음

(다) Ⅰ−Ⅲ−Ⅵ족

㉮ CuInSe2 : 밴드갭 에너지는 1.04 eV, 우수한 광 흡수율 (직접 천이형), 두께 약 1~2 μm의 박막으로도 고효율 태양전지 제작이 가능함

㉯ Cu (In,Ga)Se2 : 상기 CuInSe2와 특성 유사, 같은 족의 물질 상호 간에 치환이 가능하여 밴드갭 에너지를 증가시켜 광이용 효율을 증가시킬 수 있음

③ 차세대 태양전지(3세대 태양전지 : 단가를 낮추면서도 효율을 올리는 기술)

(가) 염료 감응형 태양전지(Dye Sensitized Solar Cell)

㉮ 산화티타늄 (TiO_2) 표면에 특수한 염료 (루테늄 염료, 유기염료 등) 흡착 → 광전기화학적 반응 → 전기 생산

㉯ 변환효율은 실리콘계(단결정)와 유사하나, 단가는 상당히 낮은 편이다.

㉰ 흐려도 발전이 가능하고, 빛의 조사각도가 10도만 되어도 발전이 가능한 특징이 있다.

(나) 유기물 박막 태양전지(OPV ; Organic Photovoltaics)

㉮ 플라스틱 필름 형태의 얇은 태양전지

㉯ 아직 효율이 낮은 것이 단점이지만, 가볍고 성형성이 좋다.

다양한 태양전지

(9) BIPV(Building Integrated Photovoltaics)

① BIPV의 특징

㈎ BIPV는 '건물 일체형 태양광발전 시스템'이라고 하며, PV모듈을 건물 외부 마감재로 대체하여 건축물 외피와 태양열 설비를 통합한 방식이므로, 통합에 따른 설치비가 절감되고 태양열 설비를 위한 별도의 부지 확보가 불필요한 방식이다.

㈏ 커튼월, 지붕, 차양, 타일, 창호, 창유리 등 다양하게 사용 가능하다.

② BIPV의 다양한 적용사례

③ 기타 적용사례

(가) 복합 신재생에너지 보트 : 풍력+태양광+바이오 디젤 등을 혼합으로 운행하여 고출력을 낼 수 있음

(나) 태양광폰(ECO Friendly Phone) : 핸드폰 배터리 커버에 태양전지를 장착 가능한 구조로 약 10분 충전하면 3분 이상 통화가 가능

복합 신재생에너지 보트

태양광폰

(10) 그리드 패러티(Grid Parity)

① 화석연료 발전단가와 신재생에너지 발전단가가 같아지는 시기를 말한다.

② 현재 신재생에너지 발전단가가 대체로 화석연료보다 많이 높지만, 각국 정부의 신재생에너지 육성 정책과 기술 발전에 따라 비용이 낮아지게 되면 언젠가는 등가(parity) 시점이 올 것이라는 전망이다.

③ 그리드 패러티는 단순한 신재생에너지원의 생산원가 하락에 그치지 않고 에너지를 중심으로 한 기존 세계 패권 구도와 산업지형의 대변혁을 몰고 올 핵심변수로 받아들여지고 있다.

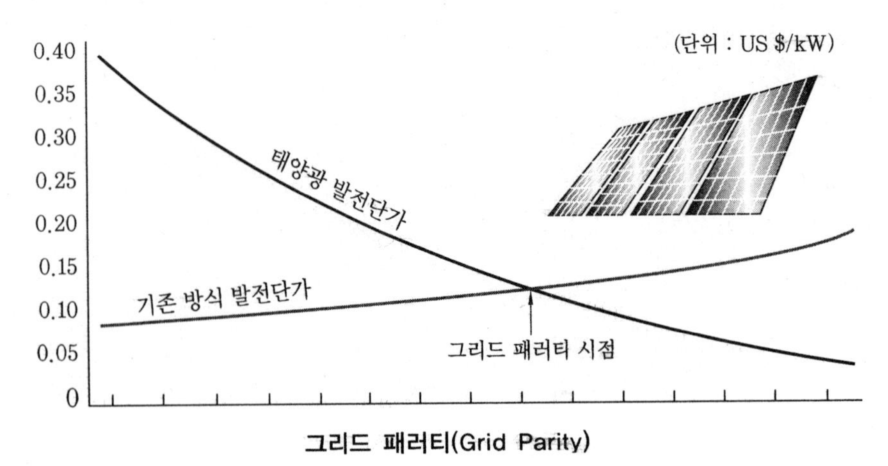

그리드 패러티(Grid Parity)

(11) 국내 태양광발전소 설치사례

현대차 아산공장 태양광발전소(10MW급) : 현대아산 태양광발전이 한국중부발전, 현대오토에버, 신성솔라 등과 함께 시공한 태양광발전 시스템

전남 고흥 거금도(25MW급) 태양광발전소 : 거금 에너지테마파크에 축구장 80개의 크기와 맞먹는 55만 8,810 m^2의 부지에 들어선 국내 최대 태양광발전소(PV모듈 수 : 10만 4,979장)

✓핵심 태양전지는 실리콘계인 결정계(단결정, 다결정), 아모포스계(비결정계)로부터 2세대라고 할 수 있는 박막형 태양전지, 3세대라고 할 수 있는 염료 감응형, 유기물 박막 태양전지 등으로 계속 고효율 및 Cost Down 방향으로 개발되고 있다(향후 언젠가는 화석연료와 동등한 경쟁 수준인 Grid Parity 수준에 도달 예상).

04 지열에너지

(1) 지열에너지의 특징

① 태양열의 51%를 지표면과 해수면에서 흡수(인류 사용에너지양의 500배)한다.
② 지하 20~200 m의 지중온도는 일정한 온도(15℃)를 유지한다.
③ 지하 200 m 이하로 내려가면 2.5℃/100 m씩 상승한다.
④ 지열냉난방 시스템은 주로 천부지열온도(15℃)를 이용한다.
⑤ 해수, 하천, 지하수, 호수의 에너지도 지열에 포함된다.
⑥ 지열은 거의 무한정 사용이 가능한 재생에너지이다.
⑦ 피폭에 대해 안전하다.

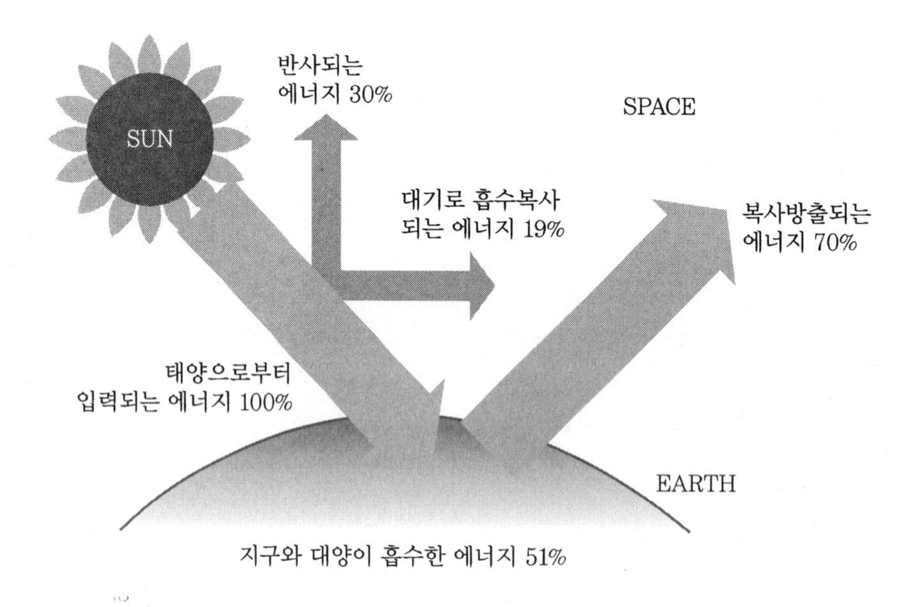

(2) 지열에너지의 단점

① 초기 시공 및 설치비가 많이 소요된다.
② 설치 전 반드시 해당 지역의 중장기적인 지하이용 계획을 확인해야 한다.
③ 지중 매설 시 타 전기케이블, 토목구조물 등과의 간섭을 피하여야 한다.
④ 지하수 오염 우려가 있다.

주 ➔ 1. **천부지열** : 지중의 중저온(10~70℃)을 냉난방에 활용
2. **심부지열** : 지중의 약 80~100℃ 이상의 고온수나 증기를 활용하여 전기 생산

(3) 천부지열 이용방법

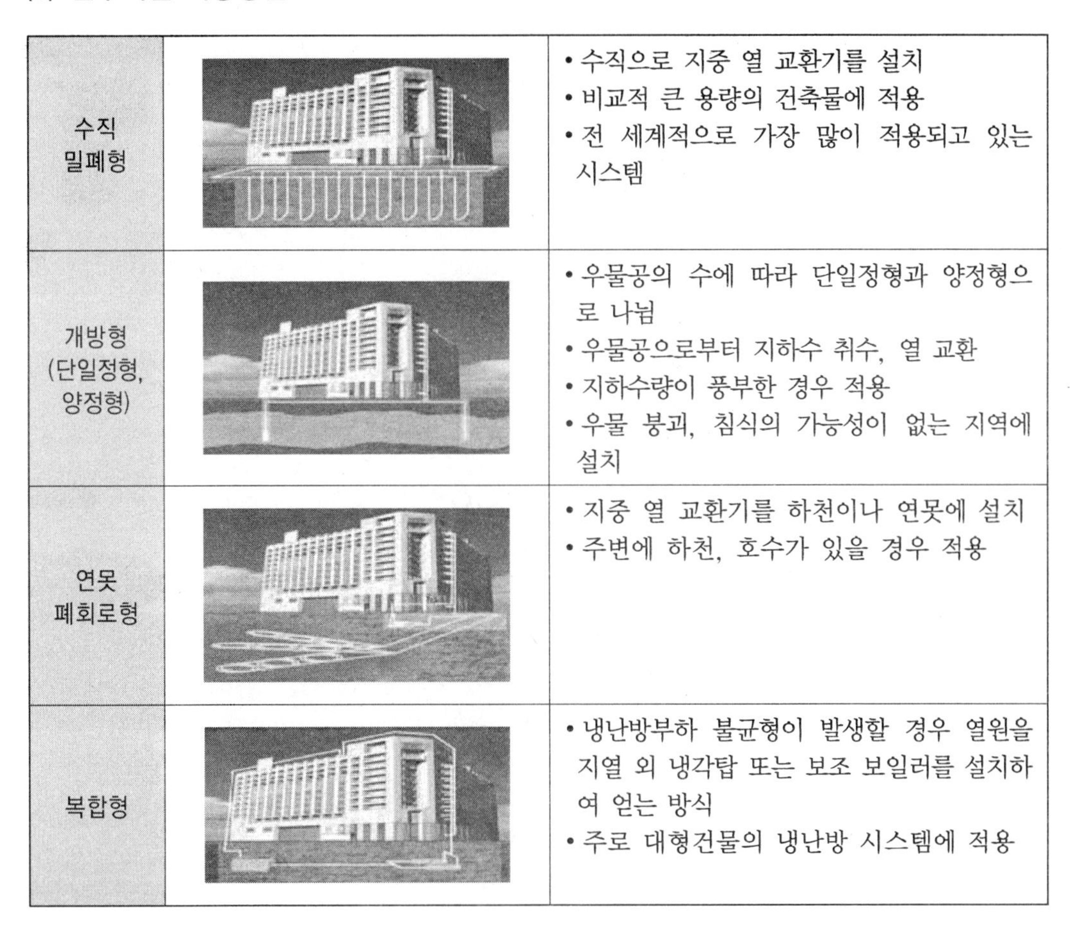

구분	특징
수직 밀폐형	• 수직으로 지중 열 교환기를 설치 • 비교적 큰 용량의 건축물에 적용 • 전 세계적으로 가장 많이 적용되고 있는 시스템
개방형 (단일정형, 양정형)	• 우물공의 수에 따라 단일정형과 양정형으로 나뉨 • 우물공으로부터 지하수 취수, 열 교환 • 지하수량이 풍부한 경우 적용 • 우물 붕괴, 침식의 가능성이 없는 지역에 설치
연못 폐회로형	• 지중 열 교환기를 하천이나 연못에 설치 • 주변에 하천, 호수가 있을 경우 적용
복합형	• 냉난방부하 불균형이 발생할 경우 열원을 지열 외 냉각탑 또는 보조 보일러를 설치하여 얻는 방식 • 주로 대형건물의 냉난방 시스템에 적용

주 1. 상기 테이블의 개방형 중에서 '단일정형(單一井形)'은 보통 SCW (Standing Column Well)라고 부른다. 또한 '양정형(兩井形)'은 우물이 두 개인 형태를 말한다.
2. 이 분야에는 상기의 공법 외에도 수평 밀폐형, 게오힐 공법(충전식 개방형 공법) 등이 있다.

수평 밀폐형

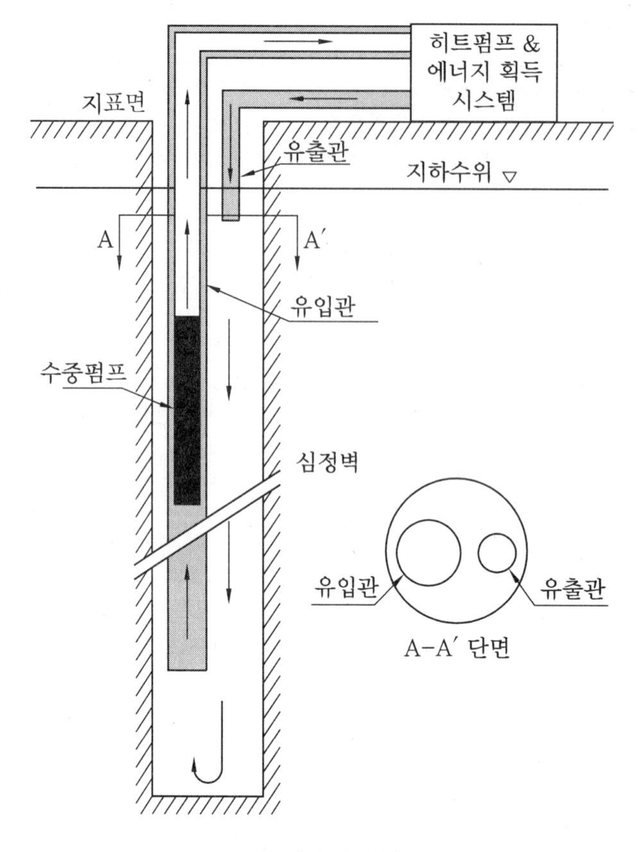

SCW (단일정형)

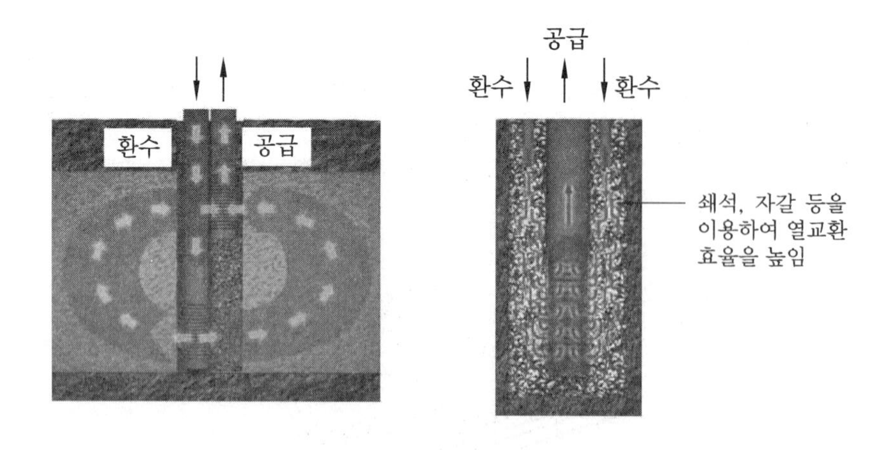

게오힐 공법

(4) 지열원 히트펌프 비교표

구 분	냉 방	난 방	연평균 COP
에어컨 + 보일러			• 에어컨 : 약 2.5 • 보일러 : 약 0.8
공기열원 히트펌프			• 여름 : 약 2.5 • 겨울 : 약 1.5 (장배관, 고낙차 등 설치조건에 따른 영향 큼)
지열원 히트펌프			• 여름 : 약 4.5 • 겨울 : 약 3.5 (연중 안정적인 성능 구현)

㈜ 상기 '연평균 COP'는 각 기기별 악조건의 설치 및 사용환경을 고려한 상대적 관점에서의 평가임

(5) 지열발전

① 땅속을 수 km 이상 파고들어 가면 지중온도가 100℃를 훨씬 넘을 수 있고, 이를 이용하여 증기를 발생시키고 터빈을 돌려 전기를 생산할 수 있다.

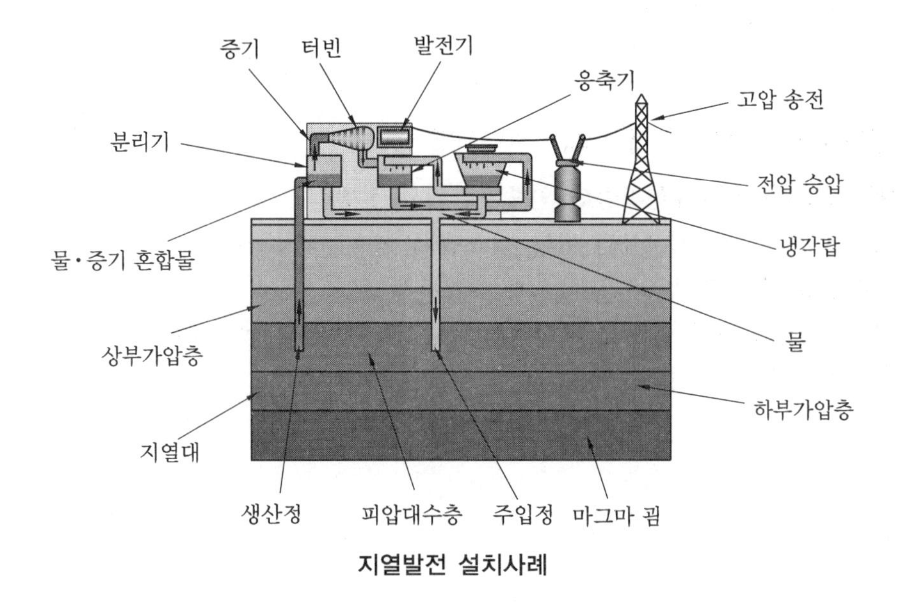

지열발전 설치사례

② 국내에서는 경상북도 포항, 전라남도 광주 등에서 지열발전 관련 시범 사이트를 진행하고 있다.

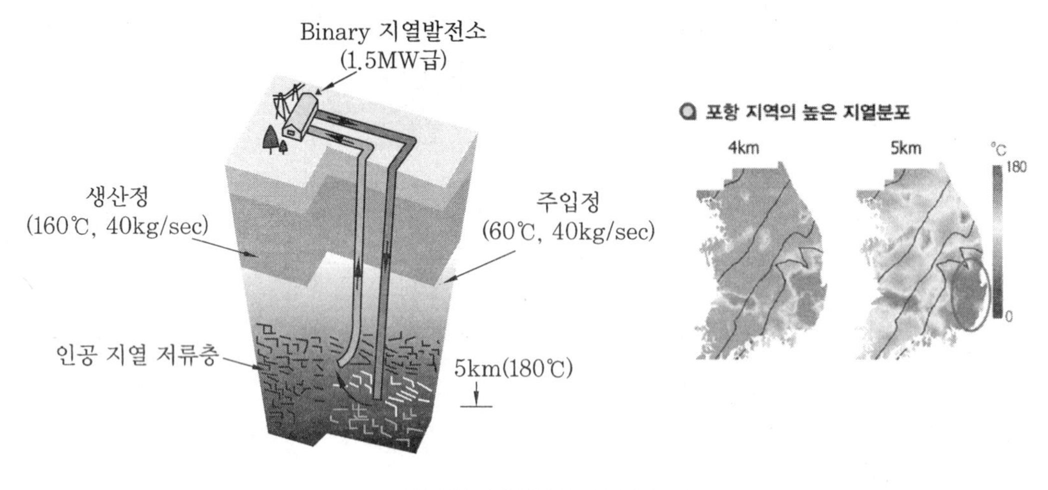

포항지역 지열발전 시스템

> **주 ➔ 바이너리(Binary) 지열발전**
>
> 1. 일반적으로 바이너리 발전이란 '바이너리 사이클'을 이용한 발전시스템을 일컫는다.
> 2. 열원이 되는 1차 매체에서 열을 2차 매체로 이동시켜 2차 매체의 사이클을 통해 발전하는 시스템을 통틀어 일컫는 말이다.
> 3. 바이너리란 '두 개'란 의미로 두 개의 열매체를 사용한 발전 사이클을 뜻하는 발전 시스템으로 지열발전에 국한된 발전시스템은 아니다.

(6) 열응답 테스트(열전도 테스트) – 천부지열

① **지중 열전도도 시험 수행** : 공인 인증기관에서 진행

② 설치용량 175 kW(50 RT) 이상 시스템 설계 시 적용한다.

③ 그라우팅 완료 후 72시간 이후에 측정한다.

④ 최소 48시간 이상 열량을 투입하여 지중 온도변화를 관측한다.

⑤ 열전도도(k) 측정

- 열전도도 $k = \dfrac{Q}{4 \times \pi \times L \times a}$ [W/(m・K)]
- 평균온도 $T_{avg} = \dfrac{T_{in} + T_{out}}{2}$ [℃]
- 기울기 $a = \dfrac{T_2 - T_1}{LN(t_2) - LN(t_1)}$
- 열전달률 $Q = \dot{m} \times C_p \times (T_{in} - T_{out})$ [W]
- 시험공 깊이 L [m], 유량 $\dot{m}$ [L/min]

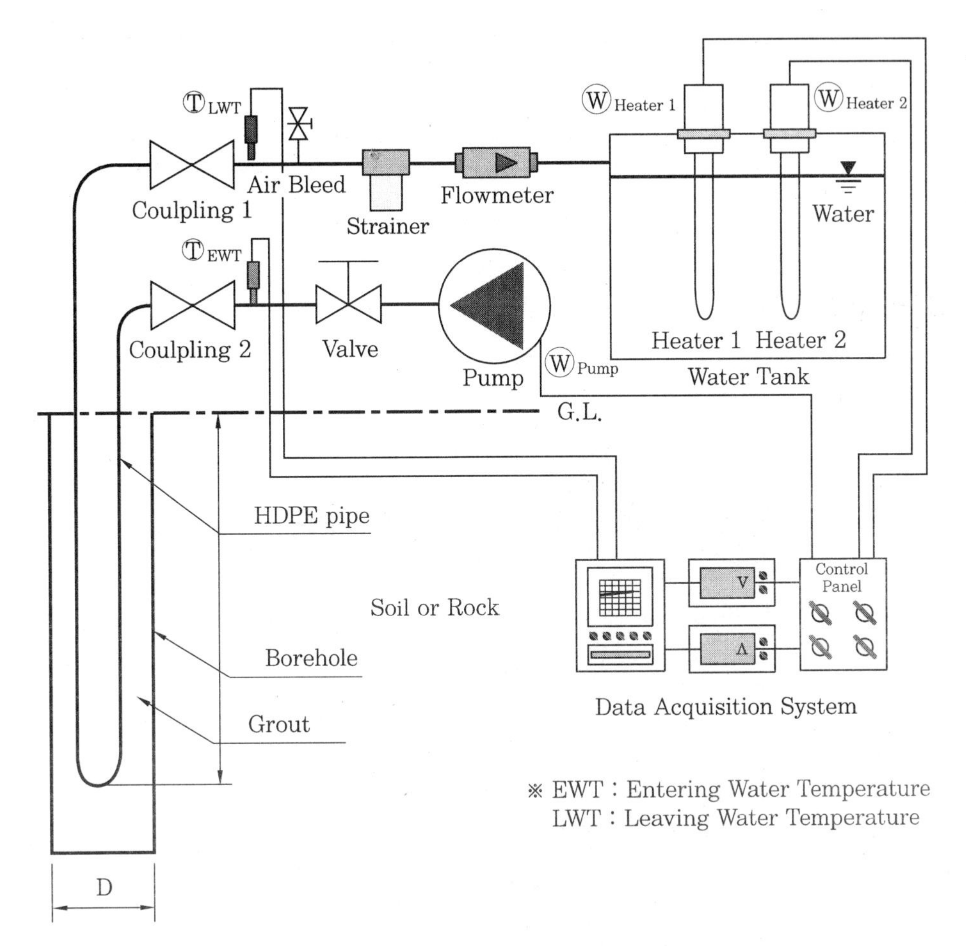

지중 열응답 테스트 장치 설치사례

(7) 지열 히트펌프 시스템 시공절차

지중 열교환기(배관) 설치 및 기계실 공사는 아래와 같이 진행된다.

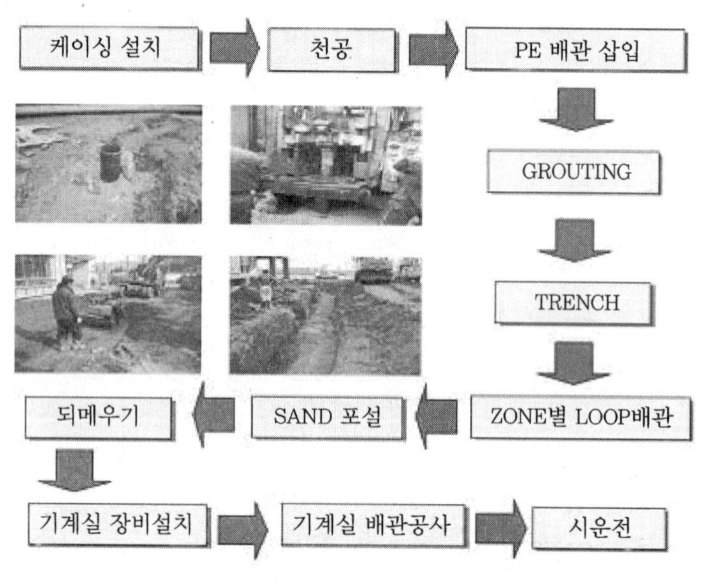

지중 열교환기(배관) 설치 절차

(8) 그라우팅의 목적

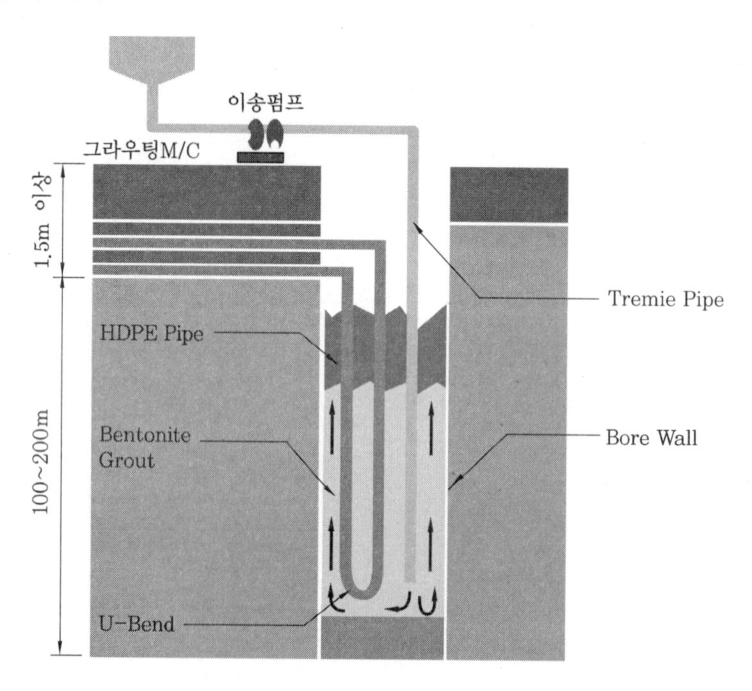

천공 및 그라우팅 단면도

① 오염물질 침투 방지
② 지하수 유출 방지
③ 천공 붕괴 방지
④ 지중 열교환기 파이프와 지중 암반의 밀착
⑤ 열전달 성능 향상

(9) 지열 히트펌프 설치사례

국내 최초 공동주택 지열 냉 · 난방 설치사례 : 2008년 전북 정읍 내장산 실버아파트

유리온실 지열 냉 · 난방 설치사례(2010년 장수파프리카 영농조합법인) : 전국에서 단위면적당 최고의 파프리카 생산량을 자랑하는 생산자단체 중 한 곳[1만 2,540 m^2 규모의 유리온실에서 파프리카 생산량이 3.3 m^2당 70 kg에 육박하니 전국 최고 수준이라고 해도 과언이 아니다. 그 비결은 최첨단 시설인 유리온실에 지열히트펌프 냉 · 난방 시스템을 설치하고 공조기(AHU)와 비닐덕트를 적절하게 활용한 덕분이다.]

✓ 핵심
- 지열에너지는 크게 심부지열과 천부지열로 나누어지는데, 심부지열은 발전에 많이 사용되고, 천부지열은 히트펌프와 연계하여 냉·난방 및 급탕 등에 많이 사용된다.
- 천부지열 사용 시 목표하는 온도에 미도달했을 때 히트펌프를 이용하여 승온(난방·급탕 시) 혹은 추가 냉각(냉방 시)하여 사용하게 된다.
- 심부지열로 발전을 하는 경우에 시스템에서 목표하는 온도 미도달 시 바이너리 사이클(Binary Cycle)을 구성하여 이용한다.

05 풍력에너지

무한한 바람의 힘을 회전력으로 전환시켜 유도전기를 발생시켜 전력계통이나 수요자에게 공급하는 방식이다.

(1) 풍력발전(風力發電)의 장점

① 무공해의 친환경 에너지이다.
② 도로변, 해안, 제방, 해상 등 국토 이용에 높은 효율성을 가진다.
③ 우주항공, 기계, 전기 등의 분야에 높은 기술 파급력을 가진다.

(2) 풍력발전의 단점

① 제작비용 등 초기 투자비용이 높다.
② 풍황 등 에너지원의 조건이 중요하다.
③ 발전량의 지역별·계절별 차이가 크다.
④ 풍속 특성이 발전단가에 가장 큰 영향을 끼친다.
⑤ 일반적으로 소형 시스템일수록 발전단가에 불리하다.

덴마크 Middelgrunden해양단지

제주 풍력단지

(3) 풍력발전의 원리

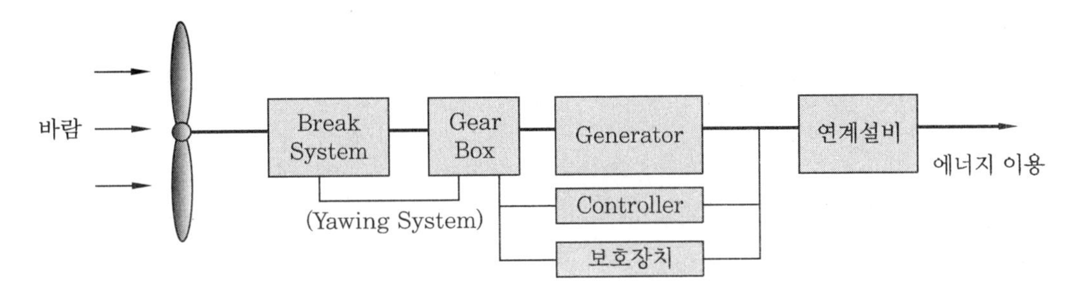

> **주** ➔ 요잉 시스템(Yawing System) : 로터의 회전면과 풍향이 수직이 되지 않았을 때 에너지활용도가 떨어지는 현상을 Yaw error라 하고, 이에 대응하기 위한 시스템임

(4) 풍력발전기의 주요 구성품

① **기계 장치부** : 날개, 기어박스, 브레이크 등

② **전기 장치부** : 발전기, 안전장치 등

③ **제어 장치부** : 무인 제어기능, 감시 제어기능 등

(5) 벳츠의 법칙

① '벳츠의 한계'라고도 부른다.

② 풍력발전의 이론상 최대 효율은 약 59.3 %이다. 그러나 실용상 약 20~40 %만 사용 가능(날개의 형상, 마찰손실, 발전기효율 등의 문제로 인한 손실 고려)하다.

③ **계산식**

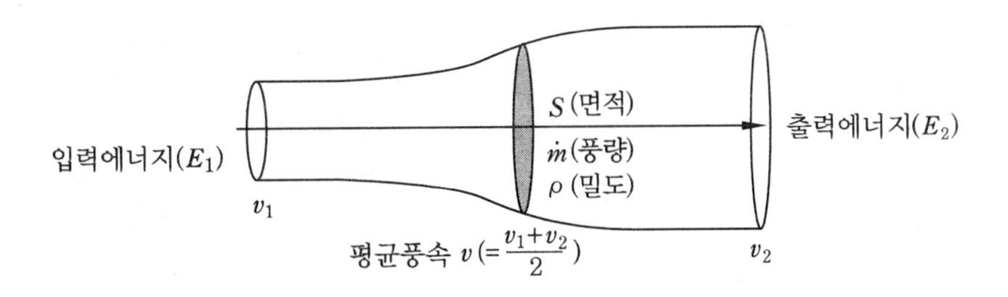

$$E_1 = \frac{1}{2} \cdot \dot{m} \cdot v_1^2 = \frac{1}{2} \cdot \rho \cdot S \cdot v_1^3,\ E_2 = \frac{1}{2} \cdot \dot{m} \cdot v_2^2$$

$$\dot{E} = E_1 - E_2 = \frac{1}{2} \cdot \dot{m} \cdot \left(v_1^2 - v_2^2\right)$$

$$= \frac{1}{2} \cdot \rho \cdot S \cdot v \cdot \left(v_1^2 - v_2^2\right)$$

$$= \frac{1}{4} \cdot \rho \cdot S \cdot \left(v_1 + v_2\right) \cdot \left(v_1^2 - v_2^2\right)$$

$$= \frac{1}{4} \cdot \rho \cdot S \cdot v_1^3 \cdot \left\{1 - \left(\frac{v_2}{v_1}\right)^2 + \left(\frac{v_2}{v_1}\right) - \left(\frac{v_2}{v_1}\right)^3\right\} = \frac{1}{2} \cdot \rho \cdot S \cdot v_1^3 \times 0.593$$

$\left(\because E\text{가 최대가 되려면 } \frac{v_2}{v_1} \fallingdotseq \frac{1}{3}\right)$

따라서 $\dot{E} = \frac{1}{2} \cdot \rho \cdot S \cdot v_1^3 \times 0.593 = E_1 \times 0.593$ → 풍력발전의 이론적 최고 효율 = 59.3 %

(6) 회전축 방향에 따른 구분

① 수평축 방식

(가) 구조가 간단함

(나) 바람 방향의 영향을 많이 받음

(다) 효율이 비교적 높은 편이며, 가장 일반적인 형태임

(라) 중·대형급으로 적합한 형태

② 수직축 방식

(가) 바람 방향에 구애받지 않음

(나) 사막이나 평원에서 많이 사용

(다) 효율이 다소 낮은 편이며, 제작비용이 많이 듦

(라) 보통 100 kW 이하의 소형에 적합한 형태

수평축 발전기

수직축 발전기

(7) 운전 방식에 따른 구분

① 기어(Gear)형

㈎ 저렴한 제작비용

㈏ 어느 지역에서도 설계, 제작 가능

㈐ 유도전동기의 높은 회전수(RPM)를 위해 기어박스로 증속시킴

㈑ 유지 보수 용이

㈒ 동력 전달 체계 : 회전자 → 증속기 → 유도 발전기 → 한전 계통

② 기어리스(Gearless)형

㈎ 회전자와 발전기가 직접 연결

㈏ 발전효율이 높음

㈐ 간단한 구조, 저소음

㈑ 동력 전달 체계 : 회전자(직결) → 다극형 동기 발전기 → 인버터 → 한전 계통

기어형

기어리스형

육상풍력 On Shore

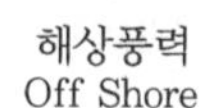

해상풍력 Off Shore

소형풍력 (건물일체형)

설치위치에 따른 풍력발전 사례 : 점점 대형화 추세로 날개가 커지고(회전속도가 느려짐), 이에 따라 소음도 크게 줄어들기 때문에, 풍력발전기에 가까이 다가가도 시끄럽게 돌아가는 소리는 거의 들리지 않는다.

덴마크의 호른스 레브 해상 풍력단지 : 항공 사진. 세계 최대 규모인 이 풍력단지는 2002년 12월 육지에서 17 km 떨어진 지역에 160 MW로 조성됐다. 2 MW급 풍력발전기 80대가 560 m 간격으로 설치돼 연간 600 GWh 전력을 생산하고 있다.

✓ **핵심**
- 풍력발전은 발전량 측면에서 풍황, 주변환경, 송전설비 여력 등의 영향을 많이 받으므로 설치 전 입지 선정, 발전 기반시설 등을 면밀하게 고려하여야 한다.
- 프로펠러형 풍력발전에서 날개를 주로 3개로 하는 이유 : 저진동, 경제성, 하중의 균등배분 등

06 수력에너지

(1) 수력발전(水力發電, hydroelectric power generation)의 특징

① 높은 곳에 위치하고 있는 하천이나 저수지의 물을 수압관로를 통하여 낮은 곳에 있는 수차로 보내어 그 물의 힘으로 수차를 돌리는 방식이다.

② 그것을 동력으로 하여 수차에 직결된 발전기를 회전시켜 전기를 발생시킨다.

③ 즉 물이 가지는 위치에너지를 수차를 이용하여 기계에너지로 변환시키고, 이 기계에너지로 발전기를 구동시켜 전기에너지를 얻게 되는 것이다.

④ 수력발전은 공해가 없고 연료의 공급이 없이도 오래 사용할 수 있다는 장점이 있지만, 건설하는 데 경비가 많이 들고, 댐을 건설할 수 있는 지역이 한정되어 있다는 단점이 있다.

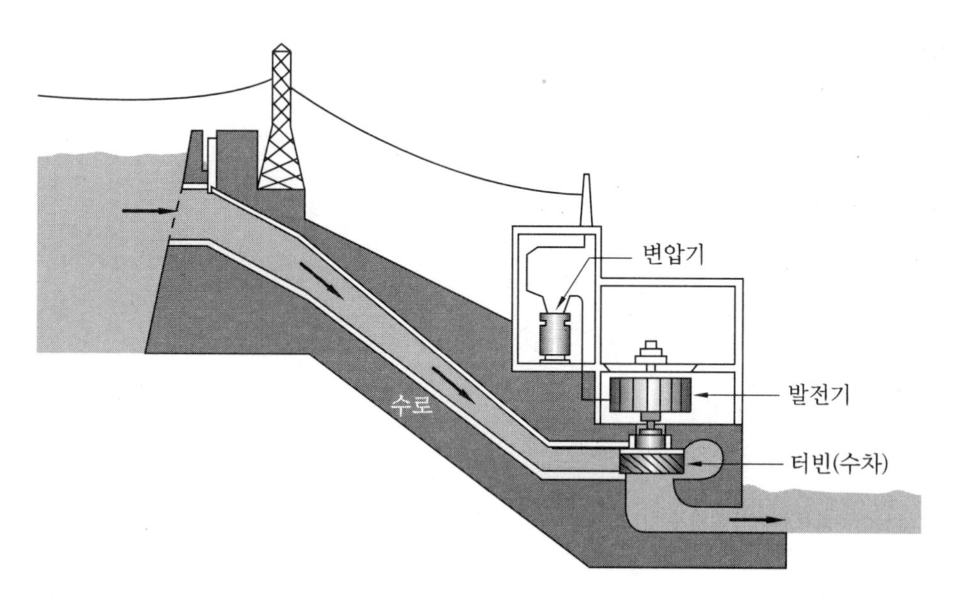

수력발전 계통도

(2) 수력발전의 공급절차

(3) 수차의 종류 및 특징

수차의 종류			특 징
충동 수차	펠톤 (Pelton)수차, 튜고 (Turgo)수차, 오스버그 (Ossberger)수차		• 수차가 물에 완전히 잠기지 않는다. • 물은 수차의 일부 방향에서만 공급되며, 운동에너지만을 전환한다.
반동 수차	프란시스 (Francis)수차		• 수차가 물에 완전히 잠긴다.
	프로펠러수차	카플란 (Kaplan)수차, 튜브라 (Tubular)수차, 벌브 (Bulb)수차, 림(Rim)수차	• 수차의 원주방향에서 물이 공급된다. • 동압 (dynamic pressure) 및 정압 (static pressure)이 전환된다.

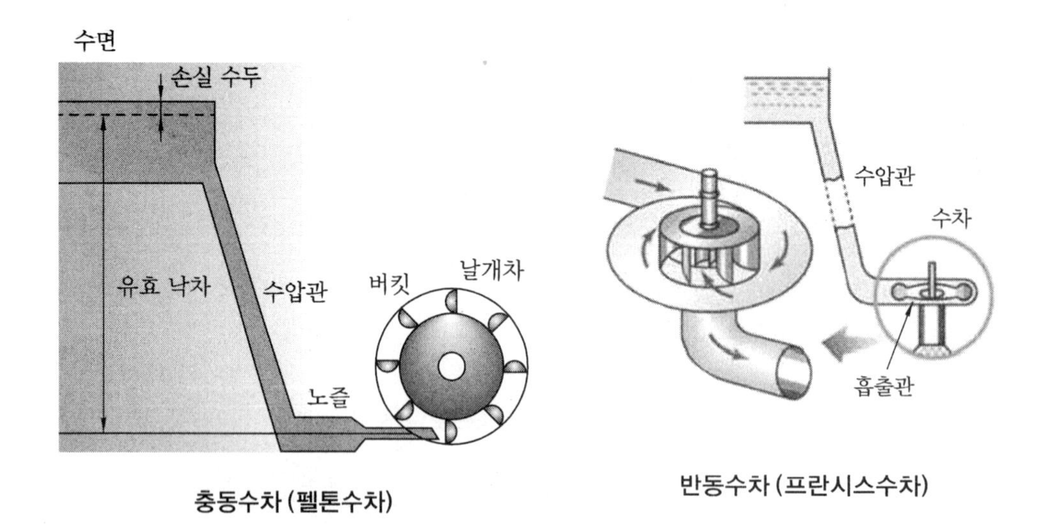

충동수차 (펠톤수차)

반동수차 (프란시스수차)

(4) 소수력발전의 분류

<table>
<tr><th colspan="3">분 류</th><th>비 고</th></tr>
<tr><td>설비 용량</td><td>• Micro hydropower
• Mini hydropower
• Small hydropower</td><td>• 100 kW 미만
• 100~1,000 kW
• 1,000~10,000 kW</td><td rowspan="3">국내의 경우 소수력발전은 저낙차, 터널식 및 댐식으로 이용 (예 방우리, 금강 등)</td></tr>
<tr><td>낙차</td><td>• 저낙차 (Low head)
• 중낙차 (Medium head)
• 고낙차 (High head)</td><td>• 2~20 m
• 20~150 m
• 150 m 이상</td></tr>
<tr><td>발전 방식</td><td>• 수로식(run-of-river type)
• 댐식(Storage type)
• 터널식(tunnel type) 혹은 댐수로식</td><td>• 하천경사가 급한 중·상류 지역
• 하천경사가 적고 유량이 큰 지점
• 하천의 형태가 오메가(Ω)인 지점</td></tr>
</table>

(5) 양수발전

① 일반 수력발전은 자연적으로 흐르는 물을 이용하여 발전을 하지만, 양수발전은 흔히 위쪽과 아래쪽에 각각 저수지를 만들고 밤 시간의 남은 전력을 이용하여 아래쪽 저수지의 물을 위쪽으로 끌어올려 모아놓았다가 전력 사용이 많은 낮 시간이나 전력공급이 부족할 때 이 물을 다시 아래쪽 저수지로 떨어뜨려 발전하는 방식이다.

② 우리나라의 청평, 무주, 삼랑진, 산청, 청송양수발전소가 여기에 해당된다.

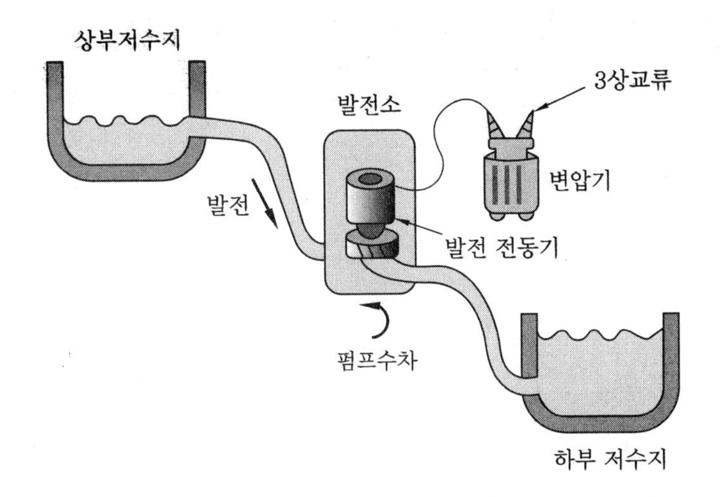

양수발전소의 구조

(6) 수력발전소의 출력

① 유량이 $Q\,[\mathrm{m^3/s}]$인 물이 유효낙차 $H\,[\mathrm{m}]$에 의해 유입된 경우, 이론출력은 $P_o = 9.8\,QH\,[\mathrm{kW}]$로 정의된다.

② 유효낙차란 취수구 수위와 방수구 수위의 차(총 낙차)에서 이 사이의 수로・수압관로 등에서의 손실수두(水頭)를 뺀 것으로서, 수차에 유효하게 사용되는 낙차이다.

③ 이때, 수력발전기 출력은

$$P_g = P_o \cdot \eta t \cdot \eta g = 9.8QH \cdot \eta t \cdot \eta g \cdot N\,(\text{발전기 대수})$$

* 여기서, ηt : 수차의 효율, ηg : 발전기의 효율

④ 하천의 유량은 유역 내의 비나 눈에 의존되고, 계절적으로 변동되므로 발전소의 최대 사용수량은 연간을 통하여 발전이 가장 경제적으로 될 수 있도록 결정된다.

⑤ 또 댐식의 경우, 수위는 하천의 흐르는 상황과 발전소의 사용수량에 의해 상하로 변동되므로, 발전소의 운용을 검토하여 수위의 변동범위를 정하고, 그 사이의 변동에 대해 발전소의 운전에 지장이 없도록 설계된다.

(7) 화석연료-신재생에너지의 이산화탄소 배출량 비교표(발전원별)

구 분	이산화탄소 배출량(g/kWh)
석탄 화력	975.2
석유 화력	742.1
LNG 화력	607.6
LNG	518.8
원자력	28.4
태양광	53.4
풍력	29.5
지열	15
수력	11.3

✓ 핵심
- 수력발전은 공해가 없고 연료의 공급이 없이도 오래 사용할 수 있다는 장점이 있지만, 건설하는 데 경비가 많이 들고, 댐을 건설할 수 있는 지역이 한정되어있다는 단점이 있다.
- 또한 요즘과 같이 전력수급이 불안정한 시기에는 전력피크를 대응하기 위해 양수발전 등도 적극 고려하여야 한다.

07 바이오에너지

(1) 바이오에너지의 특징

① 식물은 광합성을 통해 태양에너지를 몸속에 축적한다.

② 지구온난화가 세계적인 걱정거리가 된 지금, 생물체와 땅속에 들어있는 에너지는 온난화를 막을 수 있는 유용한 재생가능 에너지원으로 여겨지고 있다.

③ 생물자원은 흔히 바이오매스(Biomass)라고 부르는데, 19세기까지도 인류는 대부분의 에너지를 생물자원으로부터 얻었다.

④ 생물자원은 나무, 곡물, 풀, 농작물 찌꺼기, 축산분뇨, 음식 쓰레기 등 생물로부터 나온 유기물을 말하는데, 이것들은 모두 직접 또는 가공을 거쳐서 에너지원으로 이용될 수 있다.

⑤ **지구온난화 관련** : 생물자원은 공기 중의 이산화탄소가 생물이 성장하는 가운데 그 속에 축적되어서 만들어진 것이다. 그러므로 에너지로 사용되는 동안 이산화탄소를 방출한다 해도 성장기부터 흡수한 이산화탄소를 고려하면 이산화탄소 방출이 없다고도 할 수 있다.

(2) 생물자원의 응용사례

생물자원 중에서 나무 부스러기나 짚은 대부분 직접 태워서 이용하지만, 곡물이나 식물은 액체나 기체로 가공해서 연료를 만든다.

① 유채 기름, 콩기름, 폐기된 식물성 기름 등을 디젤유와 비슷한 형태로 가공해서 디젤 자동차의 연료나 난방용 연료 등으로 이용하는 방법이 많이 개발되고 있다.

② 생물자원을 미생물을 이용해서 분해하거나 발효시키면 메탄이 절반 이상 함유된 가스가 얻어진다. 이것을 정제하면 LNG와 같은 성분을 갖게 되어, 열이나 전기를 생산하는 연료로 이용할 수 있다.

③ 현재 대규모 축사로부터 나온 가축 분뇨가 강과 토양을 크게 오염시키고, 음식 찌꺼기는 악취로 인해 도시와 쓰레기 매립지 주변의 주거환경을 해치고 있는데, 이것들을 분해하면 에너지와 질 좋은 퇴비를 얻는 일석이조의 효과를 거둘 수 있다.

(3) 각국 현황

① 지금도 가난한 나라에서는 에너지의 많은 부분을 생물자원으로 충당한다.

② 그러나 선진국 중에도 생물자원을 개발해서 상당한 양의 에너지를 얻는 나라가 있는데, 대표적인 나라는 덴마크, 오스트리아, 스웨덴 등이다.

③ 덴마크에서는 짚과 나무 부스러기에서 전체 에너지의 5% 이상을 얻고 있고, 오스트리아와 스웨덴은 주로 나무 부스러기를 에너지원으로 이용해서 전체 에너지의 10% 이상을 얻고 있다.

④ 브라질 등에서 석유 대신 자동차 연료로 이용하는 '알코올'은 사탕수수를 발효시켜서 만든다.

(4) 바이오에너지 사용절차

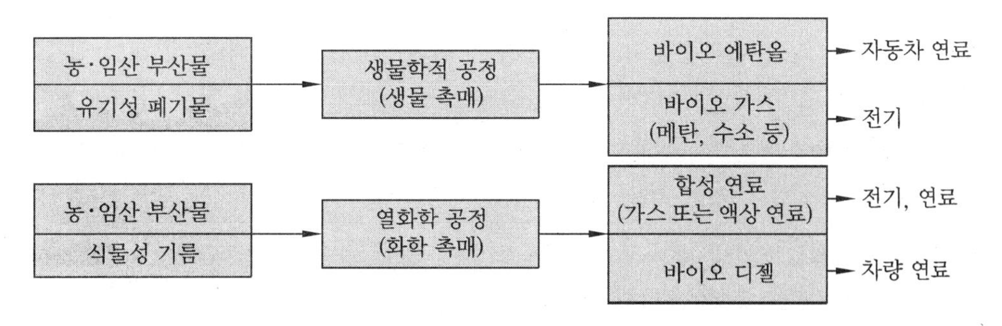

✓ 핵심 바이오에너지는 우리 생활 주변의 대부분의 유기물(바이오매스 ; Biomass)이 대상이 될 수 있으며, 인류가 화석연료를 발견하기 전에 에너지를 확보하던 방식이기도 하다.

08 폐기물에너지

사업장 또는 가정에서 발생되는 가연성 폐기물 중 에너지 함량이 높은 폐기물을 이용하여 재생에너지 회수가 가능하며, 또한 열분해에 의한 오일화, 성형고체연료 제조, 가스화에 의한 가연성가스 제조, 소각에 의한 열회수 등을 통하여 수요처에 유효한 에너지를 공급할 수 있다.

(1) 폐기물에너지의 특징

① 비교적 단기간 내에 상용화가 가능하다.
② 기술개발 주도와 상용화 기반 조성이 가능하다.
③ 타 재생에너지에 비하여 경제성이 높고, 조기 보급이 가능하다.
④ 폐기물의 청정처리 및 자원으로의 재활용이 가능하다.
⑤ 인류의 생존권을 위협하는 폐기물 환경문제가 줄어든다.

(2) 폐기물 신재생에너지의 종류

① **성형고체연료(RDF)** : 종이, 나무, 플라스틱 등의 가연성 폐기물을 파쇄 · 분리 · 건조 · 성형 등의 공정을 거쳐 제조한 고체연료

주 RDF(Refuse Derived Fuel) : 생활폐기물을 파쇄 · 건조 · 선별 · 분쇄 · 압축 성형 등의 공정을 거쳐 지름 약 1.5 cm, 길이 5 cm정도의 펠릿(pellet) 형태로 만든 연료로, 보관과 운반이 용이한 데다 연소성도 우수하다.

② **폐유 정제유** : 자동차 폐윤활유 등의 폐유를 이온정제법, 열분해 정제법, 감압증류법 등의 공정으로 정제하여 생산된 재생유

③ **플라스틱 열분해 연료유** : 플라스틱, 합성수지, 고무, 타이어 등의 고분자 폐기물을 열분해하여 생산되는 청정 연료유

④ **폐기물 소각열** : 가연성 폐기물 소각열 회수에 의한 스팀 생산 및 발전, 시멘트킬른 및 철광석소성로 등의 열원으로의 이용

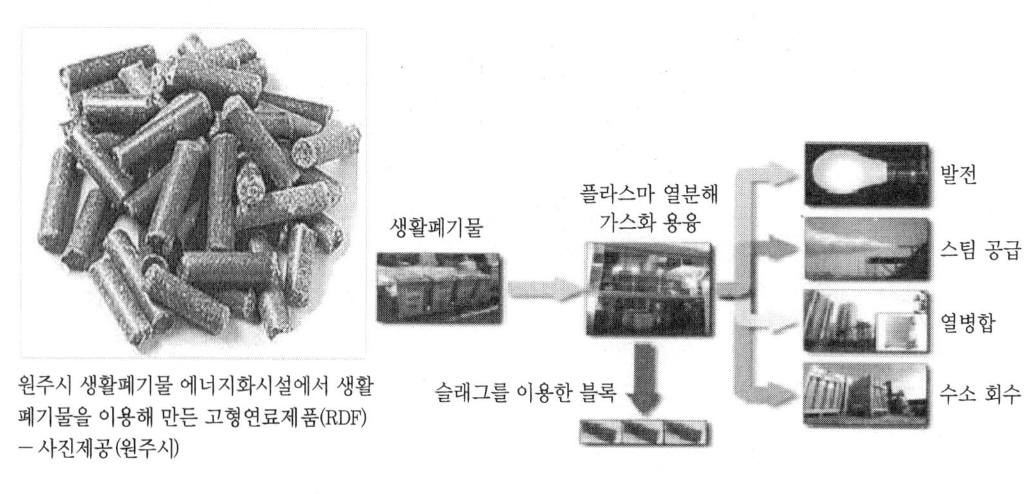

원주시 생활폐기물 에너지화시설에서 생활폐기물을 이용해 만든 고형연료제품(RDF) – 사진제공(원주시)

성형고체연료 (RDF)

폐기물활용사례

✓ 핵심 폐기물에너지 기술은 성형고체연료(RDF), 폐유 정제유, 폐플라스틱 열분해 연료유, 폐기물 소각열 등 산업분야에서 버려지는 다양한 에너지를 회수하여 유용한 에너지로 변환시켜 수요처에 공급하는 방식으로 폐기물 처리, 에너지 확보 등의 일석이조 이상의 효과를 기대할 수 있는 기술이다.

09 해양에너지

(1) 해양에너지의 특징

① 해양에너지는 해양의 조수·파도·해류·온도차 등을 변환시켜 전기 또는 열을 생산하는 기술을 말한다.

② 전기를 생산하는 방식은 조력·파력·조류·온도차 발전 등 다양한 방식들이 개발되고 있다.

(2) 해양에너지의 종류

① **조력발전(OTE ; Ocean Tide Energy)** : 조석간만의 차를 동력원으로 해수면의 상승하강 운동을 이용하여 전기를 생산하는 기술

② **파력발전(OWE ; Ocean Wave Energy)** : 연안 또는 심해의 파랑에너지를 이용하여 전기를 생산, 입사하는 파랑에너지를 기계적 에너지로 변환하는 기술

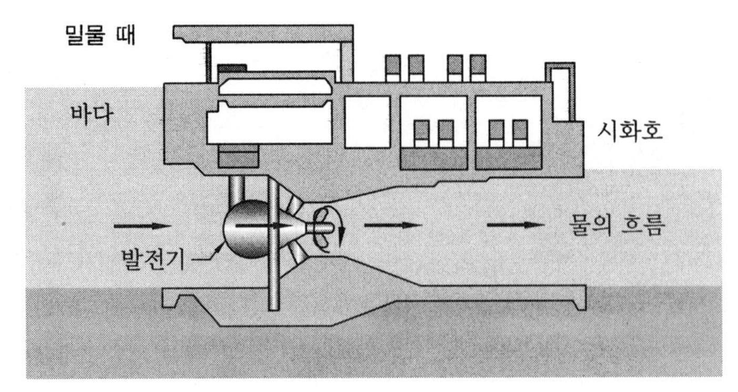

시화호발전소 발전기 10대 가동

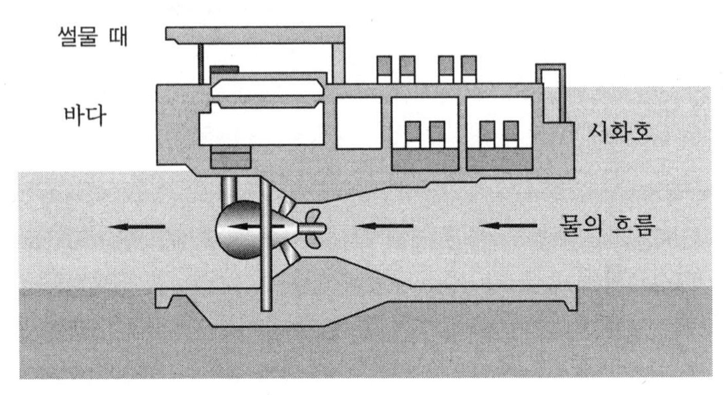

발전은 하지 않고 물만 내보냄

시화호 조력발전

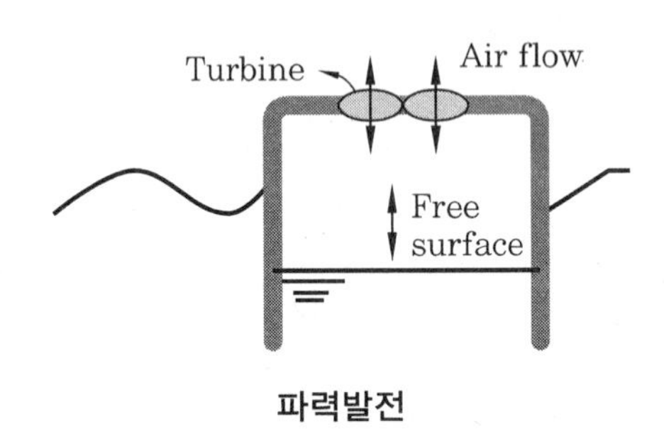

파력발전

③ **조류발전**(OTCE ; Ocean Tidal Current Energy) : 조차에 의해 발생하는 물의 빠른 흐름 자체를 이용하는 방식, 해수의 유동에 의한 운동에너지를 이용하여 전기를 생산하는 발전기술

④ **온도차발전**(OTEC ; Ocean Thermal Energy Conversion) : 해양 표면층의 온수(예 25~30℃)와 심해 500~1,000 m 정도의 냉수(예 5~7℃)와의 온도차를 이용하여 열에너지를 기계적 에너지로 변환시켜 발전하는 기술

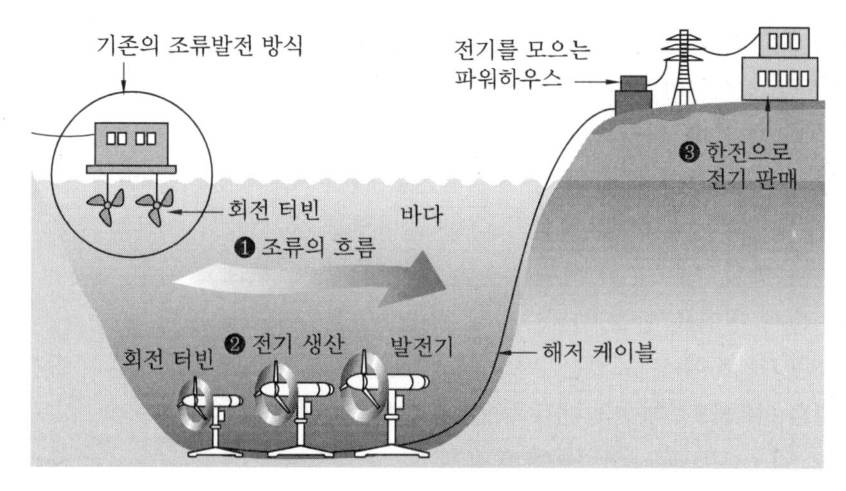

조류발전

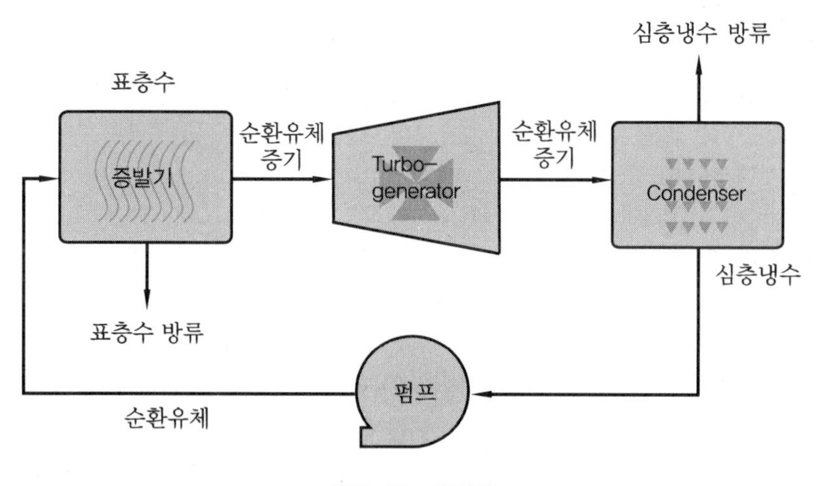

해양 온도차발전

⑤ **해류발전**(OCE ; Ocean Current Energy) : 해류를 이용하여 대규모의 프로펠러식 터빈을 돌려 전기를 일으키는 방식

해류발전

⑥ **염도차 혹은 염분차발전**(SGE ; Salinity Gradient Energy)

(가) 삼투압 방식 : 바닷물과 강물 사이에 반투과성 분리막을 두면 삼투압에 의해 물의 농도가 높은 바닷물 쪽으로 이동함, 바닷물의 압력이 늘어나고 수위가 높아지면 그 윗부분의 물을 낙하시켜 터빈을 돌림으로써 전기를 얻게 됨

(나) 이온교환막 방식 : 이온교환막을 통해 바닷물 속 나트륨 이온과 염소 이온을 분리하는 방식, 양이온과 음이온을 분리해 한 곳에 모으고 이온 사이에 미는 힘을 이용해서 전기를 만들어내는 방식

⑦ **해양 생물자원의 에너지화 발전** : 해양 생물자원으로 발전용 연료를 만들어 발전하는 방식

⑧ **해수열원 히트펌프** : 해수의 온도차에너지 형태로 활용하는 방식이며, 히트펌프를 구동하여 냉·난방 및 급탕 등에 적용함

주 ➔ 해수열원 히트펌프 설치 대표사례

해수 이용 히트펌프 시스템 설치사례로는 노르웨이 오슬로 시가 대표적이다. 고위도인 북위 63도 지역 오슬로 시 오레슨 마을 지역난방은 12 MW (2,646RT급) 해수열 히트펌프 시스템이 책임지고 있다. 해안면으로 130 m 지점, 수심 40 m에서 500 mm 플라스틱 관으로 5도 이상인 해수를 취수해 공급하고 있으며, 열교환기로는 티타늄이 사용됐다. 이 시스템은 초기 투자비가 커 설치 초기에는 연간 12 GWH로 수요가 많지 않아 적자 운영했지만, 연간 32 GWH 운전 시 투자비 회수기간이 4~5년으로 짧아 경제성이 양호한 것으로 나타났다.

✓ 핵심

- 해양에너지 사용 방법은 조력발전, 파력발전, 조류발전, 온도차발전, 해류발전, 염도차발전, 기타 해양 생물자원의 에너지화 발전 등 그 방식이 다양하다.
- 따라서 앞으로 연구하기에 따라서 그 발전 가능성이 무궁무진하며, 국내·외 많은 연구와 실증단지가 진행되고 있다.

10 수소에너지

(1) 수소에너지의 특징

① 수소에너지는 가정(전기, 열), 산업(반도체, 전자, 철강 등), 수송(자동차, 배, 비행기) 등에 광범위하게 사용될 수 있다.

② 수소의 제조, 저장기술 등의 인프라 구축과 안전성 확보 등이 필요하다.

(2) 수소에너지 제조상의 문제점

① 지구상의 수소는 화석연료나 물과 같은 화합물의 한 조성 성분으로 존재하기 때문에 이를 제조하기 위하여는 이들 원료를 분해해야 하며 이때 에너지가 필요하다.

② 현재 우리나라를 비롯하여 전 세계적으로 수소는 대부분 화석연료의 개질에 의하여 제조되며 이때 이산화탄소가 동시에 생성되므로 이러한 측면에서는 청정연료의 제조라는 표현이 무색하게 된다.

③ 물론 현재 수소는 연료가 아니라 화학제품의 환원제로 주로 사용되기는 하지만 수소가 꿈의 연료라는 명성을 차지하려면 역시 물의 분해에 의하여 제조되어야 할 것이다.

④ 물의 분해는 전기에너지나 태양에너지 등에 의하여 가능하나 전자는 고가이며 후자는 변환효율이 너무 낮은 것이 단점이다.

⑤ 원자로에서 950℃ 이상의 물을 끓여 수소를 분리하여 연료전지 등에 이용 가능(아래 그림 참조)하다.

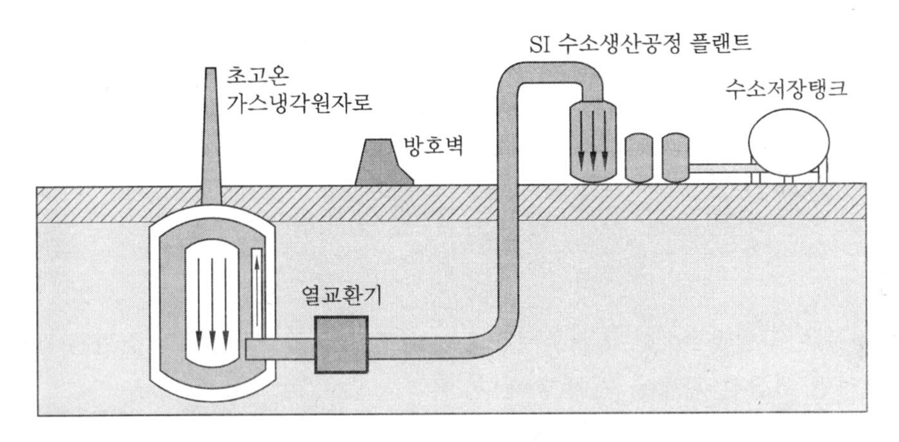

원자로 연계 수소생산 공정

(3) 수소에너지의 극복과제

① **산업 인프라 구축** : 수소를 안전하게 보관 및 저장하는 수소 스테이션(충전소) 등 사회적 인프라가 필요하다.

② **용기 부피** : 수소의 비등점은 대단히 낮기 때문에 초저온 또는 초고압으로 보관해야 자동차 같은 작은 플랫폼에도 싣고 다닐 만큼 부피를 줄일 수 있다.

③ 폭발성 높은 수소가 잘못 인화되거나 폭발했을 시 생기는 사고는 상상만 해도 끔찍하므로 안전하게 보관하는 데 필요한 2중, 3중 이상의 안전장치를 구비하여야 한다.

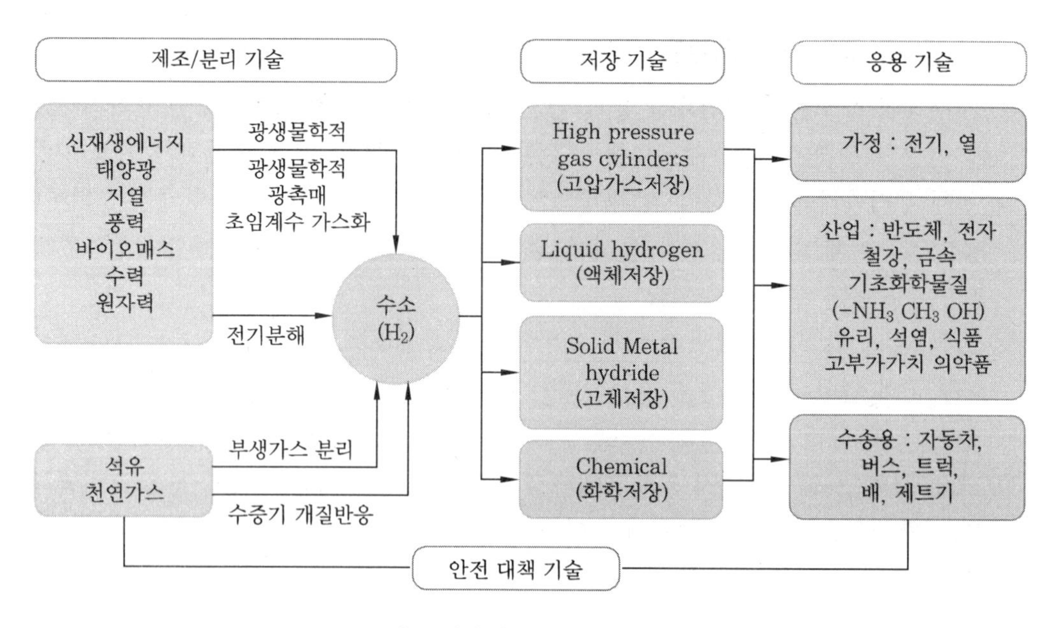

수소에너지 시스템 구조도

11 연료전지

(1) 개요

① 대부분의 화력발전소나 원자력발전소는 규모가 크고, 그곳에서 집까지 전기가 들어오려면 복잡한 과정을 거쳐야 한다.

② 일반적으로 이들 발전소에서 전기가 만들어질 때 나오는 열은 모두 버려진다.

③ 반면에, 화력발전소나 원자력발전소 대비 작은 규모로 집안이나 소규모 장소에 설치할 수 있고, 거기에서 나오는 전기는 물론 열까지도 쓸 수 있는 장치가 바로 연료전지와 소형 열병합 발전기이다.

(2) 연료전지의 특성

① 연료전지는 수소와 산소를 반응하게 해서 전기와 열을 만들어내는 장치로 재생 가능 에너지는 아니다.

② 현재 사용되는 연료전지용 수소는 거의 대부분 천연가스를 분해해서 생산한다.

③ 천연가스 분해과정에서 이산화탄소가 배출되기 때문에 연료전지는 현재로서는 지구온난화를 완전히 억제할 수 있는 기술은 아니다(이산화탄소 포집 및 농업·공업

분야에의 활용기술 필요).

④ 연료전지는 한 번 쓰고 버리는 보통의 전지와 달리 연료(수소)가 공급되면 계속해서 전기와 열이 나오는 반영구적인 장치이다.

⑤ **연료전지의 규모** : 연료전지는 규모를 크게 만들 수도 있고, 가정용의 소형으로 작게 만들 수도 있다(규모의 제약을 별로 받지 않음).

⑥ 연료전지는 거의 모든 곳의 동력원과 열원으로 기능할 수 있다는 이점을 가지고 있지만, 연료전지에 사용되는 수소는 폭발성이 강한 물질이고 섭씨 −253도에서 액체로 변환되기 때문에 다루기에 어려운 점이 있다.

(3) 연료전지의 원리 : 물의 전기분해과정과 반대과정

① 연료전지는 다른 전지와 마찬가지로 양극(+)과 음극(−)으로 이루어져 있는데, 음극으로는 수소가 공급되고, 양극으로는 산소가 공급된다.

② 음극에서 수소는 전자와 양성자로 분리되는데, 전자는 회로를 흐르면서 전류를 만들어낸다.

③ 전자들은 양극에서 산소와 만나 물을 생성하기 때문에 연료전지의 부산물은 물이다(즉 연료전지에서는 물이 수소와 산소로 전기분해 되는 것과 정반대의 반응이 일어나는 것이다).

④ 연료전지에서 만들어지는 전기는 자동차의 내연기관을 대신해서 동력을 제공할 수 있고(자전거에 부착하면 전기 자전거가 됨), 전기가 생길 때 부산물로 발생하는 열은 난방용으로 이용될 수 있다.

⑤ 연료전지로 들어가는 수소는 수소 탱크로부터 직접 올 수도 있고, 천연가스 분해장치를 거쳐 올 수도 있다. 수소 탱크의 수소는 석유 분해 과정에서 나온 것일 수도 있다. 그러나 어떤 경우든 배출물질은 물이기 때문에, 수소의 원료가 무엇인지 따지지 않으면 연료전지를 매우 깨끗한 에너지 생산장치로 볼 수 있다.

(4) 연료전지의 종류(전해질 종류와 동작온도에 의한 분류)

구분	알칼리형 (AFC)	인산형 (PAFC)	용융탄산염형 (MCFC)	고체산화물형 (SOFC)	고분자전해질형 (PEMFC)	직접메탄올 (DMFC)
전해질	알칼리	인산염	탄산염 (Li_2CO_3+ K_2CO_3)	지르코니아 (ZrO_2+Y_2O_3) 등의 고체	이온교환막 (Nafion 등)	이온교환막 (Nafion 등)
연료	H_2	H_2	H_2	H_2	H_2	CH_3OH
동작	약 120℃	약 250℃	약 700℃	약 1200℃	약 100℃	약 100℃

온도	이하	이하	이하	이하	이하	이하
효율	약 85 %	약 70 %	약 80 %	약 85 %	약 75 %	약 40 %
용도	우주 발사체 전원	중형건물 (200 kW)	중 · 대용량 전력용 (100 kW~MW)	소 · 중 · 대용량 발전 (1kW~MW)	정지용, 이동용, 수송용 (1~10 kW)	소형이동 (1 kW 이하)
특징	-	CO내구성 큼, 열병합 대응 가능	발전효율 높음, 내부개질 가능, 열병합 대응 가능	발전효율 높음, 내부개질 가능, 복합발전 가능	저온작동, 고출력밀도	저온작동, 고출력밀도

㈜ 용어

1. AFC : Alkaline Fuel Cell
2. PAFC : Phosphoric Acid Fuel Cell
3. MCFC : Molten Carbonate Fuel Cell
4. SOFC : Solid Oxide Fuel Cell
5. PEMFC : Polymer Electrolyte Membrane Fuel Cell
6. DMFC : Direct Methanol Fuel Cell
7. Nafion : DuPont에서 개발한 Perfluorinated Sulfonic Acid 계통의 막이다. 현재 개발되어있는 고분자전해질 Nafion막은 어느 정도 이상 수화되어야 수소이온 전도성을 나타낸다. 고분자막이 수분을 잃고 건조해지면 수소이온전도도가 떨어지게 되고 막의 수축을 유발하여 막과 전극 사이의 접촉저항을 증가시킨다. 반대로 물이 너무 많으면 전극에 Flooding 현상이 일어나 전극 반응속도가 저하된다. 따라서 적절한 양의 수분을 함유하도록 유지하기 위한 물관리가 매우 중요하다.

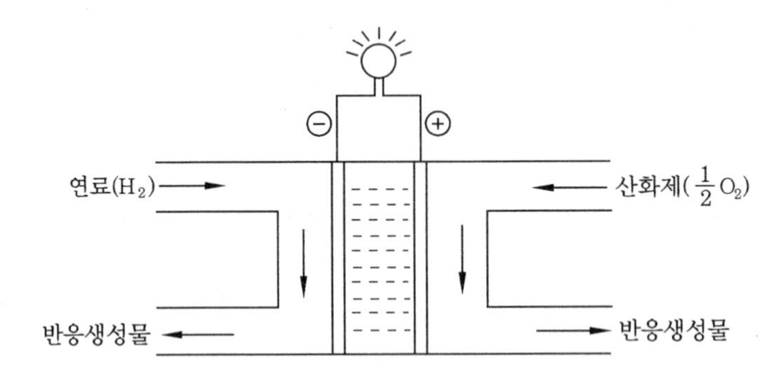

㈜ 1. 음극 측 : $H_2 \rightarrow 2H^+ + 2e^-$

2. 양극 측 : $\frac{1}{2}O_2 + 2H^+ + 2e^- \rightarrow H_2O$

3. 전반응 : $H_2 + \frac{1}{2}O_2 \rightarrow H_2O$

(5) 연료전지의 시스템 구성

① **개질기(Reformer)**

(가) 화석연료(천연가스, 메탄올, 석유 등)로부터 수소를 발생시키는 장치

(나) 시스템에 악영향을 주는 황(10 ppb 이하), 일산화탄소(10 ppm 이하) 제어 및 시스템 효율 향상을 위한 집적화(compact)가 핵심기술

② **스택(Stack)**

(가) 원하는 전기출력을 얻기 위해 단위전지를 수십 장, 수백 장 직렬로 쌓아올린 본체

(나) 단위전지 제조, 단위전지 적층 및 밀봉, 수소 공급과 열 회수를 위한 분리판 설계 · 제작 등이 핵심기술

③ **전력변환기(Inverter)** : 연료전지에서 나오는 직류전기(DC)를 우리가 사용하는 교류(AC)로 변환시키는 장치

④ **주변 보조기기(BOP ; Balance of Plant)** : 연료, 공기, 열회수 등을 위한 펌프류, Blower, 센서 등을 말하며, 각 연료전지의 특성에 맞는 기술이 필요함

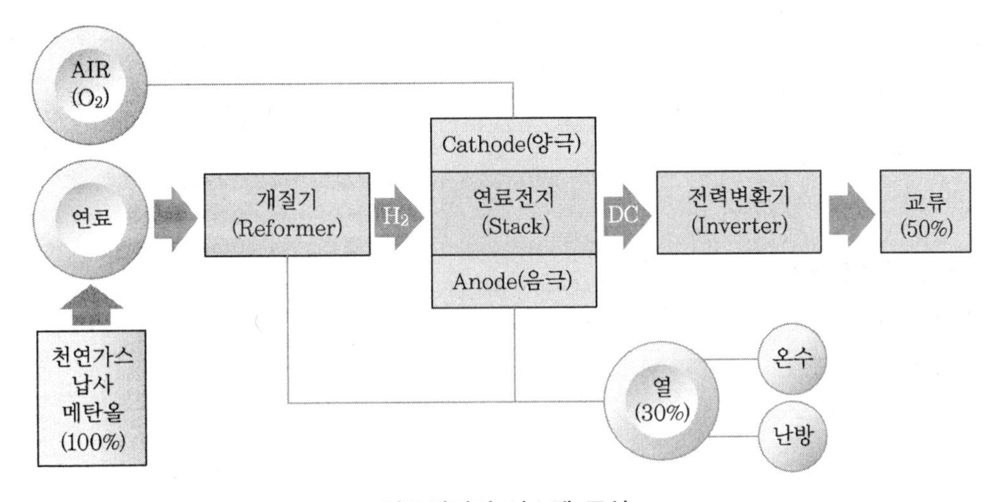

연료전지의 시스템 구성

(6) 연료전지의 발전현황

① **알칼리형(AFC ; Alkaline Fuel Cell)**

(가) 1960년대 군사용(우주선 : 아폴로 11호)으로 개발

(나) 순 수소 및 순 산소를 사용

② **인산형(PAFC ; Phosphoric Acid Fuel Cell)**

(가) 1970년대 민간 차원에서 처음으로 기술개발된 1세대 연료전지로 병원, 호텔, 건물 등 분산형 전원으로 이용

(나) 현재 가장 앞선 기술로 미국, 일본 등에서 상용화시킴

③ **용융탄산염형**(MCFC ; Molten Carbonate Fuel Cell)

㈎ 1980년대에 기술개발된 2세대 연료전지로 대형 발전소, 아파트단지, 대형 건물의 분산형 전원으로 이용

㈏ 미국, 일본에서 기술개발을 완료하고 상용화시킴

④ **고체산화물형**(SOFC ; Solid Oxide Fuel Cell)

㈎ 1980년대에 본격적으로 기술개발된 3세대 연료전지로 MCFC보다 효율이 우수하며, 대형 발전소, 아파트단지 및 대형 건물의 분산형 전원으로 이용

㈏ 최근 선진국에서는 가정용, 자동차용 등으로도 연구를 진행하고 있으나 우리나라는 다른 연료전지에 비해 기술력이 가장 낮음

⑤ **고분자전해질형**(PEMFC ; Polymer Electrolyte Membrane Fuel Cell)

㈎ 1990년대에 기술개발된 4세대 연료전지로 가정용, 자동차용, 이동용 전원으로 이용

㈏ 가장 활발하게 연구되는 분야이며, 실용화 및 상용화도 타 연료전지보다 빠르게 진행되고 있음

⑥ **직접메탄올연료전지**(DMFC ; Direct Methanol Fuel Cell)

㈎ 1990년대 말부터 기술개발된 연료전지로 이동용(핸드폰, 노트북 등) 전원으로 이용

㈏ 고분자전해질형 연료전지와 함께 가장 활발하게 연구되는 분야임

(7) 연료전지의 응용

① 전기자동차의 수송용 동력을 제공할 수 있다.

② 전기를 생산함과 동시에 열도 생산하기 때문에 소규모의 것은 주택의 지하실에 설치해서 난방과 전기 생산을 동시에 할 수 있다.

③ 큰 건물(빌딩, 상가건물 등)의 전기와 난방을 담당할 수 있다.

④ 대규모로 설치하면 도시 공급용 전기와 난방열을 생산할 수 있다.

(8) 연료전지 기술개발

① 연료전지는 전기 생산과 난방을 동시에 하는 장치로 쉽게 설치할 수 있고, 무공해 및 친환경적 기술이므로 앞으로 급속히 보급될 것으로 전망된다.

② 일부 에너지 연구자들은 인류가 앞으로 화석연료를 사용하는 경제 구조로부터 수소를 사용하는 구조로 나아갈 것으로 전망하는데, 이때 연료전지가 그 핵심 역할을 할 것으로 본다.

③ 수소는 폭발성이 강한 물질이므로, 향후 수소의 유통과정 및 취급 전반에 걸친 안전성을 확보하는 것이 중요하다.

④ 수소 제조상의 CO_2 등의 배출 문제, 연료전지의 원료가 되는 수소를 생산하기 위한 원료가 되는 석유, 천연가스 등의 자원의 유한성 등을 해결해나가야 한다.

> **주 ➔ 천연가스로 수소 제조**
>
> 1. 천연가스를 이용하여 수소를 생산하는 방법으로는 아래의 수증기개질법(steam reforming)이 가장 일반적으로 사용된다(스팀을 700~1,100℃로 메탄과 혼합하여 니켈 촉매반응기에서 압력 약 3~25 bar로 아래와 같이 반응시킴).
>
> 2. 반응식
>
> -1차(강한 흡열반응) : $CH_4 + H_2O = CO + 3H_2$, $\Delta H = +49.7$ kcal/mol
>
> -2차(온화한 발열반응) : $CO + H_2O = CO_2 + H_2$, $\Delta H = -10$ kcal/mol

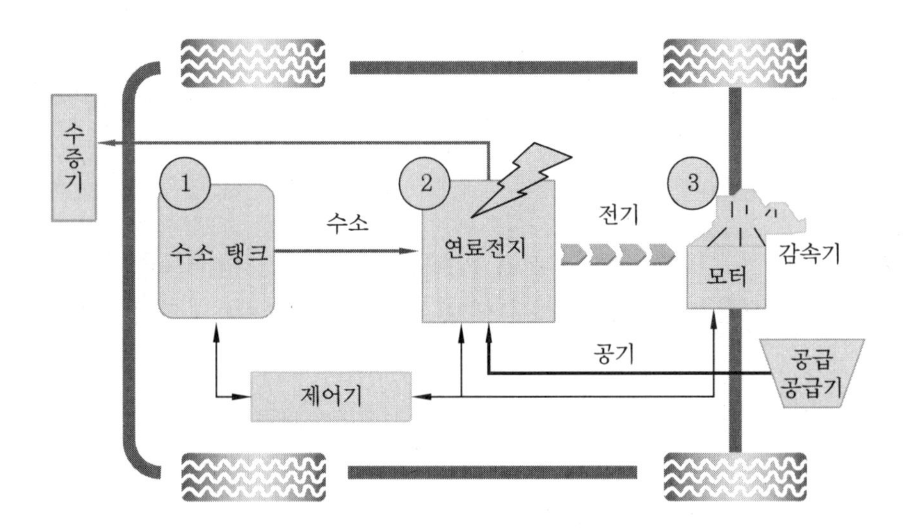

연료전지 자동차 동력 계통도

(9) 연료전지 시스템의 효율

① **발전효율**(Generation Efficiency) : 연료전지로 공급된 연료의 열량에 대한 순발전량의 비율(%)

$$\text{발전효율} = \frac{\text{연료전지의 발전량(kWh)} - \text{연료전지의 수전량(kWh)}}{\text{연료전지로 공급된 연료의 열량(kWh)}} \times 100\ \%$$

② **열효율**(Thermal Efficiency) : 연료전지로 공급된 연료의 열량에 대한 회수된 열량의 비율(%)

$$\text{열효율} = \frac{\text{연료전지의 열회수량(kWh)}}{\text{연료전지로 공급된 연료의 열량(kWh)}} \times 100\ \%$$

③ **종합효율** (Overall Efficiency)

$$\text{종합효율}(\%) = \text{발전효율}(\%) + \text{열효율}(\%)$$

✓ 핵심 • 연료전지는 물이 수소와 산소로 전기분해 되는 전기분해 과정을 정반대로 일으킨다 ($2H_2 + O_2 \rightarrow 2H_2O$).

• 수소는 폭발성이 강한 물질이므로, 향후 수소의 유통과정 및 취급 전반에 걸친 안전성을 확보하는 것이 중요하며, 수소 자체의 제조상 CO_2 배출로 인한 지구온난화 문제는 여전히 해결해야 할 과제로 남아있다.

12 석탄액화 · 가스화 및 중질잔사유(重質殘渣油) 가스화 에너지

(1) 기술개발 역사

① 석탄가스화 기술은 200여 년 전인 1792년 영국의 윌리엄 머독에 의해 발명되어 가정용 및 가로등 등에 석탄가스를 연료로 사용하면서 시작되었다.

② 근대적인 석탄가스화 장치는 석탄 매장량이 풍부한 독일에서 본격적으로 개발되어 1920년 이후 대기압에서 운전되는 소규모 고정층, 유동층형 가스화기기가 상업화되었다.

③ 1950~1960년대 미국 및 중동에서 저렴한 천연가스 및 다량의 석유가 발견되어 개발이 다소 주춤하기도 했으나 1973년 1차 석유파동 이후 다시 관심이 모아지면서 선진국에서 많은 연구비를 투입, 기술개발한 결과 대형 석탄가스화 플랜트가 상업화되었다.

④ 1980년대 말부터는 전력 생산을 목적으로 고온 고압에서 운전되는 미분탄 분류층 석탄가스화 기술을 개발하기 시작해 현재 상업용 복합발전에 적용하고 있다.

(2) 기술의 개요

① **석탄(중질잔사유) 가스화** : 대표적인 가스화 복합발전기술(IGCC ; Integrated Gasification Combined Cycle)은 석탄, 중질잔사유 등의 저급 원료를 고온·고압의 가스화기에서 수증기와 함께 한정된 산소로 불완전연소 및 가스화시켜 일산화탄소와 수소가 주성분인 합성가스를 만들어 정제공정을 거친 후 가스터빈 및 증기터빈 등을 동시에 구동하여 발전하는 신기술이다.

② **석탄액화** : 고체 연료인 석탄을 휘발유 및 디젤유 등의 액체연료로 전환시키는 기술

로 고온·고압의 상태에서 용매를 사용하여 전환시키는 직접액화 방식과, 석탄가스화 후 촉매상에서 액체연료로 전환시키는 간접액화 기술이 있다.

(3) 기술의 장점

① **복합 용도** : 석탄, 중질잔사유 등의 저급 원료로부터 전기뿐 아니라 수소 및 액화석유까지 별도 분리 및 제조가 가능하므로 연료전지 분야, 일반 산업 분야 등에 다목적으로 사용할 수 있다(기술적으로 원유에서 추출하는 물질의 대부분을 추출 가능).

② **연료 수급의 안전성** : 화력발전소에서는 회(灰) 부착 문제로 인해 회융점이 낮은 석탄을 사용하기 어려웠으나 IGCC에서는 사용이 가능하므로 연료 수급의 안정성 확보와 이용 탄종의 확대에 기여할 수 있다.

③ **친환경 발전기술** : 합성가스에 포함된 분진(Dust), 황산화물 등의 유해물질을 대부분 제거하기 때문에 공해가 적어 환경 친화적이다(석탄 직접 발전에 비해 대략 황산화물 90% 이상, 질소산화물 75% 이상, 이산화탄소 25%까지 저감 가능).

④ **고효율** : 저급의 연료를 고급의 연료로 바꾸어 사용하므로 발전효율이 매우 높다.

(4) 기술의 단점

① 소요 면적을 넓게 차지하는 대형 장치산업이다.

② 시스템 비용이 고가이므로 초기투자비용이 높다.

③ 복합설비로 전체 설비의 구성과 제어가 매우 복잡한 편이다.

④ 연계시스템의 구성, 시스템 고효율화, 운영 안정화 및 저비용화 등의 최적화가 어렵다.

(5) IGCC(가스화 복합발전)공정 흐름도

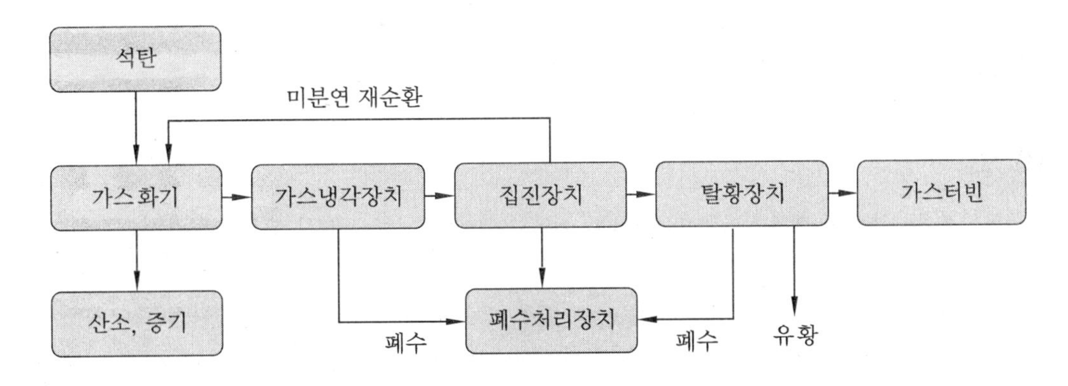

IGCC(가스화 복합발전)공정 흐름

(6) IGCC 장치의 구성도(사례)

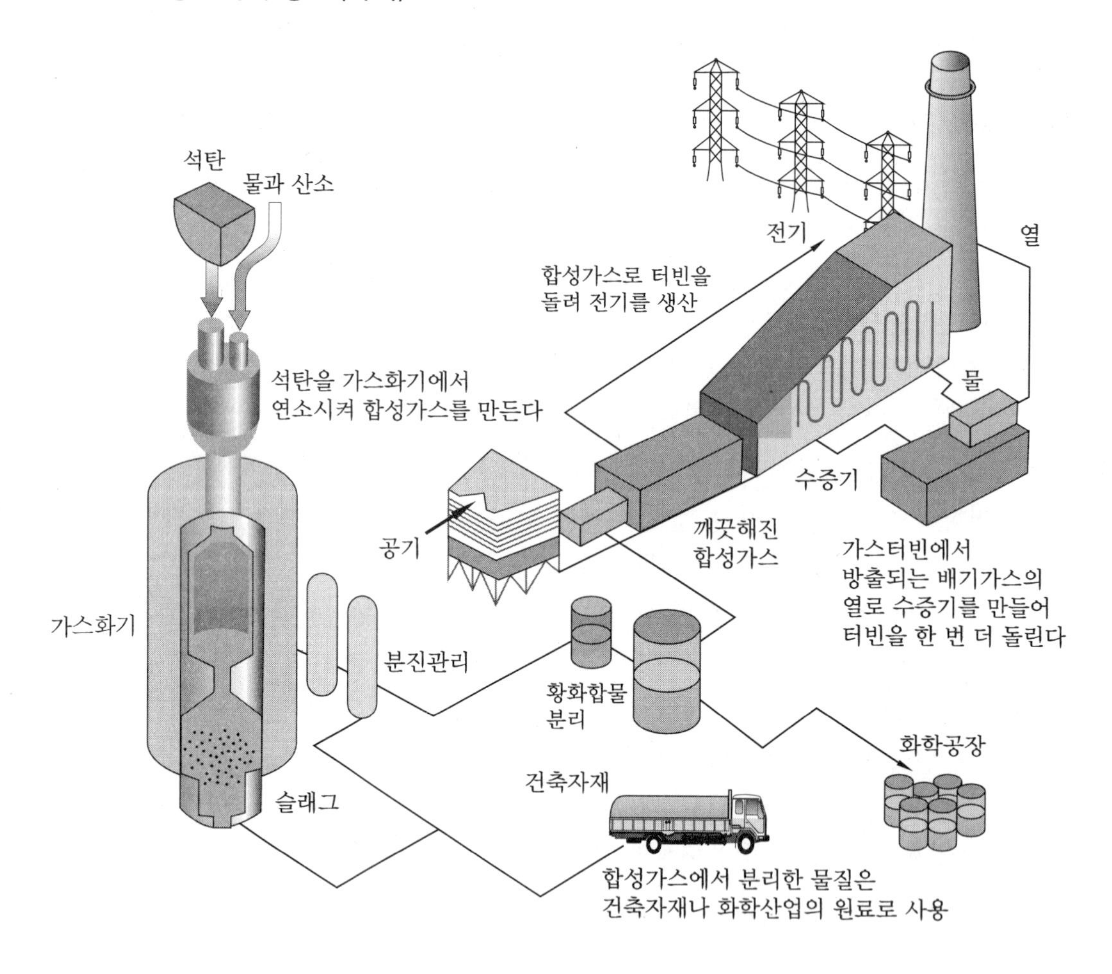

13 온도차에너지

(1) 개요

① 일종의 미활용에너지(Unused Energy ; 생활 중 사용하지 않고 버려지는 아까운 에너지)로 공장용수, 해수, 하천수 등을 말한다.

② 미활용에너지는 대부분 신재생에너지 범주 내에서 이용 가능한 에너지이며, 법적인 분류가 아닌 일반 학문적 분류 측면에서는 신재생에너지에 들어갈 수 있는 자연에너지에 속한다.

(2) 온도차에너지 이용법

① **직접이용** : 냉각탑의 냉각수로 직접 활용하는 경우

② **간접이용** : 냉각탑의 냉각수와 열교환하여 냉각수의 온도를 낮추어줌

③ **냉매열교환방식(매설방식)** : 응축관 매설 방식

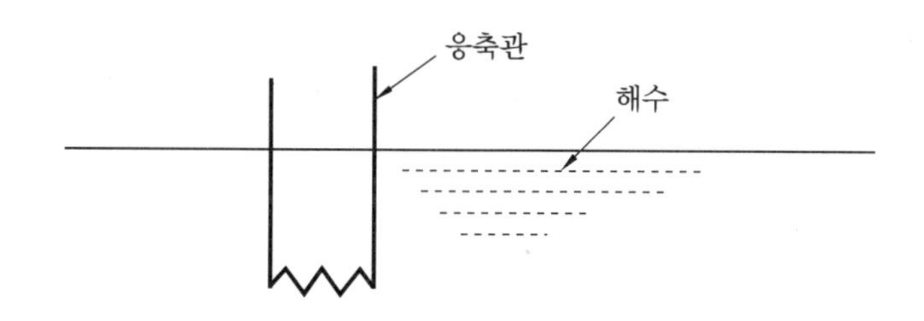

(3) 결론

① 미활용에너지 중 고온에 해당되는 소각열, 공장배열 등은 주로 난방, 급탕 등에 응용 가능하며, 경우에 따라서는 흡수식 냉동기의 열원으로도 사용될 수 있다. → 60℃ 미만의 급탕, 난방을 위해 고온의 화석연료를 직접 사용하는 것을 불합리하게 생각해야 한다.

② 그러나 온도차에너지는 미활용에너지 중 주로 저온에 해당되므로, 난방보다는 냉방에 활용될 가능성이 더 많다(냉각수, 냉수 등으로 활용).

③ **미활용에너지의 문제점** : 이물질 혼입, 열밀도가 낮고 불안정, 계절별 온도의 변동 많음, 수질 및 부식의 문제, 열원배관의 광역적 네트워크 구축의 어려움 등

④ UN 기후변화협약 및 교토의정서의 지구온난화물질 규제 관련 CO_2 감량을 위해 온도차에너지 및 고온의 미활용에너지를 적극 회수할 필요가 있다.

✓ **핵심** 온도차에너지는 미활용에너지의 일종으로 온도차를 이용하여 열회수가 가능한 잠재적 신재생에너지를 말한다.

제2장 | 에너지 자립형 건물

01 제로에너지 하우스 (Zero Energy House, Self-Sufficient Building)와 제로카본 하우스 (Zero Carbon House)

(1) 제로에너지 하우스 (Zero Energy House, Self-Sufficient Building, Green Home)

① 신재생에너지 및 고효율 단열 기술을 이용해 건물 유지에 에너지가 전혀 들어가지 않도록 설계된 건물을 보급하여 점차적으로 마을 단위의 그린빌리지(Green Village), 도시 단위의 그린시티(Green City) 혹은 에코 시티(Echo City)를 건설하는 데 목적이 있다.

② 석유, 가스 등의 화석연료를 거의 안 쓰기 때문에 온실가스 배출이 거의 없고, 주로 신재생에너지(태양열, 지열, 바이오에너지, 풍력 등)만을 이용하여 난방, 급탕, 조명 등을 행한다.

③ 적용기술

㈎ 건물 기본부하의 경감 : 에너지 절약기술 (고기밀, 고단열 구조 채용)

㈏ 자연에너지의 이용 : 태양열 난방 및 급탕, 태양광발전, 자연채광 (투명단열재, 단열코팅 등 적극 검토), 지열, 풍력, 소수력 등 이용

㈐ 미활용에너지의 이용 : 배열회수 (폐열회수형 환기유닛 채용), 폐온수 등 폐열의 회수, 바이오에너지 활용 (분뇨메탄가스, 발효알코올 등)

㈑ 보조열원설비, 상용전원 등 백업시스템

㈒ 기타 이중외피구조, 하이브리드 환기 기술, 옥상녹화, 중수재활용 등도 많이 채택되고 있다.

㈓ 현실적인 한마디로 표현하면, 현존하는 모든 에너지 절감기술을 총합하여 '제로에너지'에 도전하는 것이 제로에너지 하우스 (Zero Energy House)라 할 수 있다.

④ 기술개념

㈎ 제로에너지 하우스는 원래 단열, 기밀창호 등의 건축적 요소보다는 '에너지의 자급자족'이라는 설비적 관점에 주안점을 두고 있다.

㈏ 즉, 제로에너지 하우스는 신재생에너지 설비를 이용해 에너지를 충당하는 '액티브하우스 (Active house)' 개념에 가깝다.

㈐ 그러나 제로에너지 하우스(Zero Energy House)를 실현하기 위해서는 현실적으로 단열, 기밀창호구조 등의 건축적 요소도 합쳐져야 하는 것이 일반적이다.

(2) 제로카본 하우스(Zero Carbon House)

① '탄소 제로'를 실현하기 위해서는 아래와 같은 두 가지 기술이 접목되어야 한다.

㈎ 단열, 기밀창호 등의 건축적 기술→패시브 하우스(PH ; Passive House)의 기술

㈏ '에너지의 자급자족'이라는 설비적 기술→제로에너지 하우스(Zero Energy House)의 기술

② 상기 두 가지 기술을 접목하여 '탄소 제로'를 실현한 것이 제로카본 하우스(Zero Carbon House)라고 할 수 있다.

③ 따라서 '탄소 제로'라는 것은 결과적으로 상기 두 가지 기술을 접목하여 화석연료를 전혀 안 쓰기 때문에 온실가스 배출이 전혀 없다는 뜻이므로 결과적으로는 '패시브 하우스+제로에너지 하우스'의 접목된 기술이다.

④ 그러나 결과적으로 적용되는 기술이 거의 동일하다는 측면에서 제로에너지 하우스(Zero Energy House)와 동일 용어로 사용되기도 한다.

(3) 기술의 평가

① 이러한 초에너지 절약형 건물들은 현존하는 모든 에너지 절감기술을 총합하여야 가능하므로, 현실적으로는 패시브 하우스, 저에너지 하우스, 제로에너지 하우스, 제로카본 하우스, 그린빌딩, 파워빌딩, 제로하우스 등이 모두 유사한 용어로 사용될 수밖에 없다.

② 국내 그린홈에 대해 정의를 내려보면, '한국형 그린홈'= 패시브 하우스+제로에너지 하우스= 제로카본 하우스= 제로 이미션 하우스= 제로하우스

③ 단열과 기밀창호 등의 건축적 요소만으론, 신재생에너지 기술만으론 제로에너지 하우스든 제로카본 하우스든 그 필요충분조건을 만족시킬 수 없다. 이는 초에너지 절약형 기술의 개발이 여러 기술의 접목을 필요로 하며, 앞으로도 무척 많이 발전되어나가야 함을 의미하기도 한다.

(4) 향후 기술의 동향

① 제로에너지 하우스(Zero Energy House)나 제로카본 하우스(Zero Carbon House)는 21세기 건물 에너지 분야의 궁극적 목표가 될 것이라는 점에 인식을 같이하고 각종 신기술의 접목을 통한 요소기술 개발 및 실용화 연구가 활발히 진행되고 있다.

② 제로에너지 하우스(Zero Energy House)나 제로카본 하우스(Zero Carbon House)는 UN 기후변화협약 및 교토의정서의 지구온난화물질 규제 관련 CO_2 감량을 위해서도 앞으로 꼭 필요한 기술이므로, 이의 핵심기술 확보를 위한 국제적 경쟁과 공조가 보다 더 가열될 것으로 보인다.

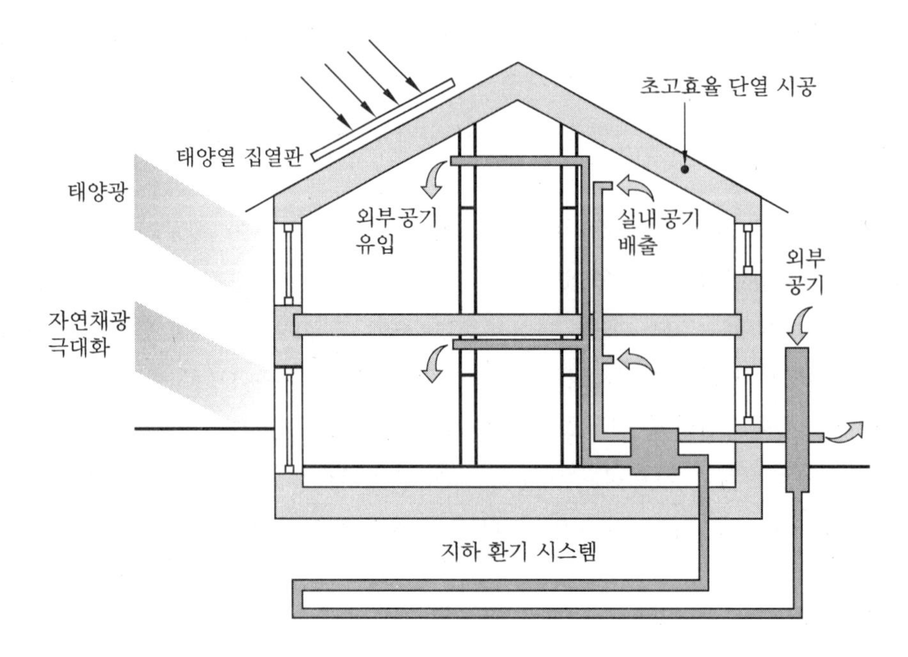

제로에너지 하우스 설치 사례

02 초에너지 절약형 건물에서의 에너지 절약기술

(1) 개요

① 건축물의 에너지 절약은 건축 부문의 에너지 절약과 기계 및 전기 부문의 에너지 절약을 동시에 고려해야 한다.

② 건축 부문의 에너지 절약은 대부분 외부부하 억제(단열, 차양, 다중창 등)의 방법이며, 내부부하 억제 및 Zoning의 합리화 등의 방법도 있다.

③ 설비 부문의 에너지 절약은 태양열 · 지열 등의 자연에너지 이용, 최적 제어기법, 폐열회수 등이 주축을 이룬다.

(2) 건축 분야의 에너지 절약기술

① **Double skin** : 빌딩 외벽을 2중 벽으로 만들어 자연환기를 쉽게 하고, 일사를 차단하거나 (여름철) 적극 도입하여(겨울철) 에너지를 절감할 수 있는 건물

② **건물 외벽 단열 강화** : 건물 외벽의 단열을 강화 (외단열, 중단열 등 이용)

③ **지중공간 활용** : 지중공간은 연간 온도가 비교적 일정하므로, 에너지 소모가 적음

④ **층고 감소, 저층화 및 기밀** : 실(室)의 내체적을 감소시켜 에너지 소모를 줄이고, 저층화 및 기밀구조로 각종 동력을 절감

⑤ **방풍실 출입구** : 출입구에 방풍실을 만들고 가압하여 연돌효과 방지

⑥ **색채 혹은 식목** : 건물 외벽이나 지붕 등에 색채 혹은 식목으로 에너지 절감

⑦ **기타** : 선진 창문틀 (기밀성 유지), 창 면적 감소, 건물 방위 최적화, 옥상면 일사 차폐, 특수 복층유리, Louver에 의한 일사 차폐 등

⑧ **내부부하 억제** : 조명열 제거, 중부하존 별도 설정 등

⑨ **합리적인 Zoning** : 실내 온・습도 조건, 실(室)의 방위, 실사용 시간대, 실부하 구성, 실(室)로의 열운송 경로 등에 따른 Zoning 설정

(3) 기계설비 분야의 에너지 절약기술

① **태양열, 지열, 풍력 등 자연에너지 적극 이용** : 냉난방 및 급탕용, 자가발전 등

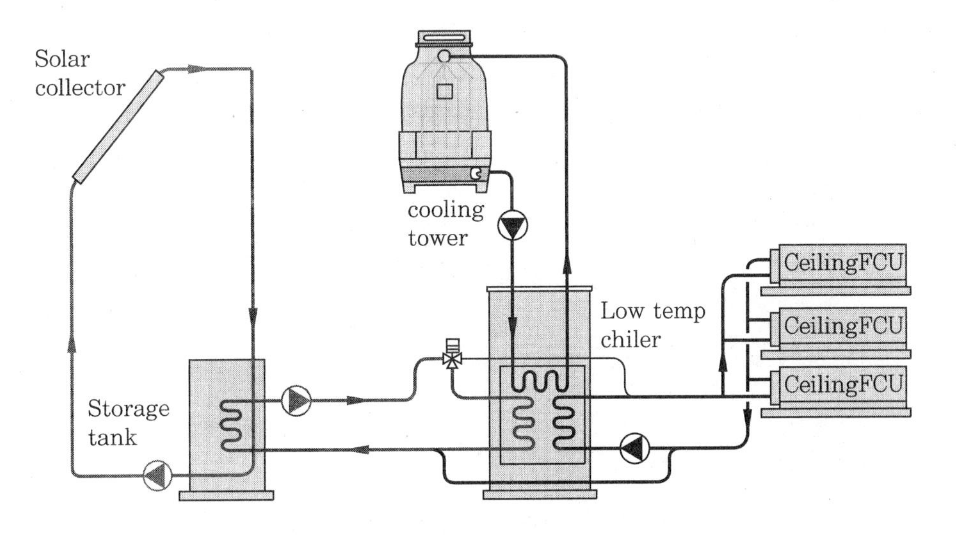

태양열 이용 저온 흡수식 냉동기 설치사례

② **조명에너지 절약** : 자연채광을 이용한 조명에너지 절감
③ **중간기** : 외기냉방 및 외기 냉수냉방 시스템
④ **외기량** : CO_2센서를 이용한 최소 외기량 도입
⑤ **VAV방식** : 부분부하 시의 송풍동력 감소
⑥ **배관계** : 배관경, 길이, 낙차 등을 조정하여 배관계 저항 감소시킴
⑦ **온도차에너지 이용** : 배열, 배수 등의 에너지 회수
⑧ **절수** : 전자식 절수기구 사용, 중수도 등 활용
⑨ **환기** : 전열교환기, 하이브리드 환기시스템 등 적용
⑩ **자동제어** : 첨단 IT기술, ICT기술을 활용하여 공조 및 각종 설비에 대한 최적제어 실시
⑪ **기타** : 국소환기, 펌프 대수 제어, 회전수 제어, 축열방식(심야전력) 이용, 급수압 저감, Cool Tube System 등 적용

주→ 태양열 응용방안

1. 온수, 급탕 및 공조공간에 대한 냉·난방
2. 건물은 햇볕의 장점을 획득하도록 설계 : 태양열 냉·난방 등으로 투자비 회수 가능
3. 태양열 냉·난방은 건물의 설계 시에 고려되기도 하고, 기존 건물의 개량에도 적용
4. 냉방 시에 지중으로 버려지는 온열을 회수하여 급탕, 수영장, 바닥 복사난방 등에 활용 가능하고, 난방 시에 지중으로 버려지는 냉열을 회수하여 온실의 복사축열 제거, 데이터센터, 전산실, 기타 건물내부존 등에 사용 가능하다.
5. 이를 실현하기 위해 열원 측과 부하 측을 직접 연결하는 우회배관을 구성하여 열원으로 버려지던 냉열 혹은 온열을 반대 부하 수요처에 공급해줄 수 있게 된다(예를 들어, A-Zone은 냉방으로, B-Zone은 급탕으로 동시에 운전하는 방식 등으로 적용 가능).

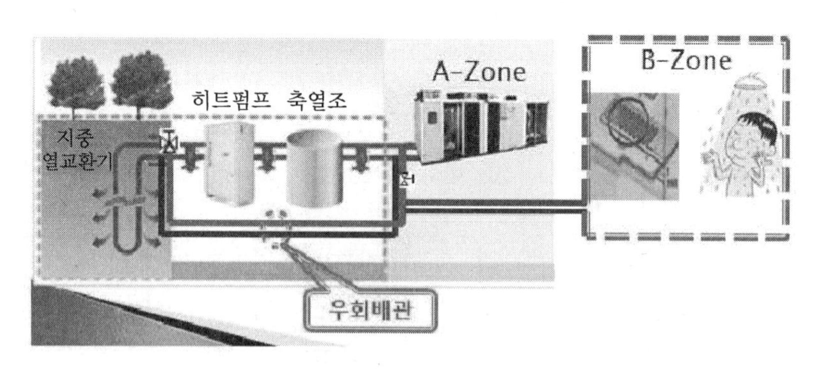

우회배관을 활용한 지열 폐열회수 시스템

태양열을 사우나의 온수 가열에 이용하여 에너지를 절감하는 사례

(4) 전기설비 분야의 에너지 절약기술

① **동력설비** : 고효율의 전동기 혹은 용량가변형 전동기 채택, 대수 제어, 심야전력의 최대 이용 등이 필요하다.

② **조명설비** : 고효율의 LED 채용, 고조도 반사갓(반사율 95% 이상) 채용, 타이머장치와 조명 레벨 제어(조도 조절장치 추가), 센서 제어, 마이크로칩이 내장된 자동 조명장치의 채용 등이 필요하다.

고효율 조명 비교 사례

구 분	백열전구	안정기내장형램프	LED램프
에너지효율	10~15 lm/W	50~80 lm/W	60~80 lm/W
제품수명	1,000시간	5,000~15,000시간	25,000시간
제품가격	약 1,000원	약 3,000~5,000원	약 10,000~20,000원
교체기준	30 W	10 W	4 W
	60 W	20 W	8 W
	100 W	30 W	12 W
제품사진			

③ **저손실형 변압기 채용 및 역률 개선** : 변압기는 상시 운전되는 특징을 가지고 있고, 전기기기 중 손실이 가장 큰 기기에 속하므로 고효율형 변압기 선택이 중요하다. 또 역률을 개선하기 위해서 진상콘덴서를 설치할 필요가 있다.

④ **변압기 설계** : 변압기 용량의 적정 설계, 용도에 따른 대수 제어, 중앙감시 제어 등이 필요하다.

⑤ **기타**

㈎ 태양광 가로등 설비 : 태양전지를 이용한 가로등 점등

㈏ 모니터 절전기 : 모니터 작동 중에 인체를 감지하여 사용하지 않을 경우 모니터 전원을 차단하는 장치

㈐ 대기전력 차단 제어 : 각종 기기의 비사용 시 대기전력을 차단

㈑ 옥외등 자동 점멸장치 : 광센서에 의해 옥외등을 자동으로 점멸하는 장치

㈒ 지하주차장 : 계통 분리, 그룹별 디밍제어 등

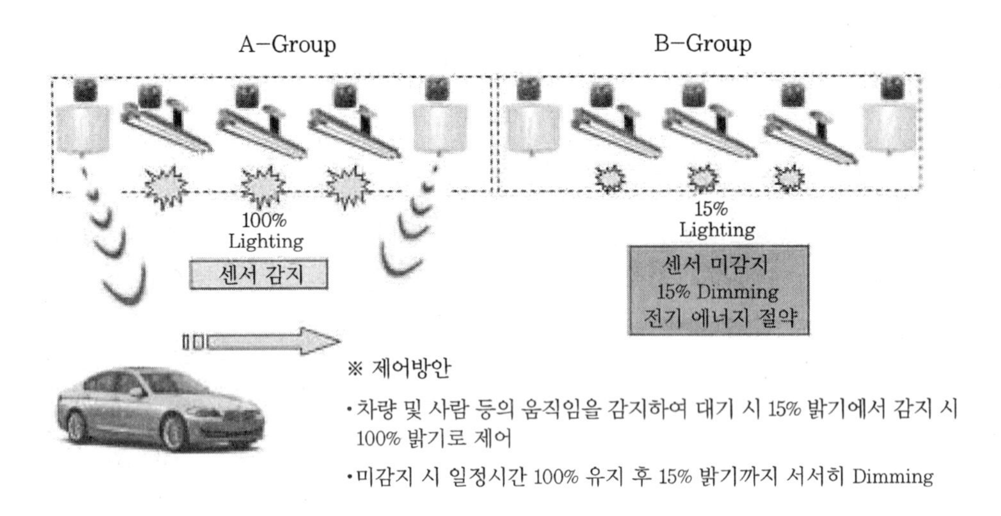

지하주차장의 그룹별 디밍제어 적용사례

(5) 초에너지 절약형 건물

① **국내 최초** : 1998년 준공한 한국에너지기술연구원의 초에너지 절약형 건물

㈎ 이 건물은 기존 사무용 건물에 비해 에너지 소모가 20% 정도로 획기적인 에너지 절약형 건물이다.

㈏ 이 실험용건물의 1 m^2 공간당 연간 에너지소비량은 약 74 MCal로서 당시 가장 우수하다고 평가되었던 일본의 대림조(大林組 ; 오바야시구미)기술연구소 본관빌딩의 94 MCal보다 훨씬 우수하게 평가된 바 있다.

㈐ 특히 국내의 보통 사무용빌딩이 1 m^2당 3백~3백50 MCal를 쓰고 있는 것과 비교해볼 때 20 %를 조금 넘는 수준이며 청정한 자연에너지를 활용함으로써 건물 부문에서의 이산화탄소 (CO_2) 배출 억제에도 기여하는 등 국내 빌딩건축의 역사에 크게 자리매김하게 되었다.

㈑ 이 건물의 내부구조는 전시 및 회의실, 연구실로 되어있으며, 용도는 적용된 기술들에 대한 연구실험결과의 도출 및 실용화로서 건축 관련 전문가들의 기술에 대한 적용사례 등을 관찰할 수 있는 홍보용으로도 활용하고 있다.

② 서울 강서구 마곡지구 내 공공청사 등

㈎ 세계 최고 수준의 수소 연료전지 발전시설 건설

㈏ 화석연료 (온실가스) 자제로 친환경 미래형 도시 지향

㈐ 신재생에너지(태양광, 지열) 사용으로 자체에너지 공급능력 늘림(신재생에너지를 60 % 이상 공급 계획)

㈑ 하수처리 등의 열회수

㈒ 가로등, 신호등 : LED조명 사용 등

③ 대림산업 아파트

㈎ 아파트 단지 내에 태양광, 태양열, 지열, 빗물 등 신재생에너지와 특수건축기법을 활용한 에너지 절약형 커뮤니티센터를 선보이고 있다.

㈏ 단지 내 커뮤니티센터에 태양열을 이용해 난방이 가능한 급탕 시스템과 태양광을 이용해 전기를 생산해내는 발전시스템 등을 적용했다.

㈐ 빗물을 재활용하는 시설이 적용된 아파트에는 지하 저장시설을 설치해 옥상에 떨어진 빗물을 모으게 된다. 이렇게 모아진 빗물은 정화과정을 거친 후 조경용수와 청소용수로 재활용할 수 있어 관리비를 절감할 수 있다. 특히 집중호우 시에는 홍수를 예방할 수 있는 저수조로 활용할 수도 있다.

㈑ 건물 전체의 연간 냉난방 에너지 사용량이 제로에 가까운 패시브 하우스도 일부 상용화 단계에 접어들었다.

> **주 ➔ 패시브 하우스 :** 패시브 하우스 (PH ; Passive House)란 독일, 스웨덴 등의 유럽에서 시작된 개념으로 연간 난방에너지사용량이 약 15 kWh/m^2 (일률 단위로는 약 10W/m^2) 이하이고, 일차에너지 소비가 120 kWh/m^2 이하인 건물을 말한다 (단열 측면이 강조된 주택).

④ 기술전망 : 앞으로의 초에너지 절약형 건물은 제로에너지 하우스 (외부로부터 추가로 공급되는 에너지가 없음) 혹은 플러스에너지 하우스 (사용하는 에너지보다 생산하는

에너지가 더 많음), 제로카본 하우스 (에너지수지+탄소배출수지가 제로) 등을 지향하고 있다.

✓ 핵심 초에너지 절약형 건물에서의 에너지 절약은 건축 부문에서는 Double skin, 외벽 단열, 지하공간 활용, 층고 감소, 저층화 등의 방법이 주로 사용되고, 기계설비 부문에서는 신재생에너지 이용 (태양열, 지열, 온도차에너지 등), 공조에너지 절약 (외기냉방, VAV 등), 환기 절감, 폐열 에너지 회수, 에너지 사용 절약 (조명에너지, 절수 등) 등이 주로 적용되고 있으며, 궁극적으로 에너지수지 및 탄소배출수지를 제로화 하는 방향을 지향하고 있다.

03 낭비운전 및 과잉운전 대처방법

건물이나 산업 분야에 사용되는 여러 설비들의 낭비운전과 과잉운전에 대한 효과적인 억제 방법으로는 아래와 같은 사항들을 들 수 있다.

(1) 전력관리 측면

① 전력관리를 효과적으로 하기 위해서는 우선 부하 (기기)의 종류와 그들 기기가 어떻게 사용되고 있는가를 함께 검토하여야 한다.

② 전기기기의 효율 향상, 역률의 개선 등이 필요하다.

③ 변압기의 효율 저하의 개선이나 무부하 시의 손실 저감, 전동기의 공회전에 의한 낭비시간의 전력소모 방지, 불필요한 시간대에 부서의 조명 소등 등이 필요하다.

④ 더욱이 전력관리를 진척시키기 위해서는 부하 상태의 감시 및 파악이 필요하다 (즉 부하설비의 종류와 용량, 정격, 부하설비의 가동상황은 어떠한 상태인가 등에 대한 감시가 필요하다).

(2) 첨두부하 제어방법

① **첨두부하 억제** : 어떤 시간대에 집중된 부하가동을 다른 시간대로 이동하기가 곤란한 경우 사용전력이 목표전력을 초과하지 않도록 일부 부하를 차단하는 것으로, 실질적으로 생산량이 감소된다.

② **첨두부하 이동** : 어떤 시간대에 첨두부하가 집중하는 것을 막기 위하여 그 시간대의 부하가동의 공정을 고쳐보아서 일부 부하기기의 운전을 다른 시간대로 이동시켜도 생산

라인에 영향을 미치지 않는가를 확인하여 부하이동을 시행한다(대규모 전력부하 이동 실시의 한 예로, 빌딩 등의 공조용 냉동기의 축열운전이 있다).

③ **자가용 발전설비의 가동** : 전력회사에서 공급되는 전력으로 생산하기에는 부족하고, 최대 전력부하의 억제나 이동이 어렵거나 목표전력의 증가는 경비나 설비 면에서 부담이 커서 실시하기가 곤란한 경우에 자가용 발전설비가 설치되고 있다.

(3) 기타의 대처방법

① **환기량 제어** : 환기량에 대한 기준 완화, CO_2 센서 이용 제어 등

② **Task/Ambient, 개별공조, 바닥취출공조** : 비거주역에 대한 낭비를 줄임

③ **외기냉방(엔탈피 제어)** : 중간기 엔탈피 제어 등으로 낭비를 줄임

④ **각종 폐열 회수** : 배열 회수, 조명열 회수, 배수열 회수 등

⑤ **승온 이용** : 응축기 재열, 이중응축기 등 이용

⑥ **단열** : 공기순환형창, Double Skin, 기밀 유지, 연돌효과 방지, 배관 및 덕트보온 등 필요

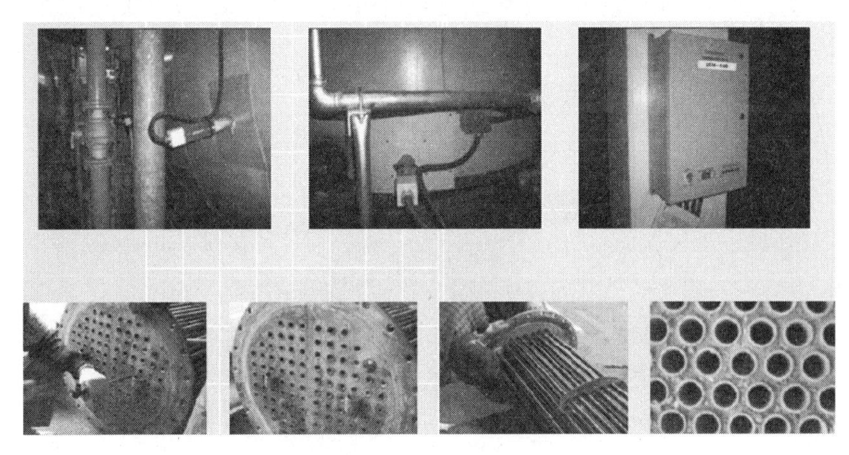

초음파스케일방지기를 이용한 에너지 절약 사례

> **주** ➔ 1. 가청주파수는 20 Hz~20 kHz 정도이다.
> 2. 가청영역 아래는 극저음파, 가청영역 위는 초음파라고 한다.
> 3. 초음파를 액체 중에 발사하면 수축과 팽창의 반복으로 파동이 액체 속에 전달되어 스케일이 제거되고 열교환효율이 상승하는 원리이다.

> **✓ 핵심** 첨두부하 제어방법에는 첨두부하 억제(일부 부하의 차단), 첨두부하 이동(부하의 다른 시간대로의 이동 혹은 축열), 자가용 발전설비(계약전력의 증가가 어려울 시) 등이 있다.

제3장 | 에너지 절약 및 축열기술

01 전열교환기

(1) 전열교환기

① 환기를 위해 실외로 버려지는 오염된 실내공기와 실내로 유입되는 실외공기가 전열교환 소자를 교차하는 과정에서 오염된 실내공기가 갖고 있는 버려지는 열(현열+잠열)을 회수하는 역할을 한다(경제적 이득).

② **프리필터** : 외부공기의 분진이나 각종 냄새 등을 제거하고 현열교환기(소자)의 오염을 막는다(장기 수명).

③ 기타 실내 CO_2농도 및 미세먼지를 관리하여 Wellbeing 측면에서도 상당히 유리한 방식이다.

㈜ 현열만 회수하는 것은 현열교환기라고 부른다.

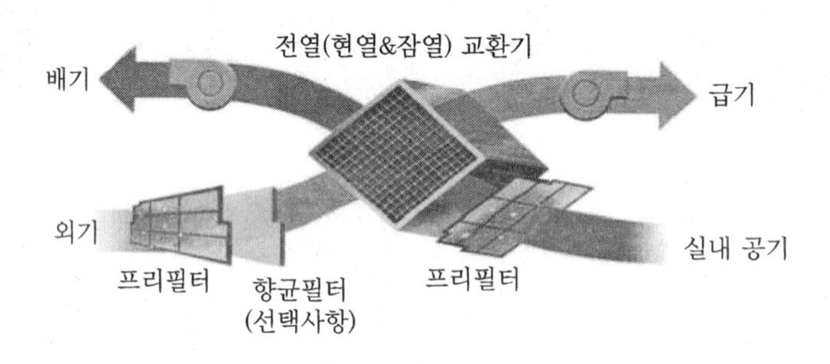

전열교환기(고정식)

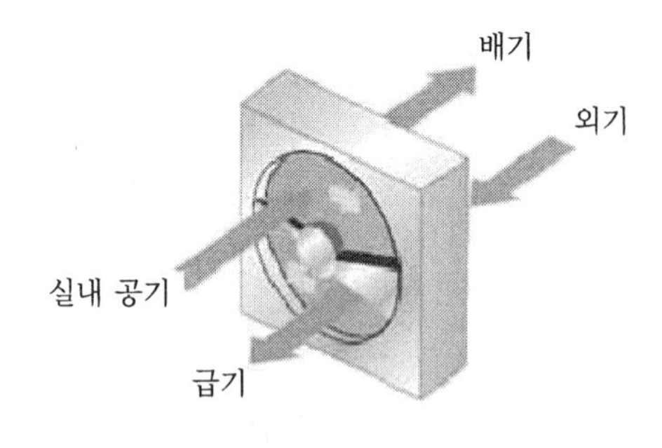

전열교환기(회전식)

(2) 전열교환기의 현열 및 잠열 회수열량 산출(사례)

- 현열 회수열량 : $q = C_p \cdot Q \cdot \gamma \cdot (to - tr) \cdot \eta s$
- 잠열 회수열량 : $q = r \cdot Q \cdot \gamma(\chi o - \chi r) \cdot \eta L$

* q : 열량(kcal/h = 1/860 kW = 1/860 kJ/s)
  Q : 풍량(m^3/h = 1/3600 m^3/s)
  γ : 공기의 밀도(= 1.2 kg/m^3)
  C_p : 건공기의 정압비열(0.24 kcal/kg·℃≒1.005 kJ/kg·K)
  r : 0℃에서의 물의 증발잠열(597.5 kcal/kg≒2501.6 kJ/kg)
  $to - tr$: 실외온도-실내온도(℃, K)
  $\chi o - \chi r$: 실외 절대습도-실내 절대습도(kg/kg')
  ηs : 전열교환기 상당 현열회수 효율
  ηL : 전열교환기 상당 잠열회수 효율(단, 외기도입량을 30 %라고 가정할 때
  $\eta s = 0.3 \times 0.6$ (전열교환기 평균 현열회수 효율) = 0.18
  $\eta L = 0.3 \times 0.5$ (전열교환기 평균 잠열회수 효율) = 0.15이다.)

(3) 전열교환기 총 회수열량

상기 계산식에서 전열교환기는 냉·난방 공조에 필요한 동력(에너지)의 약 17 %를 절감 가능함을 알 수 있다.

02 인버터 기술

(1) 전력 변환방법

VVVF는 Variable Voltage Variable Frequency의 약자로서 Inverter 또는 VFD라고도 하며, 상용전원의 전압과 주파수를 가변시켜 Motor에 공급함으로써 Motor의 회전속도를 자유롭게 제어하는 Motor 가변속제어장치를 말한다.

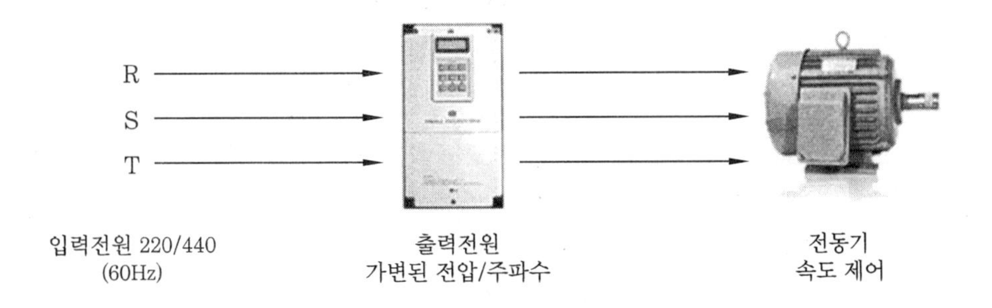

(2) 효율절감 계산 사례

원동기 회전수를 50% 줄일 경우, 축동력은 0.5^3=0.125	⇨	인버터 효율=95% 모터 효율=75% 펌프 효율=70%로 가정할 경우, 소비전력은 약 25%됨	⇨	약 75% 소비전력 절감효과 (회전수를 30% 줄일 경우에는 약 30% 절감)

(3) 인버터 회전수제어 원리

① VVVF에 의한 회전수제어

$$\text{동기회전수 } N = \frac{120F}{P}$$

* 회전수 (N : rpm), 주파수 (F : Hz), 전동기극수 (P)

② 회전수 변화에 따른 유량, 양정, 동력변화

- $Q' = \left(\frac{N'}{N}\right) \cdot Q$
- $H' = \left(\frac{N'}{N}\right)^2 \cdot H$
- $P' = \left(\frac{N'}{N}\right)^3 \cdot P$

* 변화 전후의 회전수 (N, N' : rpm), 유량 (Q, Q' : lpm), 양정(H, H' : m), 동력(P, P' : kw, HP)

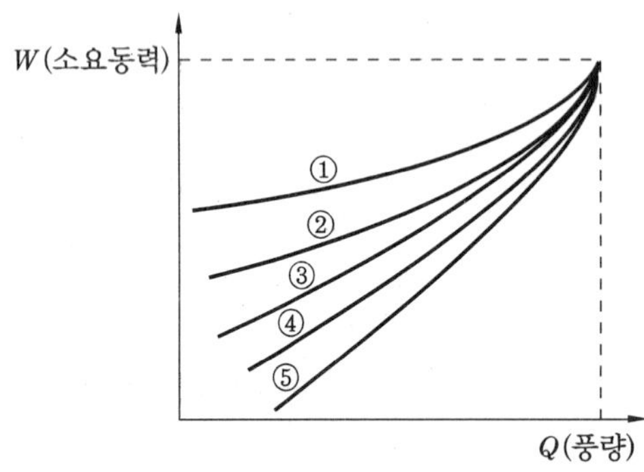

풍량제어방식별 소요동력

Quiz 펌프의 회전수가 1000 rpm일 때, 토출량은 1.5 m^3/min, 소요동력이 12 kW이다. 회전수를 가변하여 펌프의 토출량을 1.2 m^3/min으로 감소시키면 동력은 얼마인가?

해설 감소된 동력 $= 12 \times \left(\frac{1.2}{1.5}\right)^3 = 6.14$ kW

(4) 펌프의 동력 계산방법

① **수동력(Hydraulic horse power)** : 펌프에 의해 액체에 실제로 공급되는 동력

$$Lw = \frac{\gamma \cdot Q \cdot H}{102}$$

② **축동력(Shaft horse power)** : 원동기에 의해 펌프를 운전하는 데 순수하게 필요한 동력

$$L = \frac{\gamma \cdot Q \cdot H}{102 \cdot \eta_p}$$

③ **펌프의 출력** : 펌프의 효율과 전단계수를 고려한 필요 축동력

$$P = \frac{\gamma \cdot Q \cdot H \cdot k}{102 \cdot \eta_p}$$

* γ : 비중량 (kgf/m^3), Q : 수량 (m^3/sec), H : 양정(m), η_p : 펌프의 효율 (전효율),
k : 전달계수 (약 1.1~1.15)

주 펌프의 효율 (전효율) : $\frac{수동력}{축동력}$ = 약 80 ~ 90 %

1. 체적효율 (Volumetric efficiency ; η_v)

$$\eta_v = \frac{Q}{Q_r} = \frac{Q}{(Q+Q_1)} \fallingdotseq 0.9 \sim 0.95$$

* Q : 펌프 송출유량, Qr : 회전차속을 지나는 유량, Q_1 : 누설유량

2. 기계효율 (Mechanical efficiency ; η_m)

$$\eta_m = \frac{(L - \Delta L)}{L} \fallingdotseq 0.9 \sim 0.97$$

* L : 축동력, ΔL : 마찰 손실동력

3. 수력효율 (Hydraulic efficiency ; η_h)

$$\eta_h = \frac{H}{H_{th}} \fallingdotseq 0.8 \sim 0.96$$

* H : 펌프의 실제양정(펌프의 깃수 유한, 불균일 흐름 등으로 인해 이론양정보다 적음),
Hth : 펌프의 이론양정

4. 펌프의 전효율 (Total efficiency ; η_p)

$\eta_p = \eta_v \times \eta_m \times \eta_h$ = 체적효율×기계효율×수력효율

(5) 펌프의 소비전력(소비입력) 계산방법

상기 ③번의 '펌프의 출력' 계산식에 전동기효율 (η_M)을 추가하여 펌프의 소비전력 $= \frac{r \cdot Q \cdot H \cdot k}{102\eta_p \cdot \eta_M}$로 표현할 수 있다.

03 폐수열회수 히트펌프

(1) 폐열회수 절차

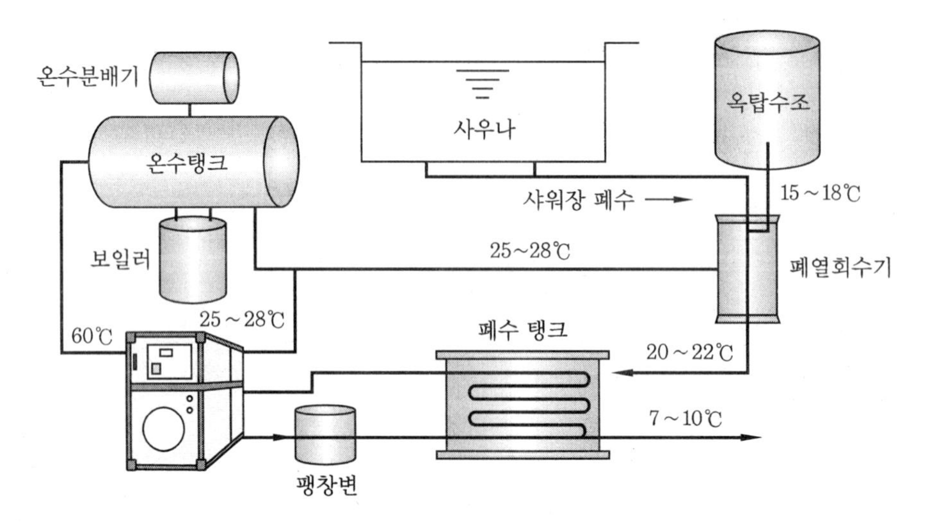

(2) 에너지 절감량 계산사례

① 폐온수로부터 회수열량

$= 63\,m^3/h \times 1\,kcal/℃ \cdot kg \times 1{,}000\,l/m^3 \times (24-18)℃ \times 22\,h/d \times 24\,d/m \times 12\,m/y \times 0.95$

= 2,275,257,600 (kcal/y)

* h : hour, d : day, m : month, y : year

② 절감 연료량 (L)

L = 연간절감열량÷LNG의 저위발열량÷보일러효율 (87 % 가정)

= 2,275,257,600 (kcal/년)÷9,420 (kcal/Nm^3LNG)÷0.87

= 277,626 (Nm^3/년) = 290 (toe/년)

③ 절감 금액(W)

= 277,626 (Nm^3/y) = 12,132,256 (MJ/y)

12,132,256 (MJ/y)×20 (원/MJ) = 242,645 (천 원)

④ 투자비

냉동기 약 80 RT 소요 : 약 120,000 (천 원) → 히트펌프 시스템 설치의 경우

⑤ 회수년수 : $\frac{120{,}000}{242{,}645}$ = 약 0.5년

04 축열 시스템

(1) 축열 시스템의 역할

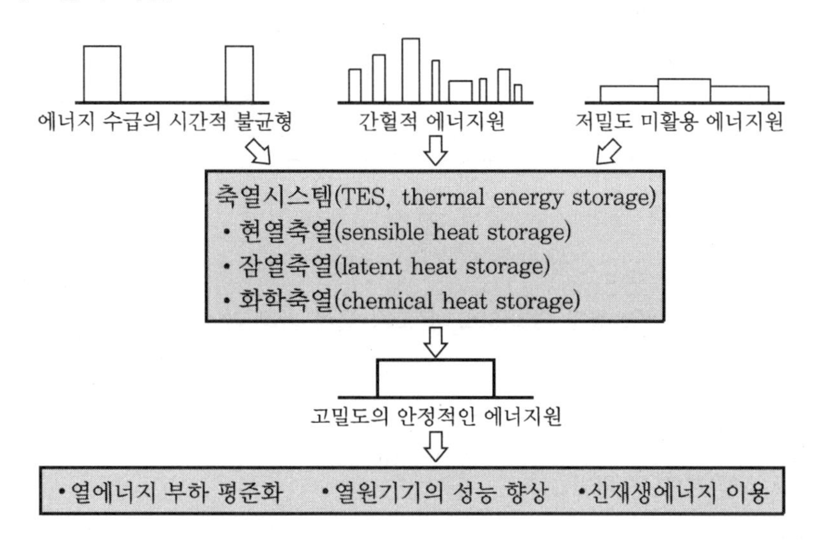

(2) 고체 축열 시스템

① 물의 이용 가능 온도범위가 아닌 경우

② 별도의 열전달 매체가 필요

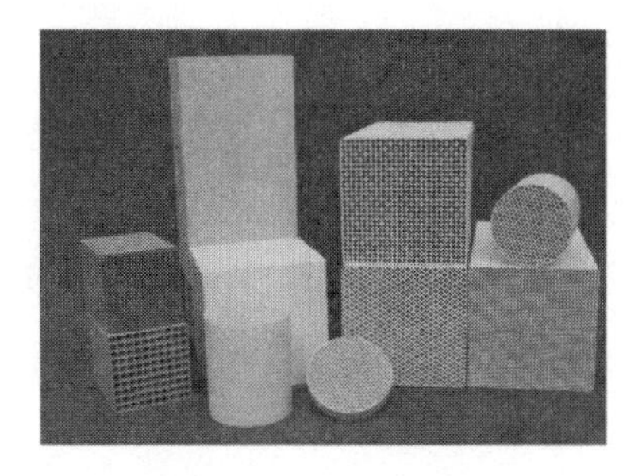

알루미나 (고체 축열용)

③ 알루미나의 이용

Medium	ρ [kg/m³]	C_p [J/kg·K]	$\rho C_p \times 10^{-6}$ [J/m³·K]	k [W/m·K]	$a(k/\rho c)$ 10^6 [m²/s]
Aluminum oxide	3,900	840	3.276	6.3	1.923

(3) 화학 축열 시스템

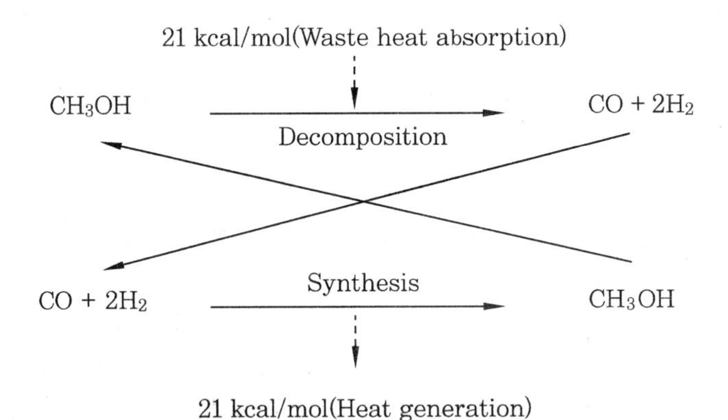

화학 축열 원리(50도 온도차 물에 비해 약 25배)

(4) 수축열 시스템

① 수축열 시스템 개요 및 원리

(가) 운전 형태

㉮ 야간 (23 : 00~익일 09 : 00) 냉수/온수 저장

㉯ 주간 (09 : 00~23 : 00) 냉수/온수 사용

(나) 핵심 기술

㉮ 온도성층화 (Thermal Stratification)

㉯ 최적운전 제어기술 (Optimum System Operation)

(다) 온도성층화

㉮ 물의 온도에 따른 밀도 차이를 이용

㉯ 새로 유입되는 물이 주위의 물과 섞이는 동안 물의 온도차에 의한 부력과 유입되는 물의 속도에 의한 관성력이 동일하도록 디퓨저의 직경과 간격을 설계

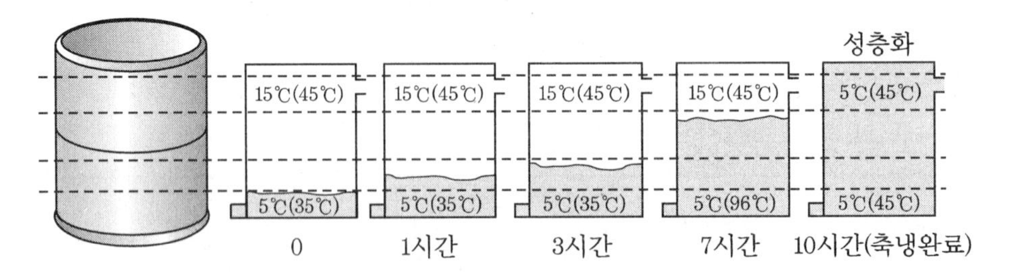

온도성층화

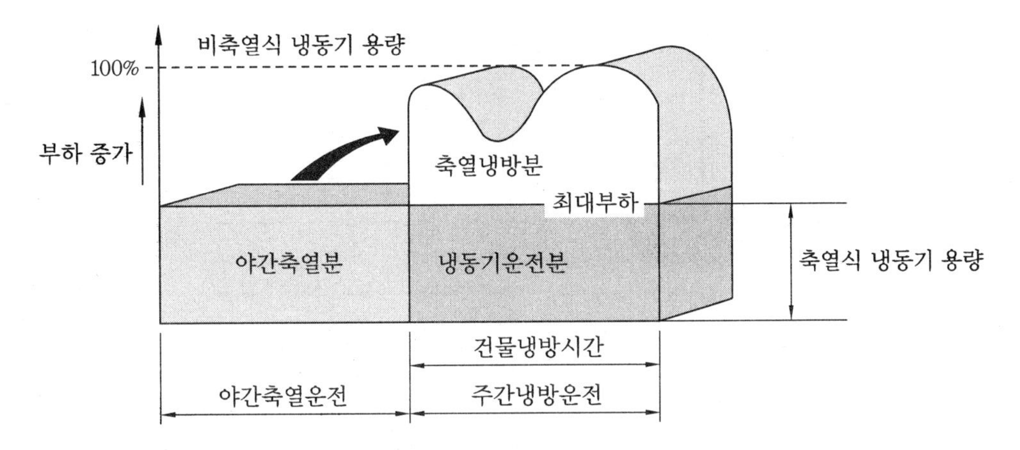

건물 냉방부하 곡선

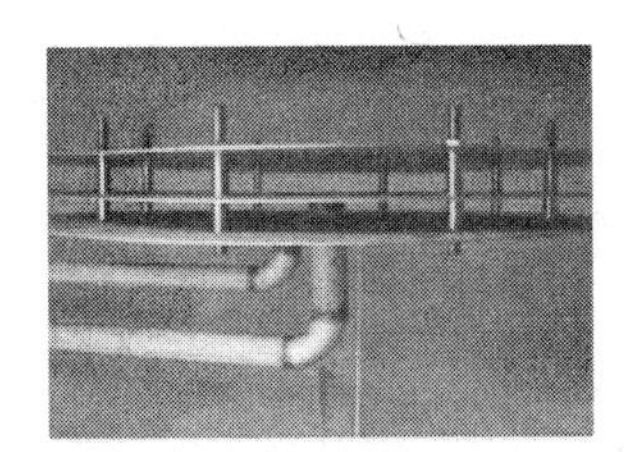

• 물의 온도차에 의한 부력과 유입되는 물의 속도에 의한 관성력의 상쇄

원통형 디퓨저

② 수축열 시스템 배관 계통

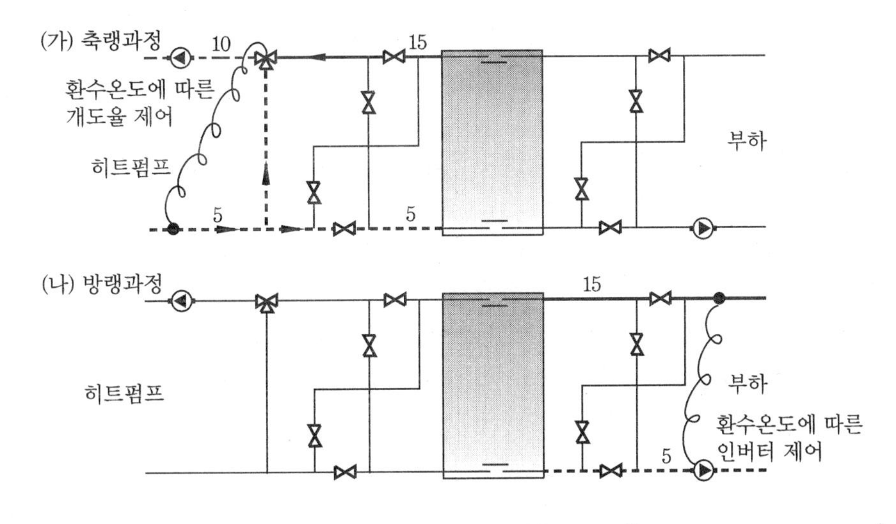

온도성층화를 위한 배관(축방냉 예)

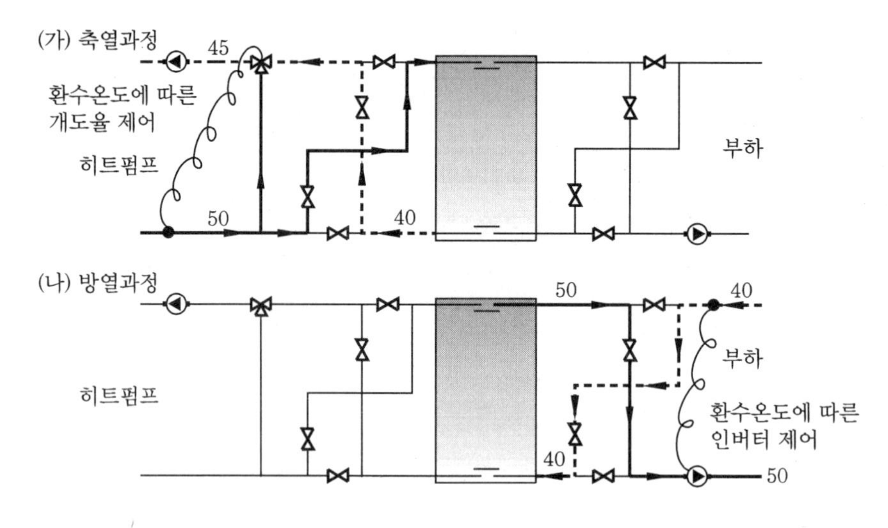

온도성층화를 위한 배관 (축방열 예)

③ 수축열 시스템 설치사례

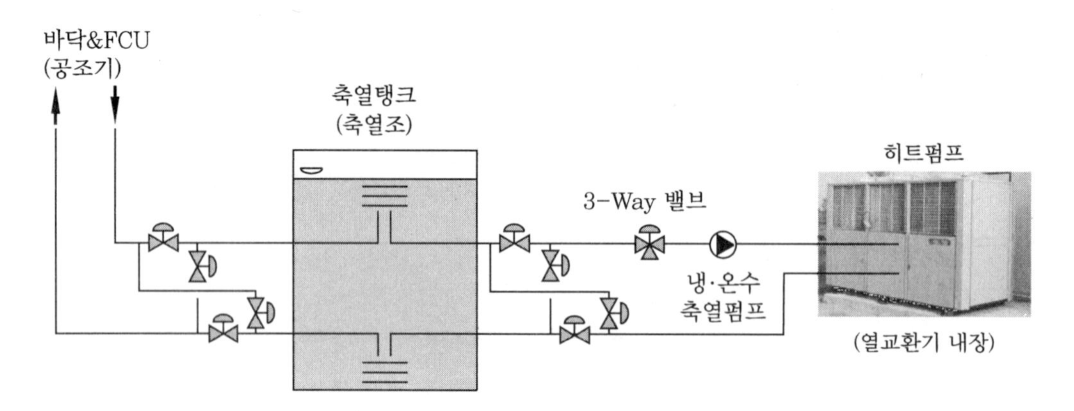

수축열(냉난방) 시스템의 구성(예 공기열원 수축열 시스템)

㈎ 수축열조 : 부하 (건물)로 공급할 냉수 · 온수를 저장하는 탱크

㈏ 히트펌프 : 5~9℃의 냉수/40~50℃의 온수를 생산하는 열원기기

㈐ 열교환기 : 히트펌프의 응축열 · 증발열을 배출 · 회수하기 위한 장치

㈑ 펌프 & 자동밸브 : 열원기기와 축열조 및 부하장비와의 순환유체 제어장비

④ **축열조 설치사례**

⑤ **디퓨저 설치사례**

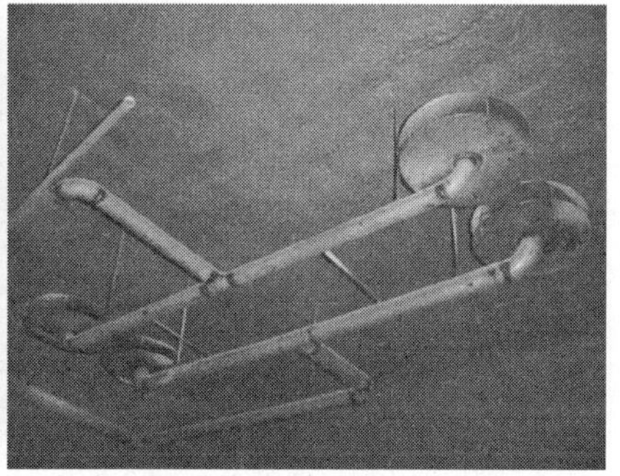

⑥ **디퓨저 설계(사례)** : 전문 계산프로그램 이용

㈎ DATA 입력

항 목	DATA	기준치	비 고
축열 히트펌프 필요 유량	511.0	LPM	
축열 히트펌프 수량	5.0	대	
입구 유체 밀도 (ρ_i)	999.97	5℃ 기준	
축열조 내부 유체 밀도 (ρ_a)	999	16℃ 기준	
디퓨저 높이(H)	0.09	m	
디퓨저 직경(D)	1.8	m	
디퓨저 개수(일측)	2	개	
축열조 가로 ($L1$)	25	m	
축열조 세로 ($L2$)	10.1	m	
축열조 높이($L3$)	4.4	m	

(나) DATA 출력

항 목	DATA	기준치	비 고
히트펌프 필요유량	2555.0	LPM	
디퓨저 Ratio (D/H)	20.0	-	
입수 표면적($S=\pi DH$)	0.50868	m^2	
디퓨저 유량	0.0194	m^3/s	
디퓨저 1개당 유량 (Q)	0.0097	m^3/s	
속도 (U)	0.02	m/s	
축열조 유효용량	1111	m^3	
축열조 상당 직경	17.9	m	
입구 유체의 점성계수 (μ)	0.001519	5℃ 기준	
입구 유체의 동점성계수 (ν)	0.00000152	5℃ 기준	

(다) DATA 분석

항 목	DATA	기준치	결 과
Inlet densimetric Froude number (Fr)-최소화 교란	0.65	0.3~1	정상
레이놀즈 수 (Re)	1,127	300~2,400	정상
Ri (Richardson number)	2.37	1~11.1	정상
탱크반경 대 디퓨저 플레이트 반경 비율	0.20	0.2~0.4 (참고치)	-
디퓨저 플레이트 반경과 높이의 비율	10.0	5~10 (참고치)	-

(라) 디퓨저 설계결과

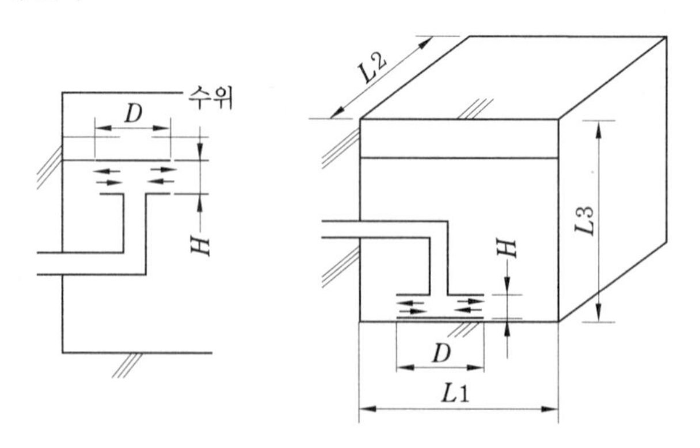

(마) **설계결과 요약**

설계항목	설계결과	단위	비 고
디퓨저 직경(D)	1,800	mm	개당
디퓨저 높이(H)	90	mm	개당
디퓨저 수량	4		총수량(상부+하부)
축열조 가로($L1$)	25,000	mm	내부치수
축열조 세로($L2$)	10,100	mm	내부치수
축열조 유효높이($L3$)	4,400	mm	내부치수
축열조 유효용량	1111	m^3	상부 디퓨저의 상단 공간 제외

05 심야 수축열 히트펌프 보일러 시스템

(1) 심야전기보일러는 전기히터를 사용하는 제품으로 에너지효율이 매우 낮아 이보다 에너지효율이 2~3배 높은 히트펌프를 활용한 보일러로 대체 전환하는 방법이다.

(2) 지난 1998년부터 본격적으로 보급된 심야전기보일러의 노후화로 교체수요도 많이 발생하고 있어 이를 대체하는 것이다.

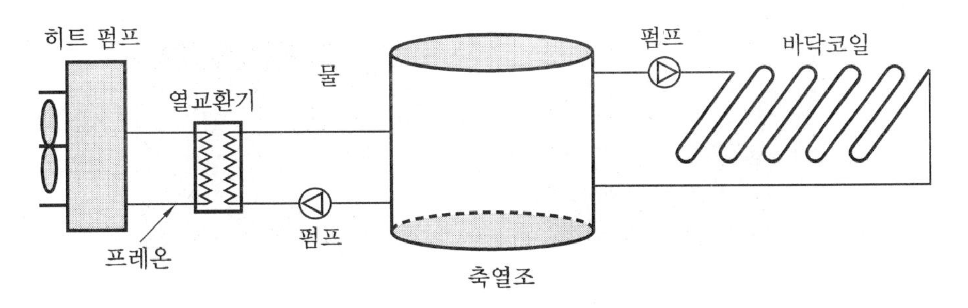

심야 수축열 히트펌프 보일러의 계통도(설치사례)

06 빙축열 냉방 시스템

(1) 빙축열 시스템의 계통도

① 축열조에 0℃의 얼음을 만들어 저장한다.

② 냉방(냉각) 이용만 가능하다.

③ **제빙률(%)** : 축열조 내의 얼음의 비율

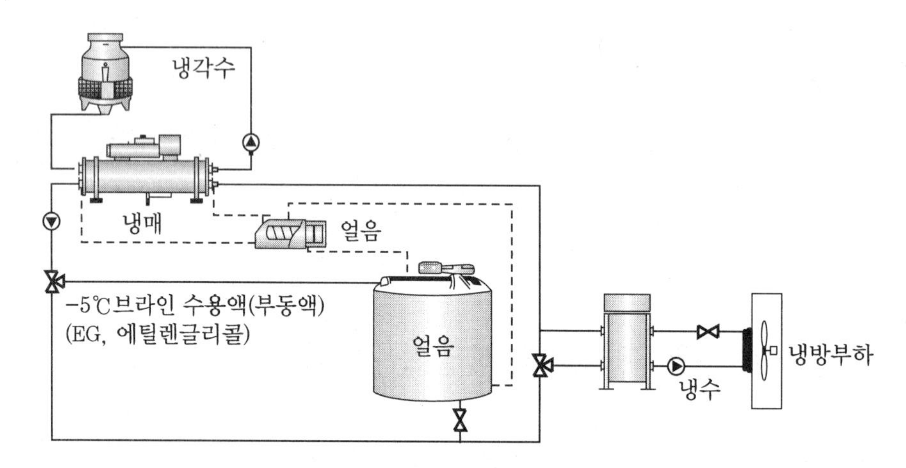

(2) 관외착빙형(Ice On Coil Type) 빙축열 시스템

① **개념** : 축열조 내 Coil을 설치하고 물을 채운 후, Coil 내부로 냉매 또는 브라인 수용액을 순환시키면서 Coil 외벽에 얼음을 형성하는 제빙방법

② 특징

(가) 장치구성이 간단하고 유지관리가 용이, 축열조 내 배관 설치가 어려움

(나) 두꺼운 얼음층 형성으로 제빙 및 해빙효율이 낮음

(3) 캡슐형(Capsule Type) 빙축열 시스템

① **개념** : 구형 또는 판형의 용기(캡슐) 내에 물과 조핵제를 넣고 밀봉한 후 축열조 내에 적층함

② 특징

(가) 캡슐의 제조공정을 제외하고는 장치구성 및 시공이 간단

(나) 축열조 방수에 유의 필요

(다) 두꺼운 얼음층 형성으로 제빙 및 해빙효율 저하

(라) 브라인의 균일한 흐름이 필요

(4) 아이스 슬러리형(Ice Slurry Type) 빙축열 시스템

① **개념** : 물이나 저농도(브라인, 에탄올 등) 수용액을 별도의 제빙기 또는 증발기로 통과시킴으로써, 미세한 얼음입자를 제빙하고 이를 축열조에 저장

② 특징

(가) 미세한 얼음입자의 제빙으로 제빙효율 및 해빙효율 우수

(나) 물과 섞인 얼음입자(Ice Slurry)는 유동성이 있어 직접수송이 가능

(다) 별도의 제빙기가 필요

(라) 시스템의 안정성, 신뢰성, 경제성 고려가 필요

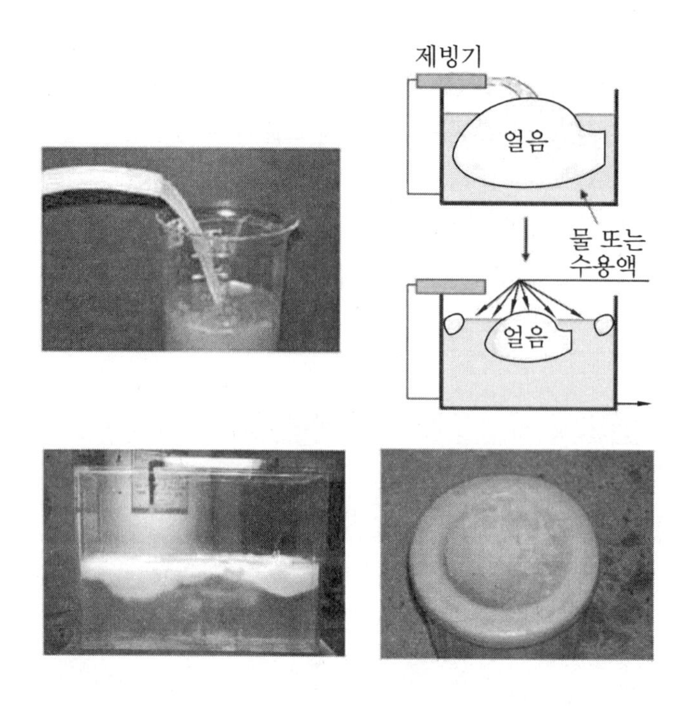

(5) 소형 빙축열 시스템

① 한전지원금, 세제혜택이 있고, 저렴하게 심야전력을 사용할 수 있어 소규모 장소에 많이 보급되고 있는 형태이다.

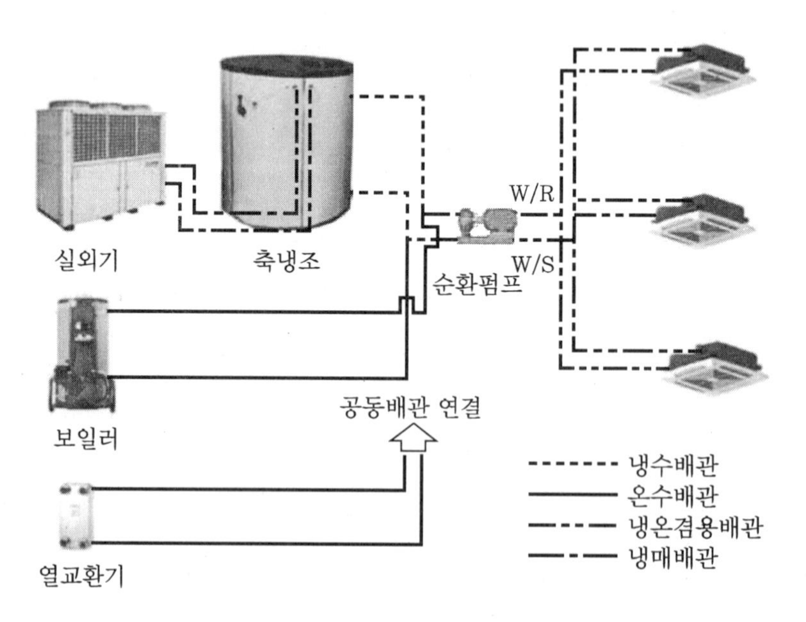

소형 빙축열 시스템(사례)

② 보통 2~7℃의 저온의 물로 냉방을 하여 쾌적한 환경을 조성한다(온도 및 습도 제어 용이).
③ 겨울철에는 가스보일러 등을 이용하여 난방을 제공한다.
④ 냉방기, 난방기 모두 컴퓨터로 중앙제어가 가능하다.

07 축랭 지원금 제도

(1) 축랭식 냉방설비 지원금

고객이 한전에서 인정하는 축랭설비를 설치하여 새로이 심야전력을 공급받거나 축랭설비를 증설하는 경우, 당해 고객에게 지원금을 지급한다. 단, 다음 조건에 해당하는 경우에는 지원대상에서 제외된다.

① **지급제외대상** : 고객의 전기 사용특성상 주간 및 저녁시간대 냉방부하량(RTh)이 일일 총 냉방부하량의 60% 미만이거나 토요일 또는 일요일에만 냉방하는 경우에는 특별부담금을 지급하지 않는다. 주로 야간업소에 해당되며, 평일 냉방부하가 일요일 냉방부하보다 적은 종교시설의 경우 일요일 냉방열량 기준의 50%만 지급한다.

② **지급방법** : 심야전력 송전 후 15일 이내에 고객통장에 온라인 입금된다.

③ **지급수준**

감소전력	처음 200 kW	201~400 kW	400 kW 초과	상한액(호당)
kW당 지급단가	48만 원	42만 원	35만 원	제한없음

* 1998년 8월 1일 이후의 신증설 신청분의 감소전력은 한전과 고객과의 수급계약에서 약정한 축랭조의 용량, 냉방시간 등을 감안하여 다음과 같이 감소전력을 산정하고 1 kW 미만은 소수점 이하 첫째자리에서 반올림하여 계산한다.

$$\text{감소전력(kW)} = \frac{\text{축냉조 이용 가능열량(kcal)}}{\text{축열조 표준냉방시간(10h)} \times 3{,}024\text{(kcal/kWh)}}$$

㈎ 지원금 산정

㉮ 심야전력 신청 취소 후 1년 이내 재신청하는 경우 : 종전의 전기사용신청이 유효한 것으로 간주하여 최초 신청 시점의 단가를 적용하며 1년 경과 후에는 재신청 시점의 단가를 적용

㉯ 증설고객의 지원금 : 동일 구내에서 축랭설비가 설치된 기존건물에 추가 증설할 경우에는 증설 전과 증설 후의 축랭설비를 각각 신설하는 것으로 보고 산정한 지원금의 차액을 지급

㉰ 해지 후 재사용 수용의 지원금 : 동일장소에서 전기사용계약을 해지 또는 축랭설비 용량을 감소하였다가 동일용량으로 재사용하는 경우에는 지급하지 않음

㉱ 기존설비 철거 후 새로 설치하는 경우의 지원금 : 지원금 산정 건물 개보수, 축랭설비 고장 등의 사유로 기존축랭설비를 완전히 철거하고 새로 설치 시에는 신규 설치로 간주하여 산정 지급. 단 5년이 경과되기 전에 교체하는 경우에는 기존 축랭설비 용량분에 대해서는 지원금을 지급하지 않음

㉲ 축랭설비를 다른 장소로 이설하는 경우의 지원금 : 이미 지원금을 지급받았던 축랭설비를 다른 장소로 이설하여 재사용하는 경우에는 지원금을 지급하지 않음

㈏ 축랭설비 설계장려금 제도 : 축랭설비 보급 확대를 위해 축랭설비를 설계에 반영한 설계사무소에는 다음과 같이 설계장려금을 지급한다.

㉮ 산정기준 : 축랭설비 설치 고객에게 지급한 지원금의 5% 상당금 지원. 단, 축랭설비 용량 20 kW 미만의 소형축랭설비에 대해서는 설계장려금을 지급하지 않음

(2) 지원혜택

① 축랭식 냉방설비 설치보조금 지급

㈎ 지급대상 : 한전이 인정하는 축랭식 설비를 설치한 고객

㈏ 지급수준 : 한전에서 별도로 정한 지원제도 기준에 의거해 지급

㈐ 지급방법 : 최초 심야전력 사용 신청 시 제출한 고객의 계좌에 입금

② 축랭설비 설계사무소에 대한 설계장려금 지급

㈎ 지급대상 : 고객이 설치한 축랭설비를 설계한 설계사무소

㈏ 지급수준 : 축랭설비 설치보조금의 5% 상당액

③ 정부의 세제 지원

㈎ 소득세(법인세) 공제 투자금액의 10% 상당액

㈏ 축랭설비 설치고객이 직접 관할 세무서에 신청

④ 에너지 절약 시설자금 금융 지원

㈎ 「에너지이용합리화를 위한 자금지원 지침」에 따라 설치비 일부 융자(단 공기열원 수축열 히트펌프 방식은 제외)

㈏ 동일 시스템을 적용하는 건물당 50억 원 이내(분기별 금리 변동)

08 에너지 저장장치 (ESS ; Energy Storage System)

(1) 개요

① **정의** : 발전소에서 과잉 생산된 전력을 저장해두었다가 일시적으로 전력이 부족할 때 송전해주는 에너지(전력) 저장장치

② **구성요소** : 배터리, 관련 주변장치 등

③ **배터리 방식** : 리튬이온 방식, 황산화나트륨 방식 등

④ **의미** : 안정적인 전력 확보와 안정적인 신재생에너지 공급을 위한 필수적인 사업군에 속함

ESS 설치사례

- 삼성 SDI는 2013년 1월 기흥사업장에 ESS (에너지저장장치)를 설치했다.
- 1 MWh의 전력을 저장할 수 있는 이 장치는 현재 한전의 피크타임과 연동되어 전기요금이 가장 저렴한 새벽 1~5시에 전기를 충전했다가 전력 사용 피크타임인 오전 11~12시와 오후 1~5시에 저장된 전력을 방출한다.

(2) 실증 (제주 프로젝트)

① 제주 스마트 그리드 프로젝트

② **지원금** : $65 M (726억 5천만 원)

③ 6,000가구가 실증에 참여(세계 최대 규모)

④ **실증범위** : Smart Place, Smart Transportation, Smart Renewables에 참여

Smart Place (Residential)

Smart Transportation

Smart Renewables

제4장 | 신재생에너지 정책

"법규나 국가 정책 관련 사항은 항상 변경 가능성이 있으므로, 필요 시 '국가 법령정보'를 재확인 해야 한다." (www.law.go.kr)

01 신재생에너지 지원정책

(1) 주택 지원사업

① **개요** : 2020년까지 신재생에너지 주택(Green Home) 100만 호 보급을 목표로 태양광, 태양열, 지열, 소형풍력, 연료전지 등의 신재생에너지원을 주택에 설치할 경우 설치비의 일부를 정부가 보조지원하는 사업

- 그린빌리지(Green Village) 사업 : 마을 단위(10만 가구 이상, 아파트 등 공동주택 포함)에 신재생에너지원을 설치하는 경우 설치비의 일부를 보조지원하는 사업
  - 그린빌리지 추진 시 마을회관, 경로당, 노인정 등 주민편의시설 신청 불가
  - 신청자는 마을(공동주택) 대표, 주택 및 건물 소유자, 기타 법인 등

* 주택 지원사업 신청은 그린홈 홈페이지에서 신청 가능하다.

② **지원대상**

구 분	지원자격
대상주택	건물등기부 또는 건축물대장의 용도가 건축법 시행령 제3조의 4의 별표 1에서 규정한 단독주택 및 공동주택
단독주택	단독주택 소유자 또는 소유예정자로서 기존 및 신축 주택에 모두 가능
공동주택	1. 기존의 공동주택 - 입주자의 동의 후 신청이 가능하며, 신청자는 입주자대표 등으로 하여야 함 2. 건축 중인 공동주택 - 연내에 준공이 가능한 공동주택을 대상으로 하며, 신청자는 건축 중인 공동주택의 소유권자 또는 입주자 대표 등으로 하여야 함

(2) 건물 지원사업

① **개요** : 신재생에너지 설비에 대하여 설치비의 일정 부분을 정부에서 무상 보조·지원함으로써, 새로이 개발된 신재생에너지 기술의 상용화를 유도하고 상용화된 기술에 대하여 보급 활성화를 통하여 신재생에너지 시장 창출과 확대를 유도하는 사업

㈎ 건물지원사업 : 상용화된 신재생에너지 설비에 대하여 자가용으로 사용하는 경우 설치비의 일정부문을 지원

• 에너지원별 지원기준 : 단위용량당 보조금 정액 지원

㈏ 시범보급사업 : 새롭게 개발된 신재생에너지기술(정부지원 R&D 활용조건)의 상용화를 위해 설치비의 최대 80% 이내 지원

② **지원신청자 및 전문기업 참여기준**

㈎ 건물지원사업 지원대상 : 일반건물·시설물 등에 자가사용을 목적으로 신재생에너지 설비 설치를 희망하는 자

㉮ 신재생에너지 설비 설치 예정지 건물 등기부등본의 소유자(대표자) 또는 소유예정자에 한함

㉯ 단, 건축법 시행령 제15조 제5항 제9, 10, 11호에 해당하는 가설건축물의 소유자는 참여 가능

(3) 지역 지원사업

① **개요** : 지역특성에 맞는 환경친화적 신재생에너지 보급을 통하여 에너지 수급여건 개선 및 지역경제 발전을 도모하고자 지방자치단체에서 추진하는 제반 사업을 지원하는 사업

② **지원대상** : 17개 광역지자체 및 기초지방자치단체

③ **지원근거**

㈎ 신에너지 및 재생에너지 개발·이용·보급 촉진법 제27조 1항 3호

㈏ "신재생에너지설비의 지원 등에 관한 규정"(산업통상자원부고시)

㈐ "신재생에너지설비의 지원 등에 관한 지침"(신재생에너지센터 공고)

④ **세부사업내용**

• 시설보조사업 : 지역 내의 에너지 수급 안정 또는 에너지 이용 합리화를 목적으로 설치하는 신재생에너지 관련 시설 및 설비 지원사업

예 태양광발전시설 설치사업, 수력발전시설 설치사업 등

⑤ **자금지원내용**

대상전원	대상자	지원조건
적용설비용량 기준	지방자치단체	시설보조사업 : 소요 자금의 50% 이내 (지방비 분담조건)

(4) 설치의무화제도

공공기관이 신·증·개축하는 연면적 1,000 m^2 이상의 건축물에 대하여 예상 에너지 사용량의 일정비율 이상을 신재생에너지 설비 설치에 투자하도록 의무화하는 제도

주 ➔ **신에너지 및 재생에너지개발·이용·보급촉진법 제12조 제2항 및 동법시행령 제15조**

1. 최초시행일 : 2004. 3. 29.
2. 증·개축하는 건축물은 2009. 3. 15일부터 시행
3. 기준변경일 : 2011. 4. 13. (건축비 → 에너지사용량)
4. 연면적 변경 (3,000 m^2 → 1,000 m^2) : 시행일 (2012. 1. 1.)

(5) 신재생에너지 공급의무화 (RPS) 제도

① 일정규모 이상의 발전사업자에게 총 발전량 중 일정량 이상을 신재생에너지 전력으로 공급토록 의무화하는 제도로서, 미국, 영국, 이태리, 스웨덴 등에서 시행 중인 제도이다.

② 주요내용

㈎ 공급의무자 범위 : 설비규모 (신재생에너지설비 제외) 500 MW 이상의 발전사업자 및 수자원공사, 지역난방공사 (한국수력원자력, 남동발전, 중부발전, 서부발전, 남부발전, 동서발전, 지역난방공사, 수자원공사, SK E&S, 포스코에너지, GS EPS, GS 파워, MPC 율촌전력, 평택에너지 서비스 등 14개 발전회사)

㈏ 연도별 총 의무공급량 수준 : 공급의무자의 총 발전량 (신재생에너지 발전량 제외) × 의무비율

연 도	'12	'13	'14	'15	'16	'17	'18	'19	'20	'21	'22	'23~
의무비율(%)	2.0	2.5	3.0	3.0	3.5	4.0	5.0	6.0	7.0	8.0	9.0	10.0

* 3년마다 의무비율 재검토 (개별 공급의무자별 의무량은, 개별공급의무자의 총 발전량 및 발전원 등을 고려하여 공고)

(6) 그린리모델링 사업

① 2014년부터 국토교통부와 그린리모델링 창조센터는 그린리모델링 사업추진이 예상되는 건물 건축주와 예비사업자를 대상으로 그린리모델링 이자지원 사업을 진행 중이다.

② 그린리모델링 사업자는 시공, 설계, 설비, 자재, 컨설팅 등 관련 분야에 심사 등의 절차를 거쳐 최종 선정된다.

③ 국토교통부는 건축물 에너지정보를 공개해 건축주와 그린리모델링 사업자들이 에너

지가 새는 건축물을 쉽게 알 수 있도록 하고 있다. 이를 통해 사업자는 에너지 성능이 낮은 건축물의 건축주를 대상으로 성능평가, 사업계획서 작성, 컨설팅 등을 지원한다.

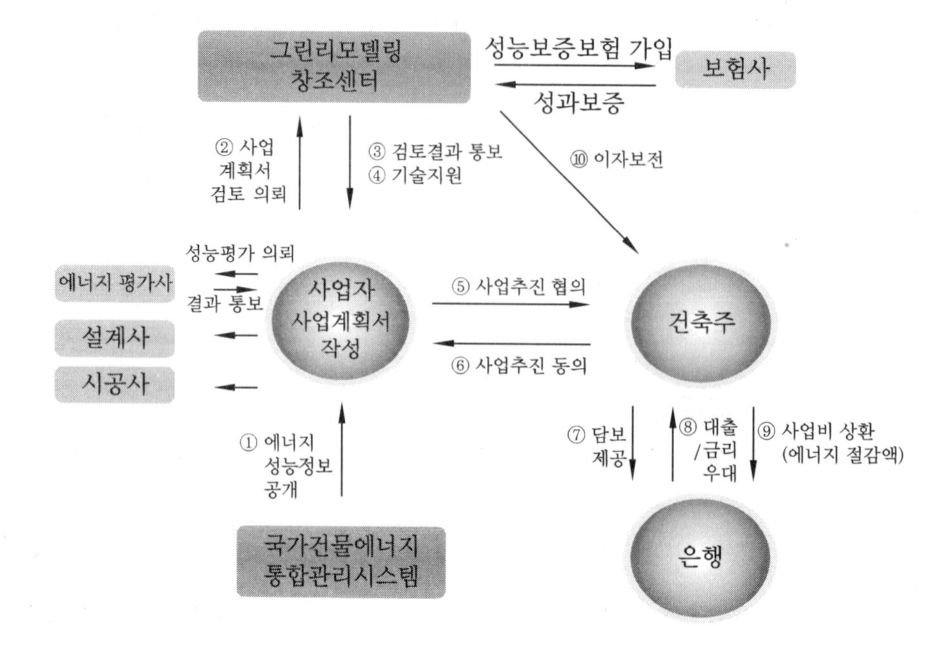

(가) 그린리모델링 이자 지원제도(매년 정책 변경 가능)

㉮ 그린리모델링 사업 대출한도

㉠ 주거 부문 : 공동주택(1세대당) 3백~20백만 원, 단독주택(1채당) 3백~50백만 원

㉡ 비주거 부문 : 1동당 20백~3,000백만 원

㉢ 에너지 성능개선 비율에 따라 이자 차등 지원

에너지 성능개선 비율	이자지원 비율
30 % 이상	4 %
25 % 이상~30 % 미만	3 %
20 % 이상~25 % 미만	2 %

(나) 정부 이자지원 규모 : 5년간 이자 최대 4 %를 지원하며 이자지원 규모는 매년 검토하여 조정될 수 있다.

㉮ 주거 부문 : 공동주택(1세대당) 최대 0.8백만 원/년, 단독주택(1채당) 최대 2.0백만 원/년

㉯ 비주거 부문 : 1동당 최대 120백만 원/년

(7) 에스코(ESCO) 사업

① ESCO : 에너지 사용자가 에너지 절약을 위하여 기존의 에너지 사용시설을 개체 보완코자 하나 기술적 · 경제적 부담으로 사업을 시행하지 못할 경우 에너지 절약전문기업(ESCO)이 기술, 자금 등을 제공하고 투자 시설에서 발생하는 에너지 절감액으로 투자비를 회수하는 사업을 영위하는 기업

② ESCO사업의 사업진행 흐름도

③ 사업의 형태

(가) 사용자파이낸싱 성과보증(구 성과보증) : 에너지사용자가 절약시설 투자재원에 대해 조달하고 절감액을 ESCO가 보증

(나) 사업자파이낸싱 성과보증(구 신성과배분) : ESCO가 절약시설 투자재원을 조달, 절약시설에서 발생하는 에너지 절감액을 에너지 사용자에게 보증

(다) 성과확정 : ESCO가 시설투자에 소요되는 자금을 조달하고, 에너지절약시설 설치 이전에 에너지진단 등으로 산출한 에너지절감량(액)을 에너지사용자가 확인 후 예상절감량(액)을 바탕으로 ESCO에게 투자비 상환계획을 확정하는 방식

02 온실가스 관련정책

(1) 석유환산톤(TOE)

① TOE의 정의(IEA단위 ; Ton of Oil Equivalent)

(가) TOE는 10^7 kcal로 정의하는데, 이는 원유 1톤의 순 발열량과 매우 가까운 열량으로 편리하게 이용할 수 있는 단위임

$$\text{TOE} = \text{연료발열량 (kcal)}/(10^7\ \text{kcal})$$

(나) TOE 환산 시에는 "에너지 열량환산기준"의 총 발열량을 이용하여 환산함

② TOE계산사례

(가) 경유 200 L를 사용했을 경우의 TOE계산순서

㉮ 연료 사용량을 열량으로 환산(kcal) : 경유는 1 L당 9,010 kcal의 발열량

㉯ 비례식 작성 1 TOE : 10^7 kcal = X (구하고자 하는 TOE) : 1,802,000 kcal (경유 200 L의 발열량)

㉰ TOE계산 $X = 1{,}802{,}000/10^7 = 0.1802$ TOE

* 모든 연료에 대해 위의 방법을 적용하여 TOE를 계산할 수 있다.

(2) 에너지원별 TOE-'에너지법 시행규칙' 기준

구분	에너지원	단위	총 발열량			순 발열량		
			MJ	kcal	석유환산톤 (10^{-3} toe)	MJ	kcal	석유환산톤 (10^{-3} toe)
석유 (17종)	원유	kg	44.9	10,730	1.073	42.2	10,080	1.008
	휘발유	L	32.6	7,780	0.778	30.3	7,230	0.723
	등유	L	36.8	8,790	0.879	34.3	8,200	0.820
	경유	L	37.7	9,010	0.901	35.3	8,420	0.842
	B-A유	L	38.9	9,290	0.929	36.4	8,700	0.870
	B-B유	L	40.5	9,670	0.967	38.0	9,080	0.908
	B-C유	L	41.6	9,950	0.995	39.2	9,360	0.936
	프로판	kg	50.4	12,050	1.205	46.3	11,050	1.105
	부탄	kg	49.6	11,850	1.185	45.6	10,900	1.090
	나프타	L	32.3	7,710	0.771	30.0	7,160	0.716
	용제	L	33.3	7,950	0.795	31.0	7,410	0.741
	항공유	L	36.5	8,730	0.873	34.1	8,140	0.814
	아스팔트	kg	41.5	9,910	0.991	39.2	9,360	0.936
	윤활유	L	39.8	9,500	0.950	37.0	8,830	0.883
	석유코크스	kg	33.5	8,000	0.800	31.6	7,550	0.755
	부생연료유1호	L	36.9	8,800	0.880	34.3	8,200	0.820
	부생연료유2호	L	40.0	9,550	0.955	37.9	9,050	0.905
가스 (3종)	천연가스 (LNG)	kg	54.6	13,040	1.304	49.3	11,780	1.178
	도시가스 (LNG)	Nm^3	43.6	10,430	1.043	39.4	9,420	0.942
	도시가스 (LPG)	Nm^3	62.8	15,000	1.500	57.7	13,780	1.378
석탄 (7종)	국내 무연탄	kg	18.9	4,500	0.450	18.6	4,450	0.445
	연료용 수입 무연탄	kg	21.0	5,020	0.502	20.6	4,920	0.492

	원료용 수입 무연탄	kg	24.7	5,900	0.590	24.4	5,820	0.582
	연료용 유연탄 (역청탄)	kg	25.8	6,160	0.616	24.7	5,890	0.589
	원료용 유연탄 (역청탄)	kg	29.3	7,000	0.700	28.2	6,740	0.674
	아역청탄	kg	22.7	5,420	0.542	21.4	5,100	0.510
	코크스	kg	29.1	6,960	0.696	28.9	6,900	0.690
전기 등 (3종)	전기 (발전기준)	kWh	8.8	2,110	0.211	8.8	2,110	0.211
	전기 (소비기준)	kWh	9.6	2,300	0.230	9.6	2,300	0.230
	신탄	kg	18.8	4,500	0.450	–	–	–

*1. "총 발열량"이란 연료의 연소과정에서 발생하는 수증기의 잠열을 포함한 발열량을 말한다.
2. "순 발열량"이란 연료의 연소과정에서 발생하는 수증기의 잠열을 제외한 발열량을 말한다.
3. "석유환산톤(TOE : Ton of Oil Equivalent)"이란 원유 1톤이 갖는 열량으로 10^7 kcal를 말한다.
4. 석탄의 발열량은 인수식을 기준으로 한다.
5. 최종에너지 사용자가 사용하는 전기에너지를 열에너지로 환산할 경우에는 1 kWh = 860 kcal를 적용한다.
6. 1 cal = 4.1868 J, Nm^3은 0℃ 1기압 상태의 단위체적(입방미터)을 말한다.
7. 에너지원별 발열량(MJ)은 소수점 아래 둘째 자리에서 반올림한 값이며, 발열량(kcal)은 발열량(MJ)으로부터 환산한 후 1의 자리에서 반올림한 값이다. 두 단위 간 상충될 경우 발열량(MJ)이 우선한다.

주 → TCE(석탄환산톤)

1. TOE와 유사 용어로 'Ton of Coal Equivalent'라고 하여, 석탄 1 ton이 내는 열량을 환산한 단위이다.
2. TCE = 0.697 TOE

(3) 이산화탄소톤(TCO_2) - IPCC[Intergovernmental Panel on Climate Change]의 탄소배출계수

연료 구분				탄소배출계수	
				kg C/GJ	Ton C/TOE
액체 화석연료	1차 연료	원유		20.00	0.829
		액화석유가스(LPG)		17.20	0.630
	2차 연료	휘발유		18.90	0.783
		항공가솔린		18.90	0.783
		등유		19.60	0.812
		항공유		19.50	0.808
		경유		20.20	0.837
		중유		21.10	0.875
		LPG		17.20	0.713
		납사		20.00	0.829
		아스팔트(Bitumen)		22.00	0.912
		윤활유		20.00	0.829
		Petroleum Coke		27.50	1.140
		Refinery Feedstock		20.00	0.829
고체 화석연료	1차 연료	무연탄		26.80	1.100
		유연탄	원료탄	25.80	1.059
			연료탄	25.80	1.059
		갈탄		27.60	1.132
		Peat		28.90	1.186
	2차 연료	BKB & Patent Fuel		25.80	1.059
		Coke		29.50	1.210
기체 화석연료		LNG		15.30	0.637
바이오매스		고체바이오매스		29.90	1.252
		액체바이오매스		20.00	0.837
		기체바이오매스		30.60	1.281

*1. 전력의 이산화탄소배출계수 0.4517tCO_2/MWh (0.4525 tCO_2eq/MWh) 사용(발전단 기준)
2. 전력의 이산화탄소배출계수 0.4705tCO_2/MWh (0.4714tCO_2eq/MWh) 사용(사용단 기준)
3. tCO_2eq : CO_2뿐만 아니라, CH_4, N_2O 배출량을 포함한 양

제5장 | 신재생에너지 기계설비

01 태양열 이용 냉방시스템

(1) 증기 압축식 냉방

태양열 흡수→증기터빈 가동하여 동력 발생→냉방용 압축기에 축동력으로 공급

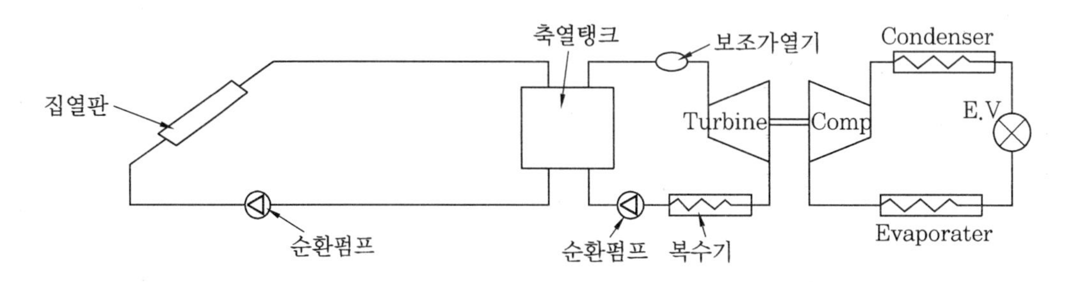

(2) 흡수식 냉방

'이중효용 흡수식 냉동기'에서 주로 저온발생기의 가열원으로 사용된다(혹은 '저온수 흡수 냉동기'로 적용).

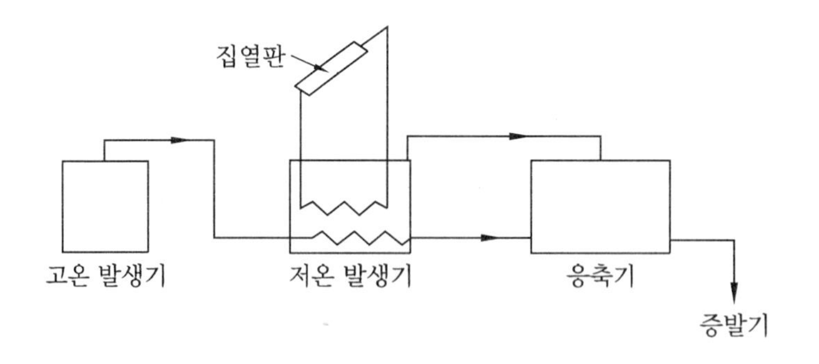

(3) 흡착식 냉방

① **태양열 사용방법** : 태양열을 흡착제 재생(탈착)에 사용

② '제습냉방' 대비 내부가 고진공, 강한 흡착력에 의해 냉수(7℃) 제작 가능

(4) 제습냉방 (Desiccant Cooling System)

① **태양열 사용방법** : 제습기 휠의 재생열원으로 '태양열' 사용

② **구조도**

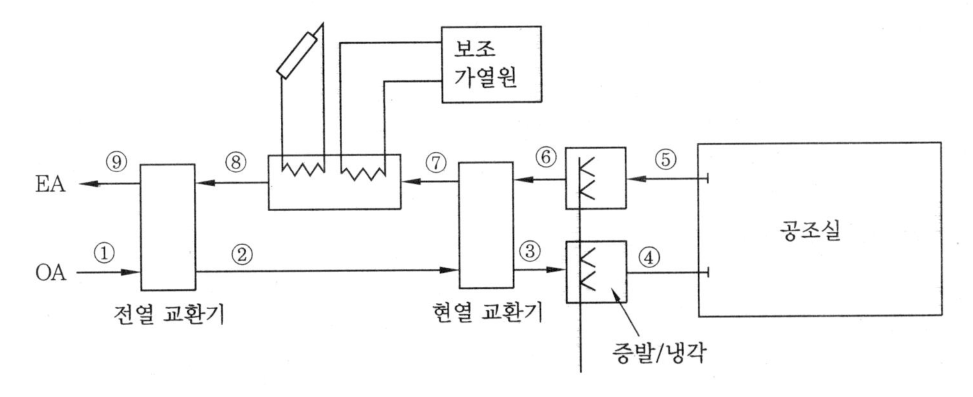

③ **습공기 선도상 표기**

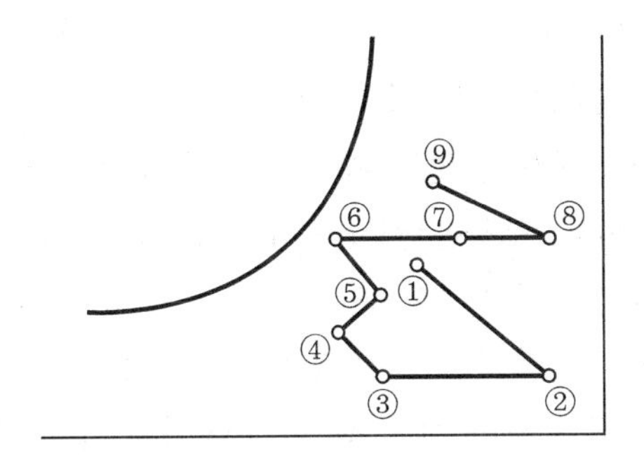

④ **제습제(Desiccant)에 따른 제습냉방의 종류**

(가) 활성탄 (Activated Carbon)

㉮ 대표적인 흡착제의 하나이며 탄소 성분이 풍부한 천연자원(역청탄, 코코넛 껍질 등)으로 만들어진다.

㉯ 높은 소수성 표면특성 때문에 기체, 액체상의 유기물이나 비극성 물질들을 흡착하는 데 적당하다.

㉰ 수분에 대한 흡착력이 매우 크고, 흡수성능이 우수하나 기계적 강도가 약하여 압축공기에는 그 사용이 극히 제한적이다.

(나) 알루미나 (Alumina) : 무기 다공성 고체로 Alumina에 물을 흡착시켜 기체에서 수분을 제거하는 건조 공정에 이용되며 노점온도는 대략 −40℃ 이하에 적용된다.

(다) 실리카겔(Silica Gel) : Alumina와 같은 무기 다공성 고체로 기체 건조 공정에 이용된다.

㈑ 제올라이트, 모레큐라시브 (Zeolite, Molecular Sieve)

㉮ 아주 규칙적이고 미세한 가공 구조를 갖는 Zeolite와 Molecular Sieve는 특히 낮은 노점(이슬점)을 요구하는 물질을 흡착하는 데 이용된다.

㉯ 노점온도는 대략 −75℃ 이하에 적용된다.

> **주 ➔ 제습제 노점온도**
>
> 1. 대기압 노점온도 : 대기압하에서의 응축온도
> 2. 압력하 노점온도 : 실제 시스템 압력하에서의 응축온도이다. 모든 에어시스템이 가압상태에서 작동하기 때문에 대기압 노점 기준으로 드라이어를 선정할 때는 대기압 노점을 압력노점으로 환산해주어야 한다.

⑤ 데시칸트 공조시스템(Desiccant Air Conditioning System)의 특징

㈎ 물에 의한 증발냉각과 전 · 현열교환기에 의존하여 냉방을 이루는 친환경적 냉방방식에 속한다.

㈏ 흡착제의 탈착에 태양열의 활용도 가능하다, 즉, 제습기 휠의 재생열원으로 '태양열' 등의 자연에너지를 활용 가능하다.

㈐ 압축기를 전혀 사용하지 않으므로, 시스템에서 발생되는 소음이 매우 적다.

㈑ 향후 냉방 분야에서의 지구온난화를 막을 수 있는 대안이 될 수 있으므로 기술개발 및 투자가 많이 필요한 분야이다.

㈒ 일반 프레온가스를 이용하는 냉방장치 대비 가격이 비싸 경제성이 나빠질 수 있고, 수질관리 등을 철저히 하지 않으면 공기의 질이 떨어질 수 있다.

> **주 ➔ 기타 태양열 이용 냉 · 난방방식**
>
> 1. 태양열 히트펌프 (SSHP) : 태양열을 가열원으로 하여 냉 · 난방 겸용 운전 가능
> 2. 태양전지로 발전 후 그 전력으로 냉방기 혹은 히트펌프 구동이 가능하다.
> 3. 태양열로 물을 데운 후 '저온(수) 흡수식 냉동기' 구동이 가능하다.

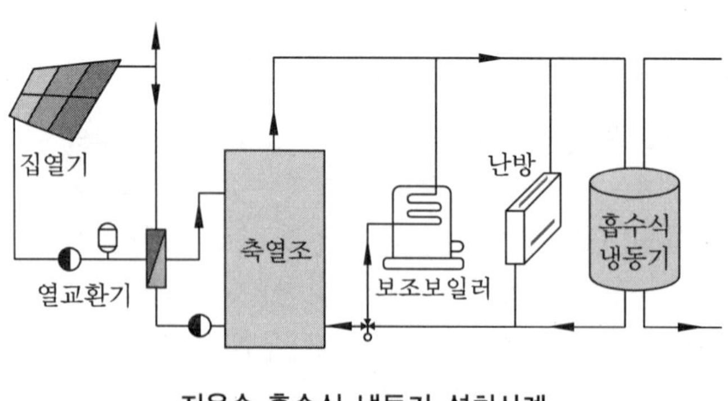

저온수 흡수식 냉동기 설치사례

02 흡착식 냉동기

(1) 개요

① 흡착식 냉동기는 Faraday에 의해 처음 고안되었으나 그동안 프레온계 냉동장치에 밀려왔다.

② 근래 프레온계 냉매의 환경문제 등으로 다시 연구개발이 활발하다.

(2) 작동원리

① 다공성 흡착제(활성탄, 실리카겔, 제올라이트 등)의 가열 시 냉매 토출, 냉각 시 냉매 흡입되는 원리를 이용한다.

② 냉매로는 주로 물, NH_3, 메탄올 등의 친환경 냉매가 사용된다.

③ 냉매 탈착 시에는 성능이 저하되므로 보통 2대 이상의 교번운전을 행한다.

④ 보통 2개의 흡착기가 약 6~7분 간격으로 STEP운전 (흡착↔탈착의 교번운전)을 한다.

(3) 개략도 (장치도)

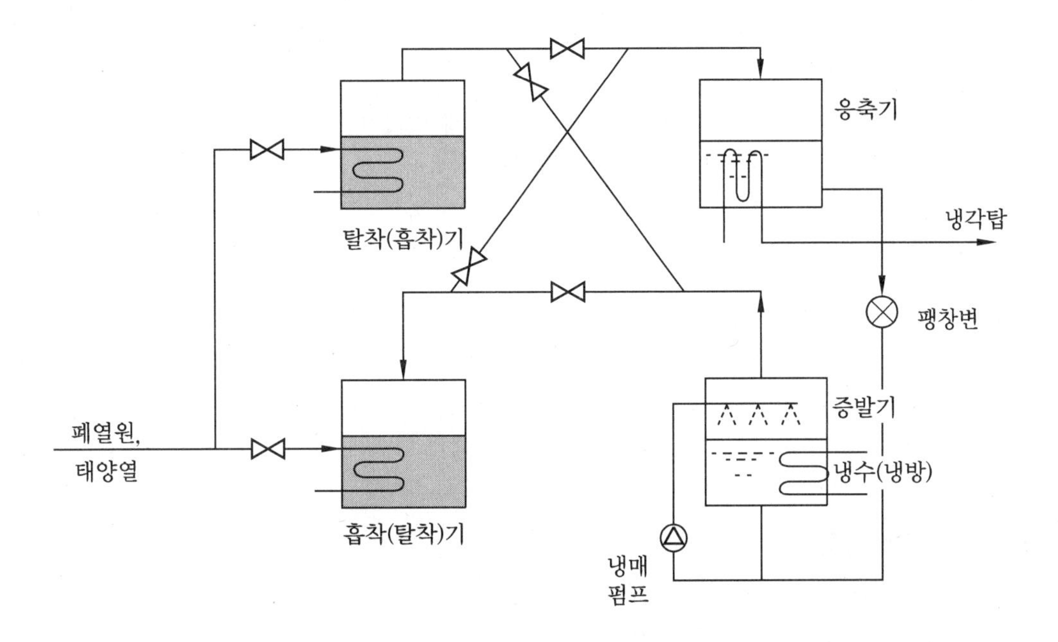

(4) 선도 및 해설

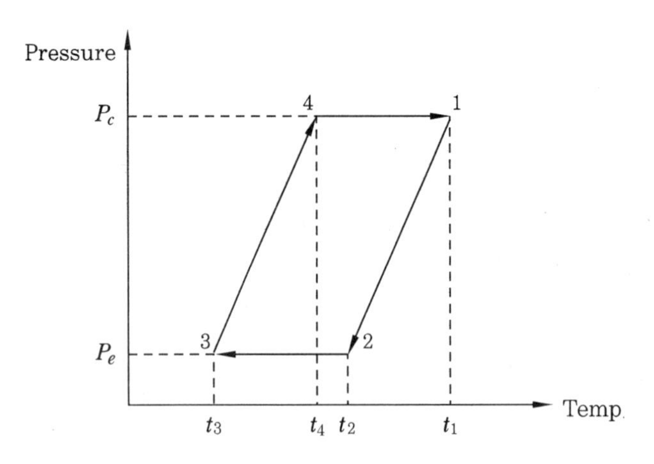

[Process]

1. 1~2 과정(감압과정) : 팽창변에 의해 압력이 떨어지고, 증발기의 낮은 압력에 의해 온도가 떨어지면서 증발압력(P_e)에 도달한다.
2. 2~3 과정(증발 및 흡착과정) : 냉수에 의해 흡착기의 온도가 떨어지면서 증발기의 냉매증기를 흡착하여 증발기 내의 압력(P_e)을 일정하게 유지한다(이때 증발기 내부에서는 열교환을 통해 냉수를 생산한다).
3. 3~4 과정(탈착과정) : 탈착기가 폐열원 등에 의해 가열되면서 온도와 압력이 상승한다.
4. 4~1 과정(응축과정) : 응축기에서는 냉각수에 의해 냉매의 상(Phase)이 기체에서 액체로 바뀐다.

(5) 특징

① 저온의 폐열(65~100℃)을 이용하기 때문에 에너지 사용비율이 일반 흡수식 대비 약 10배 절약된다.
② 흡수식 대비 사용 열원온도가 다소 낮아도 되고, 유량변동에도 안정적이다.
③ 초기투자비가 비싸고, 설치공간이 큰 편이다.

(6) 성능 개선 과제

① 고효율 흡착제를 개발해야 한다.
② 흡착기의 열전달 속도를 개선해야 한다.
③ 고효율 열교환기를 개발해야 한다.

(7) 흡착식 히트펌프

상기 그림(장치도)의 우측 상부의 응축기에서 냉각탑에 버려지는 열을 회수하여 난방 혹은 급탕에 활용 가능하다(이 경우에는 '흡착식 히트펌프'라고 한다).

✓ 핵심
- 흡수식 냉동기의 종류에는 단효용, 2중효용, 3중효용, 저온수 냉동기, 배기가스 냉온수기, 소형 냉온수기 등 다양한 형태가 있다.
- 흡착식 냉동기는 초기투자비는 비싸지만, 폐열회수가 용이하여 에너지비용을 혁신적으로 절감 가능하다.

03 발전용 터빈의 Rankine Cycle

(1) 개요

랭킨 사이클(Rankin Cycle)은 발전소에서 증기 터빈을 구동시키는 '증기 원동소 사이클'이다.

(2) 개략도(장치도)

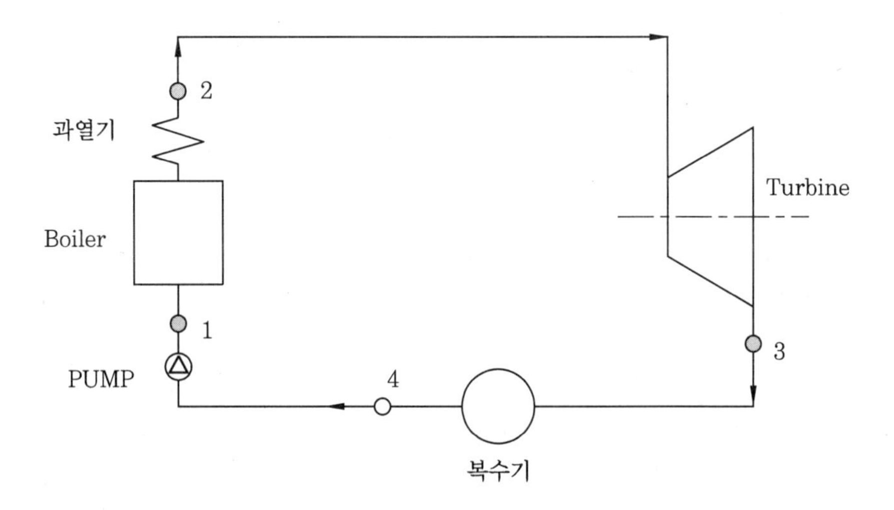

(3) T-S선도와 h-s 선도

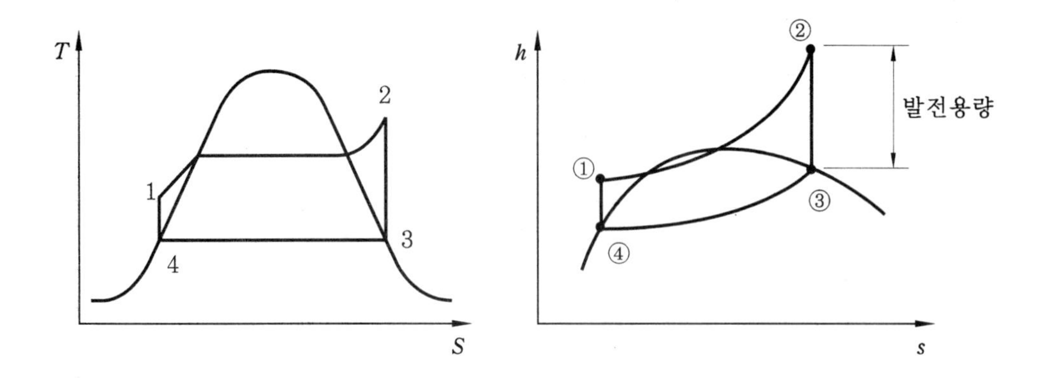

(4) 동작원리

① 1단계(1~2point) : 보일러와 과열기에서 연속적으로 증기를 가열시키는 단계이다.

② 2단계(2~3point) : 증기의 팽창력에 의해 터빈의 날개를 돌려 동력을 발생(전기 생산)시키는 과정이다.

③ 3단계(3~4point) : 복수기에 의해 증기가 식혀져 포화액이 된다.

④ 4단계(4~1point) : 펌프에 의해 가압 및 순환(회수)되는 과정이다.

(5) 열효율 증대방안

① 터빈 입구의 압력을 높여주고, 출구의 배압은 낮추어준다(진공도 증가).

② '재열 Cycle'을 구성한다.

(가) '재열 Cycle'의 장치 구성도

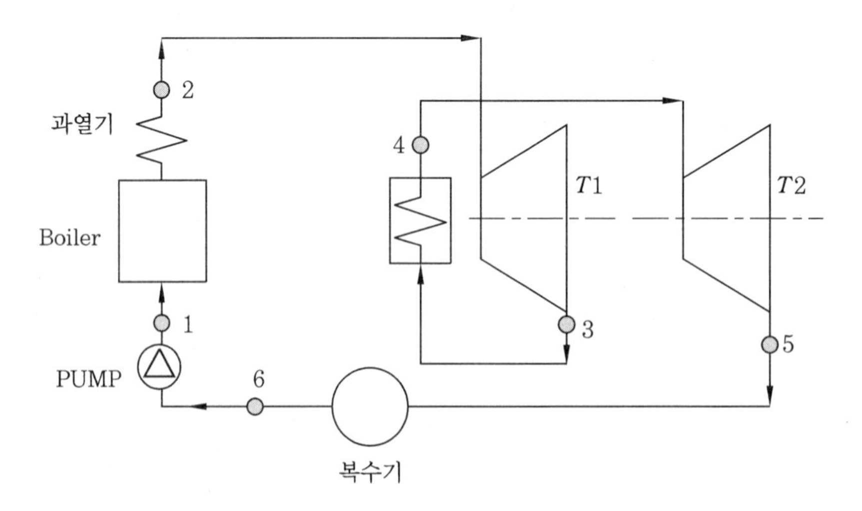

(나) '재열 Cycle'의 '$h-s$ 선도'

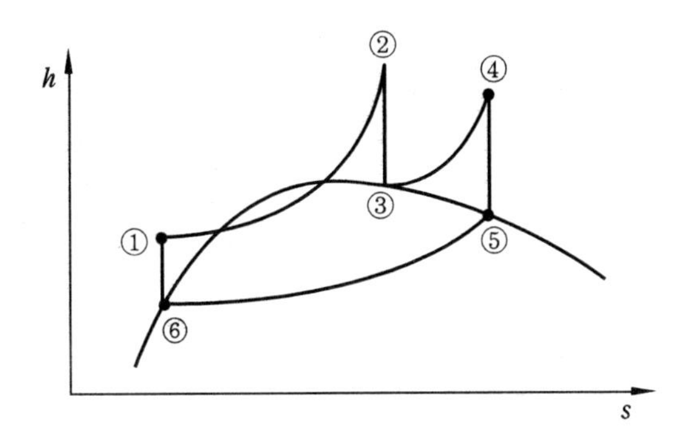

> **주** ➔ **'재열 Cycle'의 원리 :** 기본원리는 상기 기본 '증기원동소 사이클'과 동일하나, 재열기를 하나 더 구성하여 증기 터빈을 2중(그림의 $T1$, $T2$)으로 가동할 수 있다.

✓ **핵심** 랭킨 Cycle의 열효율 증대방안은 터빈 입구의 압력을 높여주고, 출구의 배압을 낮추어주어 압력차를 크게 해주는 방식과 '재열 Cycle'을 이용하는 방식 등이 있다.

04 발전소의 복수기 방열량(계산실습)

한강변에 위치한 화력발전소에서(아래 조건 참조) 강물의 온도상승치를 계산하시오.

〈조건〉

- 보일러 과열증기 = 550℃
- 복수기의 응축온도 = 45.8℃
- 발전용량 = 387.5×10^3 kW
- 물의 비열 Cw = 4.184

정답 1. $h-s$ 선도 작성

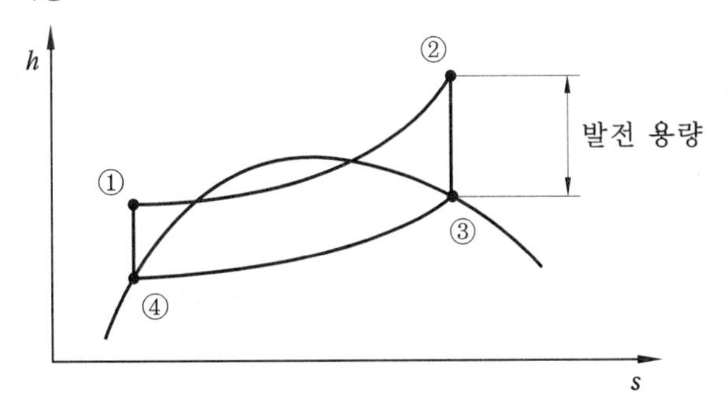

2. 복수기에서의 냉매의 방열량은 냉각수의 취득열과 동일하므로,

   $qc = G(h3 - h4) = Gc \cdot Cw \cdot \Delta t$ …①

   여기서, Gc (냉각수 유량) $= \rho A V = 1000 \times 400 \times 2 \times 0.2 = 160,000$ kg/s

3. 엔탈피 계산

   $h2 = \{100 + 539 + 0.441(550 - 100)\} \times 4.186 = 3505.6$ kJ/kg

   $h3 = (597 + 0.441 \times 45.8) \times 4.186 = 2583.6$ kJ/kg

   $h4 = 45.8 \times 4.186 = 191.7$ kJ/kg

4. 발전기 용량 계산

   $387.5 \times 10^3 \times 860 \times 4.186$ kJ $= G(3505.6 - 2583.6)$…②에서

   $G = 1,513,080$ kg/h $= 420.3$ kg/s

5. 상기 3과 4에서 나온 값을 ①식에 대입하면,

   $qc = 420.3(2583.6 - 191.7) = 160,000 \times 4.184 \times \Delta t$

   $\therefore \Delta t = 1.5$℃

그러므로 한강물의 온도 상승치는 1.5℃이다.

✓ 핵심 화력발전소의 증기터빈에서 '복수기의 냉매 방열량은 냉각수의 취득열량과 동일하다'는 명제를 이용하여 강물의 온도상승치를 계산할 수 있다.

05 신재생에너지설비 적용 열교환기

(1) 개요

① 신재생에너지설비용 열교환기는 열전달계수가 높고, 비교적 고온에도 잘 견디며, 유지관리성이 뛰어나고 부식 및 오염도가 낮아 고효율 운전이 가능한 형태의 열교환기가 유리하다.

② 특히 판형 열교환기는 Herringbone Pattern 개념 도입으로 Herringbone 무늬의 방향을 위, 아래로 엇갈리게 교대로 배치하여 열전달효율이 크게 향상되고 콤팩트한 설계가 가능하여 이 분야에 가장 많이 적용된다.

(2) 판형 열교환기

① **특징**

㈎ 소형, 경량, 유지보수 간편

㈏ 판형 열교환기는 내부 용적이 적어 시스템의 냉매 충진량이 절감

㈐ 제조과정의 자동화가 가능하여 가격이 저렴

② **조립 부품**

㈎ 배관 연결구 : 나사, 플랜지, 스터드 볼트 등

㈏ 개스킷 (밀봉), 열판 (S형, L형, R형 Plate 등) 등으로 구성

③ **구조도**

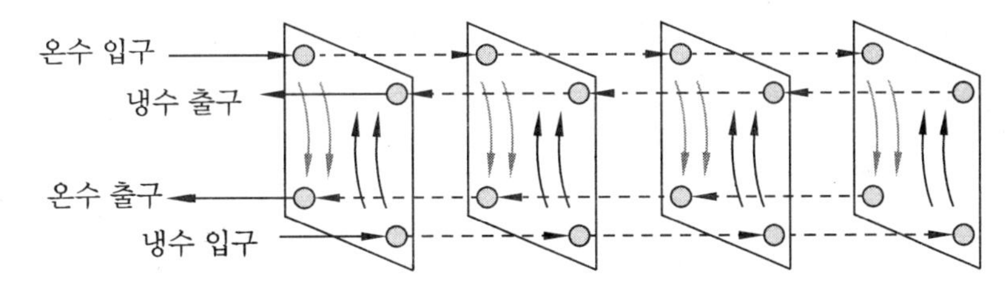

④ **적용처**

㈎ 동일 용량의 타 열교환기와 비교할 때 크기가 작고, 대량생산에 의한 가격 경쟁력이 있어 근래에는 가장 널리 사용됨(효율도 우수)

㈏ 열관류율 K= 약 2,000~3,000 kcal/m^2·h·℃

㈐ 내온 : 약 140℃ 수준

㈑ 추가 증설이 예상되는 곳

㈒ 냉동장치의 응축기, 태양열 이용 열교환장치, 초고층 건물의 물대물 열교환기, 각종 산업용 열교환장치 등으로 많이 사용됨

⑤ **고려사항** : Plate재질(스텐, 니켈 이외), 개스킷 재질, 유량, 압력과 온도의 사용한계, 압력 손실, 부식, 오염, 유지관리 및 용량 증설 등

(3) 쉘앤 튜브형(Shell & Tube형) - (횡형 및 입형)

① 대형 시스템에서 가장 널리 사용하는 방식이다.

② 관내유속 약 1.2 m 이하, 관경 25 A 이하

③ 열통과율 K= 약 500~900 kcal/m^2·h·℃

④ 대유량 시 Pass수를 늘려야 한다.

⑤ 온수나 급탕 가열, 응축기, 난방 가열용 등으로 많이 사용한다.

⑥ 대향류로 흘러 과냉각도 (SC)가 큰 횡형이 더 많이 사용된다.

⑦ **입형** : 설치면적이 좁고, 청소가 용이하나, 냉각수량을 비교적 많이 필요로 한다.

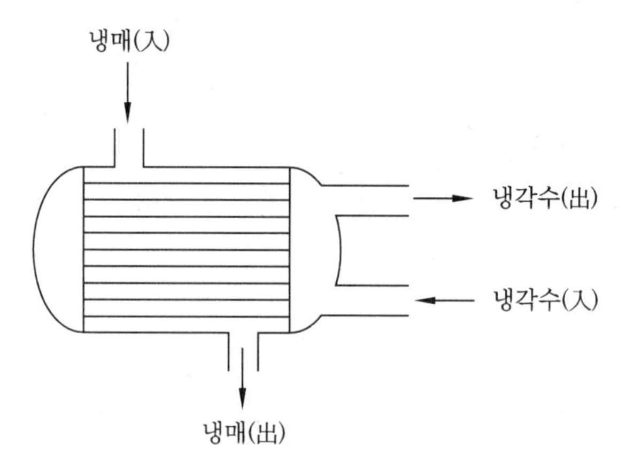

Shell & Tube형(횡형)

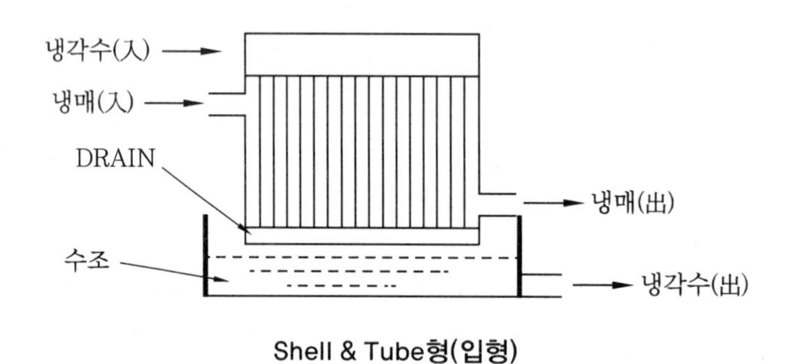

Shell & Tube형(입형)

(4) 7통로식 응축기

① 열교환을 이루는 두 유체의 흐름은 횡형 Shell & Tube Type과 거의 유사한 형태로 구성된다.

② 7통로식 응축기의 내부 단면은 7개의 냉각수 통로가 있는 형태이다.

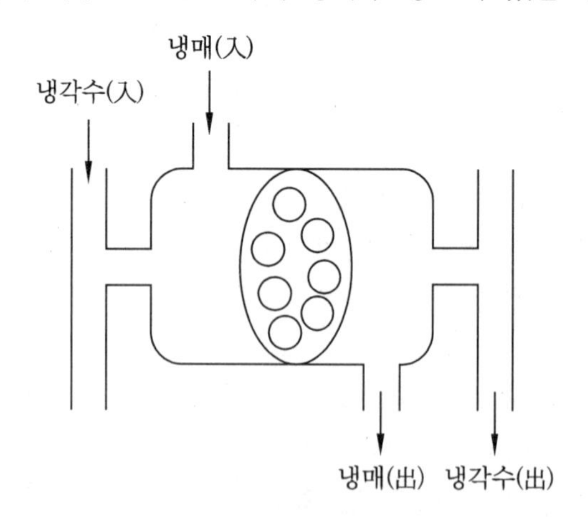

7통로식 응축기

(5) 스파이럴형(Spiral Type) 응축기

① 이중 나선형, 소형, 관리 · 청소가 어렵고 무겁다.
② 열관류율 $K = 1{,}000 \sim 2{,}000\ \text{kcal/m}^2 \cdot \text{h} \cdot ℃$
③ **내온** : 약 400℃
④ 응축기, 공조용 일반 열교환기, 화학공업용, 고층건물용 등으로 많이 사용된다.

(6) 이중관식 응축기

① 내경이 비교적 큰 관의 내부에 지름이 작은 관을 삽입한 형태이다.
② **열교환 형태** : 대부분 대향류 형태로 열교환
③ 판형 열교환기 대비 동파, 충격 등으로 인한 파손의 방지 등에 유리하다.
④ 정확한 대향류 유지에 유리하여 대학, 연구소 등의 연구용으로도 많이 사용된다.

(7) 대표 열교환기 비교(판형 열교환기 vs Shell & Tube 열교환기)

구 분	판형 열교환기	Shell&Tube 열교환기
열교환성능	우수	보통
설치공간	유리	불리
오염도	동등	동등
동파, 누수	불리	적음
사용압력	불리	유리
용량	소용량~대용량	대용량
강도	다소 불리	유리
경제성	유리	불리
외형	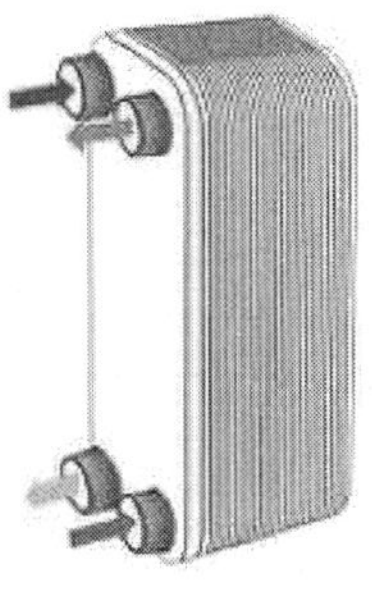	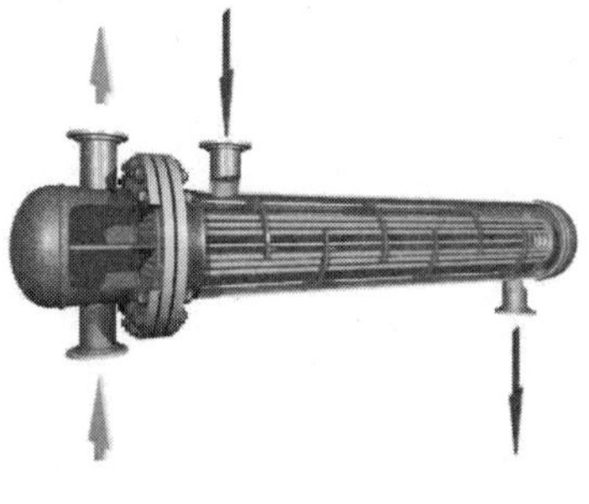

06 LMTD (Logarithmic Mean Temperature Difference)

(1) 개요

① **냉매-물 혹은 냉매-공기의 열전달은 산술평균 온도차 이용** : 열교환온도 (증발온도)가 거의 일정하기 때문

② **냉수-공기 혹은 브라인-공기의 열전달은 대수평균 온도차 (LMTD) 이용** : 열교환온도가 일정하지 않기 때문

③ 코일이나 열교환기 등에서 공기와 냉온수가 열교환하는 형식은 평행류 (병류)와 역류 (대향류) 방식으로 대별된다.

(2) LMTD의 특징

① 동일한 공기와 수온의 조건에서는 평행류 대비 대향류의 LMTD 값이 크다.

② LMTD 값이 큰 경우 코일의 전열면적 및 열수를 줄일 수 있어 경제적이다.

③ 실제 열교환기에서는 Tube Pass와 Shell Type에 의한 보정, Baffle 유무 등을 고려하고 직교류 열교환 형태 등을 감안하여야 한다.

④ 일반적으로 공조기 등의 코일에서는 대수평균온도차 (LMTD)를 크게 하여 열교환력을 증가시키기 위해 유속은 늦고 풍속은 빠르게 해준다.

(3) 대향류 (Counter Flow) : 평행류 대비 열교환에 유리(비교적 가역적 열교환)

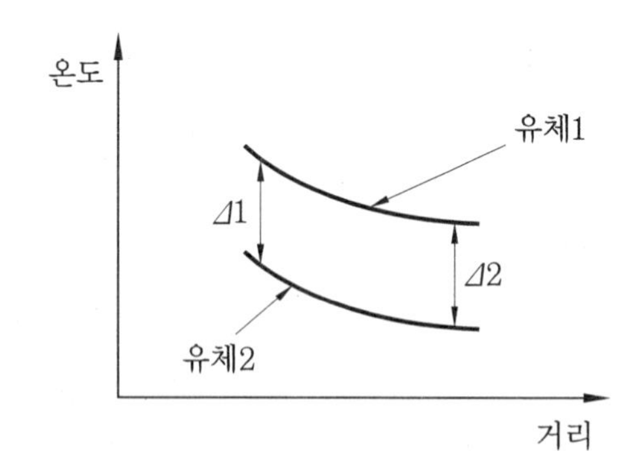

(4) 평행류 (Parallel Flow) : 비가역적 열교환 증대

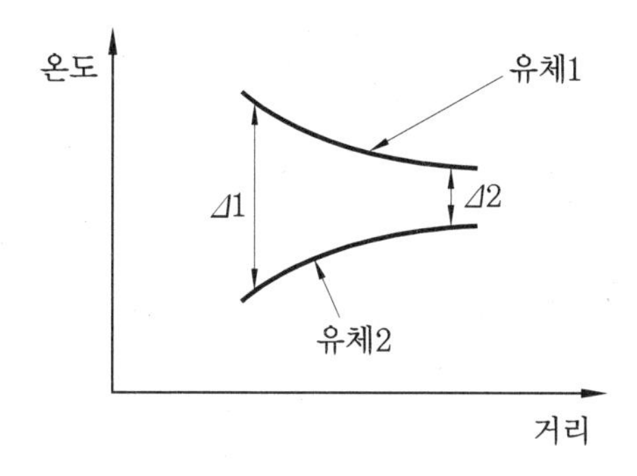

(5) 상관 관계식

$$\mathrm{LMTD} = \frac{\Delta 1 - \Delta 2}{\ln(\Delta 1/\Delta 2)}$$

* 가정 : • 유체의 비열이 온도에 따라 불변한다.
• '열전달계수'가 열교환기 전체적으로 일정하다.

✓ 핵심 LMTD는 '냉수 – 공기' 혹은 '브라인 – 공기' 등의 열전달에서 열교환량을 계산하는 대표적인 방법으로 평행류와 대향류로 대별된다 (대향류가 평행류 대비 유리한 방식이다).

07 NTU (Number of Transfer Unit)

(1) 정의

'열전달 단위수' 혹은 '교환계수'라고도 하며, 열교환기에서 Size 및 형식을 결정하는 척도인자를 말한다.

(2) 계산식

$$\mathrm{NTU} = \frac{KA}{C\mathrm{min}} = \frac{\text{열교환기의 열전달능력}}{\text{유체의 열용량 중 적은 쪽}}$$

* K : 열관류율 (kcal/m^2 · h · ℃)
A : 전열면적(m^2)
Cmin : 열용량 (두 매체의 열용량 중 최소 열용량 : kcal/℃)

(3) LMTD 및 유용도 (ε)와의 관계

① 열교환기에서 유체들의 모든 입출구 온도들을 알고 있으면 LMTD로 쉽게 해석되나, 유체의 입구온도 또는 출구온도만 알고 있으면 LMTD 방법으로는 반복계산이 요구되므로, 이 경우 '유용도-NTU (Effectiveness-NTU)'를 사용한다.

② 유용도 = 실제 열전달률/최대 가능 열전달률 (단위 : 무차원, ε는 0과 1 사이의 값)

③ NTU가 대략 5 정도일 때 유용도가 가장 높아진다.

④ 용량 유량비(Cr)

$$Cr = \frac{\mathrm{Cmin}}{\mathrm{Cmax}}$$

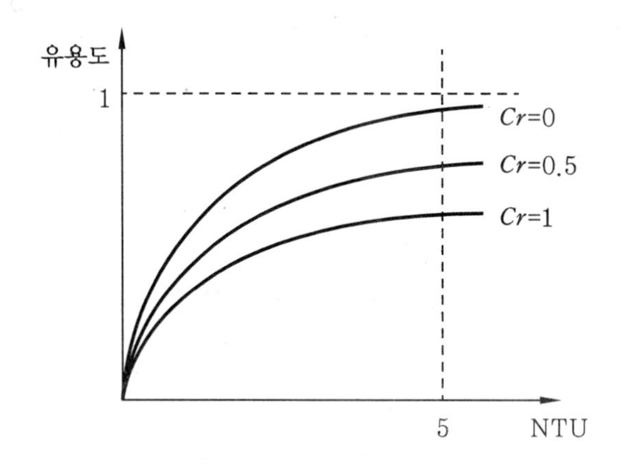

✓ 핵심 • NTU는 유체 측과 열교환기 측의 '열용량의 비'이다.
• 열교환기의 열교환 능력은 입 · 출구온도를 모두 알고 있을 경우는 LMTD로 쉽게 해석되나, 기타의 경우에는 '유용도 - NTU'로 간접적으로 해석 가능하다 (대략 NTU 5 정도에서 유용도가 최대가 되어 최대 열교환량에 수렴한다).

08 핀 유용도 (Fin Effectiveness)

(1) 핀 유용도의 정의

① 실제 열전달률과 최대 가능 열전달률의 비를 말한다 (열교환기의 성능을 나타내는 지표).

② 단위는 무차원이며, 이 값(ε)은 0과 1 사이의 값이 된다.

③ 유용도는 대략 NTU(열전달 단위수) 5 정도에서 최대 열교환량에 수렴하게 된다.

④ 계산식

$$\text{핀 유용도 (Fin Effectiveness)} = \frac{Qr}{Qi}$$

* Qr : 실제의 전열량
  Qi : 최대 가능 열전달량(이상적인 전열량)

(2) 핀의 사용을 정당화하기 위한 fin effectiveness의 범위

① 일반적으로 유용도는 0.5~1.0의 범위 내에 있어야 하며, 이 값이 클수록 열교환효율에 유리하다.

② 열전달 부분에 핀을 붙여 표면적을 증가시켜도 핀의 열저항으로 인해 면적이 늘어난 만큼 전열량이 증가되지는 않는다. 그런데 이 전열량의 저감율을 나타내는 값이 바로 핀효율이라고 할 수 있다.

(3) 핀효율

$$\text{핀효율 (Fin Efficiency)} = \frac{f(t-T)dA}{(to-T)A} = \frac{\text{핀 표면의 평균온도} - \text{외부 유체의 온도}}{\text{핀 부착점온도} - \text{외부 유체의 온도}}$$

$$\fallingdotseq \frac{\text{핀 표면의 평균온도}}{\text{핀 부착점온도}}$$

* A : 핀의 전체 표면적

(4) 응용

① 핀 유용도는 열교환기의 입출구온도를 알기 어려운 경우에 열교환기 설계(정면면적, 필요 열수 등)를 위해 고려될 수 있는 인자이다.

② 열교환기 해석 혹은 설계 시 NTU(= 열교환기의 열전달능력/유체의 열용량 중 적은 쪽의 수치)와 더불어 고려한다.

✓ 핵심 핀 유용도는 실제 열전달률을 최대 가능 열전달률로 나누어 계산하며 보통 0.5~1.0 사이의 범위 내에 있어야 유용하다.

09 열파이프 (Heat Pipe)

(1) 개요

① 에너지 절약의 관점에서 종래의 열회수 장치의 결점을 보완하는 목적으로 미국에서 처음 개발되었다.

② 밀폐된 관 내에 작동유체라 불리는 기상과 액상으로 상호 변화하기 쉬운 매체를 봉입하여 그 매체의 상변화 시의 잠열을 이용하고 유동에 의해 열을 수송하는 장치이다.

③ 관의 내부에 물이나 암모니아, 냉매(프레온) 등의 증발성 액체를 밀봉하고 관의 양단에 온도차가 있으면 그 액이 고온부에서 증발하고 저온부로 흘러서 방열 후 액화되고, 모세관 현상으로 다시 고온부로 순환하는 장치로서 적은 온도차라도 대량의 열을 이송할 수 있다.

(2) 구조

밀봉용기와 Wick구조체 및 작동유체의 증기공간으로 구성, 길이 방향으로 증발·단열·응축부로 구분된다.

① **증발부** : 열에너지를 용기 안 작동유체에 전달, 작동유체의 증발부분

② **단열부** : 작동유체의 통로로 열교환이 없는 부분

③ **응축부** : 열에너지를 용기 밖 외부로 방출, 작동유체의 증기 응축부분

(3) 구조 개요도

① **밀봉용기의 기능 구분** : 증발, 단열, 응축

② **Wick** : 액체 환류부

③ **내부 코어** : 작동유체(증기)의 통로

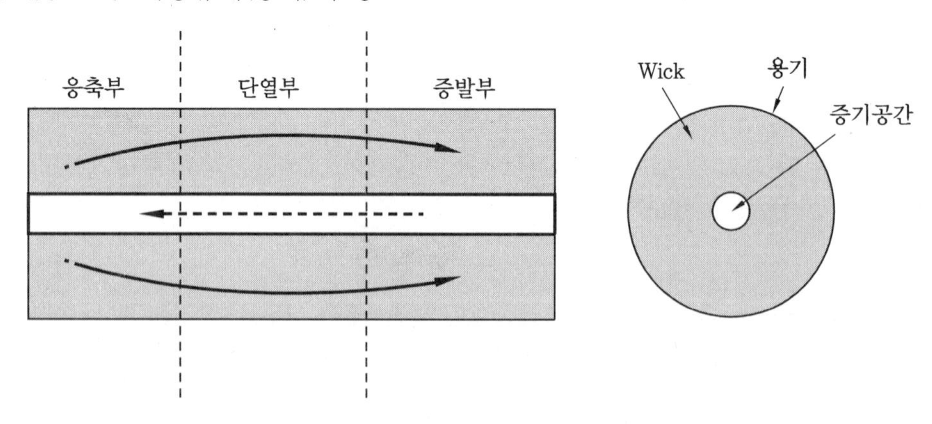

(4) 작용원리

외부열원으로 증발부가 가열되면 용기 내 위크 속 액온도가 상승한다.

① 액온도가 상승하면 작동유체(극저온, 상온, 고온)는 포화압까지 증발 촉진
② 증발부에서 증발한 냉매는 증기공간(코어부)을 타고 낮은 온도인 응축부로 이동 (고압 → 저압)
③ 증기는 응축부에서 응축되고 잠열 교환됨
④ 관 표면 용기를 통해 흡열원에 방출
⑤ 응축부에서 응축한 냉매는 다공성 Wick의 모세관 현상에 의해 다시 증발부로 이동하여 Cycle을 이룸(구동력 : 액체의 모세관력)

(5) 장점

① 무동력, 무공해, 경량, 반영구적이다.
② 소용량~대용량으로 다양하게 응용 가능하다.

(6) 단점

① **길이의 규제** : 길이가 길면 열교환성능이 많이 하락된다.
② 2차 유체가 현열교환만 가능하므로 열용량이 작다.

(7) 응용전망

① **액체금속 히트파이프** : 방사성 동위원소 냉각, 가스 화학공장 열회수
② **상온형 히트파이프**
　(가) 공조용 : 쾌적 공조기용 열교환기, 폐열회수용 열교환기 등
　(나) 공업용 : 전기소자, 기계부품, 공업로, 보일러, 건조기, 간이 오일쿨러, 대용량 모터 등의 냉각
　(다) 복사난방 : 복사난방의 패널 코일, 조리용 등
　(라) 태양열 : 태양열 집열기의 열전달매체로 사용
　(마) 지열 : 융설 등의 지열이용 시스템에 응용
　(바) 과학 : 측정기기의 온도 조절, 우주과학 등
③ **극저온 히트파이프** : 레이저 냉각용, 의료기구(냉동수술), 동결 수축용, 기타 극저온장치

(8) 유사 응용 부품

① **콤팩트(Compact) 열교환기**
　(가) 종래 방식을 탈피한 공기 흐름의 길이를 절반 정도로 줄인 통풍저항이 적은 저

통풍저항형 열교환기

(나) 먼지, 기름 등의 장애 가능성 있음

(다) 이슬 맺힘, 착상에 의한 유동 손실 증대로 풍량손실 가능성 있음

② **히트사이펀**(Heat Syphon)

(가) 구동력 : 중력을 이용(주의 : Heat Pipe의 구동력은 모세관력임)

(나) 보통 열매체로서는 물 혹은 PCM(Phase Change Materials)을 사용하며, 펌프류는 사용하지 않음

(다) 자연력(중력)을 이용하므로 소용량은 효율 측면에서 곤란함

(라) 히트사이펀의 개략도

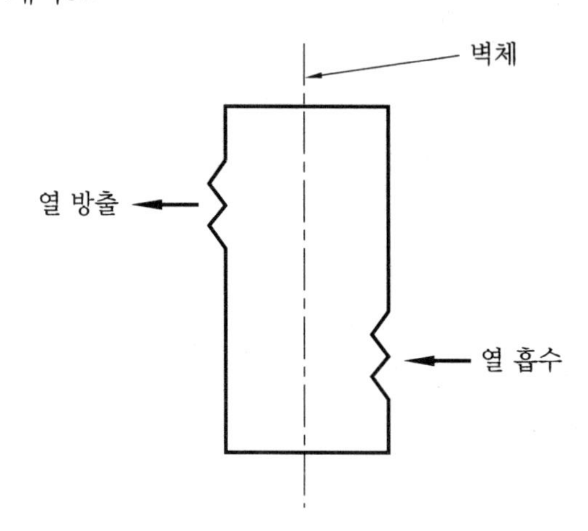

✓ 핵심
- 히트파이프는 다공성 Wick의 모세관력을 구동력으로 하여 냉각, 폐열회수 등을 가능하게 하는 장치이나 길이가 길면 열교환성능이 많이 하락하고, 열교환을 현열교환에만 의존하므로 열용량이 작은 단점도 있다.
- Compact 열교환기는 동일 냉동능력 기준 공기의 흐름 길이를 절반 정도로 줄인 열교환기를 말하며, 히트사이펀은 중력(대류)을 이용한 열교환 장치이다.

10 로핀과 이너핀(Low Fin Tube & Inner Fin Tube)

(1) Low Fin Tube 및 Inner Fin Tube 선정방법

① 열교환이 불량한 측에 Fin을 설치하는 것이 원칙이다.

② **열교환 효율** : NH_3 > H_2O > 프레온 > 공기

③ 구분

㈎ Low Fin Tube : fin이 관의 외부에 부착되는 형태

㈏ Inner Fin Tube : fin이 관의 내부에 부착되는 형태

(2) 형상(개념도)

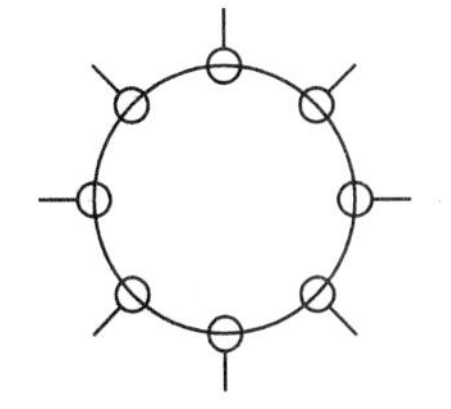

Low Fin Tube

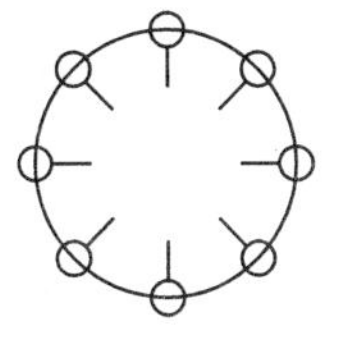

Inner Fin Tube

(3) 응용사례

① 공랭식 콘덴싱유닛의 Fin & Tube형 열교환기에서 열교환기 핀이 공기 측(열교환이 불량한 쪽)에 형성되어 있다.

② 공조기 코일의 외측(공기 측)에 열교환기 핀이 형성되어 있다.

③ 건식 쉘 앤 튜브 증발기(Dry Shell & Tube Type Evaporator)에서는 관 내부를 흐르는 냉매의 유량이 적어 열통과율이 나쁘므로 전열을 양호하게 하기 위해 주로 Inner Fin Tube를 사용한다.

> ✓ 핵심 Low Fin Tube(외부 핀)를 사용하든 Inner Fin Tube(내부 핀)를 사용하든 열교환이 불량한 유체 측에 Fin을 설치하는 것이 열전달에 유리하다.

11 공조기용 냉·온수코일

(1) 개요

① 공조기용 냉·온수코일 설계 시에는 공기의 풍속은 약 2~3.5 m/s, 코일관 내의 수속은 약 1 m/s, 코일 입·출구 물의 온도차는 약 5℃ 정도로 하는 것이 펌프의 동력이나 마찰저항, 배관의 시공비 등의 측면에서 일반적인 방법이나, 현장여건에 따라 조금씩 달라지며 다음과 같이 코일 Size 및 열수를 설계한다.

② 단, 대온도차냉동기 방식에서는 코일 입·출구 물의 온도차를 약 10℃ 정도로 하는 경우도 있다. 이 경우에는 코일의 정면면적이나 열수가 증가하여야 하므로 주의를 요한다.

(2) 냉·온수코일 설계방법

① 코일 정면면적 계산

$$A = \frac{Q}{3600 \cdot Va}$$

* A : 코일 정면면적(m^2)　　Q : 소요풍량, 즉 실내부하에 따른 소요풍량(m^3/h)
　Va : 코일 정면풍속(m/s)

② 필요수량

$$L = \frac{q}{60 \cdot (t2 - t1)}$$

* L : 필요수량(l/min)　　q : 전열량, 즉 현열+잠열(kcal/h)
　$t2 - t1$: 물의 출구온도－입구온도(℃)

③ 수속(물의 유속)

$$Vw = \frac{L}{60 \cdot d \cdot n \cdot 10^3}$$

* Vw : 수속(m/s)　　L : 필요수량(l/min)
　d : 코일 내부 배관 내 단면적(m^2)　　n : 코일 튜브의 수(서킷 수×단 수)

④ 코일의 필요열수

$$N = \frac{q}{K \cdot A \cdot Cw \cdot LMTD}$$

* N : 코일의 필요열수　　q : 전열량, 즉 현열+잠열(kcal/h, W)
　K : 열관류율(kcal/m^2·h·℃ , W/m^2·K)
　A : 코일 정면면적(m^2)　　Cw : 습표면 보정계수
　$LMTD$: 대수평균온도차(℃)

주 ➔ 습표면 보정계수(C_w ; 윤활면 계수)

1. 코일의 열관류율(kcal/m^2·h·℃, W/m^2·K)을 보정하는 계수이다.
2. 입구수온의 온도와 입구공기의 노점온도 간의 온도차가 클수록, 또 입구수온의 온도와 입구공기의 건구온도 간의 온도차가 작을수록 '습표면 보정계수'는 커진다(일반적으로 현열비가 적어질수록 습표면 보정계수가 커진다).

12 2차 열전달매체

(1) 개요

① 물, 브라인 등이 대표적이며, 특히 브라인(Brine)은 염분 등 혼합물의 농도에 따라 어는점을 낮출 수 있는 장점이 있다.

② 1차 냉매는 냉동 Cycle 안을 순환하며 주로 잠열의 형태로 열을 운반하는 데 반해, 2차 냉매는 냉동 Cycle 밖을 순환하며 주로 현열의 형태로 열을 운반하는 작동유체이다.

③ 1차 냉매로서는 주로 프레온계 냉매, 암모니아 등을 사용한다(물은 얼기 쉽고 금속재질의 냉동부품들을 부식시키기 쉬우므로 1차 냉매로 사용되는 것이 제한적이다).

④ 1차 냉매로 직접 피냉각물을 냉각시키지 않고, 일단 브라인 등의 2차 냉매를 냉각하여 이것으로 하여금 목적물을 냉각하는 경우가 많다.

⑤ 일반적으로 브라인에는 무기질 브라인과 유기질 브라인이 있다.

⑥ 2차 냉매로는 물, 브라인 외에 프레온계 1차 냉매도 사용될 수 있다.

(2) 1차 냉매 및 2차 냉매의 흐름도

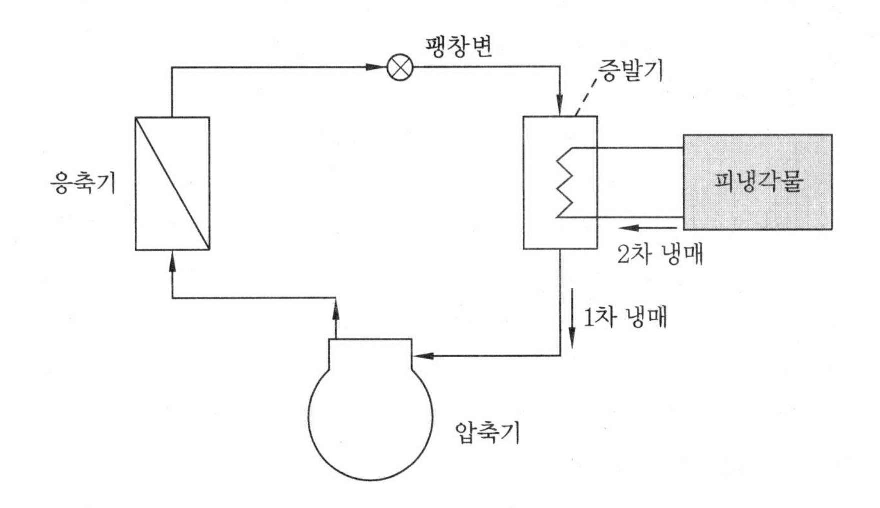

(3) 특성선도 (염화칼슘 수용액)

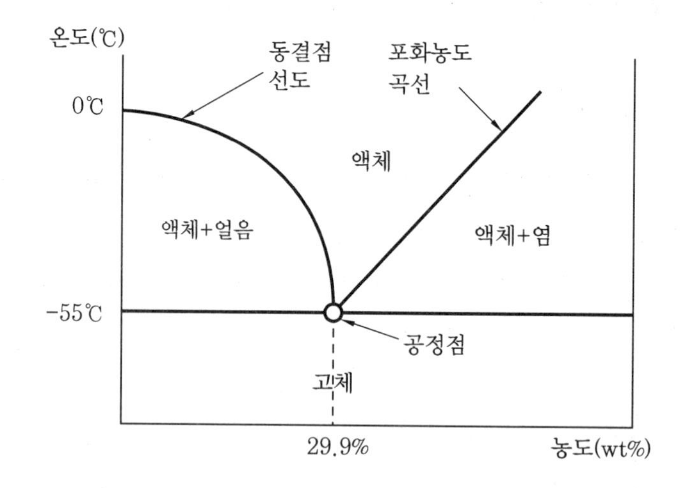

(4) 브라인의 종류

① **무기질 브라인** : 부식성이 크다(방식제 첨가 필요).

㈎ 염화칼슘 ($CaCl_2$) 수용액 : 대표적인 무기질 브라인

㉮ 부식성이 크다 (방식제 첨가), 공정점은 (−55℃, 29.9 %)이다.

㉯ 주위에 있는 물을 흡수해버리는 '조해성(潮解性)'이라는 성질이 있어 눈이나 얼음 위에 뿌려두면 대기 중의 수증기나 약간의 물이라도 있으면 흡수하면서 분해되는데, 이러한 과정을 거치면서 열이 발생하게 되고 다시 눈이나 얼음이 녹는 과정을 반복하면서 눈을 녹일 수 있어 제설제로도 많이 사용한다.

㉰ 제설제로 지나치게 사용 시 환경오염 등이 우려된다.

㈏ 염화나트륨 (NaCl) 수용액

㉮ 용해 : 약 0.9 % 농도의 소금물이라고 보면 된다 (참조 : 소금의 녹는점은 800.4℃, 철의 녹는점은 약 1,535℃).

㉯ 증류수에 소금을 녹여서 만든 것으로 물보다 어는점이 낮아서 브라인으로 사용한다.

㉰ 식품에 무해(침지 동결방식에 많이 사용), 동결온도가 염화칼슘 대비 높다.

㈐ 염화마그네슘 ($MgCl_2$) 수용액

㉮ 두부 만들 때 간수로도 사용하는데, 포카리의 삼투압 조정을 목적으로 사용한다.

㉯ 바닷물 성분의 하나이기도 하며, 쓴맛을 낸다.

② **유기질 브라인**

㈎ 에틸렌 글리콜, 프로필렌 글리콜, 에틸 알코올 등을 물과 적정 비율로 혼합하여 사용한다.

㈏ 방식제(부식 방지제)를 약간만 첨가하여 모든 금속에 사용 가능하다.

㈐ 식품에 독성도 아주 적다.

㈑ 빙축열(저온공조 포함)에서는 부식문제 때문에 주로 유기질 브라인을 2차 냉매로 많이 사용한다.

③ **기타** : 물, 프레온냉매 등도 2차 냉매로 사용 가능하다.

(5) 공정점(共晶點)

① 어떤 일정한 용액 조성비에서 용액이 냉각될 경우, 부분적인 결정석출(동결) 과정을 거치지 않고 단일물질처럼 한 점에서 액체-고체의 상변화 과정을 거친다면, 즉 동결 개시부터 완료까지 농도변화 없이 순수물질과 마찬가지로 일정한 온도에서 상변화한다면 이 용액을 공융용액(Eutectic Solution)이라 한다.

② 또한 이때의 상변화점을 공융점(Eutectic Point) 또는 공정점(Cryohydric Point)이라 한다.

③ 2가지 이상의 혼합 또는 화합물로 이루어진 공융염의 경우, 공융점의 농도를 갖추고 있어야만 단일물질에서와 같이 일정한 상변화온도와 그 온도에서의 잠열량이 보장될 수 있다.

④ **사례** : 공정점, 공융용액의 정의를 올바르게 인지하지 못하고 목표온도에서 부분적으로 상변화하는 물질을 공융용액이라고 인지하는 잘못으로, 실제 적용 시 잠열량 미달 또는 적정온도 유지의 실패요인이 될 수 있다.

(6) 동결점(凍結點)

① 동결이 시작되는 지점을 말한다.

② **식품, 생선 등에서는 빙결정이 생성되기 시작되는 지점(어는점)** : 보통 $-1 \sim -5$℃의 경우가 많음

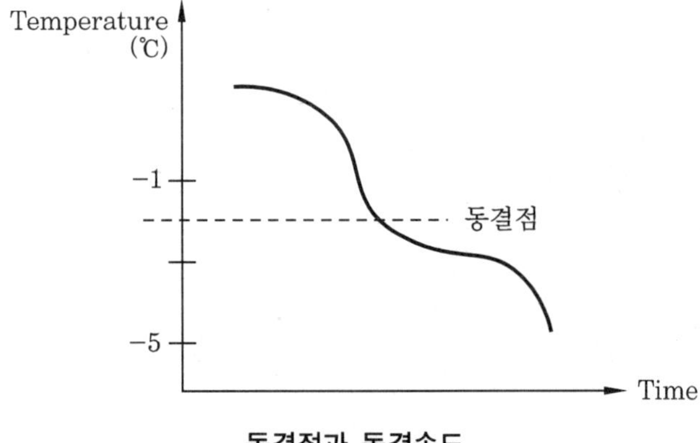

동결점과 동결속도

③ 표면동결은 급속동결(−1℃~−5℃의 빙생성대를 30분 내로 급속히 통과)로 진행되나, 열저항이 중심점으로 갈수록 급속히 증가하여 내부로 갈수록 점점 동결속도가 느려진다.

④ 동결점 이하의 온도에서는 잠열을 흡수하므로 동결속도가 느려지기 시작한다.

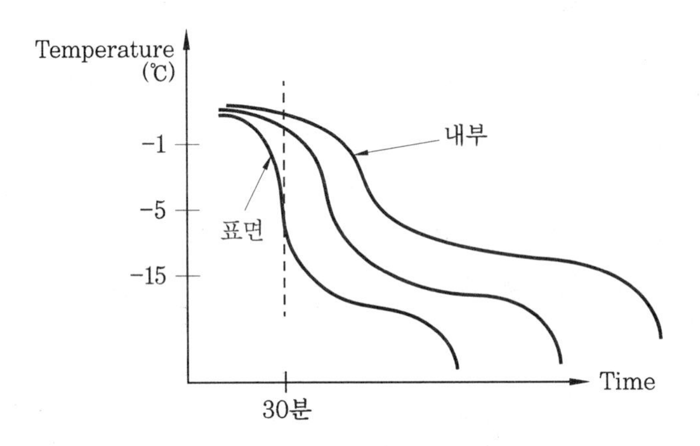

표면동결과 내부동결속도

Quiz 브라인의 안전상의 주의사항과 구비조건은?

해설 1. 브라인의 안전상 주의사항

① 직접 식품에 닿아야 할 때는 식염수나 프로필렌 글리콜 용액을 많이 사용한다.

② 에틸렌 글리콜은 맹독성이 있는데 특히 단맛이 나기 때문에 아이들이 모르고 먹을 수도 있다. 또한 개나 고양이 같은 애완동물이 먹을 수도 있다(신장결석 등 발병 가능).

③ 부동액 중독에 의해 나타나는 초기 증상은 심한 의기소침과 무기력증이다(비틀거리며 마치 술에 취한 것과 같이 보이기도 한다).

2. 2차 냉매(브라인)의 구비조건

① 동결온도가 낮을 것

② 부식이 적을 것

③ 안전성 : 불연성, 무독성, 누설 시 해가 적을 것

④ 악취가 없을 것

⑤ 열전도성이 우수할 것

⑥ 냉매의 비열이 클 것

⑦ 배관상 멀리 보내도 압력손실이 적을 것

✓ 핵심
- 2차 냉매는 1차 냉매의 냉동능력을 피냉각물로 전달해주는 중간 냉매의 역할을 해주며, 크게 무기질 브라인(염화칼슘, 염화나트륨, 염화마그네슘), 유기질 브라인(에틸렌 글리콜, 프로필렌 글리콜, 에틸 알코올 등)으로 나눌 수 있다.
- 공정점은 동결 개시부터 완료까지 농도와 온도의 변화 없이 순수물질처럼 상변화하는 상태점을 말한다.
- 브라인은 식품냉동에 사용될 경우 특히 안전상의 주의를 요한다(비닐 밀봉 처리 후 동결하는 방법 등 강구).
- 브라인은 특히 동결온도가 낮고, 부식이 적으며, 열전도가 좋아야 한다.

13 열기관과 히트펌프의 효율

(1) 열기관의 열효율

① 고열원에서 저열원으로 열을 전달할 때 그 차이만큼 일을 한다.

② $P-V$ 선도, $T-S$ 선도

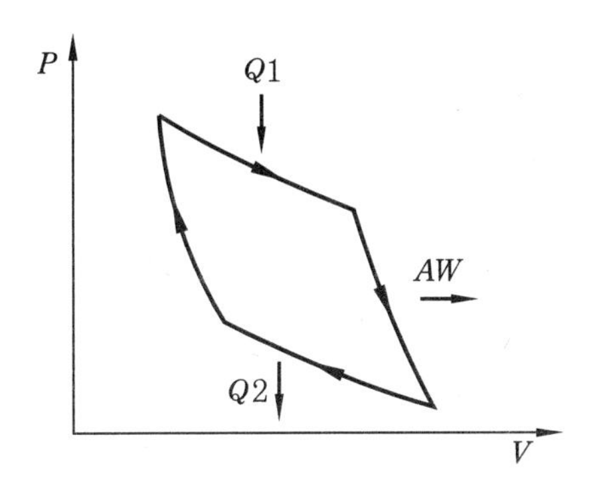

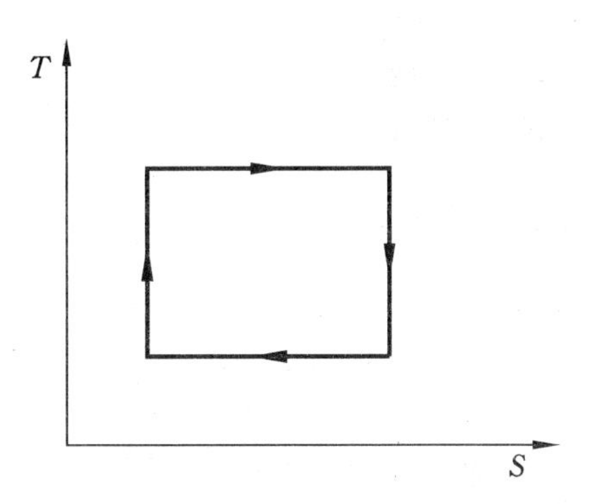

③ **열기관의 열효율 계산식** : 이상적인 카르노 사이클 기준

$$\text{효율}\ (\eta_H) = \frac{AW}{Q1} = \frac{Q1 - Q2}{Q1} = 1 - \frac{Q2}{Q1} = 1 - \frac{T2}{T1}$$

* $Q1$: 고열원에서 얻은 열
  $Q2$: 저열원에 버린 열
  AW : 외부로 한 일

(2) 히트펌프의 열효율

① 저열원에서 고열원으로 열을 전달할 때 그 차이만큼 일을 가해주어야 한다.

② $P-V$ 선도, $T-S$ 선도

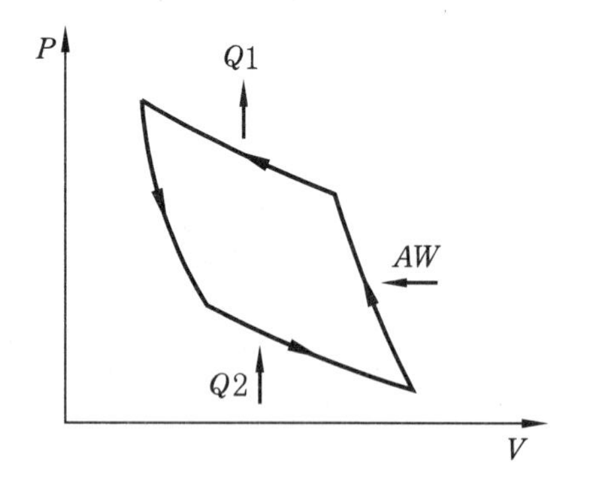

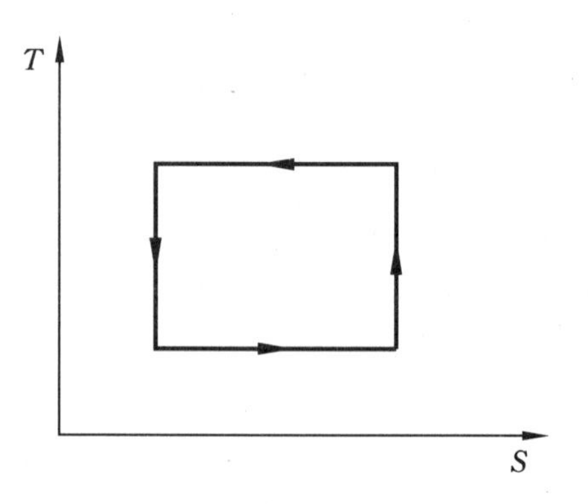

③ **히트펌프의 열효율(성적계수) 계산식** : 이상적인 카르노 사이클 기준

- 냉방 효율(COPc) $= \dfrac{Q2}{AW} = \dfrac{Q2}{Q1-Q2} = \dfrac{T2}{T1-T2}$
- 난방 효율(COPh) $= \dfrac{Q1}{AW} = \dfrac{Q1}{Q1-Q2} = \dfrac{T1}{T1-T2} = 1 + COPc$

* $Q1$: 고열원에 버린 열
$Q2$: 저열원에서 얻은 열
AW : 계에 한 일

④ **성적계수(실제식)**

- 냉방 효율(COPh) $= \dfrac{Qc}{N}$
- 냉방 효율(COPc) $= \dfrac{Qe}{N}$

* Qc : 응축기열량(kW)
Qe : 증발기열량(kW)
N : 소비입력(kW)

New Renewable Energy

제6장 | 신재생에너지 전기설비

01 파워컨디셔너 (Power Conditioner)

(1) 개요

① 파워컨디셔너(Power Conditioner)는 신재생에너지 시스템에서 인버터기능 (직류→교류), 최대전력 추종 제어기능, 계통연계 보호기능, 단독운전 방지기능 등을 행한다. 더욱이 주파수, 전압, 전류, 위상, 유효 및 무효전력, 동기, 출력품질(전압변동, 고주파) 등의 기능도 제어 가능하다.

② 보통 단순히 인버터라고도 부르며, 태양전지, 풍력, 소수력 등으로부터 발전한 직류전력을 일반적으로 사용되고 있는 교류로 변환하는 기능이 가장 핵심기능이다.

③ 계통연계보호장치 : 주파수 이상이나 과부족 전압 등 계통 측과 인버터의 이상 및 단독운전을 적격으로 검출하여 인버터를 정지시킴과 동시에 계통과의 연계를 빠르게 단절함에 의해 계통 측의 안전을 확보하는 것을 목적으로 한다.

④ 인버터 구동회로에서 게이트 구동 시 하나의 레그(Leg)에 있는 두 개의 게이트가 실제로 On/Off되는 시간차에 의해서 단락이 발행할 가능성이 있는데 이때 단락을 방지하는 최소한의 시간을 '데드 타임(Dead Time)'이라고 한다.

⑤ 파워컨디셔너의 효율에 영향을 미치는 인자로는 스위칭 주파수, 데드 타임, 필터회로, 최대 전력 추종제어 등이 있다.

⑥ 파워컨디셔너는 10 kW 이하를 보통 소용량이라고 하며, 공공·산업·발전사업자용은 보통 10~1,000 kW 이상이다.

⑦ DIN 4050 및 IEC 144에 의한 보호등급은 실내형이 IP20 (International Protection 등급) 이상이고, 실외형은 IP44 이상이어야 한다.

⑧ 인버터의 정격 입력전압이 제조사로부터 규정되지 않은 경우 정격 입력전압 기준은 아래와 같다.

$$\text{정격 입력전압} = \frac{V_L + V_S}{2}$$

* V_L : 허용되는 최대 입력전압

V_S : 발전을 시작하기 위한 최소 입력전압

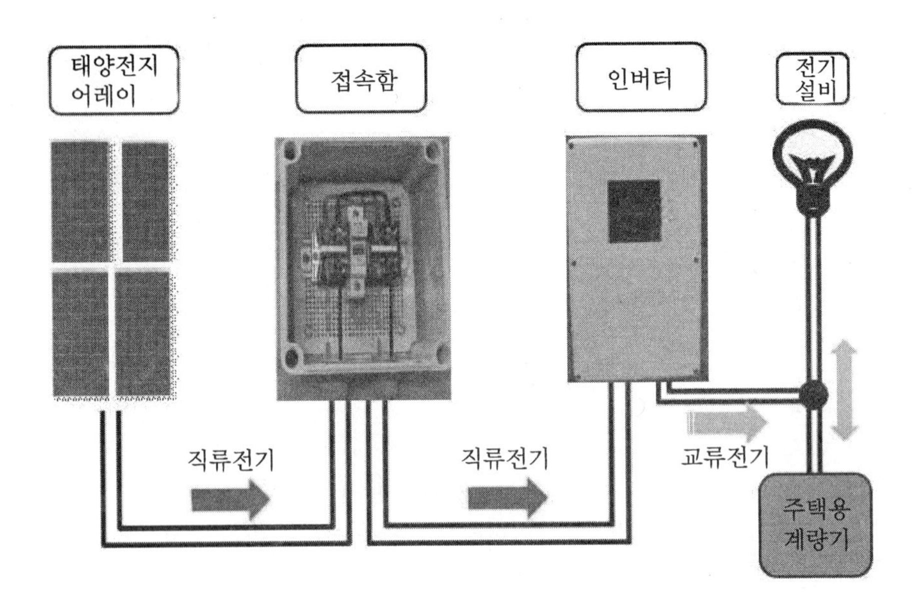

태양전지어레이-인버터 전력계통

IP 규격 : IP 규격은 국제 전기 표준 협회(IEC)의 규격 IEC60529를 근거로 작성한 일본 공업 규격으로 전기 기계 기구에 대한 용기에 따른 보호 등급을 규정하고 있다.

1. IP코드

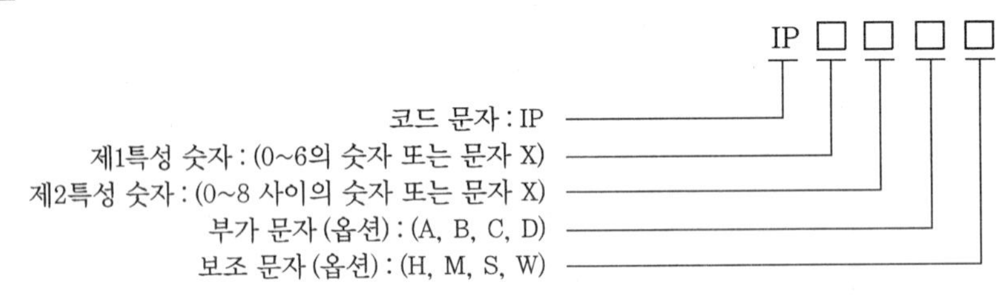

IP코드의 구성

2. IP코드의 구성요소

제1특성 숫자	외래 고형 이물질에 대한 보호	위험한 곳으로의 접근에 대한 보호
0	보호 없음	보호 없음
1	직경 50 mm 이상 크기의 외래 고형 이물질에 대하여 보호	주먹과 같은 물체가 위험한 곳으로 접근하지 못하도록 보호하고 있음
2	직경 12.5 mm 이상 크기의 외래 고형 이물질에 대하여 보호	위험한 곳으로 접근하는 손가락과 같은 물체에 대하여 보호하고 있음
3	직경 2.5 mm 이상 크기의 외래 고형 이물질에 대하여 보호	위험한 곳으로 접근하는 공구와 같은 물체에 대하여 보호하고 있음

4	직경 1.0 mm 이상 크기의 외래 고형 이물질에 대하여 보호	위험한 곳으로 접근하는 철사와 같은 물체에 대하여 보호하고 있음
5	방진형 : 먼지의 침입을 완전히 방지할 수 없으나 전기 기기의 동작 그리고 안전성을 방해하는 정도의 침입에 대하여 보호	
6	내진형 : 먼지의 침입으로부터 보호	
X	제1특성 숫자를 생략하는 경우	

제2특성 숫자	물의 침입에 대한 보호
0	보호 없음
1	수직으로 떨어지는 물방울에 대해서도 유해한 영향을 끼치지 않는다.
2	용기가 정상 위치에 대하여 양쪽으로 15도 이내로 기울어질 때 수직으로 떨어지는 물방울에 대해서도 유해한 영향을 끼치지 않는다.
3	수직으로부터 양쪽 60도 각도로 분무한 물에 대해서도 유해한 영향을 끼치지 않는다.
4	어떠한 방향에서 날라온 물에 대해서도 유해한 영향을 끼치지 않는다.
5	모든 방향의 노즐에 의해 분출된 물에 대해서도 유해한 영향을 끼치지 않는다.
6	모든 방향의 노즐에 의한 강력한 압력으로 분출된 물에 대해서도 유해한 영향을 끼치지 않는다.
7	규정된 압력 및 시간에서 용기를 일시적으로 담갔을 때 유해한 영향을 발생시키는 정도의 물의 침투로부터 보호한다.
8	관계자 간에 결정한, 숫자 7보다 좋지 않은 조건에서 용기를 지속해서 수중에 담갔을 때 유해한 영향을 발생시키는 물의 침투로부터 보호한다.
X	제2특성 숫자를 생략하는 경우

부가 문자	위험한 곳으로의 접근
A	주먹과 같은 물체의 접근에 대하여 보호한다.
B	손가락과 같은 물체의 접근에 대하여 보호한다.
C	공구와 같은 물체의 접근에 대하여 보호한다.
D	철사와 같은 물체에 의한 접근에 대하여 보호한다.

* 부가 문자는 다음과 같은 경우에만 사용한다.
- 위험한 곳으로의 접근에 대한 보호가 제1특성보다 우선인 경우
- 위험한 곳으로의 접근에 대한 보호만을 표시하는 경우로 제1특성 숫자가 'X'로 나타나는 경우

보조 문자	개 요
H	고압 기기
S	전기 기기의 가동 부분을 동작시킨 상태에서 물에 대한 시험을 한 것
M	전기 기기의 가동 부분을 정지시킨 상태에서 물에 대한 시험을 한 것
W	어떠한 기상 조건에서 사용할 수 있고 추가로 보호 구조·처리를 한 것

(2) 인버터의 동작원리

① 인버터는 스위칭 소자를 정해진 순서대로 On 및 Off 함으로써 직류 입력을 교류 출력으로 변환한다(On/Off 시 인덕터 양단에 나타나는 역기전력에 의한 스위칭 소자의 소손을 방지하기 위해 보통 '환류다이오드'를 설치).

② 또한 약 20 kHz의 고주파 PWM제어방식을 이용하여 정현파의 양쪽 끝에 가까운 곳은 전압폭을 좁게 하고, 중앙부는 전압폭을 넓혀 1/2사이클 사이에 스위칭 동작을 해서 구형파의 폭을 만든다.

③ 이 구형파는 L-C필터를 이용해서 파선 형태의 정형파 교류를 만든다.

④ 스위칭 방법

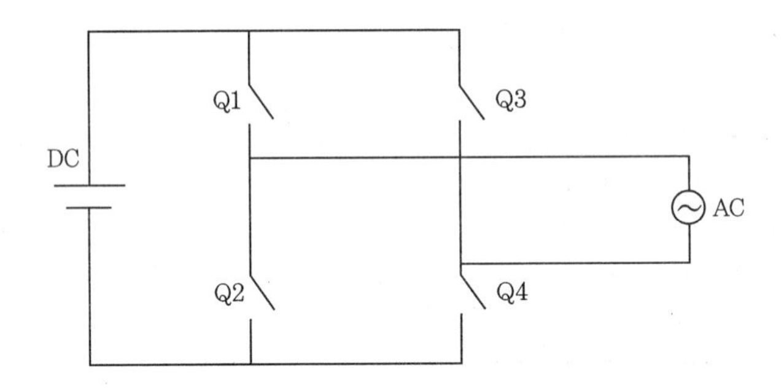

스위칭 소자	1단계	2단계	3단계	4단계
Q1	On	On	Off	Off
Q2	Off	Off	On	On
Q3	Off	On	On	Off
Q4	On	Off	Off	On

(3) 태양광 파워컨디셔너의 종류(회로 절연방식에 의한 분류)

종 류	설 명
상용주파 절연방식	• 태양전지 직류출력을 상용주파의 교류로 변환한 후 변압기로 절연한다. • 제어부가 가장 간단하여 안정성이 우수하다. • 내뇌성 및 노이즈 커트 특성이 우수하다. • 변압기 때문에 효율이 떨어지고 부피와 무게가 커진다. • 3상 10 kW 이상에 주로 적용한다 (주로 복권변압기 적용 방식이다).
고주파 절연방식	• 태양전지의 직류출력을 고주파 교류로 변환 후, 소형 고주파 변압기로 절연한다. 그 다음 일단 직류로 변환하고 다시 상용주파수 교류로 변환한다. • 저주파 절연변압기를 사용하지 않기 때문에 고효율화, 소형경량화, 저가화가 가능하다. • 많은 파워소자로 구성이 복잡하다.
트랜스리스 방식	• 태양전지의 직류출력을 DC-DC 컨버터로 승압하고 DC/AC 인버터로 상용주파수의 교류로 변환한다. • 저주파 변압기를 사용하지 않기 때문에 고효율화, 소형경량화, 저가화에 가장 유리하다. • 주택용 (3 kW 이하), 소형 등에 많이 적용되는 절연방식이다. • 변압기를 사용하지 않기 때문에 안정성에 불리하다 (복잡한 안정성 제어가 필요).

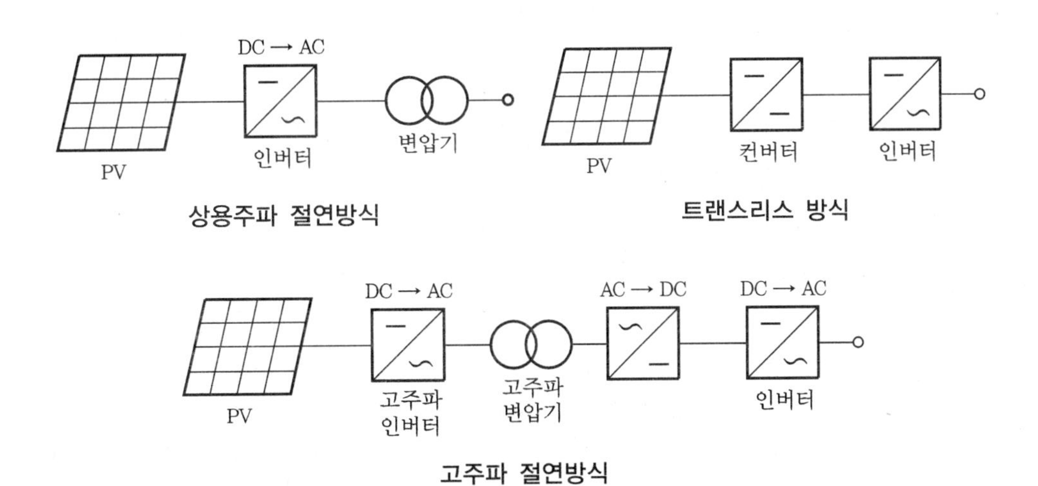

(4) 인버터의 기능

① 자동운전 정지기능

㈎ 일사강도가 증대하여 발전조건이 되면 자동으로 운전 시작

(나) 일몰 후 출력을 얻을 수 없을 때 정지, 흐린 날 또는 비 오는 날 대기상태 유지

② 최대전력 추종제어기능

(가) 태양전지의 동작점이 항상 최대전력을 추종하도록 변화시켜 최대출력을 얻을 수 있는 제어

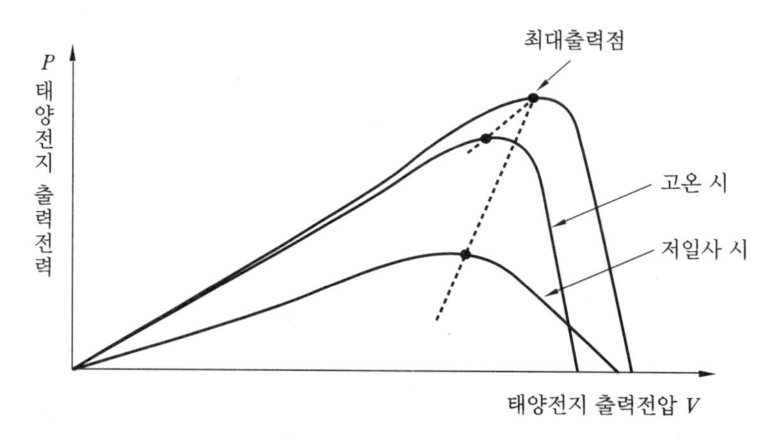

최대전력추종(MPPT ; Maximum Power Point Tracking)

(나) 직접제어방식 : 온도나 일사량의 센싱에 의한 간단한 비례제어 방식이지만 성능은 다소 떨어짐

(다) 간접제어방식

㉮ P & O제어(Perturb and Observe) : 최대 전력점에서 Oscillation이 발생하여 다소 손실이 발생(불안정성)하지만, 비교적 간단하여 많이 채용하는 방식이다.

㉯ Inc.Cond제어(Incremental Conductance) : 태양전지 출력의 컨덕턴스와 증분 컨덕턴스를 비교하여 최대 전력 동작점을 추종하는 방식으로 출력이 안정적이지만, 계산량이 많아 고사양 프로세서에 의해 제어되어야 한다(※ 여기서, 컨덕턴스란 전기가 얼마나 잘 통하느냐 하는 정도를 나타내며, 회로저항의 역수로 표현된다).

㉰ Hysterisis Band 변동제어 : 태양전지 출력전압을 최대 전력점까지 증가시킨 후 임의의 보정치를 기준으로 최소 전력점 값을 지정하며, 매 주기마다 출력전압을 증가 및 감소시키므로 손실이 유발된다.

(라) 추적효율 : 태양광 모듈의 출력이 최대가 되는 최대전력점(MPP ; Maximum Power Point)을 찾는 기술에 대한 성능지표를 말한다.

③ 단독운전 방지기능

(가) 한전계통의 정전에 의한 단독운전 발생 시 배전망에 전기가 공급되어 보수점검자에 위해를 끼칠 수 있으므로, 한전계통 정전 시에 이를 수동적 혹은 능동적 방식

으로 검출하여 태양광발전 시스템을 안전하게 정지하게 하는 기능을 말한다.

(나) 수동적 방식(검출시한 0.5초 이내, 유지시간 5~10초)

㉮ 전압위상 도약 검출방식 ㉯ 제3차 고조파 전압 검출방식

㉰ 주파수 변화율 검출방식

(다) 능동적 방식(검출시한 0.5~1초)

㉮ 주파수 시프트방식 ㉯ 유효전력 변동방식

㉰ 무효전력 변동방식 ㉱ 부하 변동방식

> 주 ➔ **자립운전(Stand alone) :** 한전계통의 정전 시 '단독운전 방지기능'에 의해 전기를 사용하지 못하게 되므로, 이때 사용할 수 있게 고안된 시스템이다. 정전 시 한전계통과 완전히 회로를 분리시킨 후 자체적으로 생산된 전기를 사용하게 된다.

④ **자동전압 조정기능**

(가) 태양광 계통에 접속하여 역전송 운전 시 수전점의 전압이 상승하여 운영범위가 넘어섬을 방지함

(나) 진상무효전력제어, 출력제어 등의 방식이 있다.

⑤ **직류 검출기능**

(가) 인버터 반도체 스위칭을 고주파로 스위칭 제어하기 때문에 적은 직류분이 중첩됨

(나) 고주파 변압기 절연방식과 트랜스리스 방식에서는 인버터 출력이 직접 계통에 접속되기 때문에 직류분이 존재하게 되면 주상변압기의 자기포화 등 악영향을 줌

(다) 전력계통으로의 직류분 제한값은 파워컨디셔너 정격교류 최대 출력전류의 0.5% 이하로 하여야 함

⑥ **직류 지락 검출기능** : 트랜스리스 방식의 인버터에서는 태양전지와 계통 측이 절연되어있지 않으므로 태양전지의 지락에 대한 안전대책이 필요하다.

⑦ **파워컨디셔너의 이상신호 조치방법**

(가) 태양전지의 과전압, 저전압, 과·저전압 제한초과, 정전 등의 경우(Fault종류 표시됨) 점검 후 정상 시 5분 후 재기동한다.

(나) 한전계통의 과전압, 저전압, 고·저 주파수, 정전 등의 경우(Fault종류 표시됨) 점검 후 정상 시 5분 후 재기동한다.

(다) 전자접촉기 고장 시(Fault종류 표시됨)에는 전자접촉기 교체 점검 후 운전해야 한다.

(5) 인버터의 전압 왜란(Distortion) 측정

① 인버터의 경우 스위칭 소자의 비선형적 특성 때문에 전압 왜란(Distortion)이 발생할 수 있다.

② 인버터의 전압 왜란(Distortion)은 교류에서 발생하는 현상이며, 왜란을 측정하기 위하여 AC측정 및 분석법(AC회로시험, 인버터 수치 읽기, 전력망 분석) 등의 방법을 사용한다.

(6) 인버터 시스템의 방식

① 마스터 슬래브 인버터방식

㈎ 대용량의 태양광발전 시스템에서는 중·소용량의 인버터방식을 2~3개 이상 결합하여 사용하는 마스터 슬래브 인버터 제어방식을 많이 적용한다.

㈏ 보통 복사량이 증가하여 마스터 인버터의 용량한계를 넘어서기 직전에 다음 슬래브 인버터가 자동적으로 연결되는 방식이다.

㈐ 중앙집중식처럼 대형 인버터 한 개로 작동되는 방식 대비하여 효율이 높은 편이나, 초기투자비는 다소 증가하는 편이다.

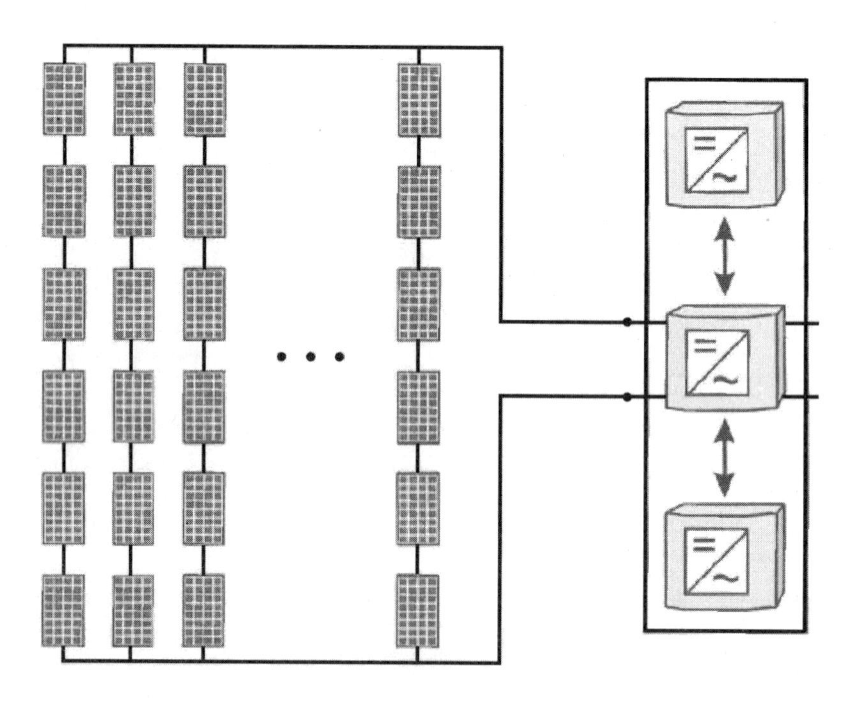

마스터 슬래브 인버터방식

② 중앙집중식 인버터방식

㈎ 어레이 전체를 중앙집중식 인버터에서 통합적으로 제어하는 방식이다.

㈏ 일반적으로 가장 많이 선정되는 방식이다.

㈐ 모듈 몇 개를 직렬연결하여 스트링 전압을 DC120 V 이하로 구성하면 저전압방식(보호등급 Ⅲ, 음영의 영향을 적게 받음)이라고 하고, 스트링을 길게 하여 DC120 V

이상으로 구성하면 고전압방식(보호등급 Ⅱ)이라고 한다.

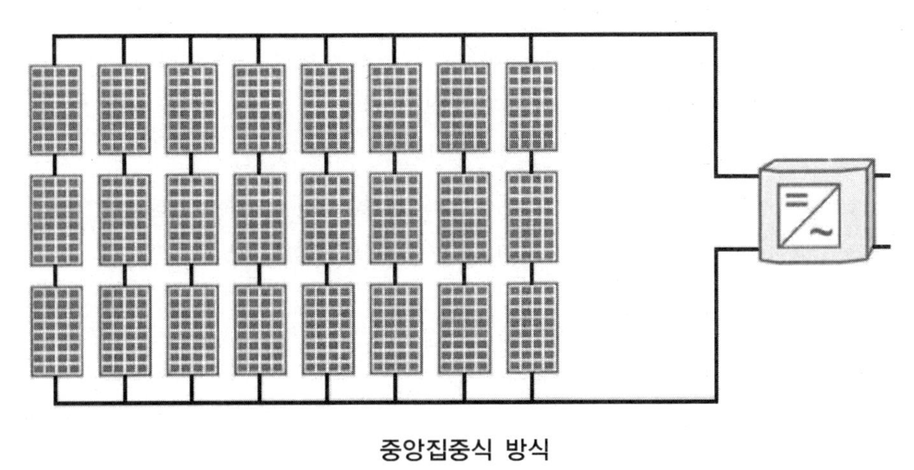

중앙집중식 방식

③ 모듈 인버터방식

㈎ 부분 음영이 많은 곳에서 높은 효율을 얻기 위해서 설치하는 방식이다.

㈏ 각 모듈에 각각 개별적으로 최대 전력점에서 작동되도록 구성할 수 있는 것이 장점이다.

㈐ 모듈 인버터방식은 확장이 용이하지만, 설치비용은 고가라는 단점이 있다.

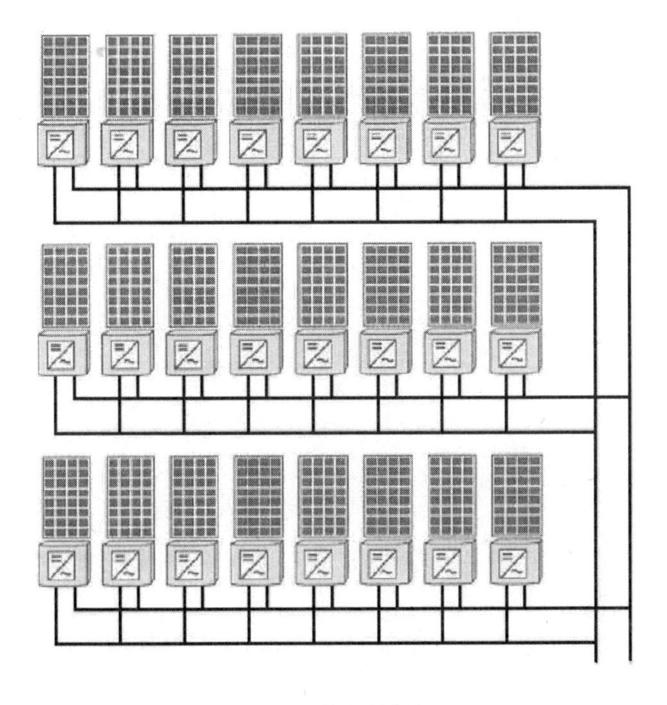

모듈 인버터방식

④ 기타의 방식

㈎ 스트링 인버터방식 : 최고 출력이 3 kW인 시스템은 스트링 인버터방식으로 많이 설치되며, 태양전지 어레이는 한 개의 스트링으로 구성된다.

㈏ 서브어레이 인버터방식 : 중규모 시스템의 경우 2~3개의 스트링이 인버터에 연결되는데 이 방식을 서브어레이 인버터방식이라고 한다.

㈐ 분산형 인버터방식 : 방향과 경사가 서로 다른 하부 어레이들로 구성된 시스템, 또는 부분적으로 음영이 되는 시스템의 경우에 적용하는 방식이다.

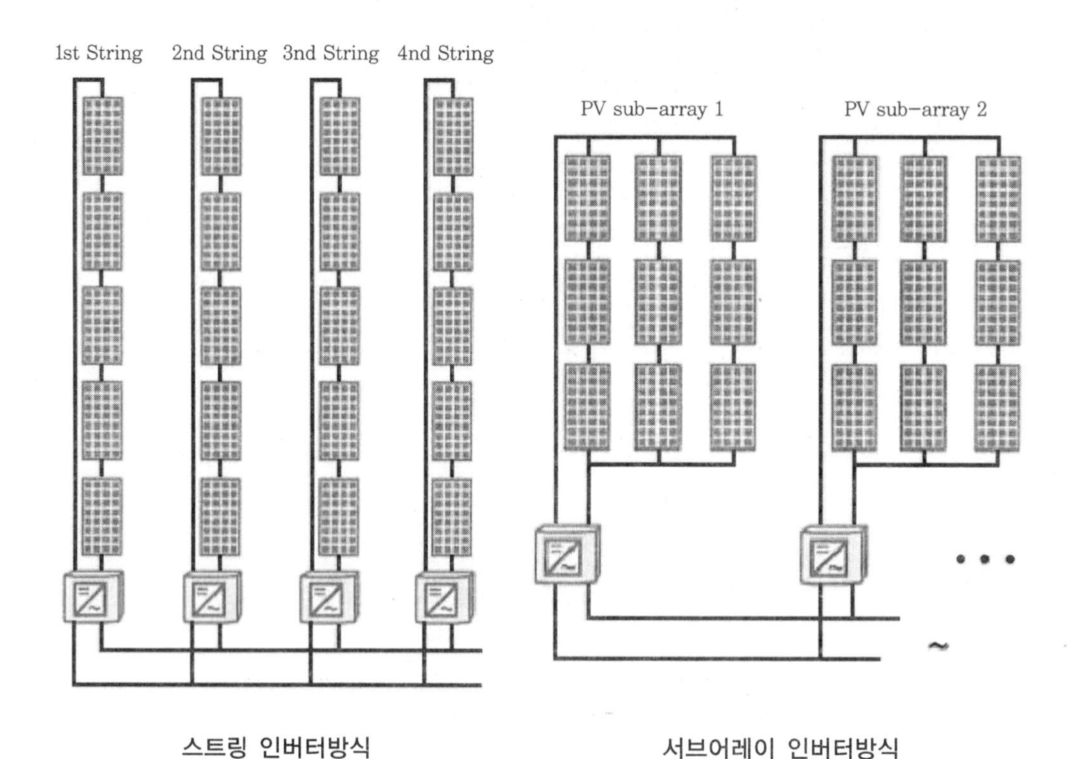

스트링 인버터방식 서브어레이 인버터방식

02 태양광 관련기기 및 부품

(1) 계통연계 보호장치

① **계통연계 보호장치의 역할** : 계통연계로 운전하는 태양광발전 시스템에서 계통 혹은 인버터 측 이상 발생 시 이를 감지하여 인버터를 즉시 정지시킴(계통 측 안전 확보)

② **저압연계 시스템** : 과전압 계전기(OVR), 저전압 계전기(UVR), 과주파수 계전기(OFR), 저주파수 계전기(UFR) 등

③ **특고압 연계 시스템** : 지락 과전류 계전기(OCGR) 등

<table>
<tr><th rowspan="2">사고발생 개소</th><th rowspan="2">사고형태</th><th colspan="2">보호계전기</th></tr>
<tr><th>역조류 없음</th><th>역조류 있음</th></tr>
<tr><td rowspan="2">자가용 발전 설비</td><td>• 역변환장치의 제어계통 이상 등에 의한 전압 상승</td><td colspan="2">OVR</td></tr>
<tr><td>• 역변환장치의 제어계통 이상 등에 의한 전압 저하</td><td colspan="2">UVR</td></tr>
<tr><td rowspan="3">전력 계통</td><td>• 연계된 계통의 단락</td><td colspan="2">UVR</td></tr>
<tr><td>• 계통사고 및 작업정전 등에 의한 단독운전상태</td><td>RPR, UFR, 역충전검출기능</td><td>단독운전 검출기능, OVR, UVR, OFR, UFR</td></tr>
<tr><td>• 특고압 연계 시스템의 지락 과전류 발생</td><td colspan="2">OCGR</td></tr>
</table>

㈜ RPR(역전력 계전기 ; Reverse Power Relay) : 단순병렬(한전역송불가) 조건을 이행하는지 확인하기 위한 계전기로서 발전전력이 계통으로 역송되면 감지하여 발전기를 계통에서 분리하는 계전기이므로, 엄밀히 송전 시나 수전 시 시스템 보호를 위한 보호계전기의 종류는 아니다.

(2) 바이패스 다이오드

① 용도

㈎ 낙엽, 그늘, 음영, 태양전지 자체의 결함, 기타 오염 등으로 인한 태양전지의 부분적인 열화현상이 생기면, 그 태양전지 셀에는 다른 태양전지 셀에서 발생한 모든 전압이 인가되어 열점(Hot Spot)이 발생한다. 이런 문제점을 대비하여 태양전지 모듈 내의 약 18~20개마다 셀의 전류방향과 반대로 바이패스 다이오드를 설치한다.

㈏ 바이패스 다이오드의 내전압(역내전압)은 보통 스트링 공칭 최대 전압의 1.5배 이상으로 해야 한다.

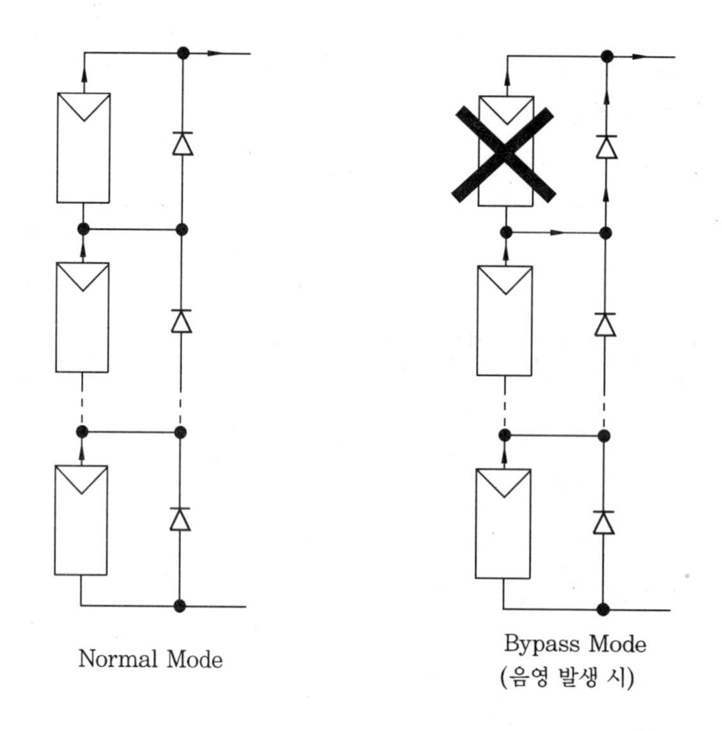

(3) 역류방지 소자(Blocking Diode)

① 태양전지 모듈에 다른 태양전지회로나 축전지에서 전류가 돌아 들어가는 것을 방지하기 위하여 설치하는 다이오드이다.

② 특히 다수의 병렬회로로 구성된 어레이에서는 어떤 모듈이 고장인 경우 정상적인 모듈의 전류가 고장점으로 역류해서 집중하는 것을 방지하기 위하여 사용된다.

③ 역류방지 다이오드는 반드시 정격 순방향 전류, 역내전압, 최고 주위온도와 같은 파라미터를 고려하여 설계하여야 한다.

④ 보통 모듈과는 별도로 접속함 내부에 설치된다.

⑤ **용량** : 역류방지 다이오드 설치 시 용량은 모듈 단락전류의 2배 이상이어야 한다.

⑥ **역류방지 소자 설치방법**

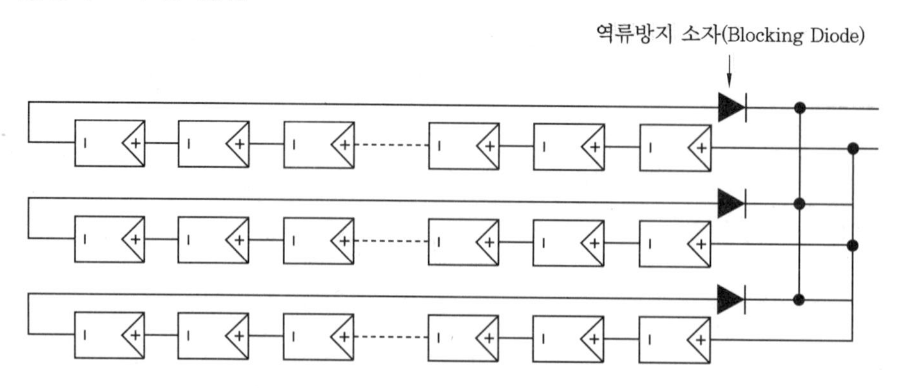

(4) 접속함

① **용도** : 다수 태양전지 모듈의 스트링을 하나의 접속함에서 연결하기 위함

② **접속함의 성능시험**

<table>
<tr><th colspan="3">시험항목</th><th>판정기준</th></tr>
<tr><td colspan="3">절연저항</td><td>• 1 MΩ 이상일 것</td></tr>
<tr><td colspan="3">내전압</td><td>• (2E+1000) V, 1분간 견딜 것</td></tr>
<tr><td rowspan="5">조작
성능</td><td>수동
조작</td><td>개폐
조작</td><td>• 조작이 원활하고 확실하게 개폐동작을 할 것</td></tr>
<tr><td rowspan="4">전기
조작</td><td>투입
조작</td><td>• 조작회로의 정격 전압 (85~110) % 범위에서 지장 없이 투입할 수 있을 것</td></tr>
<tr><td>개방
조작</td><td>• 조작회로의 정격 전압 (85~110) % 범위에서 지장 없이 개방 및 리셋할 수 있을 것</td></tr>
<tr><td>전압
트립</td><td>• 조작회로의 정격 전압 (75~125) % 범위 내의 모든 트립 전압에서 지장 없이 트립이 될 것</td></tr>
<tr><td>트립
자유</td><td>• 차단기 트립을 확실히 할 수 있을 것</td></tr>
<tr><td colspan="3">차단기 성능</td><td>• KS C IEC 60898-2에 따른 승인을 득한 부품을 사용할 것 (태양광 어레이의 최대 개방 전압 이상의 직류 차단 전압을 가지고 있을 것)</td></tr>
</table>

③ **접속함 주요 구성요소**

(가) 단자대 : 모듈로부터 직류전원의 공급 (접속)
(나) (직류)차단기 : 입력부 전원 개폐 및 고장 시 차단
(다) 퓨즈 : 단락전류에 대한 보호
(라) 역류방지 다이오드 : 역전류에 대한 방지
(마) SPD : 서지에 대한 보호 (타입 II 권장)
(바) PCB : 퓨즈, 단자대, 역류방지 다이오드, SPD 등의 일체형
(사) 방열판 및 냉각용 FAN
(아) 통신 모듈 : 신호변환기 및 통신 모듈 (RS485, TCP/IP 등)
(자) 각종 센서 : 일사량, 온도, 풍향 및 풍속 등에 대한 측정용

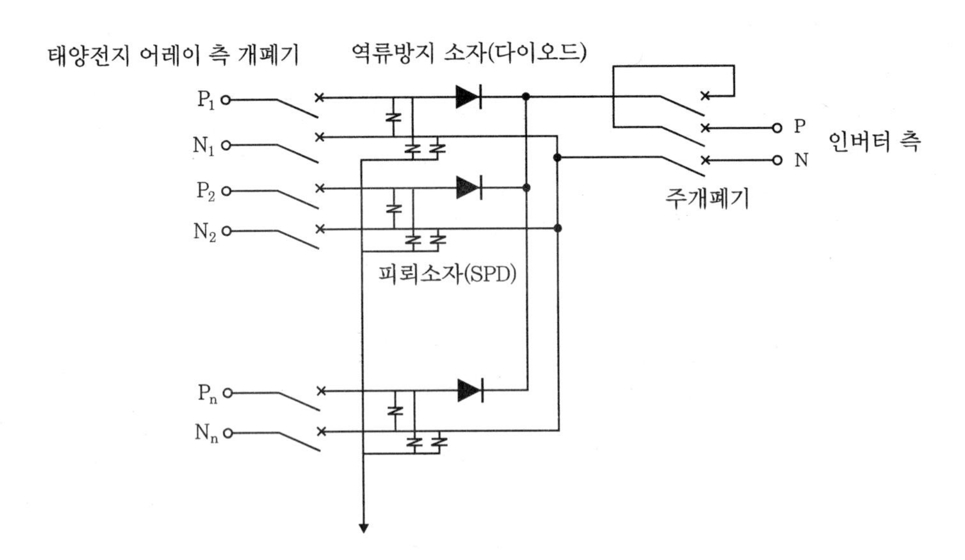

주➔ 1. 태양전지 어레이 측 개폐기로 단로기(무부하 Disconnecting Switch)나 퓨즈(Fuse)를 사용할 때에는 반드시 주개폐기로는 MCCB (Mold Case Current Braker ; 배선용 차단기)를 설치하여야 한다.

2. 주개폐기는 어레이가 1개의 스트링으로 구성되어 있고 어레이 측 개폐기가 MCCB로 되어 있을 경우 생략 가능하다.

3. SPD (서지보호소자 혹은 피뢰소자) : 각 스트링마다 설치(낙뢰가 많은 경우에는 주개폐기 혹은 송전단/수전단 양측 모두에 설치)하며, 접지 측 배선은 최대한 짧게 한다. SPD에는 반도체형과 갭형(방전갭형, SG ; Spark Gap)이 있고, 기능 면에서 억제형과 차단형으로, 용도 면에서 통신용과 전원용 등으로 구분되며, SPD 소자로서 탄화규소, 산화아연 등이 사용된다.

종 류		기호	전압전류특성	장점 및 단점
갭	방전갭 (SG) 〈직격뢰용〉			• 정전용량이 적음 • 서지전류내량 큼 • 누설전류가 적음 • 고장모드는 개방 • 속류가 있음(단점)
반도체	산화금속 배리스터 (MOV) 〈유도뢰형〉			• 제한전압이 낮음 • 신뢰성 높음(방전응답 빠름) • 정전용량 큼(단점) • 고장모드는 단락(단점)

4. 전기설비의 접지와 건축물의 피뢰설비 및 통신설비 등을 통합접지공사를 할 수 있다. 단 낙뢰 등에 의한 과전압으로부터 설비를 보호하기 위해 SPD를 설치하여야 한다.
5. 전기실의 소화설비 : 물분무, 이산화탄소, 청정소화약제, 이너젠 등
6. 전선배관 등의 관통부는 방화구획 측면에서 다음 설비로의 화재 확산을 방지하기 위해서 '관통부 처리'를 해야 한다.
7. 유입변압기(오일변압기)는 화재안전상 옥외설치가 권장된다(NFPA70 기준).
8. 뇌 보호영역(LPZ ; Lightning Protection Zone)별 SPD 선택기준

뇌 보호영역	시험 파형	적용 SPD
LPZ1	10/350 μs 파형 기준(큰 에너지를 갖는 직격뢰 대응)	ClassI (타입I)
LPZ2	8/20 μs 파형 기준(유도뢰 서지에 대응)	Class Ⅱ (타입 Ⅱ)
LPZ3	1.2/50 μs (전압), 8/20 μs (전류) 조합파 기준	Class Ⅲ (타입 Ⅲ)

㈜ 1. 충격파는 아래 그림과 같이 보통 파고값, 파두장(파고값에 달하기까지의 시간)과 파미장(파미의 부분으로서 파고값의 50 %로 감쇠할 때까지의 시간)으로 나타낸다.
2. SPD의 방전내량 크기 순서 : Class Ⅲ < Class Ⅱ < Class Ⅰ
- 어레이 접속함 : Class Ⅱ (타입Ⅱ) 혹은 Class Ⅲ (타입Ⅲ)
- 인버터 패널 : Class Ⅱ (타입Ⅱ)
- 인입구 배전반 : Class Ⅰ (타입I)

충격전류파의 규약영점 : 파고치의 10 % 및 90 %의 점을 연결한 직선과 전류의 0점을 통과하는 시간 좌표축과의 교점, 즉 파고치의 10 %되는 시각보다 0.1 Tf 앞선 시각을 말한다.

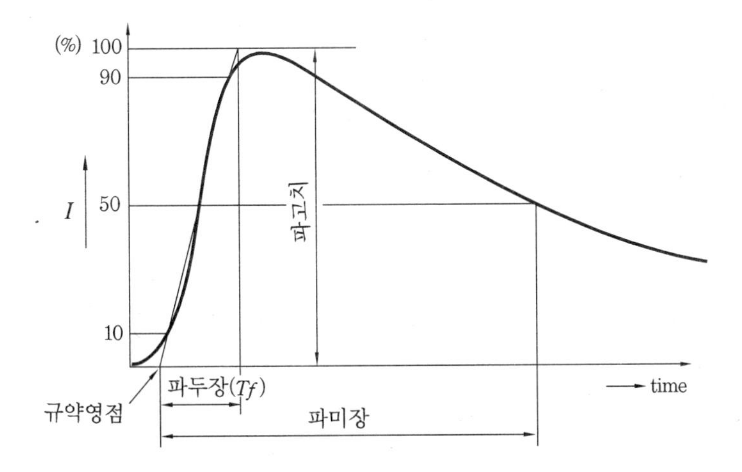

충격 전류파 파형커브

(5) 태양전지 어레이 측 기기

① **용도** : 태양전지 어레이의 출력을 한군데로 모은 후 인버터와의 회로 중간에 삽입한다.

② **주개폐기** : 태양전지 어레이의 출력을 한군데로 모은 후 인버터와의 회로 중간에 삽입한다.

③ **피뢰소자** : 태양전지 어레이의 출력을 한군데로 모은 후 인버터와의 회로 중간에 삽입한다.

(6) 교류 측 기기

① **분전반**

㈎ 분전반은 계통연계하는 시스템의 경우에 인버터의 교류출력을 계통으로 접속할 때 사용하는 차단기를 수납한다.

㈏ 태양광발전 시스템용으로 설치하는 차단기는 지락검출기능이 있는 과전류 차단기가 필요하다.

② **적산전력량계** : 역전송한 전력량을 계측하여 전력회사에 판매할 전력요금을 산출하는 계량기

(7) 축전지

① 전력 축전을 행하여 일사량이 적을 때나 야간의 발전을 하지 않는 시간대에 전력을 내보내는 역할을 한다.

② 재해 시나 정전 시의 Backup 전원이나 발전전력 급변 때의 완충, Peak cut 등에 적용 범위를 확대하는 역할을 할 수 있다.

③ **방전심도 (DOD : Depth of Discharge)**

㈎ 축전지의 잔존용량을 표현하는 또 다른 방법이다.

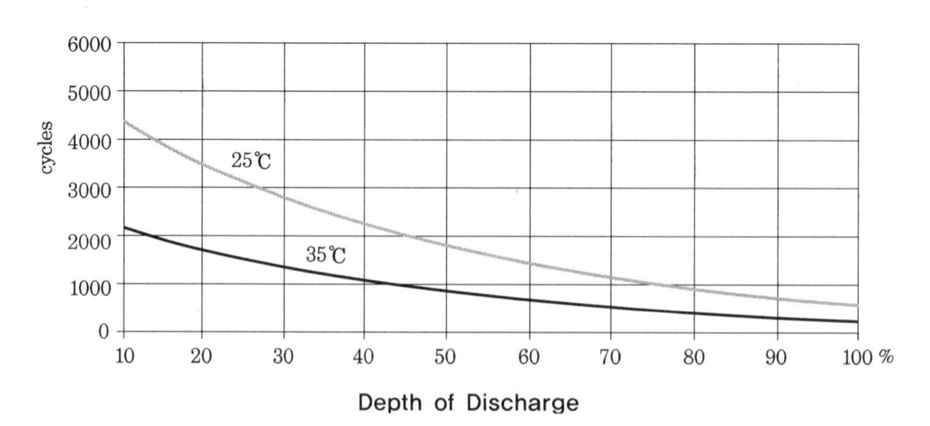

(나) 방전심도 혹은 방전깊이(Depth of discharge) 계산식

$$\text{DOD (방전심도)} = \frac{\text{실제의 방전량}}{\text{축전지의 정격용량}} \times 100\ \%$$

(다) 방전심도는 잔존용량의 반대 개념 : 방전심도를 30~40 % 정도로 낮게 설정하면 축전지 수명이 길어지고, 방전심도를 70~80 % 이상으로 설정하면 축전지 이용률은 높아지는 대신 그만큼 축전지의 수명이 단축된다.

④ 운용 방법상의 축전지 분류

(가) 계통연계시스템용 축전지(방재 대응용)

㉮ 평상시 연계운전

㉯ 정전 시 자립운전

㉰ 정전회복 후 야간충전운전

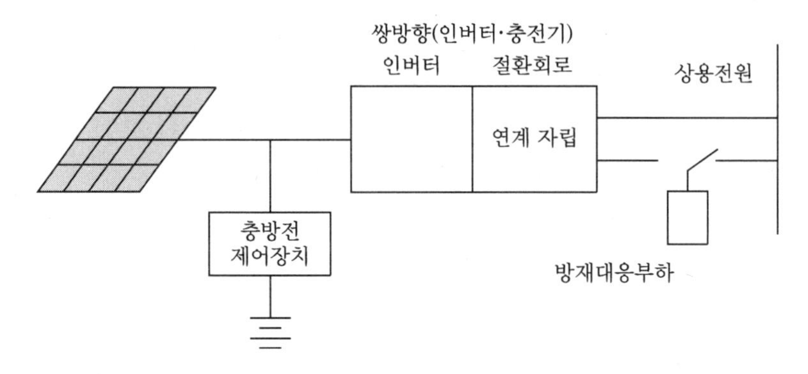

(나) 계통연계시스템용 축전지(부하 평준화 대응형)

㉮ 평상시 연계운전

㉯ 피크 시 태양전지 축전지 겸용 연계운전

㉰ 야간충전운전

㉱ 특히, 계통부하 급증 시 방전하고, 태양전지 출력 증대로 인한 계통전압 상승 시 충전하는 방식을 '계통안정화 대응형'이라고 한다.

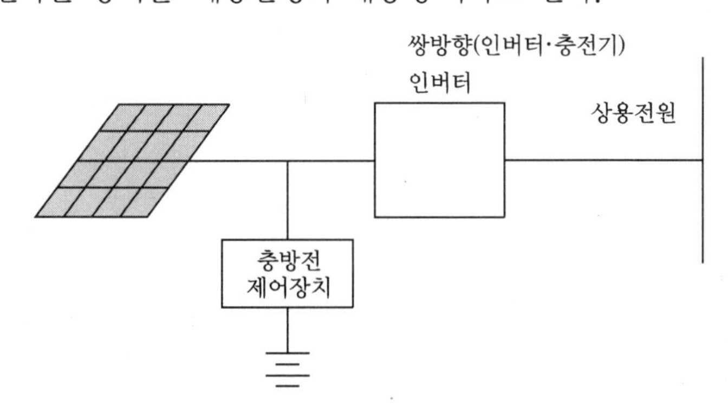

㈐ 독립형 전원시스템용 축전지

㉮ 직류부하 전용일 때는 인버터가 필요 없음

㉯ 직류출력 전압과 축전지 전압은 상호 맞출 것

㉰ 하이브리드형 : 독립형 시스템과 다른 발전설비와 연계하여 사용하는 형태

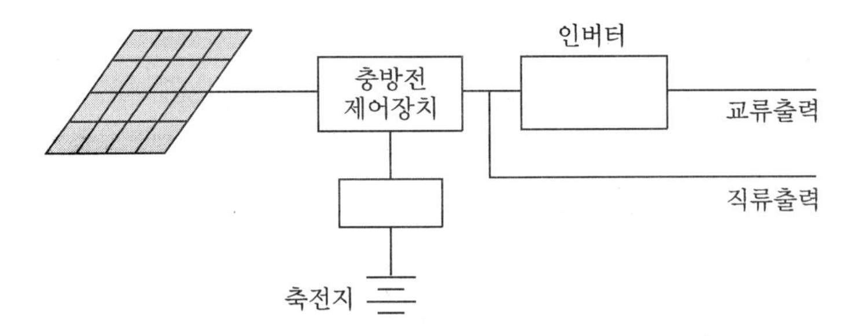

⑤ 축전지 취급 주의사항

㈎ 방재 대응형에는 재해로 인한 정전 시에 태양전지에서 충전을 하기 위한 충전 전력량과 축전지 용량을 매칭할 필요가 있다.

㈏ 축전지 직렬 개수는 태양전지에서도 충전 가능한지, 인버터 입력전압 범위에 포함되는지 확인하여 선정한다.

㈐ 상시 유지 및 충전방법을 충분히 검토하고, 항상 축전지를 양호한 상태로 유지한다.

㈑ 중량물이므로 설치장소는 하중에 견딜 수 있는 장소로 선정한다.

㈒ 지진에 견딜 수 있는 구조로 한다.

㈓ 기타 자기방전율(부하가 연결되지 않은 상태에서의 방전율)이 낮아야 한다.

03 변압기

(1) 변압기의 정의

변압기는 1차 측에서 유입한 교류전력을 받아 전자유도작용에 의해서 전압 및 전류를 변성하여 2차 측에 공급하는 기기이다.

(2) 변압기의 손실

하나의 권선에 정격 주파수의 정격전압을 가하고 다른 권선을 모두 개로했을 때의 손실을 무부하손이라고 하며 대부분은 철심 중의 히스테리시스손과 와전류손이다. 또한 변압기에 부하전류를 흐르게 함으로써 발생하는 손실을 부하손이라고 하며 권선

중의 저항손 및 와전류손, 구조물/외함 등에 발생하는 표류부하손 등으로 구성된다.

① **무부하손(철손 ; pi)** : 주로 히스테리시스손+와전류손에 의함

② **부하손(동손 ; pc)** : 주로 저항손, 와전류손, 표류부하손에 의함

③ **변압기 손실 계산**

변압기 손실 = 무부하손(철손)+부하손(동손)

(3) 변압기의 효율 계산

$$\text{변압기 효율} = \frac{\text{출력}}{\text{출력} + pi + pc} \times 100\ (\%)$$

(4) 변압기의 분류

분류 기준	해당 변압기
상수	단상 변압기, 삼상 변압기, 단/삼상 변압기 등
내부 구조	내철형 변압기, 외철형 변압기
권선 수	2권선 변압기, 3권선 변압기, 단권 변압기 등
절연의 종류	A종 절연 변압기, B종 절연 변압기, H종 절연 변압기 등
냉각 매체	유입 변압기, 수랭식 변압기, 가스 절연 변압기 등
냉각 방식	유입 자랭식 변압기, 송유 풍냉식 변압기, 송유 수랭식 변압기 등
탭 절환 방식	부하시 탭 절환 변압기, 무전압 탭 절환 변압기
절연유 열화 방지 방식	콘서베타 취부 변압기, 질소 봉입 변압기 등

주➔ 1. 전력용 반도체 응용 다기능 변압기(Solid State Universal Transformer) : 직류/교류/고주파 출력이 가능하고, 순간 전압 강하가 보상되는 고품질의 전력 공급용 차세대 변압기(친환경적 ; Oil Free)

2. MOF (Metering Out Fitting ; 계기용 변압변류기) : 계기용 변류기와 계기용 변압기를 한 상자(철제, 유입)에 넣은 것(다음 그림)

3. VCB (Vacuum Circuit Breaker ; 진공차단기) : 진공을 소호(차단 시 아크 제거, 공기의 절연 파괴를 방지하여 전류의 순간적인 계속적 흐름을 완전 차단)매질로 하는 VI (Vacuum Interrupter)를 적용한 차단기(다음 그림)

4. ACB (Air Circuit Breaker ; 기중차단기) : 주로 교류 저압용으로서 대기 중에서 개폐동작이 행해지는 차단기(다음 그림)

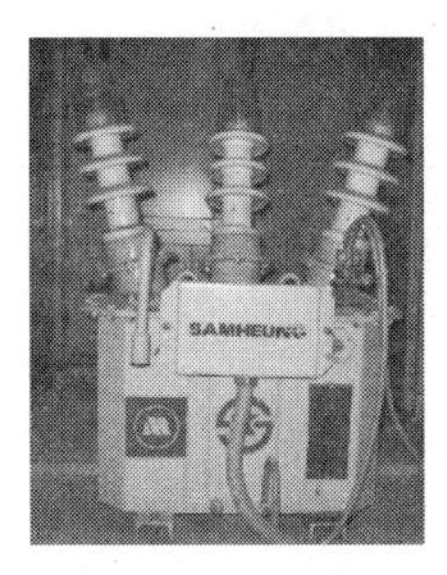

MOF (계기용 변압변류기) VCB (진공차단기) ACB (기중차단기)

5. ABB (Air Blast circuit Breaker ; 공기차단기) : 고압/특고압용으로서 압축공기로 소호하는 방식의 차단기
6. LBS (Load Breaker Switch ; 부하개폐기) : 수변전 설비의 인입구 개폐기로 사용되며, 부하전류를 개폐할 수 있으나 (정상 상태에서 소정의 전류를 투입, 차단, 통전하고 그 전로의 단락상태에서 이상전류까지 투입 가능), 고장전류를 차단할 수 없으므로 한류퓨즈와 직렬로 사용하는 것이 좋음
7. GCB (Gas Circuit Breaker ; 가스차단기) : 주로 소호 및 절연특성이 뛰어난 SF6 (육불화황)를 매질로 사용하는 차단기(저소음형으로 154 kV급 이상의 변전소에 많이 사용함)
8. OCR (Over Current Relay ; 과전류 계전기) : 단락사고 및 지락사고 보호용
9. OFR (Over Frequency Relay ; 과주파수 계전기) : 과주파수에 대한 감시 및 동작
10. UFR (Under Frequency Relay ; 부족주파수 계전기) : 저주파수에 대한 감시 및 동작
11. OVR (Over Voltage Relay ; 과전압 계전기) : 과전압에 대한 감시 및 동작
12. UVR (Under Voltage Relay ; 부족전압 계전기) : 저전압에 대한 감시 및 동작
13. DS (Disconnecting Switch ; 단로기) : 무부하 전류 개폐(부하전류에 대한 차단능력은 없다)
14. GR (Ground Relay ; 지락 (과전류)계전기) : 보통 영상변류기(ZCT)와 조합하여 지락 시 동작신호 출력
15. 재폐로 차단기(Recoloser) : 송전선로의 고장구간을 고속으로 영구분리 또는 재가압하는 기능을 가진 자동 재폐로 차단기이며, 후비보호능력이 있다 (재폐로 동작을 최대 4회까지 반복하여 순간고장을 제거하거나, 고장구간을 분리하여 건전구간을 송전)
    ※ 후비보호 (Back-up Protection) : 후비보호는 주보호장치의 실패, 운휴 또는 동작정지에 의해 주보호장치의 역할을 못할 경우를 대비하여 2차적인 보호기능을 수행하는 것
16. 자동 선로구분 개폐기(섹셔널라이저 ; Sectionalizer) : 송배전선로에서 부하분기점에 설치되어 고장 발생 시 선로의 타보호기기와 협조하여 고장구간을 신속 정확히 개방하는 자동구간 개폐기로서, 후비보호능력은 없다 (보통 후비보호장치와 직렬로 연결, 설치하여 사용함).
17. 계기용변성기 : 고압이나 대전류가 직접 배전반에 있는 각종 계측기나 계전기에 유입되면 위험하므로 이를 저전압이나 소전류로 변성시켜 계측기나 계전기의 입력전원으로 사용하기 위한 장치의 총칭이다 [계기용변성기에는 계기용변압기(Potential Transformer), 계기용변류기(Current Transformer), 계기용변압변류기(MOF ; Metering Out Fit), 영상변류기(ZCT) 등이 있다].

18. 충·방전 컨트롤러 : 야간에는 태양전지 모듈이 부하의 형태로 변하므로 역류방지 다이오드와 함께 축전지가 일정 전압 이하로 떨어질 경우 부하와의 연결을 차단하는 기능, 야간타이머 기능, 온도보정기능(축전지의 온도를 감지해 충전 정압을 보정) 등을 보유한 제어장치이다.
19. 한류 리액터(Current Limiting Reactor, 限流-) : 단락 고장에 대하여 고장 전류를 제한하기 위해서 회로에 직렬로 접속되는 리액터이다. 단락 전류에 의한 기계적 및 열적 장해를 방지하고, 차단해야 할 전류를 제한하여 차단기의 소요 차단 용량을 경감하는 용도로 사용된다. 일반적으로 불변 인덕턴스를 갖는 공심형(空心形) 건식(乾式)이나 또는 유입식이 사용된다.

주 1. 전력퓨즈(PF) : 사고전류 차단 및 후비보호
2. 몰드변압기 : 권선부분을 에폭시 수지로 절연한 변압기
3. 계기용 변압기(PT) : 계기에서 수용 가능한 전압으로 변압
4. 계기용 변류기(CT) : 계기에서 수용 가능한 전류로 변류
5. 영상변류기(ZCT) : 지락 시 발생하는 영상전류를 검출
6. 배선용 차단기(MCCB, NFB) : 과전류 및 사고전류를 차단
7. 역송전용 특수계기 : 계통연계 시 역송전 전력의 계측을 위한 전력량계, 무효전력량계 등

04 고효율 변압기

(1) 아몰퍼스 고효율 몰드변압기

① 변압기의 기본 구성요소인 철심의 재료로 일반적인 방향성 규소 강판 대신 아몰퍼스 메탈(Amourphous Metal)을 사용한다.
② 무부하손을 기존 변압기의 75 % 이상 절감할 수 있다.
③ 아몰퍼스 메탈은 철(Fe), 붕소(B), 규소(Si) 등이 혼합된 용융금속을 급속 냉각시켜 제조되는 비정질성 자성재료이다.

④ 특징 : 아몰퍼스 메탈의 결정 구조의 무결정성(비정질) 및 얇은 두께

⑤ 장점

(가) 비정질성에 의한 히스테리시스손의 절감
(나) 얇은 두께로 와류손 절감
(다) 무부하손이 약 75 % 절감되어 대기전력 절감 효과 탁월

㈑ 평균 부하율이 낮고, 낮과 밤의 부하 사용 편차가 큰 경부하 수용가에 유리

⑥ 단점

㈎ 가격이 비쌈(특히 전력요금이 싸고 부하율이 높은 일반 산업체에서는 투자비 회수가 어려울 수도 있다.)

㈏ 철심 제조 공정상의 어려움으로 소음이 큰 편임

⑦ 주 적용분야 : 학교, 도서관, 관공서 등

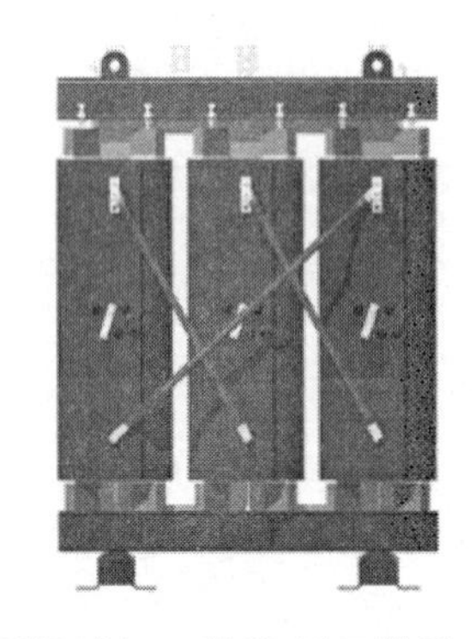

아몰퍼스 고효율 몰드변압기

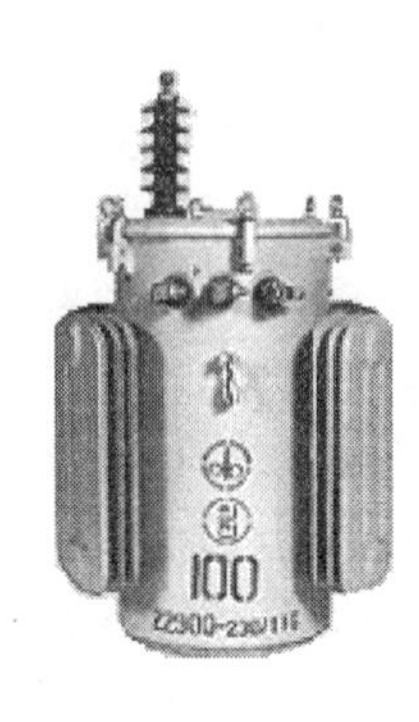

유입변압기

(2) 레이저 코어 저소음 고효율 몰드변압기(Laser Core Mold Transformer)

① 자구미세화 규소강판(레이저 규소강판) 고효율 변압기라고도 한다.

② 방향성 규소강판을 레이저 빔으로 가공, 분자 구조인 자구(Domain)를 미세하게 분할함으로써 손실을 개선한 전기 강판이다.

③ 소재의 특성상 제작이 용이하여 모든 용량의 변압기를 제작 가능하다.

④ 레이저 코어 저소음 고효율 변압기의 장점과 적용

㈎ 무부하손 60~70 %와 부하손 30 %를 동시에 절감하여 총 손실을 최소화

㈏ 아몰퍼스 대비 실질 투자회수 기간 단축

㈐ 자속 밀도와 전류 밀도가 낮게 설계되어있기 때문에 저소음 특성을 가짐(아몰퍼스 및 KS C 규격 일반 변압기 대비 30 % 이상 저소음)

㈑ 대용량 변압기 제작 가능(최대 20,000 kVA 이상)

㈒ 평균 부하율이 높고(30 % 이상), 낮과 밤, 계절별 부하 사용의 편차가 크지 않은 수용가에 유리

⑤ 단점

㈎ 가격은 일반 변압기와 아몰퍼스 변압기의 중간 정도

(나) 전력 요금이 낮고, 부하율 변화가 심한 장소에 적용 시 경제성 측면의 정확한 검토가 필요함

⑥ **적용분야** : 아파트, 빌딩, 제조공장, 병원, 방송국, 사무용 빌딩 등

(3) (고온)초전도 고효율 변압기

① 변압기 권선에 구리 대신 초전도선을 사용하여 동손을 낮춘 방식이다.

② 아직 실용화는 안 된 상태이다.

③ 단순히 크기가 줄어들거나 효율이 증가하는 것이 아니라 일반 변압기가 갖고 있는 용량과 수명의 한계를 극복할 수 있다.

④ 만일 냉각 기술이 더 발전하여 냉각 손실이 줄어든다면 고온 초전도 변압기의 효율은 더 증가하고 가격은 더 싸게 될 것이다.

⑤ 전연유 대신 액체질소 등의 환경친화적 냉매를 사용한다 (화재의 위험성도 없다).

⑥ 향후 선재의 전류 밀도 향상이 필요하다.

05 분산형 전원 배전계통 연계

(1) 배전선로의 연계

① 500 kW 미만의 발전전력용량은 저압 배전선로와 연계할 수 있다.

② 500 kW 이상인 경우는 특고압 배전선로와 연계할 수 있다.

(2) 분산형 전원 배전계통 연계 기술 기준

① **전기방식** : 연계하고자 하는 계통의 전기방식과 동일하여야 한다.

② **공급전압 안전성 유지** : 연계 지점의 계통전압을 조정해서는 안 된다.

③ **계통접지** : 계통에 연결되어있는 설비의 정격을 초과하면 안 된다.

④ **동기화** : 연계지점의 계통전압이 4 % 이상 변동하지 않도록 계통에 연계한다.

⑤ **상시 전압변동률과 순시 전압변동률**

(가) 저압일반선로에서 분산형전원의 상시 전압변동률은 3 %를 초과하지 않아야 한다.

(나) 저압계통의 경우, 계통병입 시 돌입전류를 필요로 하는 발전원에 대해서 계통병입에 의한 순시 전압변동률이 6%를 초과하지 않아야 한다.

(다) 특고압 계통의 경우, 분산형전원의 연계로 인한 순시 전압변동률은 발전원의 계통 투입, 탈락 및 출력변동 빈도에 따라 다음 표에서 정하는 허용기준을 초과하지 않아야 한다.

변동빈도	순시 전압변동률
1시간에 2회 초과 10회 이하	3%
1일 4회 초과, 1시간에 2회 이하	4%
1일에 4회 이하	5%

㈜ 1. 분산형 전원의 전기품질 관리항목 : 직류 유입 제한, 역률(90% 이상), 플리커, 고조파
2. 분산형 전원을 한전계통에 연계 시 생산된 전력의 전부 또는 일부가 한전계통으로 송전되는 병렬 형태를 '역송병렬'이라고 부른다.

발전용량 혹은 분산형전원 정격용량 합계(kW)	주파수차 (Δf, Hz)	전압차 (ΔV, %)	위상각 차 ($\Delta \phi$, °)
1~500 이하	0.3	10	20
500 초과~1,500 미만	0.2	5	15
1,500 초과~20,000 미만	0.1	3	10

⑥ 가압되어있지 않은 계통에서의 연계는 금지한다.

⑦ **측정감시** : 분산형 전원 발전설비의 용량이 250kVA 이상이면, 연계지점의 연결 상태, 유효전력, 무효전력과 전압을 측정하고 감시할 수 있어야 한다.

⑧ **분리장치** : 분산형 전원발전설비와 계통연계지점 사이에 설치

⑨ **계통연계 시스템의 건전성**

(가) 전자장 장해로부터의 보호

(나) 서지 보호기능

⑩ **계통 이상 시 분산형 전원 발전설비 분리**

(가) 계통 고장, 또는 작업 시 역충전 방지

(나) 전력계통 재폐로 협조

(다) 전압 : 계통에서 비정상 전압상태가 발생할 경우 분산형 전원 발전설비를 전력계통에서 분리

전압범위(기준전압에 대한 비율)	고장 제거시간
$V<50\%$	0.16초
$50 \le V < 120\%$	2.0초
$V \ge 120\%$	0.16초

㈑ 계통 재병입 : 계통 이상발생 복구 후 전력계통의 전압과 주파수가 정상상태로 5분간 유지되지 않으면 분산형 전원 발전설비를 계통에 연결하지 않는다.

⑪ 전력품질

㈎ 직류전류 계통유입 한계 : 최대전류의 0.5% 이상의 직류전류를 유입하여서는 안 된다.

㈏ 역률

㉮ 분산형전원의 역률은 90% 이상으로 유지함을 원칙으로 한다. 다만, 역송병렬로 연계하는 경우로서 연계계통의 전압 상승 및 강하를 방지하기 위하여 기술적으로 필요하다고 평가되는 경우에는 연계계통의 전압을 적절하게 유지할 수 있도록 분산형전원 역률의 하한값과 상한값을 사용자 측과 협의하여야 정할 수 있다.

㉯ 분산형전원의 역률은 계통 측에서 볼 때 진상역률(분산형전원 측에서 볼 때 지상역률)이 되지 않도록 함을 원칙으로 한다.

㉰ 플리커(Flicker) : 분산형전원은 빈번한 기동·탈락 또는 출력변동 등에 의하여 한전계통에 연결된 다른 전기사용자에게 시각적인 자극을 줄만한 플리커나 설비의 오동작을 초래하는 전압요동을 발생시켜서는 안 된다.

㉱ 고조파 전류는 10분 평균한 40차까지의 종합 전류 왜형률이 5%를 초과하지 않도록 각 차수별로 3% 이하로 제어해야 한다.

㉲ 고조파 전류의 비율

고조파 차수	$h<11$	$11 \le h < 17$	$17 \le h < 23$	$23 \le h < 35$	$35 \le h$	TDD
비율	4.0	2.0	1.5	0.6	0.3	5.0

㉳ 짝수 고조파는 각 구간별로 홀수 고조파의 25% 이하로 한다.

⑫ 단독운전 방지(Anti-Islanding) : 연계계통의 고장으로 단독운전상 분산형 전원발전설비는 이러한 단독운전 상태를 빨리 검출하여 전력계통으로부터 분산형 전원발전설비를 분리시켜야 한다(최대한 0.5초 이내).

⑬ 보호협조의 원칙 : 분산형전원의 이상 또는 고장 시 이로 인한 영향이 연계된 한전계통으로 파급되지 않도록 분산형전원을 해당 계통과 신속히 분리하기 위한 보호협조

를 실시하여야 한다.

⑭ **태양광발전 계통** : 태양전지 어레이, 접속반, 인버터, 원격모니터링, 변압기, 배전반 등으로 구성된다.

주 ➔ **분산형전원 연계 요건 및 연계의 구분(한국전력 기준)**

1. 분산형전원을 계통에 연계하고자 할 경우, 공공 인축과 설비의 안전, 전력공급 신뢰도 및 전기품질을 확보하기 위한 기술적인 제반 요건이 충족되어야 한다.

2. 한전 기술요건을 만족하고 한전계통 저압 배전용변압기의 분산형전원 연계가능 용량에 여유가 있을 경우, 저압 한전계통에 연계할 수 있는 분산형전원의 용량은 다음과 같이 구분한다.

① 분산형전원의 연계용량이 100 kW 미만이고 배전용변압기 누적연계용량이 해당 배전용변압기 용량의 50 % 이하인 경우 다음 각 목에 따라 해당 저압계통에 연계할 수 있다. 다만, 분산형전원의 출력전류의 합은 해당 저압 전선의 허용전류를 초과할 수 없다.

(가) 분산형전원의 연계용량이 연계하고자 하는 해당 배전용변압기(지상 또는 주상) 용량의 25 % 이하인 경우 다음 각 목에 따라 간소검토 또는 연계용량 평가를 통해 저압 일반선로로 연계할 수 있다.

㉮ 간소검토 : 저압 일반선로 누적연계용량이 해당 변압기 용량의 25 % 이하인 경우

㉯ 연계용량 평가 : 저압 일반선로 누적연계용량이 해당 변압기 용량의 25 % 초과 시, 한전에서 정한 기술요건을 만족하는 경우

(나) 분산형전원의 연계용량이 연계하고자 하는 해당 배전용변압기(주상 또는 지상) 용량의 25 %를 초과하거나, 한전에서 정한 기술요건에 적합하지 않은 경우 접속설비를 저압 전용선로로 할 수 있다.

② 배전용변압기 누적연계용량이 해당 변압기 용량의 50 %를 초과하는 경우 연계할 수 없다. 다만, 한전이 해당 저압계통에 과전압 혹은 저전압이 발생될 우려가 없다고 판단하는 경우에 한하여 해당 배전용변압기에 연계가 가능하다. 다만, 배전용변압기 누적연계용량은 해당 배전용변압기의 정격용량을 초과할 수 없다.

③ 분산형전원의 연계용량이 100 kW 미만인 경우라도 분산형전원 설치자가 희망하고 한전이 이를 타당하다고 인정하는 경우에는 특고압 한전계통에 연계할 수 있다.

④ 동일 번지 내에서 개별 분산형전원의 연계용량은 100 kW 미만이나 그 연계용량의 총합은 100 kW 이상이고, 그 소유나 회계주체가 각기 다른 복수의 단위 분산형전원이 존재할 경우에는 각각의 단위 분산형전원을 저압 한전계통에 연계할 수 있다. 다만, 각 분산형전원 설치자가 희망하고, 계통의 효율적 이용, 유지보수 편의성 등 경제적, 기술적으로 타당한 경우에는 대표 분산형전원 설치자의 발전용 변압기 설비를 공용하여 특고압 한전계통에 연계할 수 있다.

3. 한전 기술요건을 만족하고 한전계통 변전소 주변압기의 분산형전원 연계가능 용량에 여유가 있을 경우, 특고압 한전계통에 연계할 수 있는 분산형전원의 용량은 다음과 같이 구분한다.

① 분산형전원의 연계용량이 100 kW 이상 10,000 kW 이하이고 특고압 일반선로 누적연계용량이 해당 선로의 상시운전용량 이하인 경우 다음 각 목에 따라 해당 특고압 계통에 연계할 수 있다. 다만, 분산형전원의 출력전류의 합은 해당 특고압 전선의 허용전류를 초과할 수 없다.

㈎ 간소검토 : 주변압기 누적연계용량이 해당 주변압기 용량의 15 % 이하이고, 특고압 일반선로 누적연계용량이 해당 특고압 일반선로 상시운전용량의 15 % 이하인 경우 간소검토 용량으로 하여 특고압 일반선로에 연계할 수 있다.

㈏ 연계용량 평가 : 주변압기 누적연계용량이 해당 주변압기 용량의 15 %를 초과하거나, 특고압 일반선로 누적연계용량이 해당 특고압 일반선로 상시운전용량의 15 %를 초과하는 경우에 대해서는 한전에서 정한 기술요건을 만족하는 경우에 한하여 해당 특고압 일반선로에 연계할 수 있다.

㈐ 분산형전원의 연계로 인해 한전 기술요건을 만족하지 못하는 경우 원칙적으로 전용선로로 연계하여야 한다. 단, 기술적 문제를 해결할 수 있는 보완 대책이 있고 설비보강 등의 합의가 있는 경우에 한하여 특고압 일반선로에 연계할 수 있다.

② 분산형전원의 연계용량이 10,000 kW를 초과하거나 특고압 일반선로 누적연계용량이 해당 선로의 상시운전용량을 초과하는 경우 다음 각 목에 따른다.

㈎ 개별 분산형전원의 연계용량이 10,000 kW 이하라도 특고압 일반선로 누적연계용량이 해당 특고압 일반선로 상시운전용량을 초과하는 경우에는 접속설비를 특고압 전용선로로 함을 원칙으로 한다.

㈏ 개별 분산형전원의 연계용량이 10,000 kW 초과 20,000 kW 미만인 경우에는 접속설비를 대용량 배전방식에 의해 연계함을 원칙으로 한다.

㈐ 접속설비를 전용선로로 하는 경우, 향후 불특정 다수의 다른 일반 전기사용자에게 전기를 공급하기 위한 선로경과지 확보에 현저한 지장이 발생하거나 발생할 우려가 있다고 한전이 인정하는 경우에는 접속설비를 지중 배전선로로 구성함을 원칙으로 한다.

㈑ 접속설비를 전용선로로 연계하는 분산형전원은 한전에서 정한 단락용량 기술요건을 만족해야 한다.

4. 단순병렬로 연계되는 분산형전원의 경우 한전 기술요건을 만족하는 경우 주변압기 및 특고압 일반선로 누적연계용량 합산 대상에서 제외할 수 있다.

5. 한전 기술요건 만족여부를 검토할 때, 분산형전원 용량은 해당 단위 분산형전원에 속한 발전설비 정격 출력의 합계를 기준으로 하며, 검토점은 특별히 달리 규정된 내용이 없는 한 공통 연결점으로 함을 원칙으로 하나, 측정이나 시험 수행 시 편의상 접속점 또는 분산형전원 연결점 등을 검토점으로 할 수 있다.

6. 한전 기술요건 만족여부를 검토할 때, 분산형전원 용량은 저압연계의 경우 해당 배전용변압기 및 저압 일반선로 누적연계용량을 기준으로 하며, 특고압 연계의 경우 해당 주변압기 및 특고압 일반선로 누적연계용량을 기준으로 한다.

06 뇌서지 대책

(1) 뇌서지 대책수립

① 피뢰소자를 어레이 주회로 내부에 분산시켜 설치하고 접속함에도 설치한다.

② **피뢰설비 설치기준** : KS C 62305와 건축물의 설비기준 등에 관한 규칙에 의거하여 낙뢰의 우려가 있는 건축물 또는 높이 20 m 이상의 건축물에는 '피뢰설비'를 하여야 한다.

③ 저압배전선에서 침입하는 뇌서지에 대해서는 분전반에 피뢰소자를 설치한다.

④ 뇌우 다발지역에서는 교류 전원 측으로 내뢰 트랜스를 설치한다.

⑤ 접속함을 실내에 설치하더라도 피뢰소자는 반드시 설치한다.

(2) 피뢰소자 설치

① 어레스터

㈎ 낙뢰에 의한 충격성 과전압을 전기설비 규정 이내로 감소시켜 정전을 일으키지 않고 원상태로 회귀시킴

㈏ 접속함 내와 분전반 내에 설치하는 피뢰소자임 (방전내량이 큰 것으로 선정)

② 서지 업서버

㈎ 전선로에 침입한 이상 전압의 높이를 완화시키고 파고치를 저하시키는 피뢰소자임

㈏ 최대 허용 DC전압 이상의 것으로 선정함

㈐ 유도 뇌서지 전류로서 1000 A (8/20 μs)에서 제한전압이 2000 V 이하로 선정함

㈑ 방전내량이 최저 4 kA 이상이며, 탈착이 용이하고 서비스성이 좋을 것

㈒ 어레이 주회로 내에 설치하는 피뢰소자임 (주로 방전내량이 작은 것으로 선정함)

어레스터

서지 업서버

내뢰 트랜스

③ **내뢰 트랜스**

(가) 교류 전원 측에 설치하여 낙뢰에 의한 충격성 과전압을 전기설비 규정 이내로 감소시킴

(나) 상용계통과 완전 절연 및 뇌서지 완전 차단 가능함 (설치비용이 고가)

(다) 1차 측과 2차 측 간에 실드판이 있고, 이 판수가 많을수록 뇌서지에 대한 억제 효과가 큼

(라) 뇌뢰의 종류

㉮ 직격뢰 : 태양전지 어레이, 저압배전선, 전기기기 및 배선 등으로의 직접 낙뢰 및 그 근방에 떨어지는 낙뢰

㉯ 유도뢰 : 케이블에 유도된 플러스 전하가 낙뢰로 인한 지표면 전하의 중화에 의한 뇌서지(정전 유도) 혹은 케이블 부근에 낙뢰로 인한 뇌전류에 따라 케이블에 유도되는 뇌서지(전자 유도)

(마) 뇌뢰의 발생시기

㉮ 여름철 : 온도, 습도가 불연속으로 되기 쉽고, 상승기류가 발생하기 쉬운 곳에 발생함

㉯ 겨울철 : 기온이 급변할 때에 발생하기 쉬움

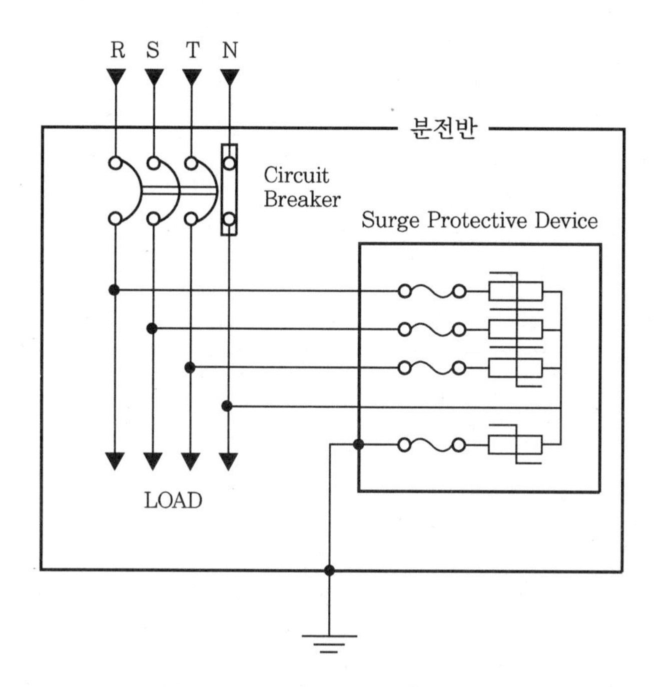

분전반의 서지보호장치(SPD) 설치도

시스템 보호대책

1. 어레이 및 내부 시스템 보호방법 : 접지 및 본딩, 자기차폐, 선로의 경로, SPD 등
2. 외부 피뢰시스템의 구성 : 수뢰부(돌침/수평도체/메시도체로 구성), 인하도선, 접지 시스템(동결심도인 최소 0.75 m 이상의 깊이)
3. 외부 피뢰시스템은 피뢰레벨에 따라 회전구체 반경, 수뢰부 높이, 보호각, 인하도선의 굵기, 메시(평면 보호)의 간격 등을 달리 적용한다.

(3) 피뢰시스템의 레벨등급

피뢰시스템의 레벨	보호법	
	회전구체의 반경(m)	메시치수(m)
레벨 Ⅰ	20	5×5
레벨 Ⅱ	30	10×10
레벨 Ⅲ	45	15×15
레벨 Ⅳ	60	20×20

(4) 발전시스템의 전기적 보호등급

보호등급	등급 기준	기 호
등급 Ⅰ	장치 접지됨	
등급 Ⅱ	보호절연(이중/강화 절연)	
등급 Ⅲ	안전 초저전압 • 최대AC : 50 V • 최대DC : 120 V	

07 접지공사

(1) 개요

① 저압계통의 접지방식은 국제적으로 IEC분류에 따라 TN계통(Terra Neutral System ; 다중 접지방식), TT계통(Terra Terra System ; 독립 접지방식), IT계통(Insulation Terra System), TN-C, TN-S, TN-C-S 등이 사용되고 있다.

② 국내에서는 'KS C 60364'에 의해 구체적인 접지방식이 규정되어있다.

(2) IEC 분류에서 접지 Code의 정의

① 제1문자는 전력계통과 대지와의 관계

(가) T (Terra) : 한 점을 대지에 직접 접속

(나) I (Insert) : 모든 충전부를 대지(접지)로부터 절연시키거나 임피던스를 삽입하여 한 점을 접속

② 제2문자는 설비의 노출 도전성 부분과 대지와의 관계

(가) T (Terra) : 전력계통의 접지와는 관계가 없으며 노출 도전성 부분을 대지로 직접 접속

(나) N (Neutral) : 노출 도전성 부분을 전력계통의 접지 점(교류계통에서는 통상적으로 중성점 또는 중성점이 없을 경우는 한 상)에 직접 접속

③ 그다음 문자(문자가 있을 경우)는 중성선 및 보호도체와의 조치

(가) S (Separator) : 보호도체의 기능을 중성선 또는 접지 측 도체와 분리된 도체에서 실시

(나) C (Combine) : 중성선 및 보호도체의 기능을 한 개의 도체로 겸용(PEN도체)

(3) IEC 분류에 따른 접지계통 분류

접지방식		비　　고
TN (Terra-Neutral)		• TN 전력계통은 한 점을 직접 접지하고 설비의 노출 도전성 부분을 보호도체를 이용하여 그 점으로 접속시킨다. • TN 계통은 중성선 및 보호도체의 조치에 따라 분류한다.
	TN-S	• 계통 전체에 대해 보호도체를 분리시킨다.
	TN-C	• 계통 전체에 대해 중성선과 보호도체의 기능을 동일 도체로 겸용한다.
	TN-C-S	• 계통의 일부분에서 중성선과 보호도체의 기능을 동일 도체로 겸용한다.
TT (Terra-Terra)		• TT 전력계통은 한 점을 직접 접지하고 설비의 노출 도전성 부분을 전력계통의 접지극과 전기적으로 독립한 접지극으로 접속시킨다.
IT (Insert-Terra)		• IT 전력계통은 충전부 전체를 대지로부터 절연시키거나 한 점을 임피던스를 삽입하여 대지에 접속시키고 전기설비의 노출 도전성 부분을 단독 혹은 일괄로 접지시키거나 계통의 접지로 접속시킨다.

① TN 계통

(가) TN 전력계통은 한 점을 직접 접지하고 설비의 노출 도전성 부분을 보호도체를 이용하여 그 점으로 접속시킨다.

(나) TN 계통은 중성선 및 보호도체의 조치에 따라 분류한다.

㉮ TN-S 계통 : 계통 전체에 대해 보호도체를 분리시킨다.

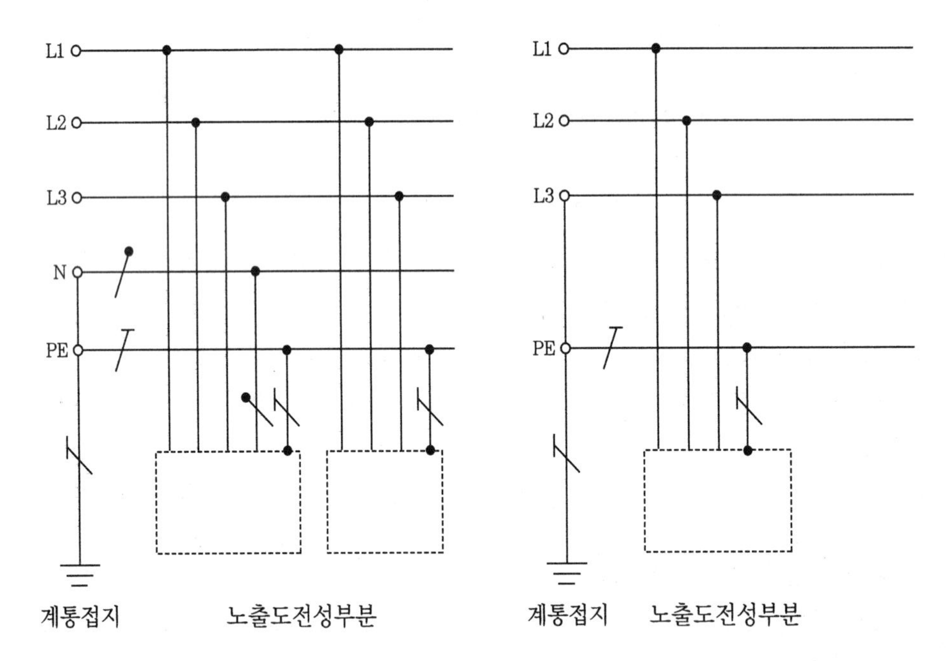

㉯ TN-C 계통 : 계통 전체에 대해 중성선과 보호도체의 기능을 동일 도체로 겸용한다.

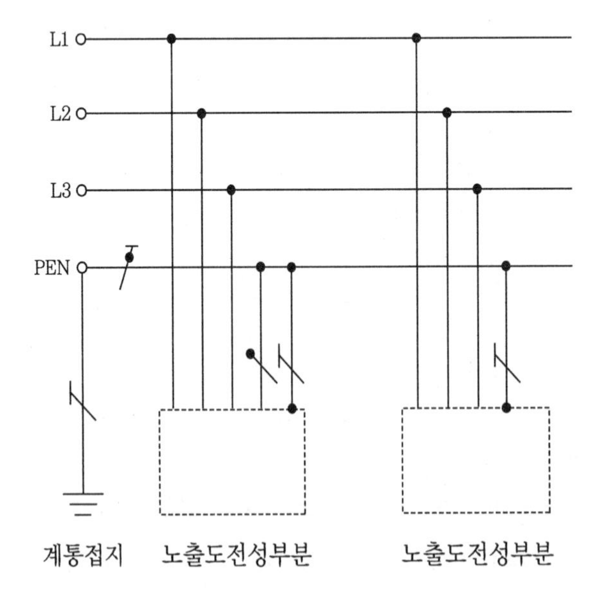

㉰ TN-C-S 계통 : 계통의 일부분에서 중성선과 보호도체의 기능을 동일 도체로 겸용한다.

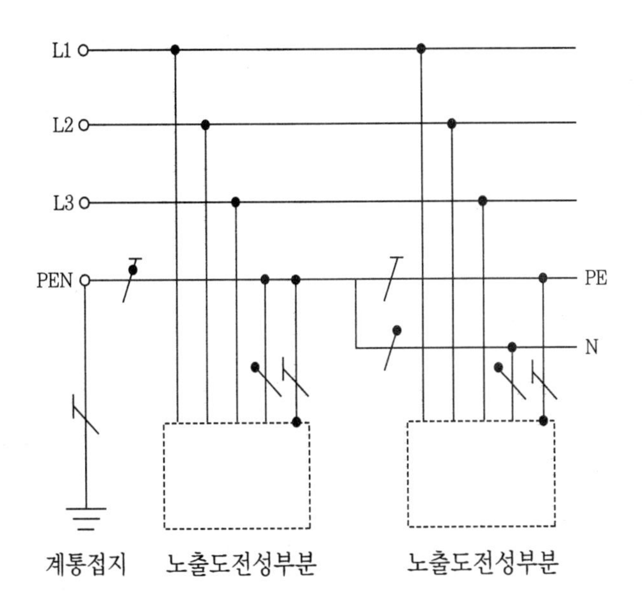

② **TT 계통** : TT 전력계통은 한 점을 직접 접지하고 설비의 노출 도전성 부분을 전력계통의 접지극과 전기적으로 독립한 접지극으로 접속시킨다.

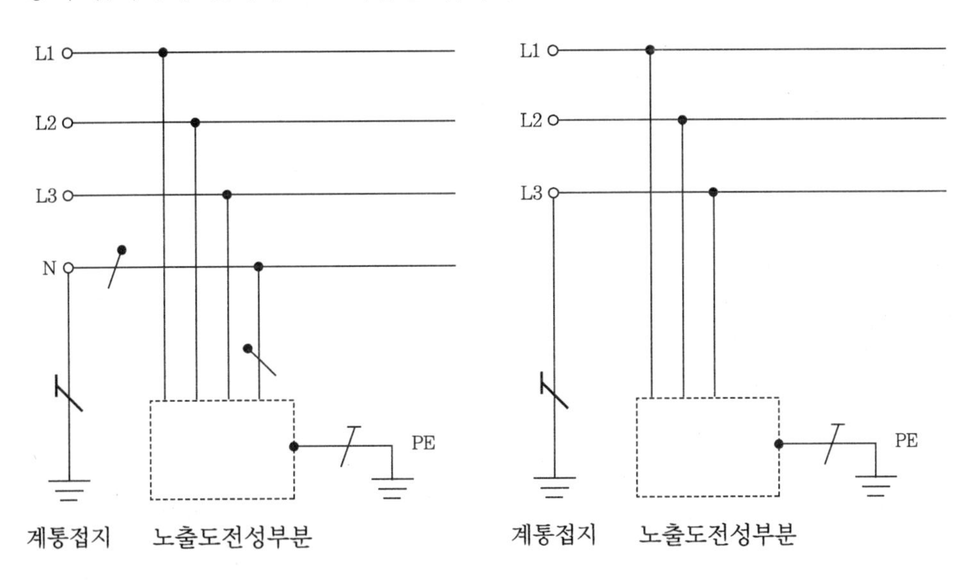

③ **IT 계통** : IT 전력계통은 충전부 전체를 대지로부터 절연시키거나 한 점을 임피던스를 삽입하여 대지에 접속시키고 전기설비의 노출 도전성 부분을 단독 혹은 일괄로 접지시키거나 또는 계통의 접지로 접속시킨다.

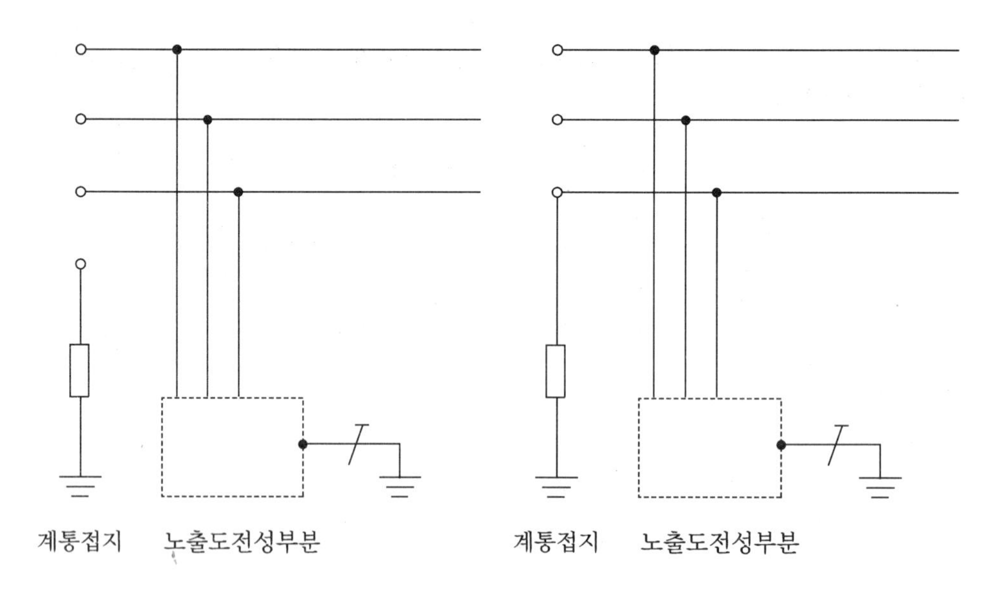

(4) 접지의 종류

접지공사의 종류	접지저항
제1종 접지공사	10 Ω
제2종 접지공사	변압기 고압 측 또는 특별고압 측 전로의 1선 지락전류 암페어 수에서 150을 나눈 값의 옴 수
제3종 접지공사	100 Ω
특별 제3종 접지공사	10 Ω

(5) 기계기구의 구분에 의한 접지공사의 적용

기계기구의 구분	접지공사
400 V 미만의 저압용	제3종 접지공사
400 V 이상의 저압용	특별 제3종 접지공사
고압용 또는 특별고압용	제1종 접지공사

㈜ 고압 또는 특고압과 저압을 결합한 변압기의 저압 측의 중성점에는 고저압의 혼촉에 의한 위험을 예방하기 위하여 제2종 접지공사를 한다. 이때 300 [V] 이하의 것은 저압 측의 1단자를 접지할 수 있다.

(6) 접지공사의 시설방법

① **접지선의 표시** : 접지선의 색은 녹색표시를 하지 않으면 안 되는데, 부득이하게 녹색 또는 황록색 줄무늬가 있는 것 이외의 절연전선을 접지선으로 사용할 경우에는 단말 및 적당한 장소에 녹색의 테이프 등으로 표시할 필요가 있다.

② **태양전지 어레이용 전기회로 설계표준에 따른 접지선의 두께**

태양전지 어레이 출력	접지선의 굵기
500 W 이하	1.5 mm^2
500 W 초과~2 kW 이하	2.5 mm^2
2 kW를 초과하는 경우	4.0 mm^2

③ **제3종 및 특별 제3종 접지공사의 시설방법**

㈎ 접지하는 전기기계의 금속성 외함, 배관 등과 접지선의 접속은 전기적·기계적으로 확실히 할 것

㈏ 접지선이 외상을 입을 염려가 있을 경우에는 접지할 기계기구에서 6 cm 이내의 부분 및 지중부분을 제외하고 합성수지관(두께 2 mm 미만의 합성수지 전선관, CD관은 제외), 금속관 등에 넣어 보호해야 한다.

㈐ 접지 저항값은 저압전로에 누전차단기 등의 지락차단장치(0,5초 이내에 동작하는 것)를 설치하면 500 Ω까지 완화할 수 있다.

㈑ 알루미늄과 구리를 접속할 경우 접속부분에 수분 등이 있으면 알루미늄이 부식한다. 이를 방지하기 위해 접속부분에 콘파운드를 도포한다.

㈒ 제3종 또는 특별 제3종 접지공사의 특례 : 3종 및 특별 제3종 실시할 금속체와 대지 간의 전기저항값이 특별 제3종 접지공사인 경우 10 Ω 이하, 제3종 접지공사인 경우 100 Ω 이하이면 각각의 접지공사를 실시한 것으로 간주한다.

④ **'제3종접지' 생략 가능의 경우**

㈎ 사용전압이 직류 300 V 또는 교류 대지전압 150 V 이하인 기계기구를 건조한 곳에 설치한 경우

㈏ 저압용 기계기구에 지락이 생겼을 경우 그 전로를 자동 차단하는 장치를 접속하고 건조한 곳에 시설한 경우

㈐ 저압용 기계기구를 건조한 목재의 마루 기타 이와 유사한 절연성 물건 위에서 취급하도록 시설한 경우

㈑ 저압용이나 고압용의 기계기구, 판단기준 제29조에 규정하는 특고압 전선로에 접속하는 배전용 변압기나 이에 접속하는 전선에 시설하는 기계기구 또는 판단기준 제135조 제1항 및 제4항에 규정하는 특고압 가공전선로(Overhead Line ; 전주, 철탑

등을 지지물로 하여 공중에 가설한 전선로)의 전로에 시설하는 기계기구를 사람이 쉽게 접촉할 우려가 없도록 목주 기타 이와 유사한 것의 위에 시설하는 경우

(마) 철대 또는 외함의 주위에 적당한 절연대를 설치한 경우

(바) 외함이 없는 계기용변성기가 고무·합성수지 기타의 절연물로 피복한 것일 경우

(사) '전기용품안전관리법'의 적용을 받는 2중 절연구조로 되어있는 기계기구를 시설하는 경우

(아) 저압용 기계기구에 전기를 공급하는 전로의 전원 측에 절연변압기(2차전압이 300 V 이하이며, 정격용량이 3 kVA 이하)를 시설하고 또한 그 절연변압기의 부하 측 전로를 접지하지 않은 경우

(자) 물기가 있는 장소 이외의 장소에 시설하는 저압용의 개별 기계기구에 전기를 공급하는 전로에 '전기용품안전관리법'의 적용을 받는 인체감전보호용 누전차단기(정격감도 30 mA 이하, 동작시간 0.03초 이하)를 시설하는 경우

(차) 외함을 충전하여 사용하는 기계기구에 사람이 접촉할 우려가 없도록 시설하거나 절연대를 시설하는 경우

⑤ 공통접지 등의 시설과 관련된 보호도체의 단면적

S(상도체의 단면적) (mm^2)	대응 보호도체의 최소단면적(mm^2)	
	보호도체의 재질이 상도체와 같은 경우	보호도체의 재질이 상도체와 다른 경우
$S \le 16$	S	$(k1/k2) \times S$
$16 < S \le 35$	16^a	$(k1/k2) \times 16$
$S > 35$	$S^a/2$	$(k1/k2) \times (S/2)$

주 1. 상도체 : 충전용 도체 혹은 전압이 걸려있는 도체

2. k_1, k_2 : 도체 및 절연체의 재질에 따라 KS C 60364에서 산정된 상도체에 대한 k값

3. a : PEN 도체의 경우 단면적의 축소는 중성선의 크기 결정에 대한 규칙에만 허용된다.

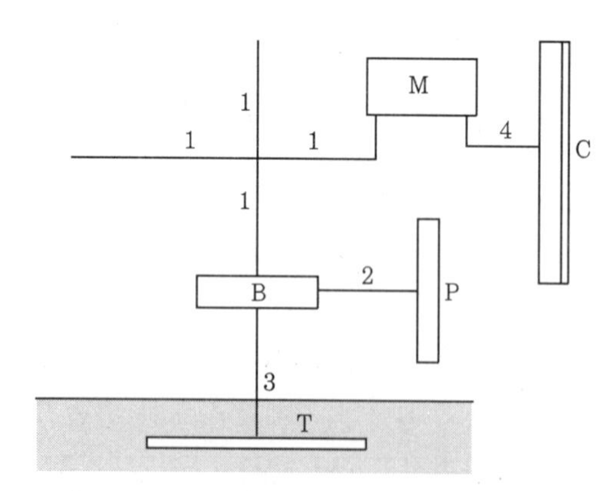

1 : 보호도체(PE ; 보호선)
2 : 주요 등전위본딩용 도체
3 : 접지선
4 : 보조 등전위본딩용 도체
B : 주접지 단자
M : 전기기구 등의 노출 도전성 부분
C : 계통 외 도전성 부분
P : 주요 금속제 수도관
T : 접지극

⑥ **접지공사에서 매설 또는 타입식 접지극으로 주로 사용하는 동판과 동봉의 규격**

㈎ 동판 (300 mm×300 mm) : 두께 0.7 mm 이상

㈏ 동봉 : 지름 8 mm 이상, 길이 0.9 m 이상

08 송전방식

(1) 직류송전

① **직류송전의 장점**

㈎ 절연 계급을 낮출 수 있다.

㈏ 리액턴스가 없으므로 리액턴스에 의한 전압강하가 없다.

㈐ 송전효율이 좋다.

㈑ 안정도가 좋다.

㈒ 도체 이용률이 좋다.

② **직류송전의 단점**

㈎ 교・직 변환장치가 필요하며, 설비가 비싸다.

㈏ 고전압 대전류 차단이 어렵다.

㈐ 회전자계를 얻을 수 없다.

(2) 교류송전

① **교류송전의 장점**

㈎ 전압의 승압 및 강압 변경이 용이하다.

㈏ 회전자계를 쉽게 얻을 수 있다.

㈐ 일괄된 운용을 기할 수 있다.

② **교류송전의 단점**

㈎ 보호방식이 복잡해진다.

㈏ 많은 계통이 연계되어있어 고장 시 복구가 어렵다.

㈐ 무효전력으로 인한 송전손실이 크다.

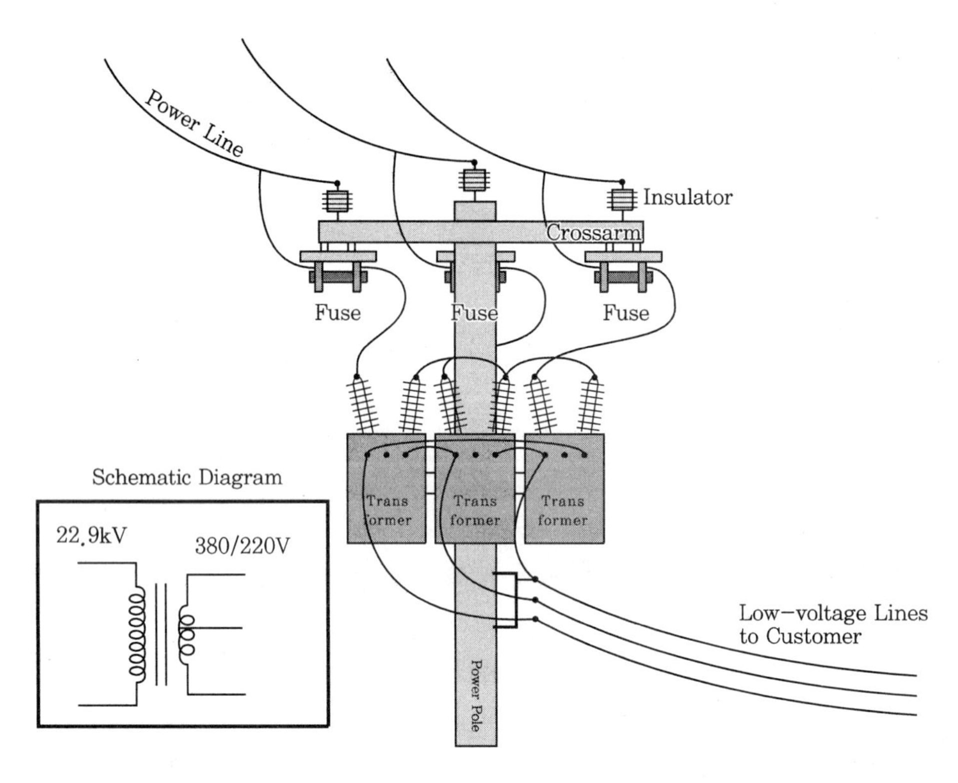

송전설비 전주 계통도

09 송전설비의 지지물

(1) 종류

목주, CP주, 철주, 철탑 등

(2) 지지물의 최소길이

저압 : 8 m, 고압 : 10 m

(3) 전주의 근입(밑묻기)

① **전장 15 m 이하** : 지지물 전장의 1/6 이상

② **전장 15 m 초과** : 2.5 m 이상 (단, 설계하중이 700 kg 초과하고 1000 kg 이하인 B종 CP주는 30 cm 가산, 설계하중이 1000 kg 초과하고 1500 kg 이하인 B종 CP주)

㈎ 15 m 이하 : 50 cm 가산
㈏ 15 m ~ 18 m 이하 : 3 m 이상

(4) 근가 취부

① 지표면하 0.5m 이상의 깊이에 근가를 취부한다.

② **근가의 종류** : 지선근가, 전주근가 등

③ **근가의 설치기준**

㈎ 근가는 지지물의 인장하중에 충분히 견디도록 시설할 것
㈏ 안전율은 2 이상일 것 (철탑 기초의 경우는 1.33 이상)
㈐ 전주근가의 경우 전주에 완전히 밀착되도록 U볼트를 견고하게 채운다.

④ 근가블록의 취부 방향은 직선선로에서는 전로방향으로 전주 1본마다 좌·우 교대로 취부한다.

⑤ **근가 설치도**

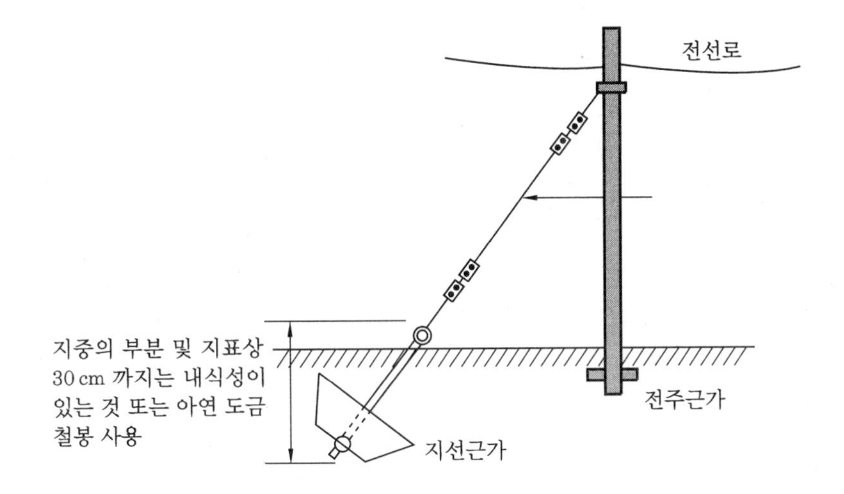

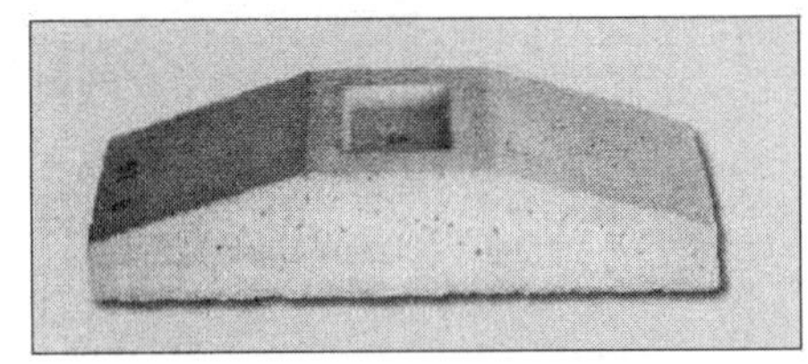

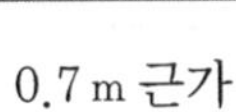
0.7 m 근가

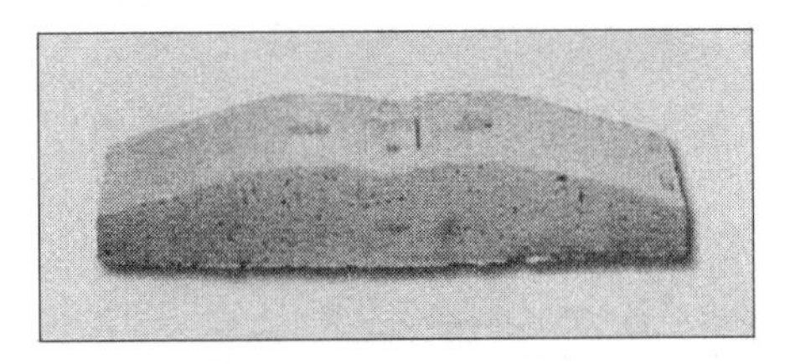
1.2m 근가

실물도

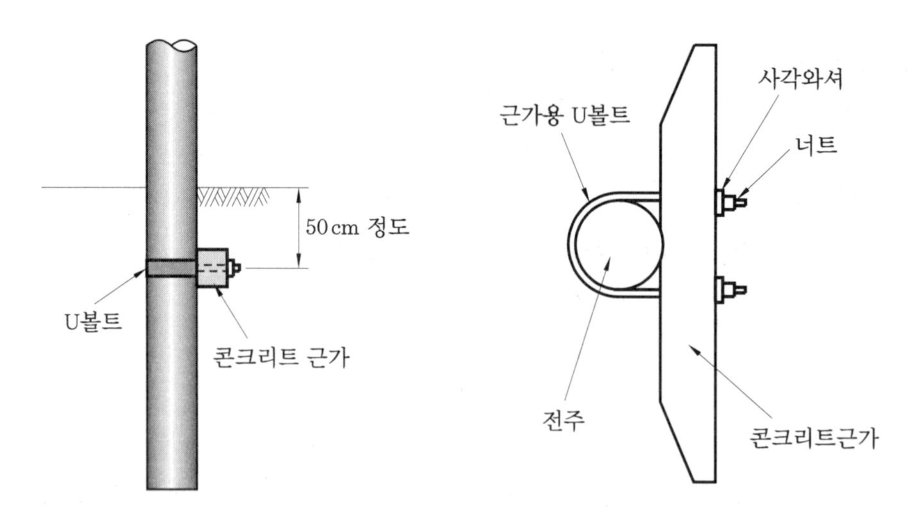

현장설치 예시도

(5) 경간

① **특고압 가공전선로의 경간** : 아래의 값 이하일 것

지지물의 종류	경　간
목주 · A종 철주 · A종 철근 콘크리트주	150 m
B종 철주 · B종 철근 콘크리트주	250 m
철탑	600 m (단주인 경우에는 400 m)

㈜ 경간 100 m 초과의 경우
1. 고압가공전선은 인장강도 8.01 kN 이상의 것 또는 지름 5 mm 이상의 경동선일 것
2. 목주의 경우 풍압하중에 대한 안전율은 1.5 이상일 것

② **고압 가공전선로의 경간** : 아래의 값 이하일 것

지지물의 종류	경　간
목주 · A종 철주 또는 A종 철근 콘크리트주	150 m
B종 철주 또는 B종 철근 콘크리트주	250 m
철탑	600 m

③ 특고압 가공전선이 건조물 · 도로 · 횡단보도교 · 철도 · 궤도 · 삭도 · 가공약전류 전선 등 · 안테나 · 저압이나 고압의 가공전선 또는 저압이나 고압의 전차선과 접근 또는 교차상태로 시설되는 경우의 경간 : 아래의 값 이하일 것

지지물의 종류	경 간
목주·A종 철주 또는 A종 철근 콘크리트주	100 m
B종 철주 또는 B종 철근 콘크리트주	150 m
철탑	400 m

㈜ 다만, 특고압 가공전선이 인장강도 14.51 kN 이상의 것 또는 지름 38 mm^2 이상의 경동연선으로서 지지물에 B종 철주 또는 B종 철근 콘크리트주 또는 철탑을 사용하는 때에는 상기'고압 가공전선로의 경간'에 따를 수 있다.

(6) 등가경간

① 송전선의 가선 시 긴선 구간에는 경간장이 다른 수개의 경간이 존재하는 것이 일반적이다.

② 실제 각 경간마다 장력이 다르기 때문에 일일이 그 이도 장력을 계산하기는 어려우므로 긴선 구간과 등가적인 단독경간을 산출하여 가산장력을 근사적으로 구하는 계산방법을 말한다.

$$등가경간 = \sqrt{\frac{\sum(각경간장)^3}{\sum(각경간장)}}$$

10 장주 (Assembling ; 裝柱)

(1) 장주의 우선순위

① 높은 전압을 상단으로 한다.

② 전용선을 상단으로 한다.

③ 원거리선을 상단으로 한다.

(2) 장주용 자재 종류

① **ㄱ형 완철** : U볼트로 취부, 암타이 및 암타이밴드로 고정한다.

② **경완철** : U볼트로 취부, 완금밴드 (완철밴드)로 고정한다.

* 최상단의 완금은 목주인 경우 30 cm CP 주인 경우 25 cm의 위치에 취부한다.

③ **래크** : 저압을 수직배선할 때 사용한다.

④ **발판볼트** : 지표상 1.8 m에서 완철하부 0.9 m까지 취부한다.

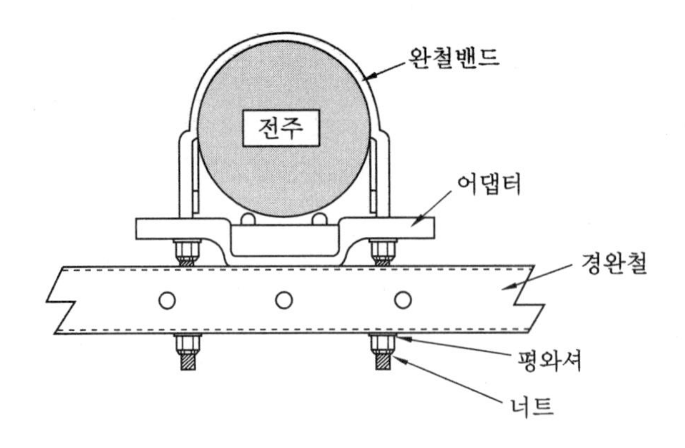

경완철의 고정

(3) 장주도

① 장주의 각 부분 명칭

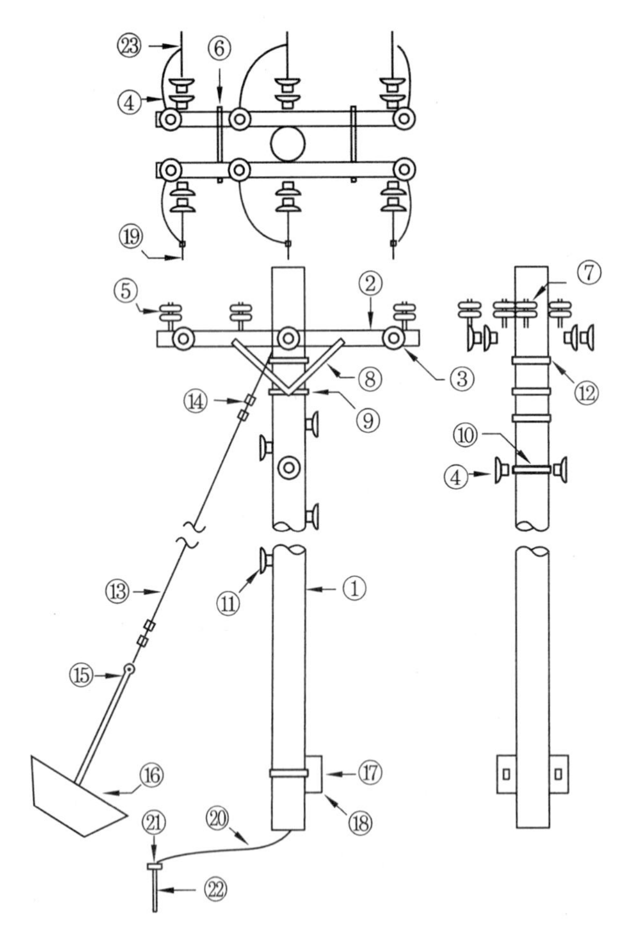

①CP (철근콘크리트주 ; Reinforced Concrete Pole)
② 완금 (애자 및 전력선의 지지에 사용하는 어깨쇠)
③ 현수애자 (Suspension Insulator)
④ 점퍼선
⑤ 특고압 핀애자
⑥ 머신볼트
⑦ 완금밴드
⑧ 암타이
⑨ 암타이밴드
⑩ 랙밴드
⑪ 발판볼트
⑫ 지선밴드
⑬ 지선
⑭ 지선클램프
⑮ 지선롯트
⑯ 지선근가
⑰ 근가용U볼트
⑱ 전주근가
⑲ 전선
⑳ 접지전선
㉑ 접지동봉클램프
㉒ 접지동봉
㉓ 활선용커넥터

② 장주의 종류

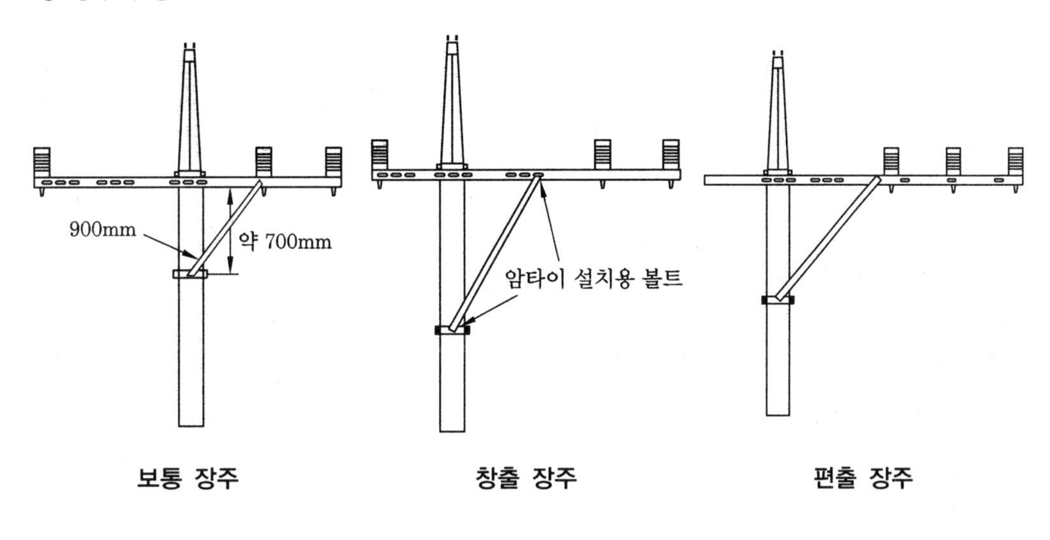

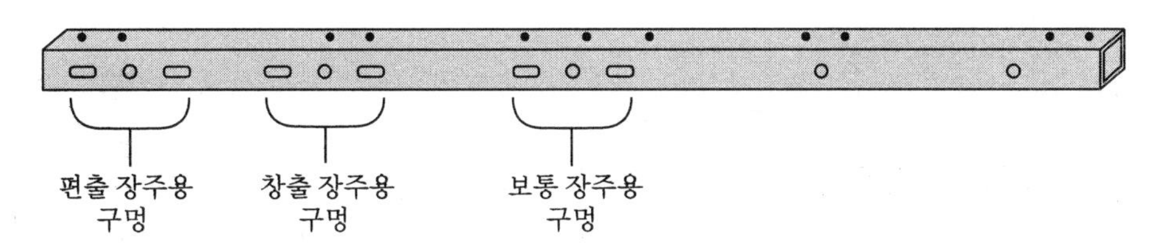

11 지선과 지주

(1) 지선의 설치목적

① 지지물의 강도를 보강하기 위함이다.

② 전선로의 안전성을 증대하기 위함이다.

③ 불평형하중에 대한 평형을 이루고자 함이다.

④ 전선로가 건조물 등과 접근할 경우에 보안을 위함이다.

(2) 지선의 종류

① **보통지선** : 안전율 2.5 이상으로 약 26.5°의 경사로 지중의 근가에 고정시키는 지선

② **수평지선** : 교통에 지장을 주거나 건축물의 출입구 등에 시설할 때 설치

③ **공동지선** : 주로 직선로에서 선로 방향으로 불균형 장력이 생길 때 설치

④ **Y 지선** : 다단의 완철이 설치되고 장력이 클 때 또는 H주일 때 보통지선을 2단으로 부설하는 것

⑤ **궁 지선** : 비교적 장력이 적고 타 종류의 지선을 시설할 수 없는 경우 (R형 & A형)

(3) 지선의 설치

① 인장하중 4.31 kN 이상

② 소선 3조 (3종 이상 꼬은 연선)

㈎ 2.6 mm 이상 금속선

㈏ 2.0 mm 이상 아연도금 철선 : 인장강도 0.68 kN/mm^2 이상일 것

③ **지중부분과 지표상 30 cm 아연도금 철봉** : 부식 방지

④ **안전율** : 2.5

* 지선 시설 시 가장 경제적인 각도는 약 26.5°이다.

12 전선의 접속

(1) 전선 접속의 일반사항

① 접속부분은 동일 전선저항보다 증가하지 않아야 한다.

② 접속부분 기계적 강도는 접속하지 않은 부분의 80 %를 유지한다.

③ 절연은 타 부분의 절연물과 동등 이상의 효력을 가져야 한다.

④ 횡단하는 장소에서는 접속개소를 만들어서는 안 된다.

(2) Al (알루미늄) 전선의 접속

① 브러시 · 샌드 페이퍼로 산화피막 제거

② 도선성 컴파운드 도포

③ 접합한 금구와 공구 사용

주 ➔ 컴파운드의 사용목적

1. 알루미늄 전선의 산화 피막생성을 방지한다.
2. 접속저항을 감소시킨다.
3. 수밀성이므로 수분침입을 막아 부식을 방지한다.

13 이도 (Dip)

(1) 고저차가 없고 지지점의 높이가 같을 때만 적용

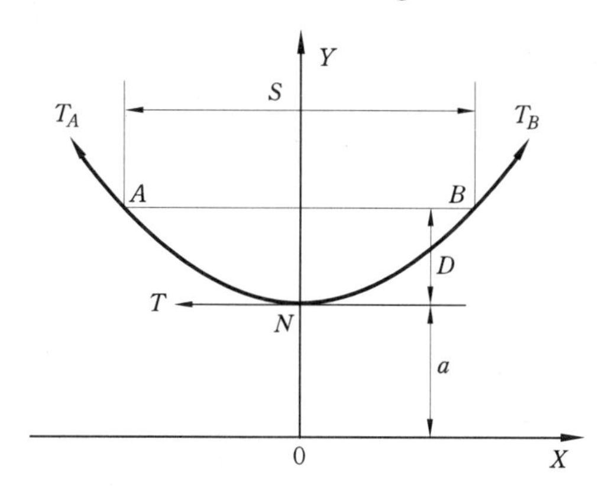

(2) 이도 계산

$$\text{이도 } D = \frac{WS^2}{8T}$$

* T : 수평장력, W : 합성하중, S : 경간

① **수평장력 (T)**

$$T = \frac{\text{인장하중}}{\text{안전율}}$$

② **인장하중** : 전선이 완전히 끊어졌을 때 작용한 힘

③ **인장강도** : 소선 1가닥이 끊어졌을 때 작용한 힘(인장하중=인장강도×단면적)

(3) 전선의 실제 길이

$$L = S + \frac{8D^2}{3S} = S \times 1.1 \text{ 이상}$$

(4) 온도변화 시 Dip 값 계산

$$D \fallingdotseq \sqrt{D_1^2 \pm \frac{3}{8}\alpha t S^2}$$

* t : 온도차, S : 경간, α : 선팽창계수

(5) 이도를 크게 할 경우

장 점	단 점
• 안정도 증가 • 진동 방지 • 지지물에 가해지는 장력 감소	• 지지물이 높아짐 • 전선접촉사고가 많아짐

14 전선로 하중

(1) 합성하중

① **수직하중** : 전선의 하중 (Wi), 빙설하중 (Wc)

② **수평 횡하중** : 풍압하중 (Wp) → 가장 큰 값

(2) 빙설이 적은 지방의 합성하중

$$W = \sqrt{Wi^2 + Wp^2}$$

(3) 빙설이 많은 지방의 합성하중

$$W = \sqrt{(Wi + Wc)^2 + Wp^2}$$

(4) 풍압하중

① 빙설이 적은 지방

$$Wp = PKd \times 10^{-3} \text{ [kg/m]}$$

② 빙설이 많은 지방

$$Wp = PK(d + 12) \times 10^{-3} \text{ [kg/m]}$$

* P : 수평풍압 (kg/m^2)

K : 표면계수

d : 전선의 직경(mm)

(5) 빙설하중

$$Wc = 0.0054\pi(d+6)\ [\text{kg/m}]$$

* d : 전선의 직경(mm)

(6) 연선 계산식

$$N = 3n(n+1)+1\ [\text{가닥}]$$

* N : 소선수, n : 층수

$$D = (2n+1)d\ [\text{mm}]$$

* D : 전선의 지름, d : 소선의 지름

$$A = \frac{\pi}{4}d^2 N\ [\text{mm}^2]$$

* A : 전선의 단면적

① 연선의 무게

$$W = (1+k1)wN$$

② 연선의 저항

$$R = \frac{(1+k2)r}{N}$$

* w : 소선과 같은 길이의 소선 1선의 중량
  r : 소선과 같은 길이의 소선 1선의 저항
  $k1$: 중량 연입률
  $k2$: 저항 연입률
  * 연입률 : 연선은 꼬여있기 때문에 전선의 중량이나 저항 등이 단선인 경우에 비하여 차이가 남(약 1.2~3 %)

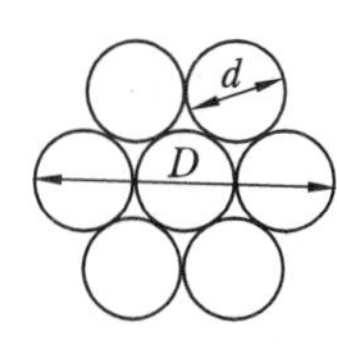

(7) 부하계수

$$\text{부하계수} = \frac{\text{합성하중}}{\text{전선하중}}$$

15 철탑설계

(1) 개요

① 가공 전선로는 전선, 애자 및 그 지지물로 이루어진다.

② 지지물에는 목주, 철근 콘크리트주(CP주), 철주, 철탑 등이 있다.

③ 철탑의 사용목적에 따라서는 표준철탑과 장경간 및 특수개소에 사용되는 특수철탑 등이 있다.

(2) 철탑의 분류

① 형태상의 분류

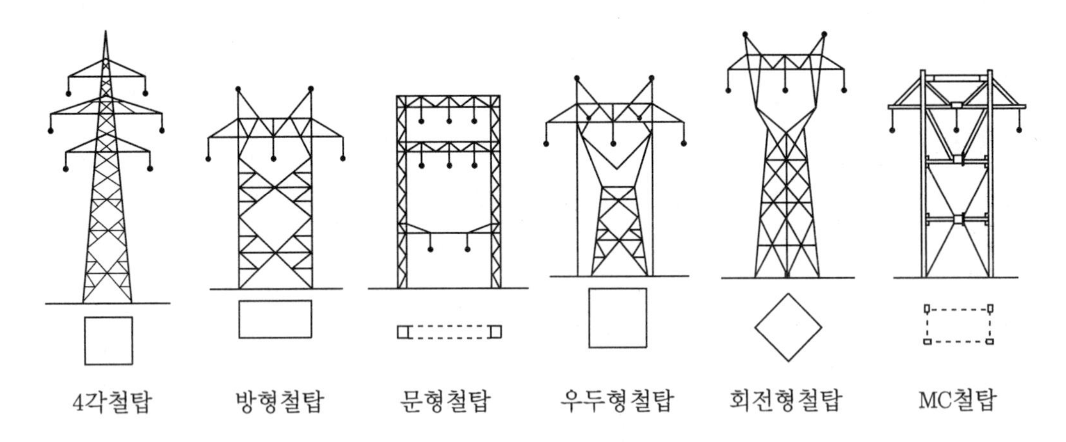

② 사용목적에 따른 분류

(가) 직선철탑 : 수평각도가 적은(3° 이내) 개소에 사용

(나) 각도철탑 : 수평각도가 크고(20~30° 이내) 내장애자 장치철탑을 말함

(다) 억류철탑 : 선로의 말단에 설치하며, 수평각도는 30° 이상

(라) 내장철탑 : 경간차가 매우 크고 불평형 장력을 발생할 염려가 있는 개소

(마) 보강철탑 : 직선철탑이 연속될 때 10기 이하마다 1기씩 내장애자 장치의 각도형 철탑을 사용

(바) 특수철탑 : 강을 건너거나 골짜기를 넘게 되는 장경간의 장소나 기타 특수한 장소에 사용하는 특수 설계의 철탑

(3) 철탑의 터파기량

$$\text{터파기량} = \text{가로} \times \text{세로} \times \text{높이} \times 1.21$$

* 철탑모형 결정에 필요한 4가지 : 경과지 조건, 애자장치, 절연설계, 표준모형의 배려

(4) 철탑 결구의 종류

싱글와렌

더블와렌

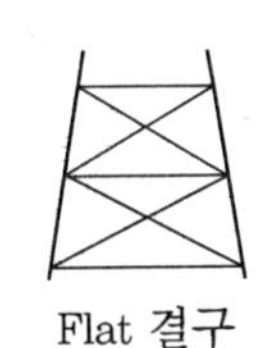
Flat 결구

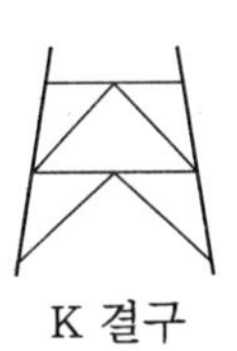
K 결구

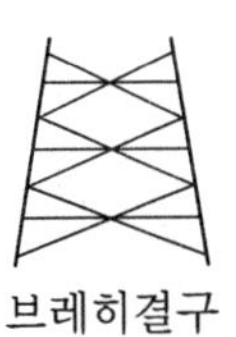
브레히결구

① 탑각 접지

㈎ 상용주파 대지 전압 상승 억제

㈏ 임펄스에 의한 대지전위 상승 억제

㈐ 낙뢰에 의한 역섬락 방지

② 슬랙모선 : 유효전력 조정용 모선

③ 철탑접지공사

㈎ 분포접지 : 탑각에서 방사형으로 매설지선을 포설하여 접지

㈏ 집중접지 : 탑각에서 10 m 떨어진 지점의 직각 방향으로 접지하는 방식

16 애자장치

(1) 애자 열화의 원인

① 급격한 온도 변화에 의해 열팽창계수가 다른 자기, 시멘트 및 철 등의 각부에 응력(Stress)이 가해지고, 균열이 발생한다.

② 시멘트의 경화와 팽창에 의한 응력

③ 상시전압과 이상전압에 의한 전기적 응력

④ 염해, 진해에 의한 누설전류, 코로나 방전, 섬락 등에 의한 국부과열

⑤ 기계적 응력

⑥ 제조상의 결함

(2) 애자의 구비조건

① 절연저항이 클 것
② 기계적 강도가 클 것
③ 절연내력이 클 것
④ 충격파에 견딜 것
⑤ 경제적일 것

(3) 가공 송전선로에서 쓰이는 애자의 종류

① 재질에 의한 분류

㈎ 자기애자 (Porcelain Insulator) : 도토 (陶土), 장석, 석영 등의 미분 (微分)을 적당한 비율로 배합하여 반죽한 것을 고온으로 소성하여 제작한 것으로 배전선로에 많이 사용되는 보통 자기애자와 특고압, 초고압 송전선로에 고장력 및 고강도용으로 활성 아루미나를 배합하여 만든 고강도 자기애자가 있다.

㈏ 유리애자 : 유리애자는 70 % 이상의 규토 (Silica, SiO_2)로 구성되어있고 높은 온도의 로(爐)에서 용융한 후 금형에 부어 제작한다. 제작과정에 따라 고강도 유리애자와 보통 유리애자가 있다. 고강도 유리애자는 특고압, 초고압 선로에 많이 사용하고 있고 보통 유리애자는 배전선로에 사용하고 있다.

㈐ 합성수지애자 (Synthetic Resin Insulator) : 에폭시 수지를 함유한 섬유유리봉에 전기적, 기계적, 열적 피로에 견디는 물질을 도포한 고물질 갓을 붙여 만든다. 합성수지애자는 종래의 애자 금구류 중량의 1/10～1/8 이하, 345 kV의 경우 1/10 미만으로 줄어 취급이 용이하다.

② 형상에 의한 분류

㈎ 핀애자 (Pin Type Insulator) : 고압용 핀애자는 갓모양의 자기편 또는 유리편을 2～4층으로 하여 시멘트를 접합하고 철제 받침으로 자기를 지지한 후 아연 도금한 핀 (Pin)을 박는다. 사용전압이 높으면 갓의 크기가 커져 제작이 곤란하고 기계적 강도에도 한도가 있으므로 22 kV에 주로 사용되고 있다.

㈏ 현수애자 (Suspension Insulator) : 현수애자는 원판형의 절연체 상하에 연결 금구를 시멘트로 부착시켜 만든 것으로서 전압에 따라 필요 개수만큼 연결하여 사용한다. 66 kV 이상의 모든 선로에는 거의 현수애자를 사용하며(우리나라) 연결 금구 모양에 따라 크레비스형(Clevis Type)과 볼-소켓형(Ball & Socket Type)이 있다. 활선작업 등의 편리상 볼-소켓형만을 사용하고 있다.

㈐ 지지애자 (Post Insulator) : 지지애자는 SP 애자 (Station Post Type)와 LP 애자 (Line Post Type)로 분류되며 SP 애자는 변전소, 발전소 등에서 전력용

기기의 절연 지지용으로 사용되고 있다. LP 애자는 선로용 지지애자로서 잠바선의 지지용으로 사용되고, 강관주에 취부하여 선로 지지용으로도 사용되고 있다. 지지애자의 위아래에 연결금구를 붙여 사용전압에 따라 필요한 수만큼 연결하여 사용한다.

㈑ 장간애자 (Long Rod Insulator) : 많은 갓을 가지고 있는 원통형의 긴 애자로서 구조의 특질상 열화현상이 거의 없고 애자점검, 보수가 용이하여 경비를 절감할 수 있으며, 비에 의한 세척효과가 좋고 오손 특성이 양호하므로 염진해 대책의 일환으로 사용하기도 한다. 장간애자의 양단에는 아킹혼 또는 아킹링을 취부하여 뇌격 등의 아크에 의한 파손사고를 예방하고 사용전압에 따라 여러 개를 연결하여 사용하기도 한다.

㈒ 내무애자 (Smog Type, Anti-fog Type or Mist-proof Insulator) : 현수애자와 같은 모양으로 절연체 밑 부분의 굴곡을 길게 하여 연면거리(누설거리)를 크게한 애자이다. 해안지대나 공장지대를 통과하는 송전선로에는 염분이나 먼지 등이 붙어서 안개가 끼거나 이슬비가 내리면 습기가 가해지므로 애자의 절연내력이 저하되고 섬락사고를 일으키는 수가 있다. 이와 같은 송전선로에는 연면거리가 큰 내무애자를 사용하여 섬락사고를 예방한다. 내무애자는 표준현수애자(일반 현수애자)에 비하여 연면거리가 1.4~1.5배 정도 큰 값을 갖고 있다.

(4) 아크혼 (아킹혼)

개폐기 붓싱이나 송전 애자련의 섬락 또는 공기 절연파괴 시 발생하는 아크를 안전한 방전로로 유도하기 위한 도전성 금구류를 칭하는 것이다. 이상전압으로 섬락이 발생하는 경우 아크경로를 애자련보다 아킹혼 간에 먼저 섬락이 발생되도록 하여 애자련이 섬락으로 손상되는 것을 보호한다.

(5) 아킹링

애자련이나 대전압 차단기 부싱 등의 전압분포를 가능한 균등히 하기 위해 장치한 금속링으로 코로나 잡음이 발생하지 못하도록 억제하는 효과와 아킹혼의 기능도 가지고 있다.

17 중성점 접지방식 비교

(1) 비접지 방식

① 고장전류가 작다(단, 장거리인 경우 커질 수 있음).

② 지락사고 시 건전상의 전압상승이 크다.

③ 보호계전기 동작이 곤란하다.

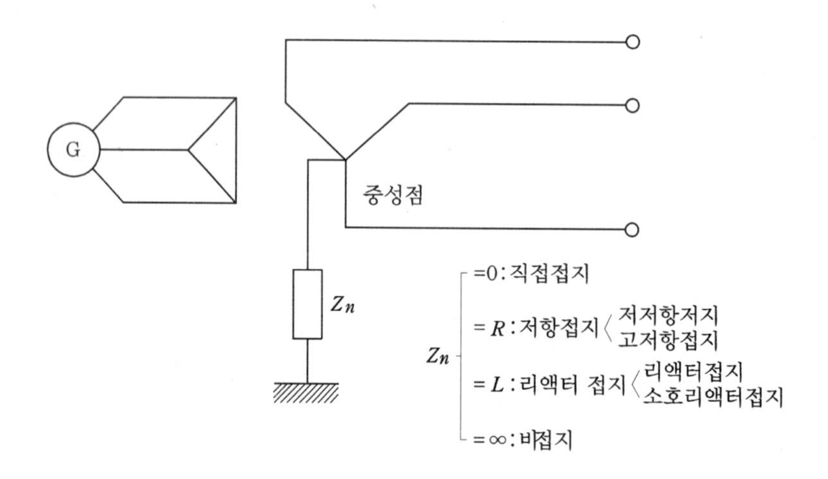

(2) 직접접지 방식

① 장점

(가) 1선 지락 시 건전상의 대지전압 상승이 거의 없다(선로 및 기기의 절연수준 저감).

(나) 피뢰기의 책무가 경감(정격전압이 낮은 피뢰기 사용 가능)된다.

(다) 변압기의 단절연(端絕緣, Graded Insulation ; 선중성점 유효접지 방식의 송전계통에서는 변압기 권선의 경우 선로단으로부터 중성점까지의 전위 분포를 직선이 되도록 설계하면 권선의 절연도 이에 따라 중성점에 근접함에 따라 순차적으로 저감할 수 있다. 이러한 절연방식을 단절연이라 한다)이 가능하다.

(라) 지락고장 검출이 용이하다.

(마) 기기값이 저렴하다(경제성).

(바) 보호계전기의 동작이 신속 확실하다.

② 단점

(가) 지락고장 시 저역률 대전류인 지락전류가 발생한다. → 과도안정도 저해

(나) 지락고장 시 통신선 유도장해가 유발된다.

(3) 저항접지 방식

① 목적

㈎ 고장전류 제한 → 과도안정도 향상

㈏ 고역률의 고장전류

② 저저항 접지/고저항 접지

㈎ 저저항 접지 : R = 30 Ω

㈏ 고저항 접지 : R = 100~1,000 Ω

③ 저항 크기와 현상

㈎ 저항이 작으면 고장전류가 크고, 통신선 유도장해가 유발된다.

㈏ 저항이 크면 지락계전기 동작에 난점이 생기고, 건전상의 전위가 상승된다.

(4) 소호리액터(Petersen Coil) 접지방식

① 소호리액터 접지방식에서는 1선 지락 시 아크지락을 재빨리 소멸시켜 그대로 송전할 수 있게 한다.

② 단선 고장일 때 선로의 전압 상승이 최대이고, 통신 장해가 최소이다.

※ 주요 중성점 접지방식 비교

항 목	비접지	직접접지	고저항 접지	소호리액터 접지
지락 사고 시의 건전상의 전압상승	• 크다. • 장거리 송전선의 경우 이상전압이 발생됨	• 적다. • 평상시와 거의 차이가 없음	• 약간 크다. • 비접지의 경우보다 약간 작음	• 크다. • 적어도 $\sqrt{3}$ 배까지 올라간다.
절연 레벨	감소 불가능	감소 가능	감소 불가능	감소 불가능
애자 개수	최고	최저	높음	높음
변압기	전절연	단절연 가능	전절연	전절연
피뢰기	정격전압 저하 불가능	정격전압 저하 가능	정격전압 저하 불가능	정격전압 저하 불가능
지락전류	작다, 송전거리가 길어지면 상당히 커짐	최대	중간 정도, 중성점 접지 저항에 따라 달라짐 [100 ~300 (A)].	최소
보호계전기동작	곤란	가장 확실	확실	불가능

1선지락 시 통신선에의 유도장해	작다	최대 [단, 고속 차단으로 고장 계속 시간의 최소화 가능 (0.1초)]	중간 정도	최소
과도 안정도	크다	최소 (단, 고속도 차단 및 고속도 재폐로 방식으로 향상 가능)	크다	크다
경제성	우수	최고 우수	중간	나쁨

18 송전선로

(1) 가공 전선의 구비조건

① 경제적일 것
② 기계적 강도가 클 것
③ 도전율 (허용전류)이 클 것
④ 비중 (밀도)이 작을 것
⑤ 가요성이 있을 것
⑥ 부식이 작을 것
⑦ 내구성이 클 것

(2) 전선의 종류

① 구조에 의한 분류

㈎ 단선 : 원형, 각형 등 [지름 (mm)으로 호칭(1.6 mm, 2.2 mm, 3.2 mm 등)]

㈏ 연선 : 단선을 여러 가닥 꼬아 만듦 [단면적(mm^2)으로 호칭(125 mm^2, 250 mm^2 등)]

㈐ 중공전선

㉮ 전선의 직경을 크게 하여 전선표면의 전위 경도를 낮춤으로써 코로나 발생을 억제함

㉯ 표피효과 (Skin Effect) 감소, 중량 감소 등 초고압 송전선에 효과적임

② 재질에 의한 분류

㈎ 경동선 : 도전율 96~98 %, 인장강도 35~48 kg/mm^2

㈏ 경(硬)Al선 : 도전율 61 %, 인장강도 16~18 kg/mm^2

(다) 강선 : 도전율 10 %, 인장강도 55~140 kg/mm^2

(라) 합금선 : 구리 또는 알루미늄에 다른 금속 첨가, 강도 증가

(마) 쌍금속선 : 2종류 이상 융착시켜 만듦, 코퍼웰드선, 도전율 30~40 %

(바) 합성연선 : 가공전선에 주로 사용

㉮ 강심 알루미늄연선 (Aluminum Cable Steal Reinforced, ACSR)

㉠ 도전율 61 %

㉡ 인장강도 125 kg/mm^2

㉢ 동선에 비해 강도 보강, 장거리 경간에 적합, 강선에 비해 도전율 증가, 가공선에 가장 일반적으로 쓰임

㉯ 내열 강심 알루미늄 합금연선 (TACSR ; Thermo resistance ACSR)

㉠ 아연도금강선을 중심에 두고 내열 알루미늄을 외부로 하여 연선한 내열 강심 알루미늄 합금연선

㉡ 도전율이 경알루미늄보다 약간 작은 60 %이지만, 150℃의 높은 온도까지 사용이 가능하므로 동일 Size의 ACSR보다 약 60 % 큰 전류를 흘릴 수 있다. 즉 동일 전류를 흘렸을 시 약 1/2 Size로 가능하다.

㉢ 용도 : 일반 ACSR보다 1.5~1.6배의 큰 허용전류가 필요한 가공전선로, 이도 제약이 비교적 적은 지역의 가공전선로, 동일 부하에서 송전선로를 경량화하여 운용이 필요한 전선로 등

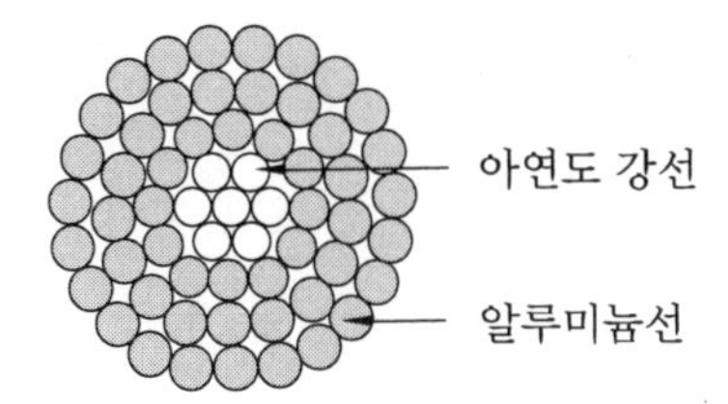

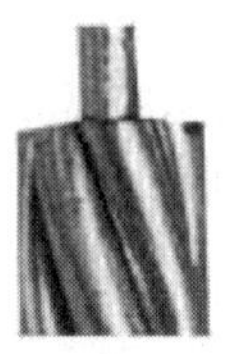

강심 알루미늄연선 (ACSR)

③ 조합상 분류

(가) 단도체, 다도체(복도체, 3도체, 4도체 포함)

(나) 복도체(한 상당 두 가닥 이상의 전선을 사용)

㉮ 복도체의 장점

㉠ 인덕턴스 감소 (약 20~30 %) 및 정전용량 증가 (약 20~30 %)로 송전용량 증가 (가장 주된 이유)

㉡ 표피효과가 적어 송전용량 증가

㉢ 표면전위경도 완화로 코로나 발생 억제

㉣ 전선의 허용전류 증대

㉤ 안정도 향상

㉯ 복도체의 단점

㉠ 정전용량이 커지기 때문에 페란티 현상 발생→분로리액터 설치 필요

㉡ 풍압하중, 빙설하중 등으로 진동 발생 우려→댐퍼 설치

㉢ 각 소도체 간에 흡입력이 작용하여 단락사고 발생 우려→스페이서 설치

㉣ 건설비가 비쌈

㉰ 복도체의 적용방식

㉠ 154 kV : ACSR 410 mm^2 2도체 방식

㉡ 345 kV : ACSR 480 mm^2 2도체 또는 4도체 방식

㉢ 765 kV : ACSR 480 mm^2 6도체 방식

(3) 등가 선간거리(기하학적 평균거리)와 등가 반지름

① 등가 선간거리

$$D_o = \sqrt[n]{D_1 \times D_2 \times D_3 \cdots D_n}\ [\text{m}]$$

㈎ 직선 배열

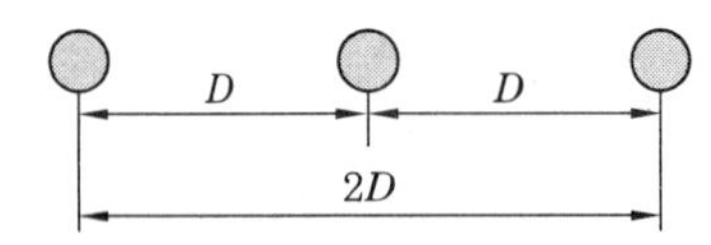

$$D_o = \sqrt[3]{D \times D \times 2D} = \sqrt[3]{2}\,D\ [\text{m}]$$

㈏ 정삼각형 배열

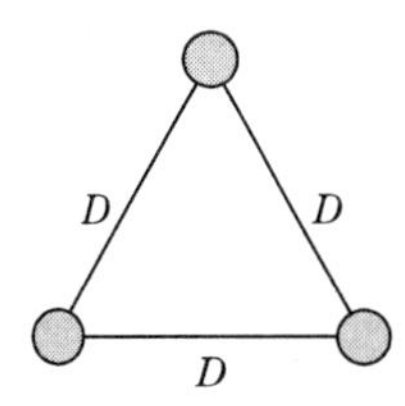

$$D_o = \sqrt[3]{D \times D \times D} = D\ [\text{m}]$$

㈐ 정사각형 배열

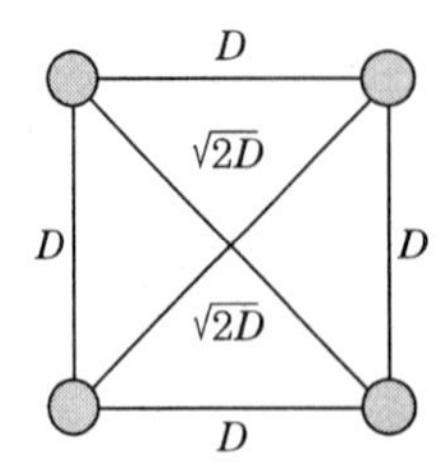

$$D_o = \sqrt[6]{D \times D \times D \times D \times \sqrt{2}\,D \times \sqrt{2}\,D} = \sqrt[6]{2}\,D\ [\text{m}]$$

② 등가반지름

(가) 복도체, 다도체 : 1상의 도체를 2~4개 정도로 분할하여 시설하는 전선

(나) 스페이서 : 전선의 소도체 간 간격을 일정하게 유지하게 위한 기구

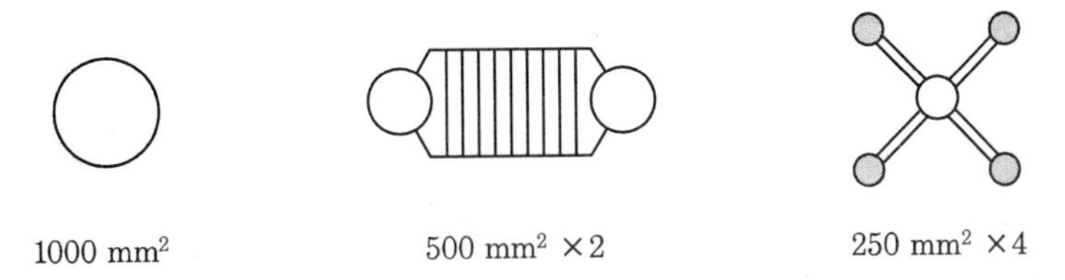

(다) 등가반지름

$$r_e = r^{\frac{1}{n}} s^{\frac{n-1}{n}}$$

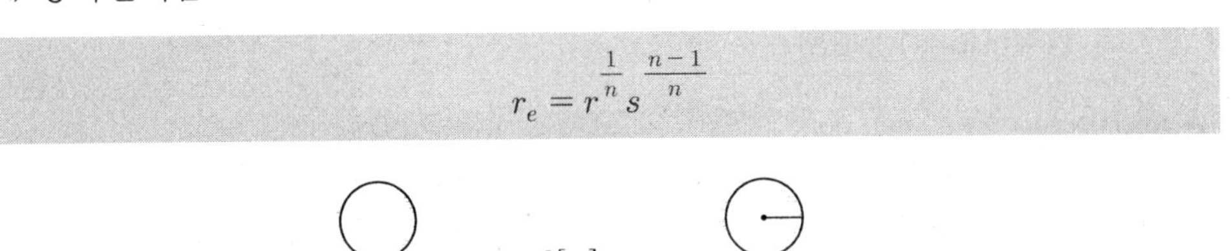

* r [m] : 소도체의 반지름, n : 소도체의 개수, s [m] : 소도체 간 간격

Quiz 단도체 면적 1000 mm²인 전선을 소도체 간 간격 40 cm인 2복도체로 분할하여 시설할 경우 복도체의 반경은?

해설

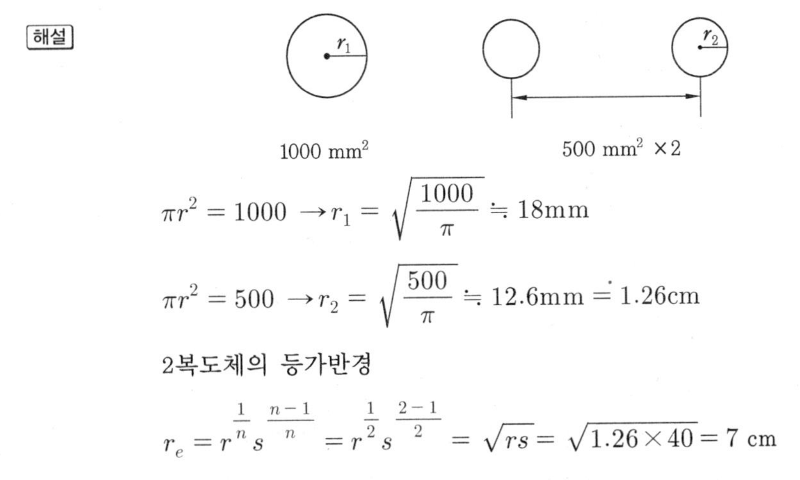

$$\pi r^2 = 1000 \rightarrow r_1 = \sqrt{\frac{1000}{\pi}} \fallingdotseq 18\text{mm}$$

$$\pi r^2 = 500 \rightarrow r_2 = \sqrt{\frac{500}{\pi}} \fallingdotseq 12.6\text{mm} \fallingdotseq 1.26\text{cm}$$

2복도체의 등가반경

$$r_e = r^{\frac{1}{n}} s^{\frac{n-1}{n}} = r^{\frac{1}{2}} s^{\frac{2-1}{2}} = \sqrt{rs} = \sqrt{1.26 \times 40} = 7\text{ cm}$$

㈜ 복도체를 채용하면 전선의 등가반경이 커지는 효과가 있으므로 선로에서의 L은 감소하고 C는 증가한다.

(4) 복도체 채용 시의 L (인덕턴스), C (정전용량)

$$L = \frac{0.05}{n} + 0.4605\log_{10}\frac{D}{r_e}\ [\text{mH/km}]$$

* n : 복도체, D : 도체간 거리(mm), r_e : 등가 반지름 (mm)

$$C = \frac{0.02413}{\log_{10}\frac{D}{r_e}}\ [\mu\text{F/km}]$$

(5) 켈빈의 법칙(Kelvin's law)

① 경제적인 전선의 굵기 선정방법이다.

② 건설 후의 전선의 단위길이를 기준으로 해서, 1년간 손실전력량의 금액과 전선 건설비에 대한 이자와 상각비를 합한 연경비(年經費)가 같게 되도록 전선을 굵기를 결정하는 방법이다.

(6) 송전선로에 안정도 증진방법

① 직렬 리액턴스를 작게 한다.

② 전압 변동을 작게 한다.

③ 계통을 연계한다.

④ 고장전류를 줄이고 고장 구간을 고속도 차단한다.

⑤ 중간 조상 방식을 채택한다.

⑥ 고장 시 발전기 입출력의 불평형을 작게 한다.

(7) 코로나 현상

① **정의** : 초고압 송전계통에서 전선 표면의 전위경도가 높은 경우 전선 주위의 공기 절연의 파괴되면서 발생하는 일종의 부분방전현상이다.

㈎ 방전현상

㉮ 전면 (불꽃)방전 : 단선

㉯ 부분방전 : 연선

㈏ 공기의 절연파괴전압 (극한 파괴전압) : 표준상태의 기온 및 기압하에서 공기의 절연이 파괴되는 전위경도는 정현파 교류 및 직류의 실효값으로 아래와 같다.

㉮ 교류 극한 파괴전압 = 21 kV/cm

㉯ 직류 극한 파괴전압 = 30 kV/cm

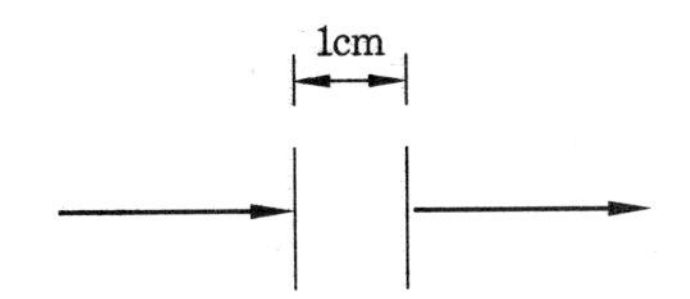

→ 전위차가 교류 21 kW/cm 혹은 직류 30 kV/cm 이상이면, 공기 절연이 파괴되어 통전될 수 있음.

② 코로나 임계전압(코로나가 발생하기 시작하는 최저한도전압)이 높아지는 경우의 원인

(가) 날씨가 맑을 때
(나) 온도 및 습도가 낮을 때
(다) 기압이 높을 때(고기압)
(라) 상대 공기밀도가 클 때
(마) 전선의 지름이 클 때

③ 코로나 발생의 영향

(가) 코로나 전력손실 발생(Peek의 식)

$$P_c = \frac{241}{\delta}(f+25)\sqrt{\frac{r}{D}}(E-E_0)^2 \times 10^{-5} \text{ [kW/cm 1선당]}$$

* δ : 상대공기밀도 ($\delta \propto \frac{\text{기압}}{\text{온도}}$)
E : 대지전압
E_0 : 코로나 임계전압
f : 주파수
D : 선간거리
r : 전선의 반경

(나) 코로나 잡음 발생
(다) 고조파 장해 발생 : 정현파 → 왜형파 (= 직류분+기본파+고조파)
(라) 초산에 의한 전선, 바인드선의 부식 : (O_3, NO)+H_2O = NHO_3 생성
(마) 전력선 이용 반송전화 장해 발생
(바) 소호리액터 접지방식의 장해 발생
(사) 서지(이상전압)의 파고치 감소(장점)
(아) 기타 통신선에 유도장해 등 발생

④ 코로나 방지대책

(가) 전선을 굵게 한다.
(나) 복도체(다도체)를 사용한다.
(다) 가선 금구류를 개량한다.

(8) 송전선 굵기 선정

① 연속 허용전류와 단시간 허용전류
② 경제전류
③ 순시허용전류
④ 전압강하와 전압변동
⑤ 코로나
⑥ 기계적 강도

(9) 표피효과 (Skin Effect)

① 전선의 중심은 전류밀도 (전하밀도)가 작고, 표피 쪽은 전류밀도가 크다.
② 전선이 굵을수록, 주파수가 높을수록 커진다.

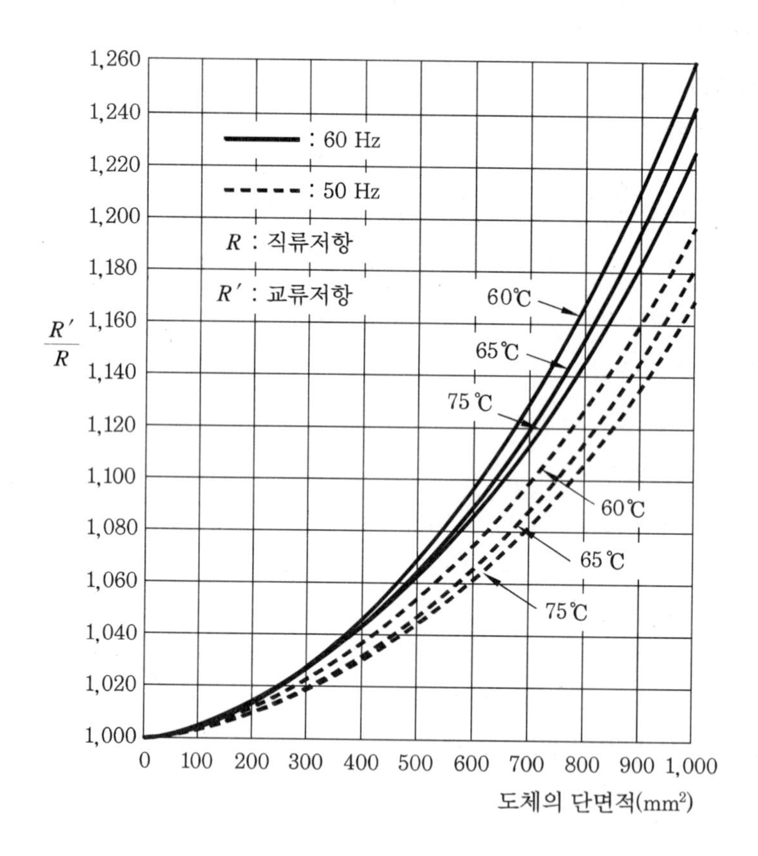

(10) 케이블의 전력손실

① **저항손** : 전선로 자체의 저항에 의한 손실
② **유전체손** : 교류를 흘렸을 때 유전체 내에서 소비되는 손실

③ **연피손** : 케이블에 전류를 흘리면 도체 외부로부터의 전자유도 작용으로 연피에 전압이 유기되고, 와전류가 흘러 발생하는 손실

(11) 선로정수(Line Constant)

① 전선(電線)이 내포하고 있는 R(저항), L(인덕턴스), G(누설 컨덕턴스), C(정전 용량)의 4가지 특성을 말한다.

② 선로정수는 전선의 종류, 굵기, 재질에 따라서 정해진다.

③ 선로정수는 전압과 전류, 기온 등에는 영향을 받지 않는다.

④ 동일한 규격의 전선이라도 송전선로가 설치된 지리적 여건, 송전선로에서의 전류 밀도차 등에 의하여 송전선로별 특성이 상이하게 나타나게 되므로 선로정수를 이용하여 전압, 전류의 관계, 전압강하, 송수전단의 전력량 등 송전선로별 특성을 계산하게 된다.

⑤ 선로의 누설 콘덕턴스는 주로 애자의 누설저항에 기인한다. 애자의 누설저항은 건조 시에는 대단히 커서 그 역수인 누설 콘덕턴스는 매우 적은 값을 나타내므로 송전선로의 특성을 검토하는 경우에는 특별한 경우를 제외하고 무시해도 좋다.

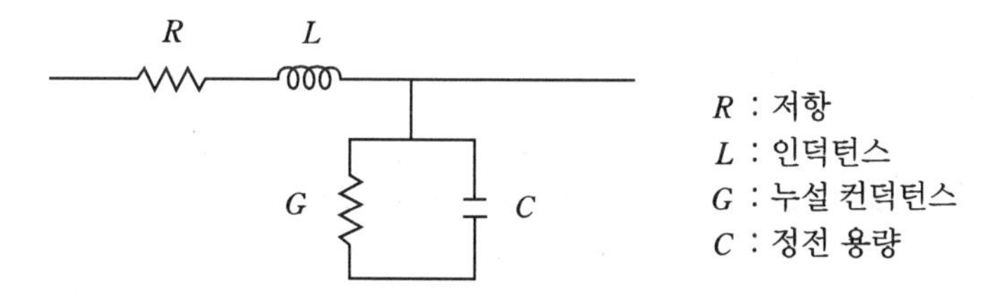

(12) 송전선 이상전압 방지대책

① **가공지선(벼락이 직접 떨어지지 않도록 송전선 위에 도선과 나란히 가설하여 접지한 전선)** : 직격뢰 및 유도뢰 차폐, 통신선의 유도장해 경감

㈎ 차폐각(θ) : 30~45°

㉮ 30° 이하 : 100 %

㉯ 45° 이하 : 97 %

㈏ 차폐각이 작을수록 보호효과가 크고 시설비는 상승한다.

㈐ 2조지선 사용 : 차폐효율이 높아진다.

② **매설지선(접지를 위해 땅속에 묻어놓은 전선)** : 철탑 저항값(탑각 저항값)을 감소시켜 역섬락 방지, 여기서 '역섬락'이란 뇌전류가 철탑에서 대지로 방전 시 철탑의 접지 저항값이 클 경우 대지가 아닌 송전선에 섬락을 일으키는 현상을 말한다.

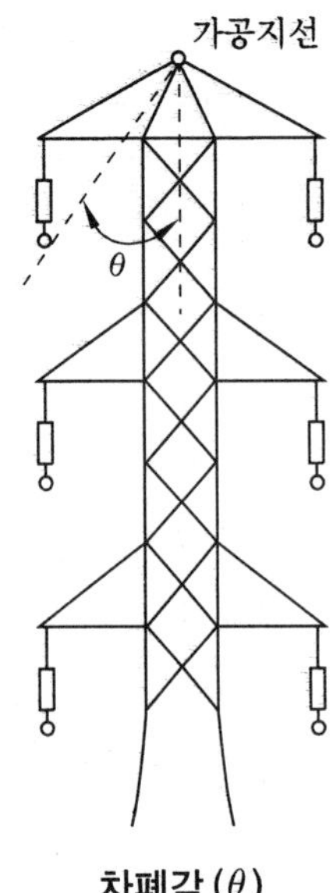

차폐각(θ)

③ **소호장치** : 아킹혼, 아킹링 → 뇌해로부터 애자련 보호

④ **피뢰기** : 이상전압으로부터 보호, 뇌 전류의 방전 및 속류를 차단하여 기계기구 절연 보호

⑤ 피뢰침 등

피뢰기의 속류 : 방전현상이 실질적으로 끝난 후 계속하여 전력계통에서 피뢰기로 흐르는 상용주파 전류를 말한다.

(13) 피뢰기(LA ; Lightening Arrester)

① **설치목적**

㈎ 피뢰기는 낙뢰 및 회로의 개폐 시 발생하는 과(서지)전압을 일시적으로 대지로 방류시켜 계통에 설치된 기기 및 선로를 보호하기 위하여 설치한다(피뢰기의 주 보호 대상물은 전력용 변압기이다).

㈏ 절연레벨은 낮다(절연레벨 순서 ; 단로기 > 변압기 > 피뢰기).

② **피뢰기에 요구되는 기능**

㈎ 정상전압, 정상주파수에서는 절연내력이 높아 방전하지 않을 것

㈏ 이상전압, 이상주파수에서는 절연내력이 낮아져 신속하게 방류특성이 될 것

㈐ 전압회복 후 잔류전압 및 전류를 자동적으로 신속히 차단할 것

㈑ 방전 후 이상전류 통전 시의 피뢰기의 단자전압(제한전압)을 일정레벨 이하로 억제할 것

(마) 반복동작에 대하여 특성이 변화하지 않을 것

③ **피뢰기의 구조 및 종류**

(가) 피뢰기는 일반적으로 직렬갭과 특성요소로 구성되며, 계통의 전압별로 특성요소의 수량을 적합한 수량으로 포개어 조정한다.

(나) 직렬갭 : 정상 시에는 방전을 하지 않고 절연상태를 유지하며, 이상 과전압 발생 시 통전되어 신속히 이상전압을 대지로 방전하고 속류를 차단한다.

(다) 특성요소 : 탄화규소 입자를 각종 결합체와 혼합한 것으로 밸브 저항체라고도 하며, 비저항 특성을 가지고 있어 큰 방전전류에 대해서는 저항값이 낮아져 제한전압을 낮게 억제함과 동시에 비교적 낮은 전압계통에서는 높은 저항값으로 속류를 차단하여 직렬갭에 의한 속류의 차단을 용이하게 도와주는 작용을 한다(철탑 등의 쇼트 방지).

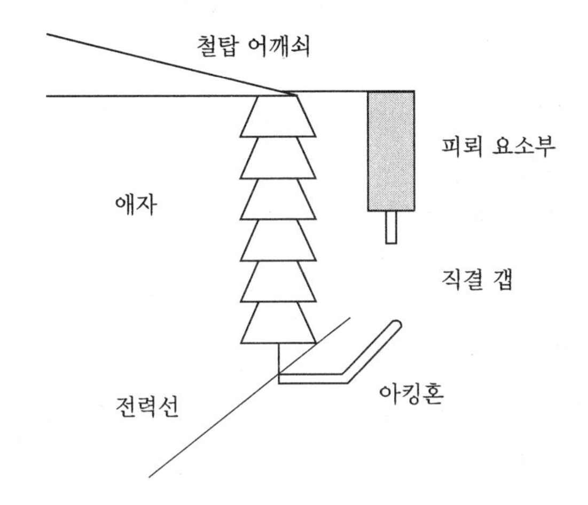

④ **피뢰기의 종류**

(가) 갭 저항형

㉮ 상용주파수의 계통전압에서 서지가 겹쳐서 그 파고값이 임펄스 방전 개시전압에 이르면 피뢰기가 방전을 개시하여 전압이 내려가며 동시에 방전전류가 흘러 제한전압이 발생한다.

㉯ 서지전압 소멸 후 계통전압을 따라 속류가 흐르지만 처음의 전류 "0"점에서 속류를 차단하고 원상태로 회복된다.

㉰ 이러한 동작은 반 사이클의 짧은 시간에 이루어진다.

(나) 갭리스형

㉮ 기존의 SiC (탄화규소) 특성요소를 비직선 저항특성의 산화아연 (ZnO) 소자에 적용한 것으로서, 전압-전류 특성은 SiC 소자에 비하여 광범위하게 전압

이 거의 일정하며 정전압장치에 가까워진다.

㉯ SiC소자는 상규 대지전압이라도 상시전류가 흐르므로 소자의 온도가 상승하여 소손되기 때문에 직렬 갭으로 전류를 차단해둘 필요가 있다.

㉰ 갭리스 피뢰기의 경우에는 누설전류가 1 mA로 문제가 발생되지 않으므로 직렬 갭이 선로와 절연할 필요가 없으므로 소형 경량으로 된다.

(다) 밸브 저항형(Valve Resistance Type) : 직렬 갭+특성요소 (SiC)

(라) 기타 밸브형(Valve Type) 등이 있다.

⑤ **선정방법** : 피뢰기가 소기의 기능을 발휘하기 위해서는 계통의 과전압, 시설물 차폐 여부, 설비의 중요도, 선로 및 피보호기기의 절연내력, 기상조건 등을 종합적으로 검토하여 적용한다. 선정 시 유의사항은 아래와 같다.

(가) 피뢰기의 설치장소에서의 최대상용주파 대지전압

(나) 가장 심한 피뢰기의 방전전류의 크기 및 파형

(다) 피보호기기의 충격절연내력 결정

(라) 피뢰기의 정격전압 (속류가 차단되는 교류의 최고전압) 및 공칭 방전전류

(마) 피뢰기의 보호레벨 결정

(바) 이격거리 및 기타 관계요소를 고려하여 피뢰기로 제한된 피 보호기기에서의 전압결정

(14) 송전선로에서 중성점 접지의 목적

① 1선 지락 시 전위 상승을 억제하여 기계기구를 보호 (이상전압 방지)한다.

② 단절연이 가능하므로 기기값이 저렴하다.

③ 과도 안정도가 증진된다.

④ 보호 계전기의 동작이 신속하다.

19 송전설비 주요 용어

(1) 스틸의 법칙(Still's law) : 경제적인 송전전압

$$E = 5.5\sqrt{0.6l + 0.01P}\ [\text{kV}]$$

* l : 송전길이(km), P : 송전전력(kW)

(2) 송전용량 계수법

$$송전용량\ P = K\frac{V^2}{l}\ [\mathrm{kW}]$$

* K : 송전 용량계수, V : 수전단 선간 전압(kV), l : 송전길이(km), P : 송전용량(kW)

(3) 오프셋

수직 배치의 송전선로에서 상·하단 간의 단락사고 방지를 위한 장치이다.

(4) 댐퍼

송전선에 설치하여 전선의 진동을 방지하는 장치이다(스페이서 댐퍼, 나선형 댐퍼 등).

(5) 연가

3상 송전선의 전선배치는 대부분 비대칭이므로 각 전선의 선로 정수는 불평형되어 중성점의 전위가 영전위가 되지 않고 어떤 전류전압이 생긴다. 이를 방지하고 유도장해 및 직렬공진을 방지하기 위해 전선로를 그림과 같이 연결한다.

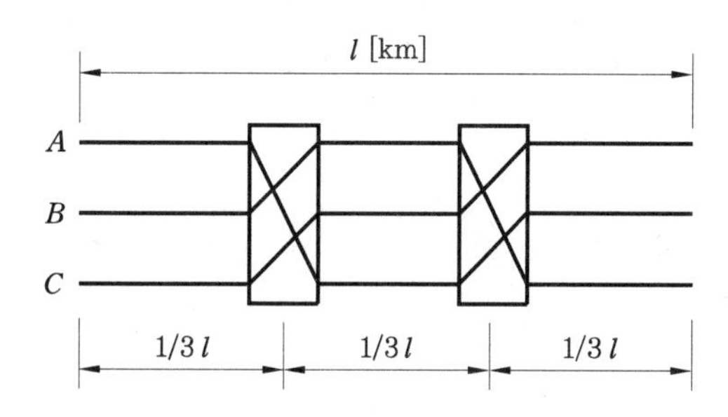

(6) 영상전류

① 3본의 송전선에 동상의 전류가 흘렀을 때의 전류값을 말한다.
② 각 상 전류의 위상차가 없는 전류를 말한다.
③ 삼상의 중성선을 통해서 대지로 흐르는 전류이다.
④ 영상전류 발생 시 대지의 임피던스에 의해서 나타나는 전압을 영상전압이라고 한다.

(7) 유도장해

전력선에 의한 통신선의 전자 유도장해의 원인은 영상전류, 상호 인덕턴스 등이며, 그 대책은 다음과 같다.

① **근본대책** : 지중 케이블화, 차폐선 설치, 이격거리를 크게 하고, 사고값을 줄인다.

② **전력선 측 대책**

(가) 중성점 접지저항을 크게 함

(나) 고속도 지락 보호계전 방식 채택

(다) 연가를 충분히 함

(라) 고장회선을 고속도 차단

(마) 소호리액터 채용

(바) 2회선 송전선의 경우 역상순 배열

(사) 고장전류를 줄임

③ **통신선 측 대책**

(가) 排流코일 사용(drainage coil)→통신선의 전위상승 억제(고인덕턴스 코일을 통신선 간에 브리지시켜 중점 접지)

(나) 통신선로 수직교차

(다) 통신선 및 통신기기의 절연강화

(라) 통신선 케이블화

(마) 통신선 구간 분할(중계코일 설치)

(바) 연피통신 케이블 설치(상호인덕턴스 경감)

(사) 피뢰기 설치(유도전압의 강제 저감)

(8) 절연협조

① 계통 내 보호기와 피보호기와의 상호 절연 협력관계를 말한다.

② 계통 전체의 신뢰도를 높이고 경제적·합리적 설계를 해야 한다.

(9) 전력용 퓨즈

① **목적** : 단락전류 차단

② **장점** : 가격이 저렴, 소형 및 경량, 고속 차단, 보수 간단, 차단 능력이 크다.

③ **단점**

(가) 재투입 불가

(나) 과도전류(단락 필요 경계선 전류)에 용단되기 쉽다.

(다) 계전기를 자유로이 조정할 수 없다.

(라) 한류형은 과전압을 발생한다.

(10) 보호계전기

① 보호계전기는 전기회로의 동작 조건을 계산하고, 고장이 검출되었을 때 차단기를

트립시키게 되어있다. 대개 동작 임계전압과 동작 시간이 고정되어있고 부정확하게 설정된 스위칭 타입 계전기와는 다르게, 보호계전기는 시간/전류 곡선(또는 다른 동작 특성)이 정밀하게 설정되어있고, 선택 가능하다.

② 분류(동작시간에 의한 분류)

㈎ 순한시 계전기 : 규정된 전류 이상의 전류가 흐르면 즉시 동작(0.3초 이내)

㈏ 고속도 계전기 : 규정된 전류 이상의 전류가 흐르면 즉시 동작(0.5~2 Hz 이내)하는 계전기

㈐ 반한시 계전기 : 전류가 크면 동작시간이 짧고, 전류가 작으면 동작시간이 길어지는 계전기

㈑ 정한시 계전기 : 규정된 전류 이상의 전류가 흐를 때 전류의 크기와 관계없이 일정 시간 후 동작하는 계전기

㈒ 반한시-정한시 계전기 : 전류가 작은 구간은 반한시 특성, 전류가 일정 범위를 넘으면 정한시 특성을 갖는 계전기

③ 보호계전기의 구비조건

㈎ 고장의 정도 및 위치를 정확히 파악할 것

㈏ 고장 개소를 정확히 선택할 것

㈐ 동작이 예민하고, 오동작이 없을 것

㈑ 소비전력이 적고, 경제적일 것

㈒ 후비 보호능력이 있을 것

(11) 공간거리와 연면거리

① 공간거리 : 공기 중에서 두 도전성 부분 간에 가장 짧은 거리

② 연면거리 : 불꽃방전을 일으키는 두 전극 간 거리를 고체 유전체의 표면을 따라서 그 최단거리로 나타낸 값

20 지중전선로

(1) 지중전선로를 택하는 이유

① 도시미관 고려

② 보안상 제한 조건

③ 재해 등에 높은 신뢰도를 요구

④ 수용밀도가 높은 지역에 공급
⑤ 가공전선로 대비 인덕턴스는 작고, 정전용량은 커짐

(2) 지중배선공사의 현장시험항목

절연저항, 절연레벨, 접지저항, 상일치, 검상 시험 등

(3) 지중전선로 매설깊이

① 차량 또는 중량물의 압력을 받을 우려가 있는 장소 : 1.2 m
② 기타의 장소 : 0.6 m

(4) 지중전선로 노출부분의 방호범위

지상 2 m 이상 지하 20 cm 이상을 금속관, 합성수지관 등을 이용하여 방호조치할 것

(5) 기타 주의사항

① 가압장치의 누설시험(10분간)
㈎ 유 · 수압 : 1.5배
㈏ 기압 : 1.25배

② 지중전선로는 전선에 케이블을 사용하고, 암거식 · 관로식 · 직접 매립식 등에 의하여 시설할 것

③ 지중전선을 냉각하기 위해 물을 순환시키는 경우 순환압력에 견디고 누수가 없을 것

④ 암거에 시설하는 지중전선은 난연조치 혹은 자동소화설비를 시설할 것

⑤ 금속제 부분은 제3종 접지를 하여야 한다(금구류는 제외).

⑥ 지중전선과 타 지중전선 혹은 약전류전선과 교차 시 : '전기설비 기술기준의 판단기준'에 명시된 이격거리 유지 혹은 불연성 · 난연성 처리를 한다.

21 배전선로 배전방식

(1) 배전선로의 형태 및 구성

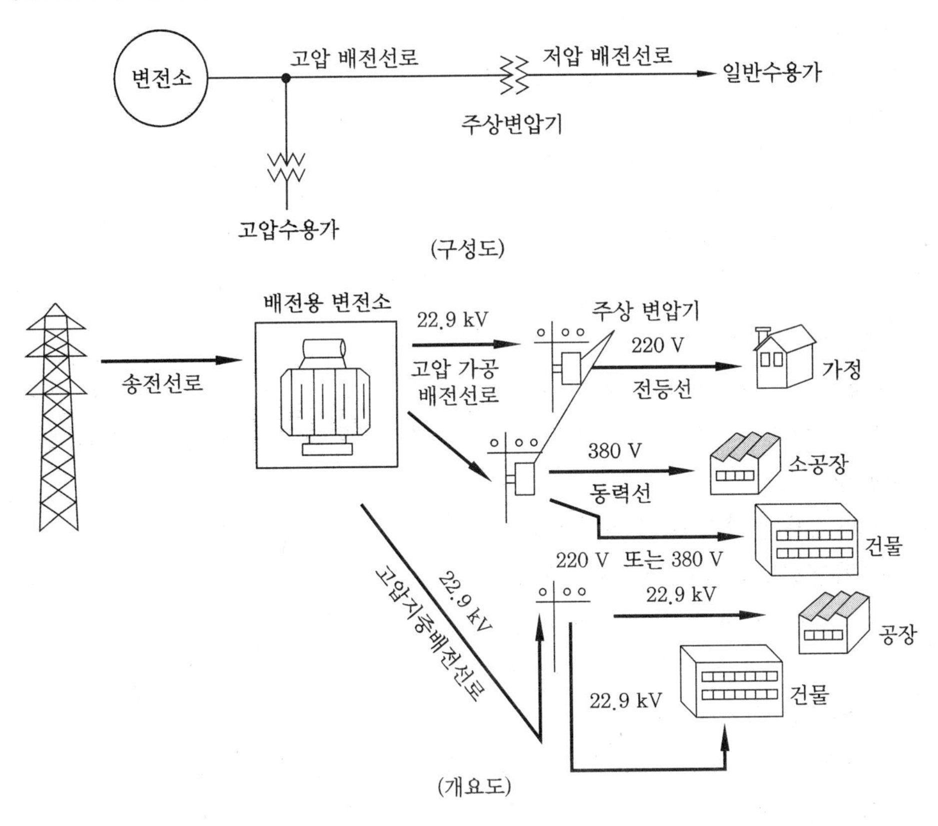

배전선로의 형태

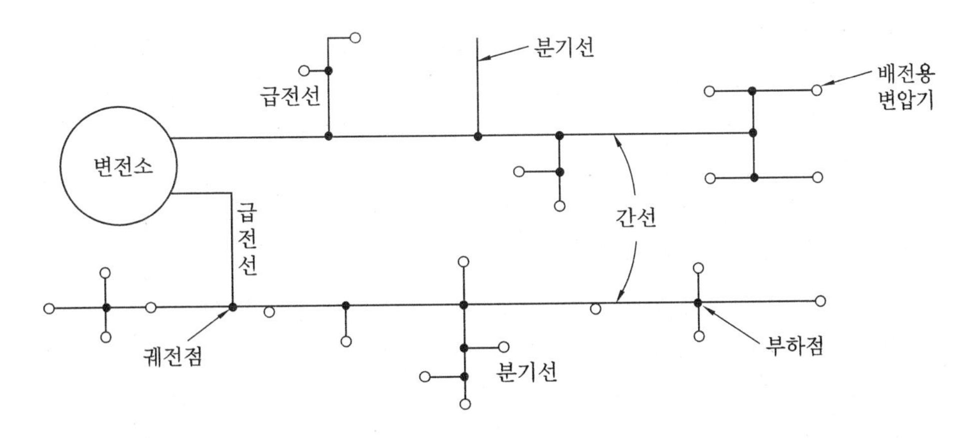

고압 배전선로의 구성

① **급전선**(Feeder) : 궤전선(饋電線), 배전구역까지의 전송선으로 부하가 접속되지 않음
② **간선**(Main Line) : 급전선에 접속되어 부하지점까지 전력을 전송
③ **분기선**(Branch Line) : 간선에서 분기된 배전선로의 가지부분, 지선

주➔ 전압의 종별

1. 저압 : 직류 750 V 이하, 교류 600 V 이하
2. 고압
   - 직류 750 V 초과~7,000 V 이하
   - 교류 600 V 초과~7,000 V 이하
3. 특고압 : 7,000 V 초과

④ **주상변압기 결선방식**

㈎ 삼상변압기는 1개의 모듈로 되어있는 경우도 있고, 델타 또는 와이로 연결된 세 개의 단상변압기로 구성되기도 한다. 또한 경우에 따라서는 두 개의 변압기가 사용되기도 한다.

㈏ 1차와 2차는 각각 여러 가지 결선의 조합이 가능하며 가능한 조합은 다음과 같다.

㉮ 1차권선 : 와이 – 2차권선 : 델타 ($Y-\Delta$)

㉠ 특징 : 분산형 전원의 연계에 적합

㉡ 장점 : 고장 검출 용이, 분산형 전원 발생 제3고조파 한전계통 불유출, 단독운전 방지 용이

㉢ 단점 : 제3고조파로 인한 변압기 과열, 한전계통 지락 시 고장전류 유입, 통신선 유도장해 및 중성점 전위 변화 예측의 어려움

㉯ 1차권선 : 와이 – 2차권선 : 와이($Y-Y$)

㉠ 특징 : 3상 부하에 전기를 공급하는 일반적인 방식

㉡ 장점 : 철공진(철심이 든 리액터는 전류의 크기에 따라서 인덕턴스가 변화하므로 콘덴서와 직렬 또는 병렬로 접속한 경우에 발생하는 특이한 공진 현상)의 문제가 적음, $\Delta-Y$ 대비 변압기 절연에 유리, 위상변화가 없음

㉢ 단점 : 한전 계통의 불평형이 분산형 전원 측에 영향, 제3고조파 등의 직접적 통로 제공, 보호협조 실패 시 고장이 한전계통으로 파급 등

㉰ 1차권선 : 델타 – 2차권선 : 와이($\Delta-Y$)

㉠ 특징 : 3상 부하에 전기를 공급하는 가장 일반적인 방식

㉡ 장점 : 분산형 전원 발생 제3고조파 한전계통 불유출, 한전계통 1선 지락 시 고장전류 유입 방지, 분산형 전원 측 1선 지락 시 한전계통으로 고장전류 유입 방지

㉢ 단점 : 한전계통 1선 지락상태에서 단독운전 시 과전압 위험 및 고장 검출의 어려움, 한전계통 고장 시 개방상태에서 철공진 발생, 구내계통의 중성선에 제3고조파에 의한 과전압 발생 가능

㉣ 기타 : $\Delta-\Delta$ 결선 등이 있다.

㈐ 상기 4가지 결선 중 $\Delta-Y$결선법이 가장 많이 쓰인다.

㈑ 결선도

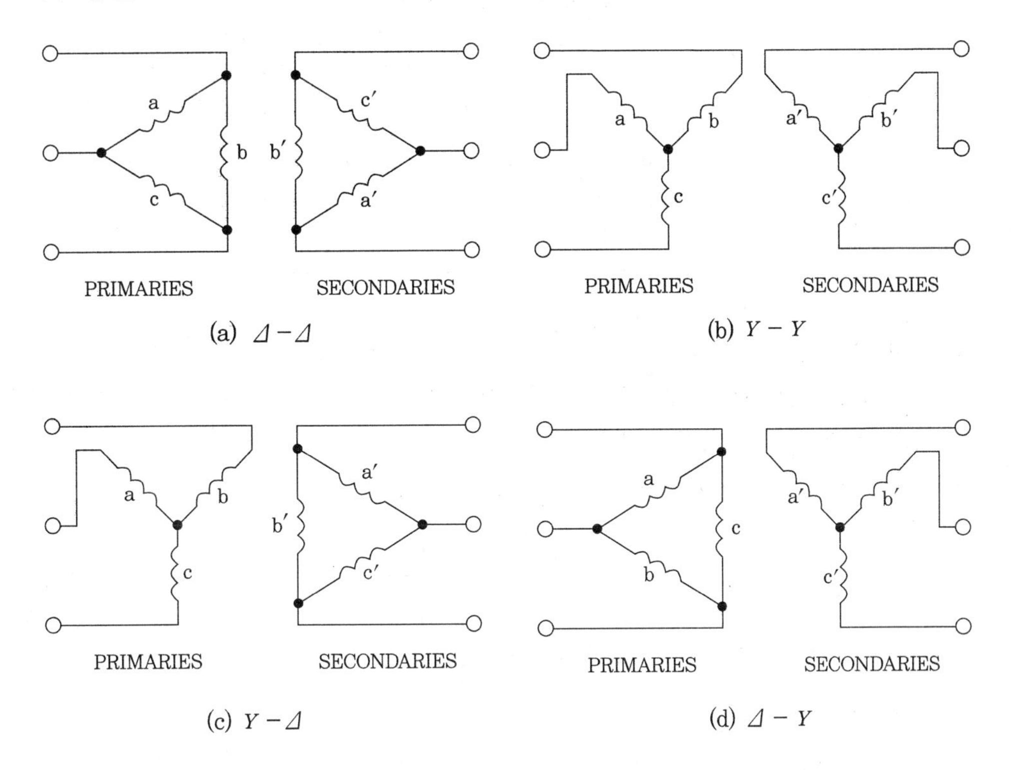

⑤ **배전방식**

㈎ 특고압 배전방식

㉮ 우리나라의 배전방식 : Y결선(중성점 다중접지) 방식 채용

㉯ 단상부하만 있는 경우 '단상2선식'으로 하는 것이 간편할 수도 있으나, 단상 선로의 구성률이 높아지면 부하 불평형이 발생할 수 있다.

㉰ 중성선 접지 : 인가 밀집 지역에는 매 전주마다 접지하고, 인가가 없는 야외 지역에는 300 m 이하마다 접지한다.

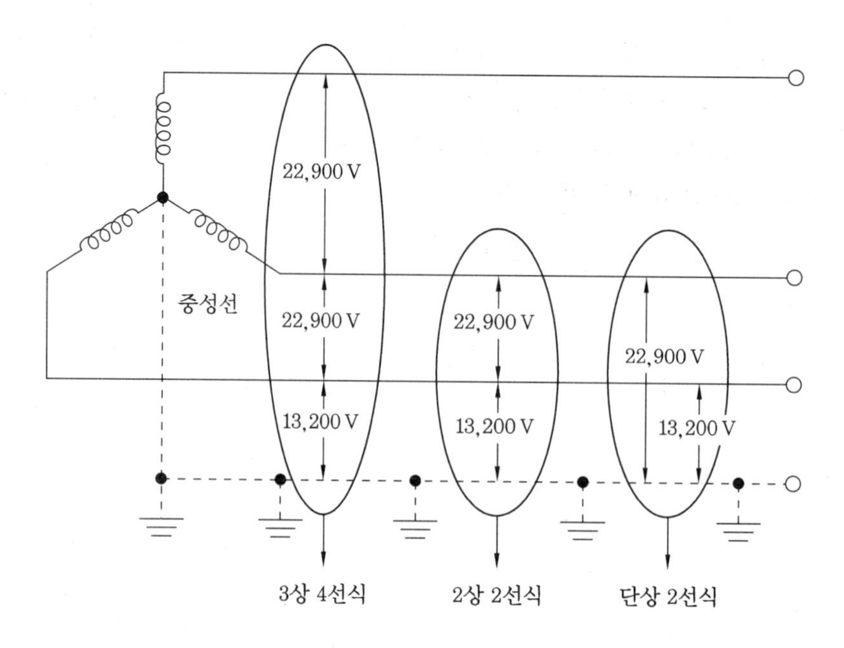

㈏ 저압 배전방식

㉮ 단상2선식(110 V, 220 V) : 일반 가정용으로, 2차 결선방식에 따라 110 V, 220 V의 전압이 유도된다.

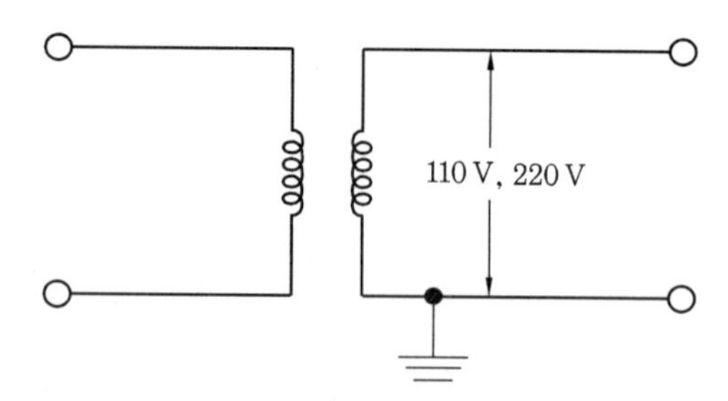

㉯ 단상3선식(110 V, 220 V)

㉠ 일반 가정의 전등부하 또는 소규모 공장에서 사용

㉡ 한 장소에 두 종류의 전압이 필요한 경우에 채택

㉢ 중성선이 단선되면 부하가 적게 걸린 단자(저항이 큰 쪽 단자)의 전압이 많이 걸리게 되어 과전압에 의한 사고 발생 위험이 있다.

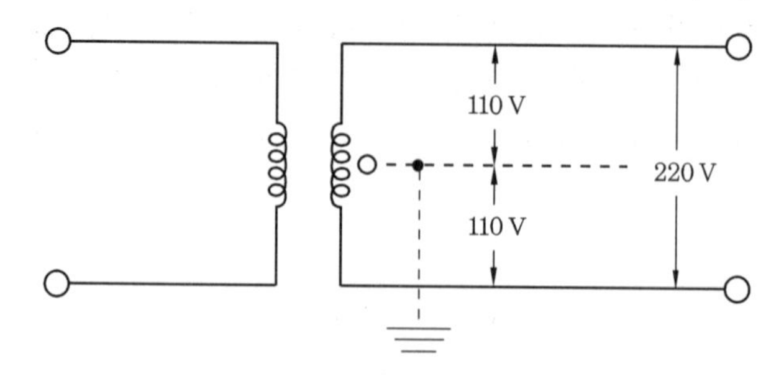

㉰ 3상3선식(220 V)

㉠ 고압 수용가의 구내 배전설비에 많이 사용한다(1대 고장 시 V결선 가능).

㉡ 선전류가 상전류의 배가 되는 결선법으로 전류가 선로에 많이 흐르게 되어 요즘은 거의 사용하지 않는다.

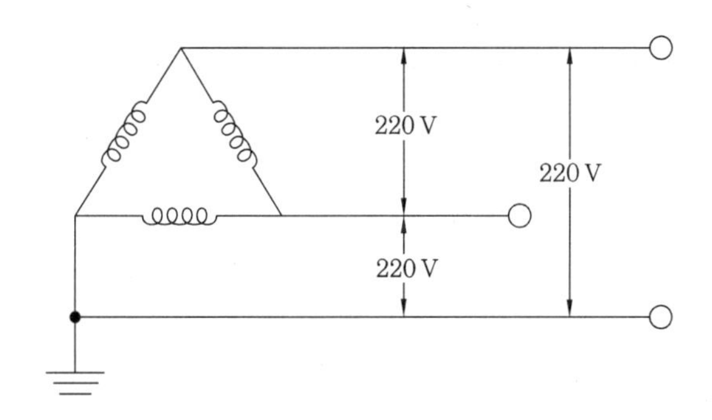

㈐ 3상4선식(220 V, 380 V)

㉮ 동력과 전등부하를 동시에 사용하는 수용가에 사용

㉯ 변압기 용량은 3대 모두 동일 용량을 사용하는 방식과 1대의 용량은 크게 하고 나머지 두 대의 용량은 작게 구성하는 방식이 있다. 이 경우 1대는 동력 전용으로, 두 대는 전등 및 동력 고용으로 주로 나누어진다.

㉰ 중성선이 단선되면 단상부하에 과전압이 인가될 수 있다.

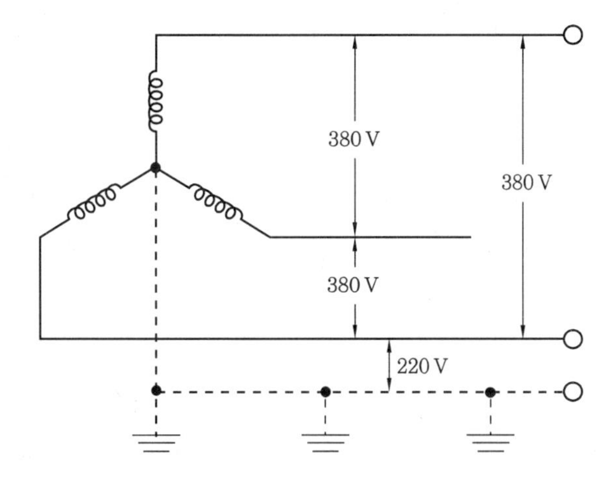

(2) 고압 배전선로

① **방사상식(수지식, 가지식)** : 나뭇가지 모양처럼 한쪽 방향으로만 전력을 공급하는 방식

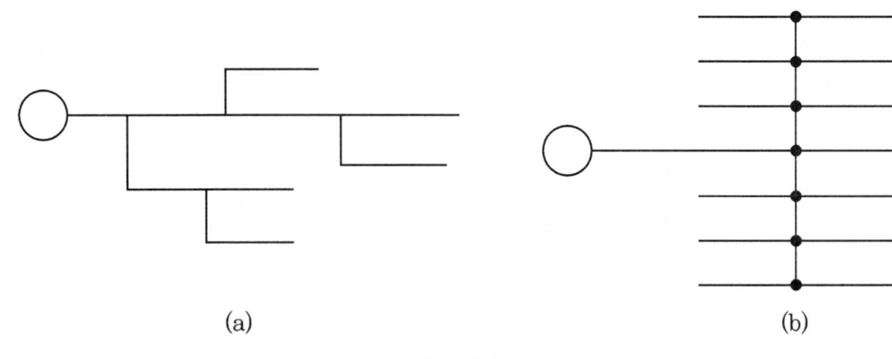

방사상식

(가) 방사상식의 장점

㉮ 부하증설에 용이하게 대비

㉯ 시설비 저렴

(나) 방사상식의 단점

㉮ 전압강하 大

㉯ 전력손실 大

㉰ 정전범위 大 (공급신뢰도 低)

② **환상식(Loop방식)** : 간선을 환상으로 구성하여 양방향에서 전력을 공급하는 방식

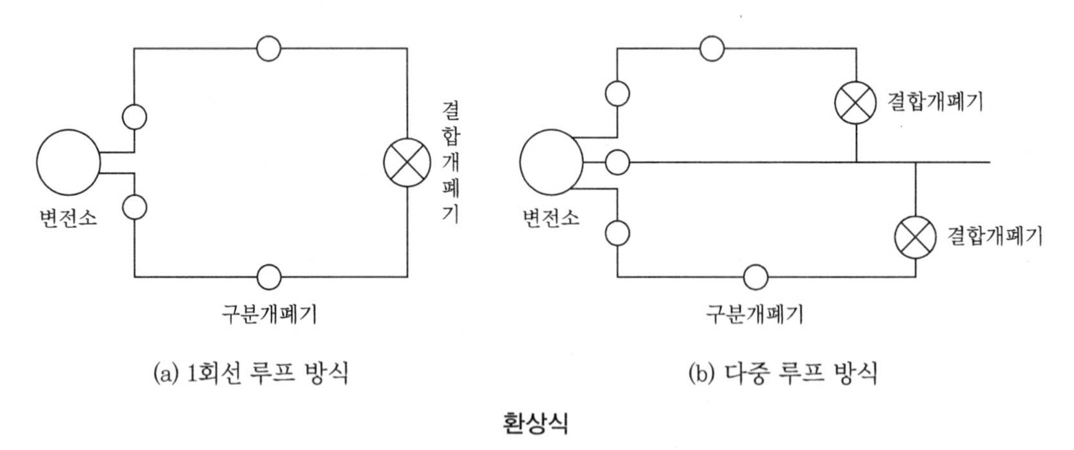

환상식

(가) 결합개폐기

㉮ 상시개로 Loop

㉯ 상시폐로 Loop

(나) **환상식의 장점**

㉮ 손실 및 전압강하 低

㉯ 공급신뢰도 좋음

(다) **환상식의 단점**

㉮ 설비비 高

㉯ 단락용량 大

㉰ 보호방식 복잡

③ 망상식

(가) 특징

㉮ 배전 Feeder를 Network 형태로 접속하고, 그 수개소의 접속점에 급전선을 연결하는 방식이다.

㉯ 같은 변전소의 같은 변압기에서 나온 2회선 이상의 고압배전선에 접속된 변압기의 2차 측을 같은 저압선에 연결하여 부하에 전력을 공급하는 방식이다.

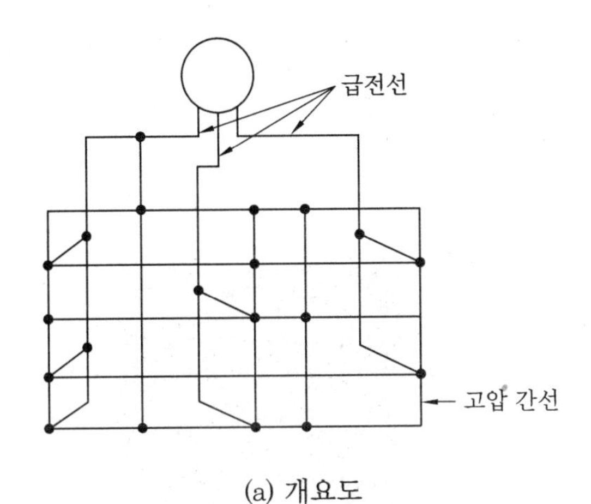

(a) 개요도

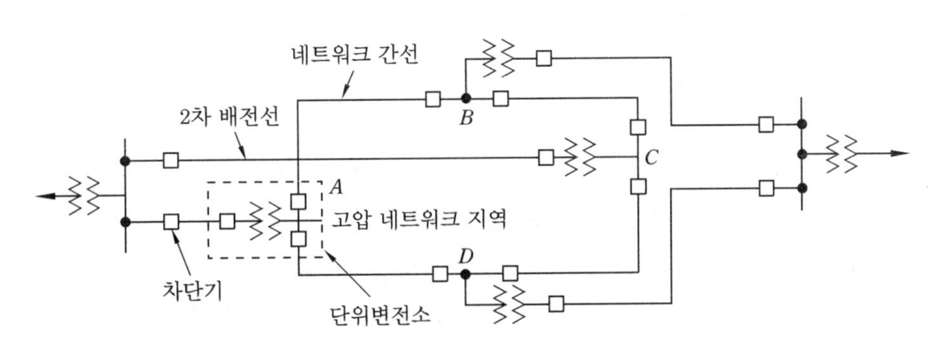

(b) 구성도

망상식

㈏ 망상식의 장점
　㉮ 무정전 공급 (공급신뢰도가 가장 높다)
　㉯ 전압변동률 낮아 기기의 이용률 향상
　㉰ 전력손실 小
　㉱ 부하변화에 대한 적응성 좋음
　㉲ 2차 변전소의 수 감소
　㉳ 부하증설이 용이
　㉴ 대형 빌딩가와 같은 고밀도 부하밀집지역에 적합
㈐ 망상식의 단점 : 네트워크변압기나 네트워크프로텍터 설치에 따른 설비비가 비쌈

(3) 고압 지중 배전선로

① **수지식(방사상) 방식** : 부하의 분포에 따라서 분기선을 내면서 수요의 증가에 응하는 방법으로 경제적인 공급방식이다.

② **예비선 절체 방식** : 서로 다른 변전소에서 또는 같은 변전소에서는 다른 뱅크에서 본선과 예비선을 인출하여 수용가에서는 ALTS (Automatic Load Transfer Switch)로 수전을 받는 방식이다.

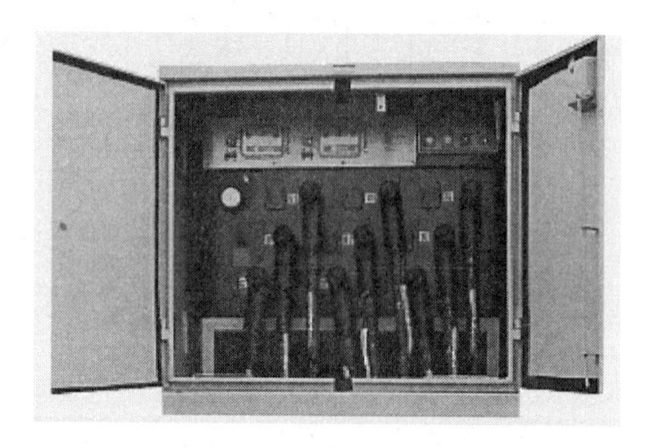

ALTS

③ **환상 공급 방식** : 동일 변전소 동일 뱅크에서 2회선을 상시 공급하는 순수 환상 방식과 뱅크를 달리하는 개방 환상 방식이 있다.

④ **스폿 네트워크 방식** : 배전용 변전소로부터 2회선 이상으로 도심부의 고층 빌딩이라든가 혹은 큰 공장에 공급하는 방식으로 공급신뢰도과 선로 이용률이 높고 전압변동률이 작다.

(4) 저압 배전선로

① **저압 방사상식** : 한방향으로만 전력이 공급되어 시설비가 저렴하고, 부하증설 및 관리가 간단하지만 공급신뢰도가 비교적 낮은 편이다.

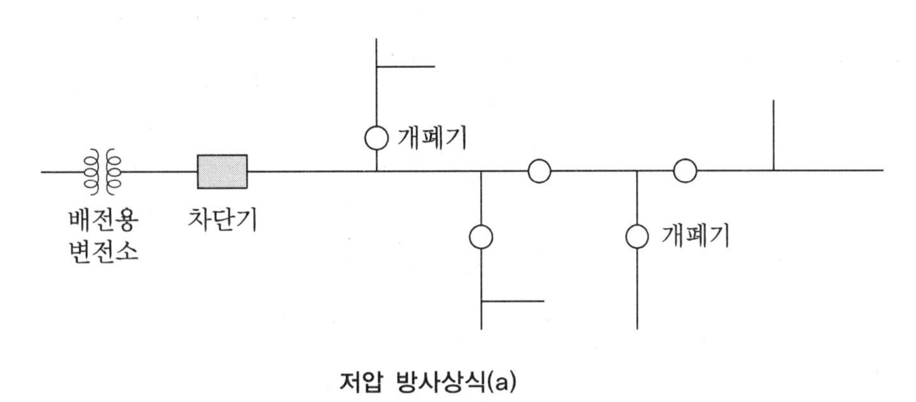

저압 방사상식(a)

고압인입선
고압배전선로
COS
주상Tr
캐치홀더
저압배전선로
저압배전선로
인입간선
가공인입선
인입간선
연접인입선
가공인입선
연접인입선

저압 방사상식(b)

② **저압 뱅킹 방식** : 고압선로에 접속된 2대 이상의 변압기 저압 측을 병렬접속하여 부하의 융통성을 도모하는 방식이다.

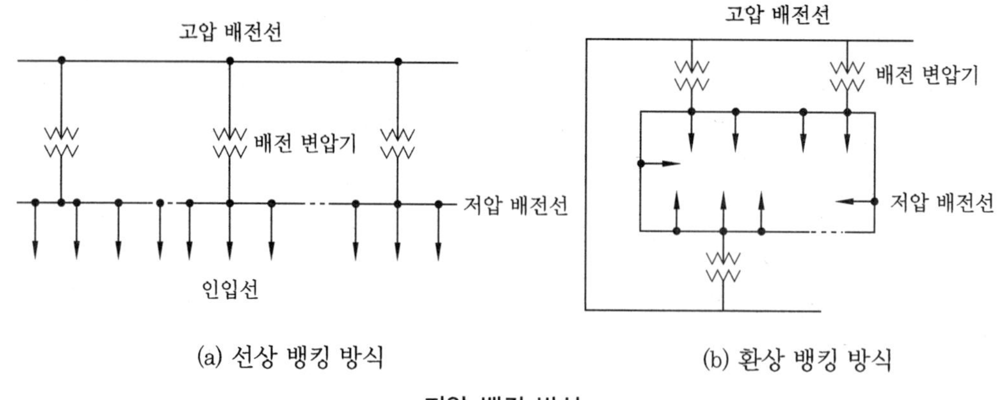

(a) 선상 뱅킹 방식

(b) 환상 뱅킹 방식

저압 뱅킹 방식

㈎ 저압 뱅킹 방식의 장점
- ㉮ 전압변동에 의한 Flicker 경감
- ㉯ 전압강하, 손실 경감
- ㉰ 변압기 용량, 배전선 동량 절감
- ㉱ 수요증가에 대한 융통성 증대
- ㉲ 공급신뢰도 향상

㈏ 저압 뱅킹 방식의 단점

계통보호가 복잡

Cascading 현상 : 변압기 또는 선로의 사고에 의해서 Banking 내 건전한 변압기의 일부 또는 전부가 연쇄적으로 회로로부터 차단되는 현상

㈐ 뱅킹 방식의 보호협조 : 구분 fuse가 변압기 1차 fuse보다 먼저 open 되도록 설계할 것

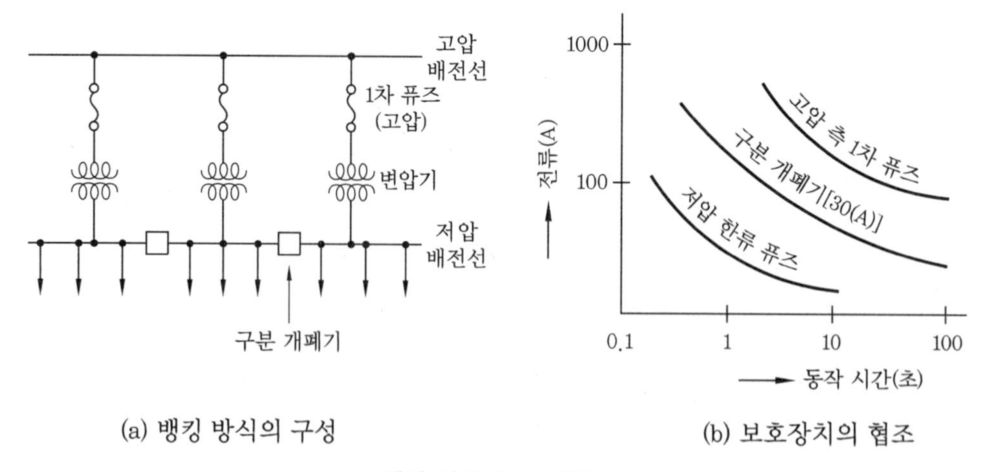

(a) 뱅킹 방식의 구성

(b) 보호장치의 협조

뱅킹 방식의 보호협조

③ **저압 네트워크 방식** : 배전 변전소의 동일 모선으로부터 2회선 이상의 급전선으로 전력을 공급하는 방식으로 신뢰도가 높다.

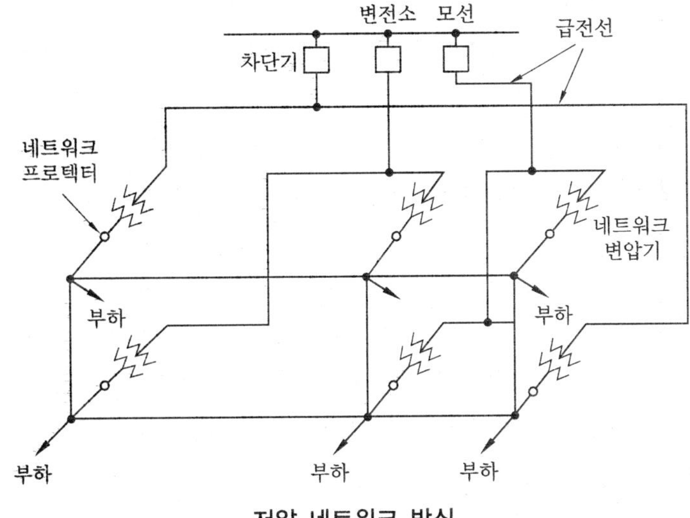

저압 네트워크 방식

④ **스폿 네트워크 방식**

(가) 저압 네트워크 방식을 간소화한 것

(나) 22.9 kV 배전용 변전소로부터 2회선 이상(보통 3회선)의 배전선으로 수전해서 고층빌딩이나 큰 공장 같은 부하밀도가 높은 대용량 집중부하에 적용

(다) 22.9 kV 측의 수전용 차단기 생략

(라) 변압기의 저압 측에 Network Protector 보호장치

(마) Network Protector에 Contingency에 대한 Operating Duty 부여

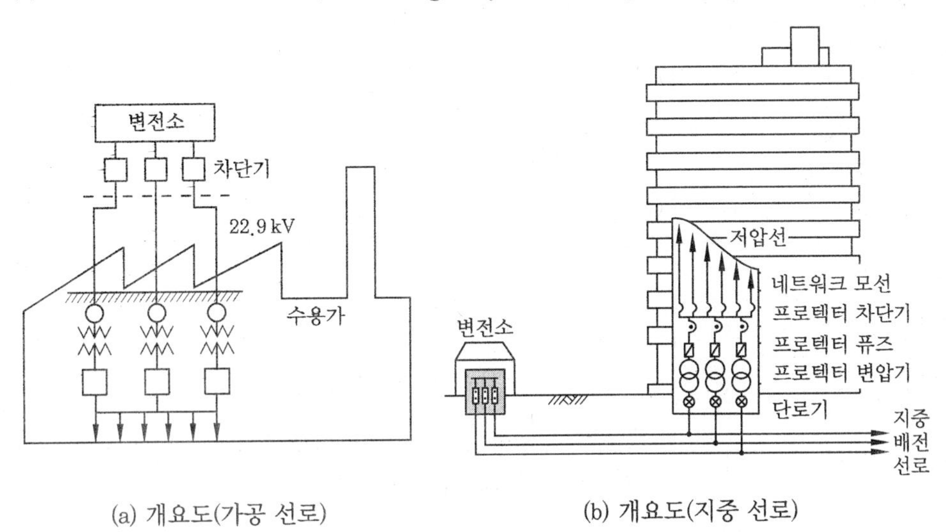

(a) 개요도(가공 선로)

(b) 개요도(지중 선로)

스폿 네트워크 방식

※ 수변전 설비에 사용하는 기기의 명칭, 약호, 기능

용어(명칭)	약호(문자)	기능(역할)
케이블 헤드	CH	가공전선과 케이블의 단말 접속으로서, 재산분계점과 책임분계점을 이룸
단로기	DS	무부하에서 회로(전로)를 개방, 변경
피뢰기	LA	지락전류를 대지로 방전하고 속류를 차단
전력퓨즈	PF	부하전류는 통전하도록 하고 과전류는 차단하여 전로나 기기를 보호
계기용 변압 변류기	MOF (PCT)	PT와 CT를 한 함에 넣어 고전압과 대전류를 저전압과 소전류로 변성하여 전력량계 등에 공급
영상 변류기	ZCT	지락전류를 검출하여 지락 계전기에 공급
계기용 변압기	PT	고전압을 저전압(110 V)으로 변성(변압)하여 계기나 계전기에 공급
계기용 변류기	CT	대전류를 소전류(5 A)로 변성(변류)하여 계기나 계전 기에 공급
교류 차단기	CB	부하전류를 개폐하고 사고(고장, 이상)전류를 차단
유입 차단기	OCB	부하전류를 개폐하고 사고(고장, 이상)전류를 차단
유입 개폐기	OS	부하전류를 개폐
트립 코일	TC	사고 시에 보호계전기에 의해 여자되어 차단기를 동작
지락 계전기	GR	지락사고 시에 지락전류(영상전류)로 동작
과전류 계전기	OCR	과전류에서 동작
전압계용 전환(절환)개폐기	VS	전압계 1대로 3상의 각 선간 전압을 측정하기 위한 개폐기
전류계용 전환(절환)개폐기	AS	전류계 1대로 3상의 각 선전류를 측정하기 위한 개폐기
전압계	V	전압을 측정
전류계	A	전류를 측정
전력용 콘덴서	SC	진상 무효전력을 공급하여 역률 개선
방전 코일	DC	콘덴서의 잔류전하를 방전하여 감전사고 방지
직렬 리액터	SR	제5고조파 전류를 없애 전압파형의 찌그러짐을 방지하고 콘덴서 투입 시 돌입전류를 억제
컷아웃 스위치	COS	과전류를 차단하여 기기(변압기)를 보호

제7장 | 에너지 응용설비

01 이중외피(Double Skin) 방식

(1) 개요

① 이중외피 방식은 초 에너지 절약 건물 및 신재생에너지 적용 건물에 많이 적용되고 있는 건축물의 외피구조 방식이다.

② 초고층 주거건물에서의 자연환기와 풍압의 문제는 현재의 일반적인 창호시스템으로 해결이 어렵다(초고층의 고풍속으로 창문 등의 개폐가 간단하지 않을 뿐 아니라 유입풍속이 강해 환기의 쾌적성 또한 떨어지게 된다).

③ 초고층건물에서도 자연환기가 가능한 창호시스템을 고안할 때 우선적으로 고려되는 방법이 '이중외피(Double Skin)' 방식이다.

④ 이중외피 방식은 1970년대 후반 에너지파동과 맞물려 유럽을 중심으로 시작된 자연보호운동, 그리고 건물 재실자(특히 사무실 근무자)들의 강제환기에 대한 거부감 증대 등을 배경으로 자연환기의 중요성이 부각되었고, 1990년대 중반부터 초고층 사무소건물에 설치되어 학술적인 검증이 이루어져 현재 많이 보급되고 있다.

(2) 이중외피의 원리

이중외피는 중공층(공기층)을 사이에 두고 그 양쪽에 구조체(벽체, 유리 등)가 설치된 구조로 고단열성과 고기밀성, 축열, 일사 차폐 등으로 냉난방부하를 절감하여 에너지를 절약할 수 있는 구조체방식이며, 자연환기에도 상당히 유리한 방식이다.

(3) 이중외피 시스템의 설치방법

① 기존의 건물외피 앞에 어느 정도의 간격을 두고 또 다른 외피를 덧붙인 개념이다.

② 바깥쪽 외피는 (초고층)건물 외부의 풍우를 막아주는 역할을 하게 된다.

③ 실내와 접한 첫 번째 외피는 유리만으로 하거나 기타 불투명 건자재를 같이 사용하여 만들고, 대개 창문의 개폐기능이 가능하게 되어있다.

④ 바깥쪽 외피는 전체 면을 유리로 마감하는 경우가 많고, 유리의 투명성을 건물의 외관디자인으로 이용할 뿐만 아니라 가능한 많은 일사 획득을 통해 건물의 자연에

너지를 이용하는 것이 하나의 주된 흐름을 이루고 있다.

⑤ 두 외피 사이의 간격은 20 cm에서 140 cm 이상으로 다양하며, 이 공간에 차양장치 및 흡기구와 배기구를 장착하고, 이 공간에서 일어나는 일사에 의한 온실효과를 이용하거나 외기의 압력 차이에 의하여 자연적인 실내환기가 이루어지게 된다.

(4) 이중외피 시스템의 장점

① 자연환기가 가능(최소한 봄, 가을)하다.

② 재실자의 요구에 의해 창문 개폐가 가능(심리적 안정감)하다.

③ 기계공조를 함께 할 경우에도 설비규모를 최소화할 수 있다.

④ 실외 차양장치의 설치효과로 냉방에너지를 절약할 수 있다.

⑤ 겨울의 온실효과로 난방에너지를 절약(두 외피 사이 공간의 완충 기능)할 수 있다.

⑥ 고속기류의 직접적 영향(맞바람)을 감소시킨다.

⑦ 소음 차단효과를 높일 수 있다(고층건물 외에 고속도로 변이거나 공항 근처와 같이 소음이 심한 상황에 접해있는 중·저층 건물도 포함).

(5) 이중외피 시스템의 종류별 특징

이중외피 시스템의 종류로는 아래와 같이 상자형 유리창 시스템, 커튼월 이중외피 시스템, 층별 이중외피 시스템 등 여러 가지 형식이 개발되고 있다.

① 상자형 유리창 시스템

㈎ 창문 부분만 이중외피 형식으로 되어있고, 그 이외의 부분은 일반건물의 경우와 마찬가지의 외벽체로, 그리고 창문 바깥쪽에 블라인드 형식의 차양장치로 구성되어있다.

㈏ 건물의 층별, 또는 실별로 설치할 수 있어 편리하다.

㈐ 초고층 주거건물에서는 외부창을 포함한 두 개의 창문을 모두 열 수는 없으므로 조금 더 응용된 형식으로 적용가능성을 찾을 수 있다(즉, 외벽 한 부분에 굴뚝효과를 나타낼 수 있는 수직 덕트를 만들고 창과 창 사이의 공간을 연결시킨다. 수직덕트 내에는 높이와 온도차에 따른 부양현상으로 바깥 창의 고정에 의해 배기되지 못하는 열기나 오염된 공기를 외부로 빨아올리게 되어 환기를 유도하게 된다).

② 커튼월 이중외피 시스템

㈎ 커튼월 형식으로 창문이 있는 건물의 전면에 유리로 된 두 번째 외피를 장착한 이중외피 시스템을 말하는 것으로, 두 외피 사이의 공기의 흐름을 위하여 흡기구는 건물의 1층 아랫부분에, 배기구는 건물의 최상층부에 설치된다.

㈏ 이 시스템의 경우 두 외피 사이의 공간 전체가 하나의 굴뚝 덕트로 작용하여 환

기를 위해 필요한 공기의 상승효과를 이끌어낸다.

(다) 이 시스템은 상층부로 갈수록 하층부에서 상승한 오염공기의 정체현상으로 환기효과가 떨어지고, 층과 층 사이가 차단되어있지 않으므로 각 층에서 일어나는 소음, 냄새 등이 다른 층으로 쉽게 전파될 뿐 아니라 화재발생 시에도 위층으로 화재가 확산될 위험이 큰 것이 단점이다.

(라) 이 시스템은 외부소음이 심한 곳에서 소음 차단에 효과적이다.

③ 층별 이중외피 시스템

(가) 각 층 사이를 차단시켜 '커튼월 이중외피 시스템'의 단점을 보완한 시스템이다.

(나) 이 시스템의 가장 큰 특징은 각 층의 상부와 하부에 수평 방향으로 흡기구와 배기구를 두고, 각 실(아파트 또는 사무실)별로 흡기와 배기가 가능하도록 한 점이다.

(다) 커튼월 이중외피 형태에서보다 좀 더 세분화시켜 환기를 조절할 수 있기 때문에 환기의 효과가 가장 우수한 시스템이다.

(라) 층과 층 사이에 흡기구와 배기구가 상하로 아주 가까이 배치될 경우 아래층의 배기구에서 배기된 오염공기가 다시 바로 위층의 흡기구로 흘러 들어가게 되어 해당 층의 흡입공기의 신선도가 현저히 떨어질 수 있으므로 개구부의 배치계획에 세심한 주의가 필요하다.

(마) 개구부의 크기는 외피 사이의 공간체적에 따라 결정되며, 형태는 필요에 따라 각 개구부를 한 장의 유리로, 또는 유리루버 방식으로 개폐가 가능하도록 설치하게 된다.

(바) 근래 인텔리전트화 한 건물에서는 실내의 온도, 습도, 취기 등의 정도에 따라 자동으로 조절이 가능한 장치를 설치하기도 한다.

(사) 외피공간의 차양장치는, 가장 효과가 좋은 실외에 장착된 것과 같은 역할을 하게 되고, 이는 곧 여름철 실내온도의 상승을 억제하여 냉방에너지 절감에도 도움이 되는 것이다.

(6) 계절에 따른 이중외피의 특성

① 냉방 시의 계절특성

(가) 중공층의 축열에 의한 냉방부하의 증가를 방지하기 위해 중공층(공기층)을 환기시킨다(상부와 하부의 개구부를 댐퍼 등으로 조절).

(나) 구조체의 일사축열과 실내 일사 유입을 차단하기 위해 중공층 내에 블라인드를 설치하여 일사를 차폐한다(전동블라인드 권장).

(다) Night Purge 및 외기냉방, 환기가 될 수 있는 공조방식과 환기방식을 선정한다.

(라) 야간 냉방운전이 필요 시 구조체 축열이 제거되게 되면 중공층을 밀폐하여 고기밀, 고단열 구조로 이용한다.

② 난방 시의 계절특성

㈎ 실내가 난방부하 상태일 때는 일사를 적극 도입하고 중공층을 밀폐시킨다(상하부 개구부 폐쇄).

㈏ 이중외피의 내부 공간 중 남측에서의 취득열량을 북측, 동측, 서측으로 전달시켜 건물 전체의 외피를 따스한 상태로 만들어준다(난방부하 경감).

㈐ 중공층의 공기를 열펌프의 열원으로 활용 가능하다.

㈑ 야간에는 고기밀 고단열 구조로 하기 위해 중공층을 밀폐한다(상하부 개구부 폐쇄).

(7) 이중외피의 구획방법

① Shaft Type : 높은 배기효율, 상하 소음 전달 용이

② Box Type : Privacy 양호, 소음 차단, 재실자의 창문 조절 용이

③ Shaft-Box Type : Shaft Type+Box Type

④ Corridor Type : 중공층 사용 가능, Privacy 불리, 소음 전달 용이

⑤ Whole Type : 외부 소음에 유익, 초기투자비 감소, 소음 전달 용이

Corridor Type 이중외피(사례)

Whole Type 이중외피(사례)

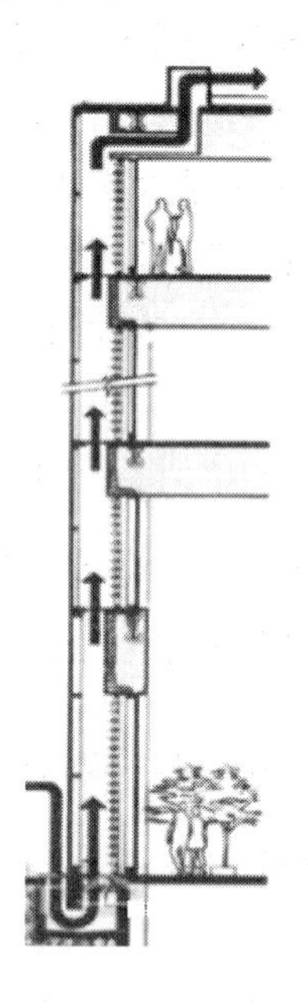

Whole Type 단면도

✓ 핵심 이중외피 구조는 초고층건물에서 자연환기 유도, 냉·난방 에너지 절감, 소음 저감 등을 목적으로 하며, 상자형 유리창 방식, 커튼월 방식, 층별 방식(가장 우수) 등이 있다.

02 설비용 배관 지지장치

(1) 개요

① 설비 설치 현장의 배관설비 등에서 배관계의 내압, 열응력, 자중, 바람, 지진 등에 의한 재해를 방지하기 위하여 배관 지지물 설치 및 유지에 필요한 사항을 잘 지켜 시공하여야 한다.

② 배관 지지장치란 배관계의 안전성을 유지시켜주기 위하여 배관계에서 발생되는 배관의 자중, 열팽창에 의한 변형, 유체의 진동, 지진 및 기타 외부 충격 등으로부터 배관계를 지지 및 보호하기 위하여 설치하는 장치를 의미한다.

(2) 배관 지지물의 종류

① 행거 또는 서포트 (Hanger & Support)

㈎ 배관의 자체중량을 지지하는 것을 목적으로 설치하는 장치로 행거는 배관을 위에서 매다는 장치이고 서포트는 배관을 아래에서 받치는 장치를 말한다.

㈏ 고정식 행거 : 수평변위는 다소 발생하여도 수직변위는 거의 발생하지 않는 위치에 설치하며 주로 로드를 사용하고 수평변위가 큰 방향으로 회전이 가능하도록 로드 상단을 핀 조인트로 한다.

㈐ 고정식 서포트 : 배관이 열팽창에 의하여 위 방향으로 이동되지 않는 위치에 설치하며 배관자중을 지지하기 위한 서포트를 말한다.

㈑ 스프링식 행거/서포트 : 배관의 자중을 지지함과 동시에 열팽창에 의한 배관의 수직변위를 허용하게 하는 것을 목적으로 하는 배관지지물이며 하중 변동률에 따라 불변 스프링식 행거/서포트 (Constant Spring Hanger & Support)와 가변 스프링식 행거/서포트 (Variable Spring Hanger & Support)로 나눌 수 있다.

㉮ 가변 스프링식 행거/서포트 : 정지 시와 운전 시의 하중 변동률이 25 % 이내의 범위에서 사용되는 스프링식 행거/서포트를 말한다.

㉯ 불변 스프링식 행거/서포트 : 배관의 수직변위가 커지면 하중변동률이 25 % 초과하여 가변스프링식 행거/서포트를 사용할 수 없게 된다. 이때 지지점의 상하 수직변위에 관계없이 항상 일정한 하중으로 배관

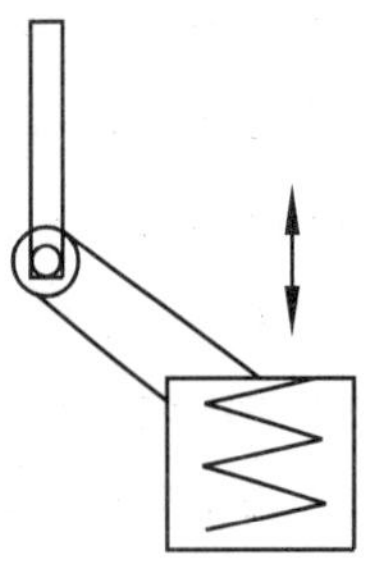
불변 스프링식 행거

을 지지할 때 사용되는 스프링식 행거/서포트를 불변 스프링식 행거/서포트라 한다(콘스탄트 행거라고도 하며 ROD 자체가 상하로 이동함).

② **레스트레인트**(Restraint)

㈎ 열팽창에 의한 배관의 이동을 구속 또는 제한하기 위한 장치로서 구속하는 방법에 따라 앵커(Anchor), 스토퍼(Stopper), 가이드(Guide)로 나눈다.

㈏ 앵커 : 배관 지지점의 이동 및 회전을 허용하지 않고 일정 위치에 완전히 고정하는 장치를 말하며, 배관계의 요동 및 진동 억제효과가 있으나 이로 인하여 과대한 열응력이 생기기 쉽다.

㈐ 스토퍼 : 한 방향 앵커라고도 하며 배관 지지점의 일정 방향으로의 변위를 제한하는 장치이며, 기기 노즐부의 열팽창으로부터 보호, 안전변의 토출압력을 받는 곳 등에 자주 사용된다.

㈑ 가이드 : 지지점에서 축방향으로 안내면을 설치하여 배관의 회전 또는 축에 대하여 직각 방향으로 이동하는 것을 구속하는 장치이다.

③ **완충기** : 배관계에 작용하는 동하중(바람, 지진, 진동 등)에 대하여 움직임을 조절하여 배관을 보호하기 위한 보호장치이다.

④ **방진기** : 배관 자중 및 열팽창 하중 이외의 다른 하중에 의해 발생한 변위 또는 진동을 억제시키는 장치이다.

(3) 배관 지지의 필요조건

① 응력해석을 수행하여 배관 지지점에서의 허용응력을 검토하여 최종 배관 지지점을 확정한다.

② 응력해석 결과 배관 지지물 하중집계표를 작성하며 배관 지지물을 선정한다.

③ 배관 지지물 선정 후 배관도, 기기배치도, 철구조물 도면 및 3차원 도면을 참고하여 배관 지지물 도면을 작성하는 데 아래와 같은 사항을 포함해야 한다.

㈎ 가장 가까운 철구조물에 대한 배관지지물의 위치

㈏ 배관 지지물과 보조 철구조물의 배치 및 상세도

㈐ 배관지지물 자재목록표

㈑ 3차원 도면 및 관련 배관도면 번호

㈒ 설계하중치

㈓ 지지점에서의 배관 이동량

㈔ 배관의 계통명, 크기, 재질, 보온재 두께 등

④ 배관 지지물 설치 후 정기적인 점검과 검사를 실시하여 항상 제 기능을 유지하여야

한다.

⑤ 배관 지지물은 배관계에서 계산된 이동량을 만족하여야 하며 모든 부재는 배관의 이동에 의해 이탈되지 않도록 설치되어야 한다.

⑥ 자동밸브 주위에서의 배관 지지물 설치는 자동밸브 상류 측 또는 하류 측에 가능한 한 앵커 또는 가이드를 설치하여야 한다.

⑦ 고정식 행거 설치 시 수평이동이 발생하는 위치에서 로드는 수직선상에서 4° 이하가 되도록 한다.

⑧ 고정식 행거 설치 시 행거 설치 후 로드의 조정을 위해 최소 50 mm 이상의 조절 길이를 확보하여야 한다.

⑨ 열팽창 신축이음의 양단에 설치되는 앵커는 내압에 의한 추력과 스프링에 의한 힘의 반력을 충분히 견딜 수 있어야 한다.

⑩ 가변 및 불변 스프링식 행거/서포트는 반드시 운전 시와 정지 시의 설계하중을 표시하여야 하며 최종 설치 후 각 스프링은 스프링의 정지 시 하중상태로 미리 조절하여 고정시켜야 한다.

⑪ 보온 보냉된 배관의 배관 받침대는 배관 받침대의 중심을 지지보의 중심에 일치시켜야 하며 이때 운전 중 배관의 열팽창으로 인해 배관 받침대가 지지보로부터 이탈되지 않게 충분한 길이를 확보하여 설치하여야 한다(보온 두께에 따른 배관받침대의 높이 결정 필요).

⑫ 진동이 있는 배관에 대해서는 어떠한 경우에도 주위의 다른 배관과 함께 지지를 해서는 안 된다.

⑬ 아래와 같은 곳에 배관 지지물을 설치하여서는 안 된다.

㈎ 층 바닥 통과 부위의 배관용 슬리브

㈏ 콘크리트 블록으로 쌓은 벽

㈐ 기기 지지용 강재

⑭ 배관 지지대상에서의 배관지지물 설치 시 다음 사항을 확인하여야 한다.

㈎ 배관과 배관 사이 또는 배관과 강재 사이가 배관의 열팽창에 의하여 접촉되지 않는가 확인한다.

㈏ 가이드는 코너로부터 6 m 이상의 거리에 설치한다.

㈐ 직관부의 가이드는 6~15 m 간격으로 설치한다.

㈑ 앵커 및 가이드는 열응력 해석결과에 따라 설치한다.

⑮ 강재를 이용한 박스 형태의 지지물을 설치할 경우 배관의 열팽창을 고려하여 배관과 강재 사이에 간극을 주어 설치하여야 한다.

Quiz 행거 공사 시 주의사항은?

해설 1. 행거의 규격 선정방법 측면

① 층간 변위 및 수평 방향의 가속도에 대한 응력을 검토한다.

② 필요 시 좌굴응력에 대해서도 검토한다.

③ 지지구간 내에서 관의 중간이 처지거나 진동이 발생하지 않도록 하기 위해서 행거 또는 지지철물을 사용하여 적절한 간격으로 지지 고정한다.

④ 종류 : 일반행거, 절연행거, 롤러행거 등

2. 행거의 시공 시 주의사항

① 지지물이 동관 및 스테인리스 강관인 경우 철과의 접촉 시 전이 부식을 방지하기 위하여 적절한 절연재로 시공해야 한다.

② 수직관의 하단부는 관의 총 중량에 의해 하단부 곡관의 처짐 또는 곡관의 자중에 의해 수직관의 하단이 이완되어 밑으로 내려가지 않도록 지지철물 및 콘크리트 받침대 등으로 고정해야 한다.

③ 행거는 천장 콘크리트면 등에 충분히 견고하게 고정시켜 안전성, 내구성 등을 확보할 수 있게 한다.

④ 소방용 배관의 행거공사 (스프링클러 설비)

㈎ 가지관 : 헤드 사이마다 1개 이상 (단, 헤드 간 거리 3.5 m 초과 시 3.5 m 이내마다)

㈏ 교차배관 : 가지배관 사이마다 (단, 가지배관 거리 4.5 m 초과 시 4.5 m 이내마다)

㈐ 수평주행배관 : 4~5 m마다 1개 이상 설치

㈑ 상향식 헤드의 경우 그 헤드와 행거 사이에 8 cm 이상의 간격을 둘 것

✓ 핵심

- 배관의 지지물로는 행거, 서포트, 레스트레인트, 완충기, 방진기 등이 주로 사용되며, 이는 화학약품, 가스, 냉매 등의 각종 공업용 유체로 인한 재해로부터 산업현장의 안전을 담보해줄 수 있는 중요한 역할을 담당한다.
- 행거 공사 시에는 지지구간 내 응력과 좌굴응력, 이종금속 간의 전이부식 등을 가장 주의하여 검토하여야 한다.

03 이중 보온관 (Pre-insulated Pipe)

(1) 정의

현장에서 배관 설치작업 후 보온작업, 외부 보호 Jacketing작업 등 복잡한 기존 보온방식과는 달리 모든 배관자재를 공장에서 완벽하게 보온하여 제품화함으로써 현장 배관 작업 시 공정의 단순화, 공기 단축, 비용 절감을 기할 수 있는 보온방식이다.

(2) 특징

① 파이프 및 각종 Fitting류가 공장에서 보온화되어 제품이 생산되므로 시공 시 기존 보온방법과는 달리 공사기간과 경비가 절감되고 완벽한 보온공사가 가능하다.

② **그림(구조)** : 내관, 외관, 보온재, 누수감지선 등으로 구성(아래 참조)

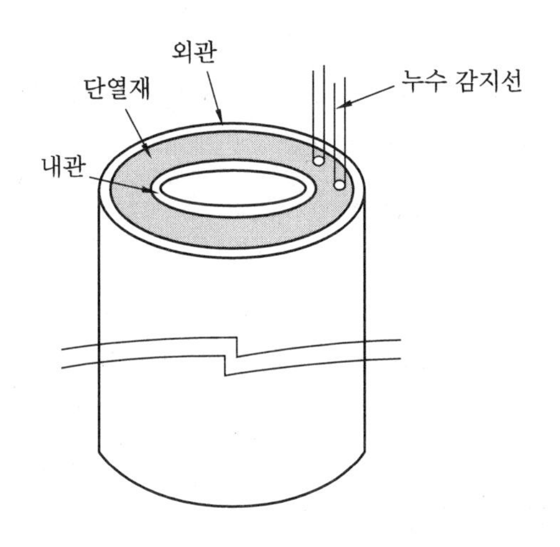

(3) 용도

지열에너지 배관시스템, 지역 냉·난방 시스템, 태양열 난방, 중앙집중식 냉·난방, 상하수도 동파방지, 온도에 민감한 화학물질, 기름 등의 이송, 초저온 배관, 고온 시스템배관, 온천수 이송, 기타 고품질을 요하는 배관의 설치시공 등

> ✓ 핵심 이중 보온관(Pre-insulated Pipe)은 공장에서 미리 보온작업 후 제품화하여 출하함으로써 현장 배관작업을 편리하게 하고, 시공품질의 완성도를 높일 수 있게 해주며, 2중관(내관 및 외관), 보온재, 누수감지선 등으로 구성되어있다.

04 보일러의 에너지 절약

신재생에너지의 보조열원으로 많이 사용하고 있는 보일러의 에너지 절약적 적용방법은 아래와 같다.

(1) 설계상

① 고효율 기기 선정(부분부하 효율도 고려)

② **대수 분할 운전**: 큰 보일러 한 대를 설치하는 것보다 여러 대의 보일러로 분할 운전하여 저부하 시의 에너지 소모를 줄인다.

③ 부분부하 운전의 비율이 매우 높을 경우 인버터 제어를 도입하여 연간 에너지 효율(SEER) 향상이 가능하다.

(2) 사용상

① 과열을 방지하기 위해 정기적으로 보일러의 세관을 실시한다.

② 정기적 수질관리 및 보전관리를 한다.

③ 최적 기동/정지 제어 등을 활용한다.

(3) 배열회수

① 보일러에서 배출되는 배기의 열을 회수하여 여러 용도로 재활용하는 방법이 있으며, 이때 연소가스로 인한 금속의 부식 등을 주의해야 한다.

② 배열을 절탄기(Economizer)에 이용하거나, 절탄기를 통과한 연소가스의 남은 열을 이용하여 연소공기를 예열하는 방법 등이 있다.

✓ 핵심 보일러의 현실적인 에너지 절약 방안의 가장 대표적인 수단은 대수 분할 운전, 수질관리(Blow Down, 세관 등), 배열회수 등이다.

(4) 기타

① 드레인(Drain)과 블로다운(Blow Down) 밸브를 불필요하게 열지 말아야 한다.

② 불량한 증기 트랩(Steam Trap)을 적기에 정비하여, 증기 배출을 방지해야 한다.

③ 보조증기를 낭비하지 말아야 한다.

④ 증기와 물의 누설을 방지해야 한다.

⑤ 연소공기와 연소가스의 누설을 방지해야 한다.
⑥ 적정 공기비를 유지해야 한다.
⑦ 스팀어큐뮬레이터를 활용한다.

05 보일러의 공기예열기 (Air Preheater)

(1) 공기예열기의 정의

절탄기(Economizer)를 통과한 연소가스의 남은 열을 이용하여 연소공기를 예열하는 장치를 말한다.

(2) 공기예열기의 사용효과

① 보일러에서 열손실이 가장 큰 배기가스 손실을 감소시키므로 보일러 효율이 상승한다.
② 연소공기의 온도 상승으로 연소효율이 증가되어 과잉공기량이 감소한다.
③ 석탄연소 보일러에서 발열량이 낮은 저질탄을 연소시킬 수 있으며, 석탄 건조용 공기를 가열함으로써 미분기의 분쇄능력이 향상된다.

(3) 공기예열기의 종류

① 공기예열기는 크게 전열식(관류형, 판형 등)과 재생식(회전재생식, 고정재생식)으로 대별된다.
② 관류형(Shell & Tube Type)은 큰 원통 속에 다수의 튜브를 넣어서 관내·외 열교환하는 형태이며, 판형(Plate Type)은 다수의 얇은 판을 포개어 엇갈리게 열교환하는 형태이다.
③ 발전용 보일러의 공기예열기는 전부 재생식이며, 이 형식은 원통형 틀 속에 얇은 강판의 가열소자를 다발로 묶어 장착한다. 공기가 연소가스에 의해서 가열된 가열소자를 통과하므로 공기 온도가 올라간다.
④ 재생식 공기예열기는 가열소자(Heating Element)가 회전하는 회전 재생식과 공기통로(Air Hood)가 회전하는 고정 재생식으로 분류된다.
㈎ 회전 재생식 공기예열기(Ljungstrom Air Preheater) : 가열소자가 13 rpm으로 연소가스 통로와 연소공기 통로로 회전한다.
㈏ 고정 재생식 공기예열기(Rothemuhle Air Preheater) : 가열소자가 장착된 원

통형 틀은 고정되고 가스통로(Gas Duct) 내부에 있는 공기통로(Air Hood)가 약 0.8 rpm으로 회전하면서 배기가스의 남은 열이 연소공기를 가열한다.

(다) 사례 : 울산화력 # 4, 5, 6호기와 서울화력 # 4호기는 고정 재생식 공기예열기이며, 나머지 발전소는 대부분 회전 재생식 공기예열기를 사용한다.

06 이코노마이저 사이클

(1) Air Side Economizer Cycle(control)

① 중간기나 동절기에 냉방이 필요한 경우 차가운 외기(공기)를 직접 도입하여 이용하는 외기냉방 시스템을 뜻한다.

② 외기온도와 리턴공기온도를 비교하여 냉방 시 외기온도가 2.8℃ (5°F) 이상 차이가 나면 외기댐퍼를 최대로 열어 외기냉방을 하며 외기온이 높아지면 외기댐퍼를 전폐한다.

③ '외기 엔탈피 제어'를 의미하기도 한다.

(2) Water Side Economizer Cycle(control)

① 외기 냉수 냉방을 말한다. 즉, 쿨링타워 등의 냉각수를 펌프로 공조기나 FCU에 순환시켜 냉방하는 방식을 의미한다.

② 중간기나 겨울철에 냉방을 위해 냉동기를 가동하지 않으므로 운전비용이 적게 드는 시스템(에너지 절약적 냉방 시스템)이다.

✓핵심 이코노마이저 사이클에는 Air Side Economizer Cycle(외기냉방 혹은 외기 엔탈피 제어)과 Water Side Economizer Cycle(외기 냉수 냉방)이 있다.

07 원자력에너지

(1) 원리

① 우라늄을 충진한 5 m 정도의 핵연료봉 Assy에 중성자를 통과시켜 핵반응을 일으키고 외부에 있는 물을 끓여 발전 등을 한다.

② 950℃ 이상의 물을 끓여 수소를 분리하여 연료전지에 이용 가능하다.

(2) 원자력에너지의 장점

① 연료가격이 저렴하다.
② 화석연료를 태울 때 나오는 이산화탄소, 아황산가스 등의 오염물질이 발생하지 않는다.
③ 자원의 효용가치가 크고 무궁무진한 에너지이다.
④ 우주 산업과 연관되어 동시에 발전 가능(최첨단 기술이 종합된 기술 집약적 발전 방식)하다.
⑤ 핵융합로가 실용화되면 한층 더 효용가치가 커질 것으로 예상된다.

(3) 원자력에너지의 단점

① 발전과정에서 불가피하게 나오는 방사선 및 방사성폐기물의 안전한 처리기술이 필요하다.
② 초기투자비(건설비용, 각종 안전장치 설치비용 등)가 많이 든다.
③ 방사성폐기물에 의한 환경오염이 있을 수 있다.
④ 냉각수로 해수를 사용할 경우 해수온도가 상승하여 생태환경에 악영향을 끼칠 수 있다.
⑤ 기타 핵무기 제조기술로의 전환 우려, 지진 등의 자연재해 시 대형 참사 우려, 발전소 수명 만료 시 해체기술의 난이 등이 있다.

✓ 핵심 원자력 기술은 우리나라의 강점(G6)이므로 산업계에 잘 활용하고, 핵심기술을 더 연구개발하여 향후 미래기술을 선점할 수 있도록 해야 하겠다(심지어는 미국 등의 선진국에서도 원자력 운용기술을 우리나라에 배우러 온다).

(4) 현황

① **SMART 원자로(해수 담수 원자로)** : 소규모 전력을 생산하는 설비로 인도네시아 등에 수출하는 원자로
② **한국 표준형 원자로**(KSNP ; Korea Standard Nuclear Power Plant, 1,000 MW급) : 현재 국내에서 가동 중인 일부 원자로가 여기에 해당, 안전성이 높게 개발되었으며, 2005년 아시아시장 수출을 목표로 상표를 OPR(Optimized Power Reactor)로 바꾸었다.
③ **한국도 원자력 선진국가임(G6)** : 우리나라가 다른 나라에 비해 가장 잘할 수 있는 이러한 분야의 기술을 보다 적극적으로 개척하는 것이 필요하다.
④ 약 30년 후 석유 고갈이 가능하므로 원자력에너지 기술도 중요하게 개발해야 한다.

08 고온 초전도체

(1) 개요

① 고온 초전도체는 그 응용분야가 무궁무진하여 활용만 잘 한다면 새로운 산업혁명을 일으킬 수 있을 정도로 중요한 기술이다.

② 초전도체는 의학(자기공명 장치), 산업(자기부상열차, 전기소자 등) 등 그 응용성이 실로 대단하다.

(2) 초전도체의 역사

① 1911년 최초로 초전도체를 발견한 사람은 네덜란드의 물리학자 오네스(Onnes)였다.

② 그는 액체 헬륨의 기화온도인 4.2 K 근처에서 수은의 저항이 급격히 사라지는 것을 발견하였다. 이렇게 저항이 사라지는 물질을 초전도체라 부르게 되었다.

③ 초전도 현상의 또 다른 역사적 발견은 1933년 독일의 마이스너(Meissner)와 오셴펠트(Oschenfeld)에 의해 이루어졌다. 그들은 초전도체가 단순히 저항이 없어지는 것뿐만 아니라 초전도체 내부의 자기장을 밖으로 내보내는 현상(자기 반발 효과)이 있음을 알아냈다[마이스너 효과(Meissner Effect)].

④ 그러나 초전도 현상이 매우 낮은 온도에서만 일어나서 값비싼 액체 헬륨을 써서 냉각시켜야 하므로 그 냉각비용이 엄청나서 고도의 정밀기계 이외에는 이용되지 못하였다(특히 기체 헬륨은 가벼워서 대기 중에 날아가므로 구하기도 어려움).

⑤ 고온 초전도체의 발견

㈎ 1911년 초전도 현상이 처음 발견된 후 거의 모든 사람들이 비교적 값싼 냉매인 액체질소로 냉각 가능한 온도, 즉 영하 200도 정도 이상에서 초전도 현상을 보이는 물질을 찾아내는 것이 숙원이었다.

㈏ 이러한 연구 노력의 결실로, 1987년 대만계 미국 과학자 폴 추 박사에 의해 77 K 이상에서 초전도 현상을 보이는 물질이 개발되었다.

㈐ 현재 고온 초전도체로 주목받고 있는 것은 희토류 산화물인 란타늄계(임계온도 30 K)와 이트륨계(임계온도 90 K), 비스무스 산화물계 및 수은계(임계온도 134 K) 등이 있다.

㈑ 장래에는 냉각할 필요가 없는 상온 초전도 재료의 개발도 기대되고 있어 혁신적인 경제성의 향상과 이용 확대가 예상된다.

(3) 초전도체의 응용

① 자기공명 장치(MRI ; Magnetic Resonance Imaging)

㈎ 자기공명 장치를 이용하여 뇌의 내부구조를 알아내는 데 초전도자석이 쓰인다.

㈏ MRI 방법은 뇌의 내부를 직접 관찰하거나 X-선을 사용하지 않으므로 뇌의 내부에 상처를 입히지 않아도 된다.

㈐ 이때 강력한 자석이 필요한데, 이를 위해 초전도 전선 내부에 강력한 전류를 흘려 사용한다.

㈑ 뇌뿐 아니라 신체의 다른 부위까지도 X-선 장비가 MRI로 대치되는 파급효과를 얻을 수 있다.

② 초전도 자기 에너지 저장소(SMES ; Superconduction Magnetic Energy Storage)

㈎ 초전도 코일에 매우 큰 전류가 흐를 때 형성되는 자기장 형태로 에너지를 저장할 수 있는 기술이다.

㈏ 핵융합 반응을 이용한 미래의 에너지원의 제조 시에도 초전도체를 이용한다.

③ 대중교통 분야

㈎ 서울과 부산을 40분 만에 주파하는 자기부상열차(리니아모터 카)를 만들 수 있다.

㈏ 선박도 초전도체를 이용해 매우 빠른 속도로 운항할 수 있게 된다.

④ 전기/전자 분야 : 박막 선재나 조셉슨 소자를 이용한 고속소자, 자기장 및 전압 변화를 정밀하게 측정하는 센서, 열 발생 없고 엄청나게 빠른 속도의 컴퓨터나 반도체의 배선 등에 응용할 수 있다.

(4) 국내 연구동향

① 선진국에서 앞다투어 초전도체 연구에 많은 투자를 하고 있는데, 국내에서는 많이 늦게 연구가 시작되었다.

② 국내에서도 과학기술처에서 본 연구의 중요성을 인식하여 국내 전문가들로 구성된 '고온 초전도 연구협의회'를 구성하면서부터 본격적으로 초전도체에 관한 연구가 시작되었다.

③ 이후 국내의 초전도 연구는 대학을 중심으로 한 기초물성연구 및 기업 및 연구소를 중심으로 한 응용 연구분야가 많은 발전을 이루고 있다.

> ✓ **핵심** 고온 초전도체는 비교적 높은 온도(약 77 K 이상)에서도 초전도 현상(저항이 극히 적어지고 자기 반발 효과 발생)을 보이는 물질을 말한다.

09 지역난방 (地域煖房)

(1) 지역난방의 특징

① 지역난방은 지역별로 열원 플랜트를 설치하여 수용가까지 배관을 통해 열매를 공급하고, 에너지의 효율적인 이용, 대기오염 및 인적 절약 장점이 있는 집단에너지 공급방식이다.

② 신재생에너지 중 태양열에너지와 지열에너지 등과의 연계가 가능하다.

③ 증기난방은 배관구배, 응축수 회수 등의 문제가 있으므로 고온수방식이 주로 많이 사용된다.

④ 대기오염, 에너지 효율화 측면에서 대도시 외곽 신도시건설 지역에 지역난방시설을 설치하는 경우가 많다.

⑤ 기타 화재 방지 등도 집약적 관리가 가능하다.

(2) 지역난방의 단점

① 초기투자비가 많이 필요하다.

② 배관 열손실, 순환펌프 손실 등이 크다.

③ 전체 공사비의 40~60 %를 차지할 정도로 배관 부설비용이 방대하다.

(3) 배관방식(配管方式)

① 단관식 : 공급관만 부설함, 설치비가 경제적임

② 복관식 : 공급관 및 환수관을 설치한 방식, 여름철에 냉수 및 급탕을 동시에 공급 불가

③ 3관식

㈎ 공급관 : 2개(부하에 따라 대구경+소구경 혹은 난방/급탕관+냉수관)

㈏ 환수관 : 1개

④ 4관식

㈎ 난방/급탕관 : 공급관+환수관

㈏ 냉수관 : 공급관+환수관

⑤ 6관식

㈎ 냉수관 : 공급관+환수관

㈏ 온수 (난방/급탕)관 : 공급관+환수관

㈐ 증기관 : 공급관+환수관

(4) 배관망(配管網) 구조(아래 그림의 Ⓑ : 보일러 설비)

① **격자형** : 가장 이상적인 구조, 어떤 고장 시에도 공급 가능, 공사비 큼

② **분기형** : 간단하고, 공사비 저렴

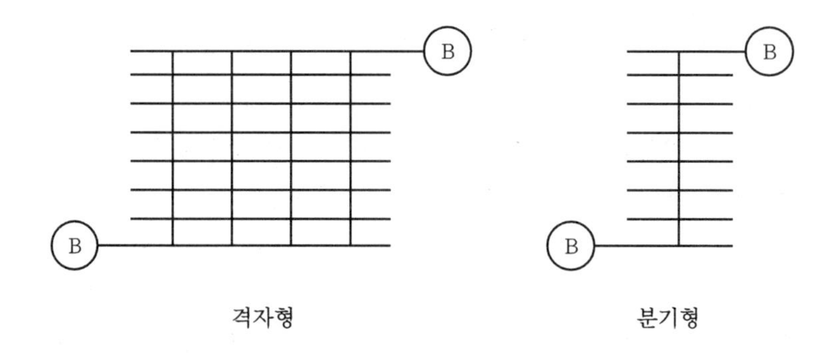

격자형　　　　분기형

③ **환상형(범용)** : 가장 보편적으로 많이 사용, 일부 고장 시에도 공급 가능

④ **방사형** : 소규모 공사에 많이 사용, 열손실이 적은 편임

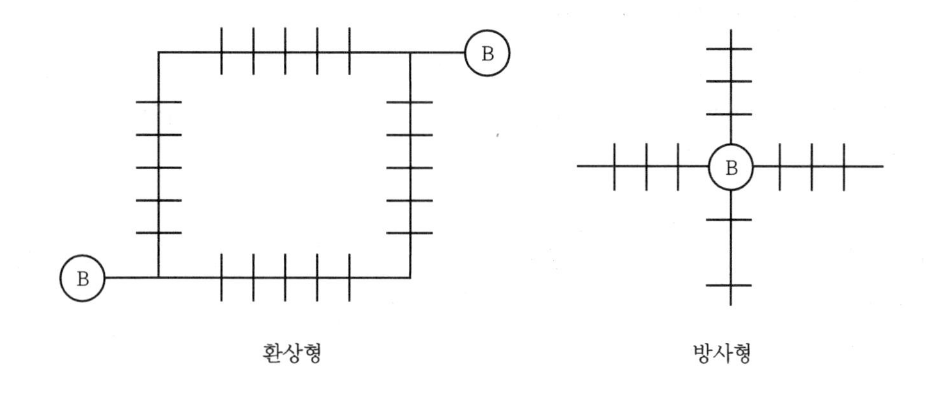

환상형　　　　방사형

✓ 핵심

- 지역난방의 특장점 : 지역난방은 지역별 혹은 지구별 대규모 열원 플랜트를 설치하여 집단적으로 열을 생산/공급하는 시스템으로, 수용가까지 배관을 통해 열매를 공급하므로 배관상 열손실이 커지고, 배관 부설비, 설비투자비 등의 초기투자비가 방대해지는 단점이 있지만, 전체적인 에너지 이용효율의 향상, 집약적 관리의 용이, 방재 용이, 대기오염 최소화 등의 장점이 있어 많이 보급되고 있다.
- 지역난방의 종류 : 배관방식(配管方式)에 따라 단관식, 복관식, 3관식, 4관식, 6관식으로, 배관망(配管網)에 따라 격자형(가장 이상적인 구조), 분기형, 환상형(범용), 방사형(보일러가 한 대뿐이므로 소규모형) 등으로 나눌 수 있다.

10 지역냉·난방 및 건물공조의 열매(熱媒)

(1) 개요

① 지역난방은 여러 가지 경제적·사회적 이점이 있으나 '경제성 조건'을 주로 검토하여 계획한다.

② **지역난방의 경제성 조건(근거 ; 지역난방공사 자료)** : 난방도일 2,000 (D18) 이상, 열수요 밀도 20 kcal/hr·km^2 이상, 거리 20 km 이내

(2) 사용 열매

① **중압증기(약 1.0~8.5 kg/cm^2G) 및 고압증기(약 8.5 kg/cm^2G 이상)**

(가) 1 kg/cm^2G 이상의 증기(건물공조에서는 통상 3 혹은 4 kg/cm^2G 정도를 사용)를 사용하는 방식

(나) 동력발생(Process) 가능

(다) 정수두 없어 고층빌딩에 적합

(라) 공장 및 지역난방 등에도 많이 사용

(마) 고압증기를 발생시킨 뒤 배관 도중에서 감압장치를 설치해 저압증기로 만든 다음에 주로 이용

② **저압증기(약 1.0 kg/cm^2G 이하)**

(가) 1 kg/cm^2G 이하의 증기(건물공조에서는 통상 0.1~0.35 kg/cm^2G 정도를 사용)를 사용하는 방식

(나) 예열부하 적음

(다) 배관 열손실 적음

③ **고온수** : 150~180℃ 정도, 열용량 및 부하 추종성 우수

④ **저온수** : 100℃ 이하의 온수(잘 사용하지 않음)

⑤ **중온수** : 100~150℃ 정도의 온수

⑥ **냉수** : 공급수(약 4~7℃), 환수(약 11~15℃), 공급수와 환수의 온도차는 약 5~10℃ 차이가 일반적임

⑦ **1차 냉매(프레온가스 등)** : 1차 냉매를 직접 순환시키는 방식(압력손실 등의 기술적인 문제로 인하여 지역난방에서는 잘 사용하지 않고 건물공조용 냉매, 산업용 냉매 등으로 국한하여 사용하는 열매임)

주➔ 증기와 온수의 차이점

1. 증기난방은 열매인 증기를 부하기기에 공급하여 실내를 난방하는 방식으로 잠열을 이용하는 방식이다.
2. (중)온수는 열매인 온수를 부하기기에 공급하여 실내를 난방하는 방식으로 현열을 이용하는 방식이다.

✓핵심
- 지역난방의 열매에는 어떤 종류가 있는가?
  ① 저압증기(약 1.0 kg/cm^{2}G 이하) : 통상 0.1~0.35 kg/cm^{2}G 정도로 사용
  ② 중압증기(약 1.0~8.5 kg/cm^{2}G) : 통상 1~3 혹은 4 kg/cm^{2}G 정도로 사용
  ③ 고압증기(약 8.5 kg/cm^{2}G 이상) : 통상 3 혹은 4 kg/cm^{2}G 이상으로 사용
  ④ 저온수 : 약 100℃ 이하의 온수 (잘 사용치 않음)
  ⑤ 중온수 : 약 100~150℃ 정도의 온수
  ⑥ 고온수 : 약 150~180℃ 정도의 온수
  ⑦ 냉수 : 공급 (약 4~7℃), 환수 (약 11~15℃), 주로 5~10℃ 온도차가 일반적임
  ⑧ 냉매 : 냉매를 직접 순환시키는 방식(압력손실 등의 기술적인 문제로 인하여 잘 사용하지 않는 열매임)
- 영어식 용어로 냉수(2차 냉매)는 Chilled Water이고, 냉각수(응축기 냉각용 물)는 Condensing Water 혹은 Cooling Water이다.

11 지역난방 방식과 CES (구역형 집단에너지)

(1) 개요

① 소규모 (구역형) 집단에너지(CES ; Community Energy System)는 소형 열병합 발전소를 이용해 냉방, 난방, 전기 등을 일괄 공급하는 시스템을 말한다.
② 일종의 '소규모 분산 투자'라고 할 수 있다.

(2) 기존 지역난방과 CES의 특징 비교

비교항목	기존 지역난방 사업	CES 사업
서비스	난방 위주, 제한적 전기, 냉방	냉방, 난방, 전기, 모두 일괄 공급
주요대상	신도시 택지지구의 대규모 아파트단지	업무 상업지역, 아파트, 병원 등 에너지 소비 밀집구역
시스템	대형 열병합발전, 쓰레기 소각시설, 열전용 보일러 사용	소형 열병합 발전 (가스엔진, 가스터빈 등), 냉동기
투자형태	대규모 집중 투자	소규모 분산 투자

(3) 기타 응용 시스템

태양열-지역난방 하이브리드시스템

▲ • 경기도 분당의 한국지역난방공사 옥상에 설치된 태양열 집열기는 지역난방을 가동할 수 있는 시스템으로 개발된 국내 최초의 시스템이다.
 • 사실 태양열의 높은 효율과 경제성에 대해서는 이견이 없다.
 • 적용된 태양열의 효율은 50 %를 상회한다.
 • 폐기물을 소각해 열을 생산할 수도 있지만 원료비가 전혀 들지 않는다는 점을 감안하면 태양열은 열을 생산하는 데 있어 가장 뛰어난 에너지원이다. 이러한 이유로 태양열은 일찍부터 전 세계 국가들의 주목을 받아왔다.

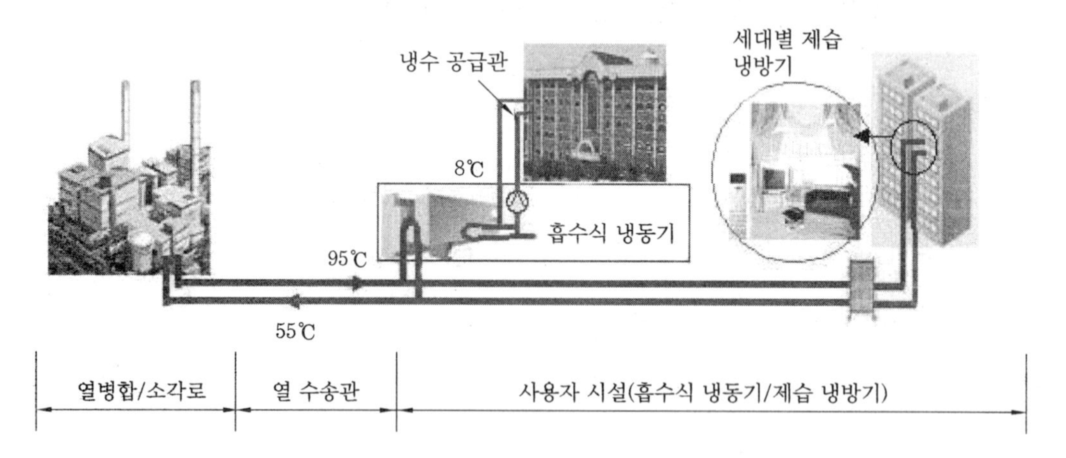

건물에 흡수식 냉동기 적용사례

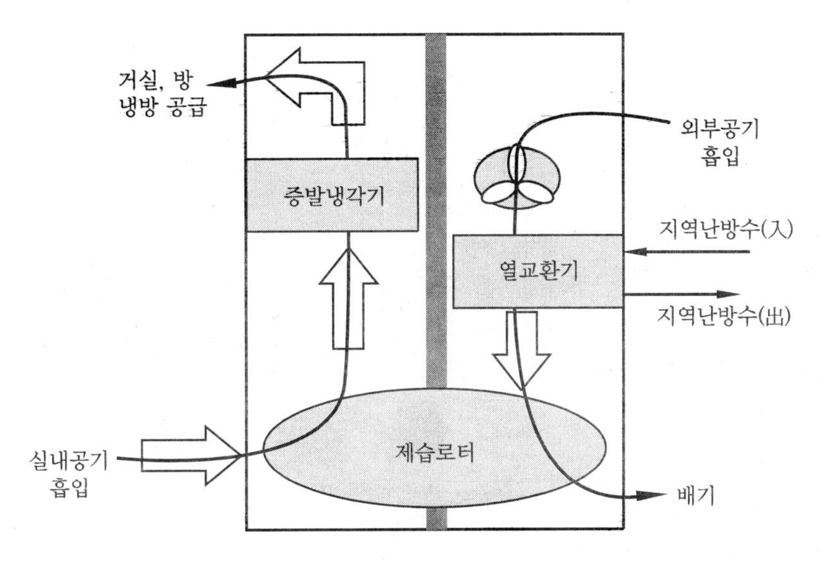

세대별 제습냉방기 구조

▲ 지역냉방 방식1 (온수이용방식)

- 열수송관을 통해 공급된 온수가 건물에 설치된 흡수식냉동기를 가동시킴
- 또는 제습 냉방기를 거치면서 냉수 또는 냉기를 생산하는 방식이다.

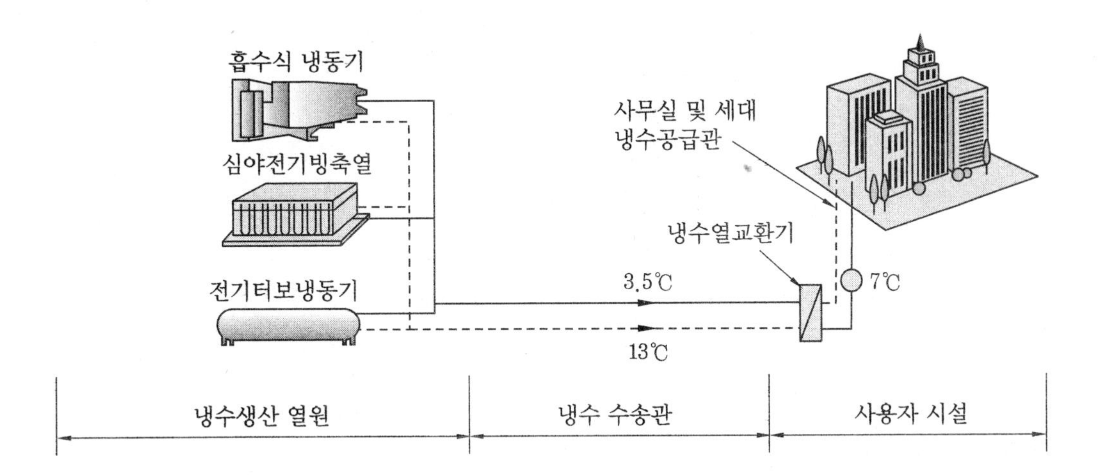

▲ 지역냉방 방식2 (냉수직공급방식)

- 집단에너지 냉수열원시설(열병합발전, 흡수식 냉동기, 심야전기 빙축열설비 등) 설치
- 냉수를 생산, 냉방건물에 냉방열을 공급하는 방식

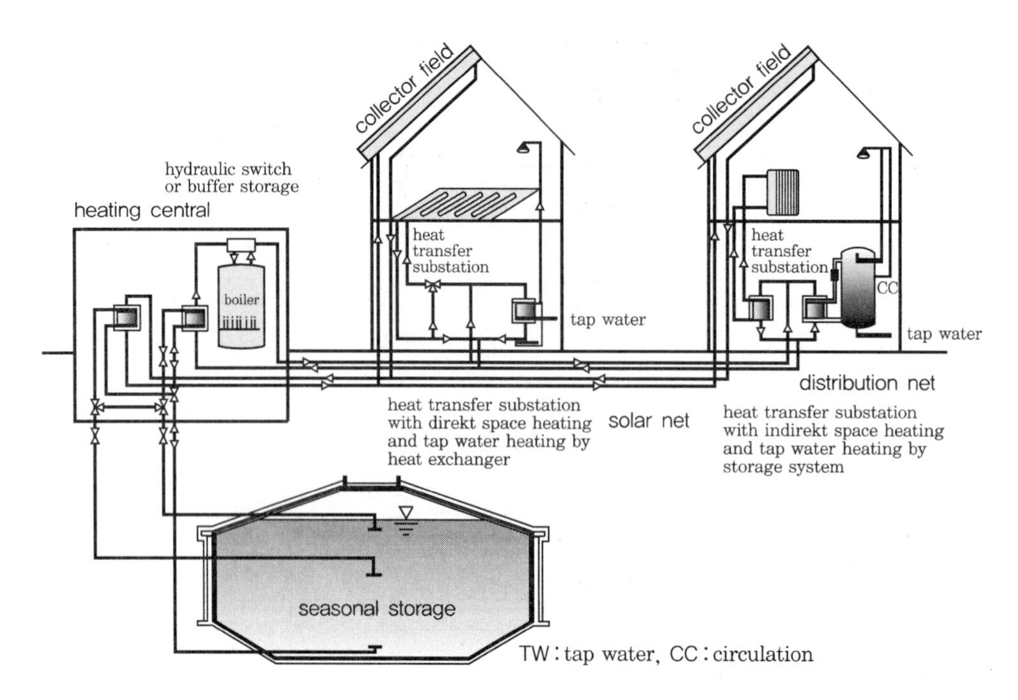

개간 축열시스템(개념도)

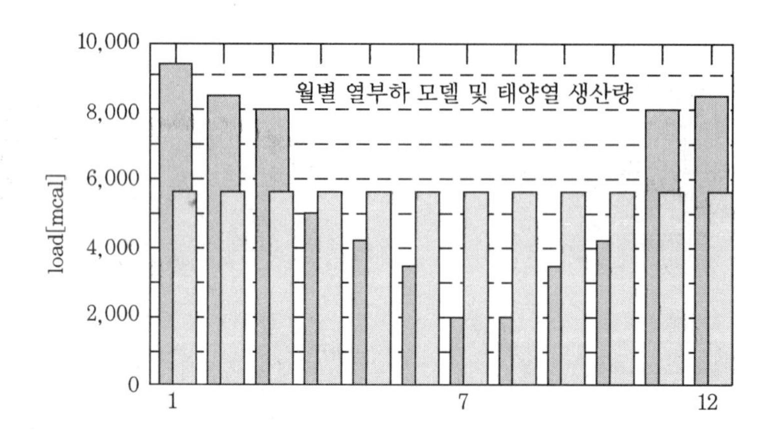

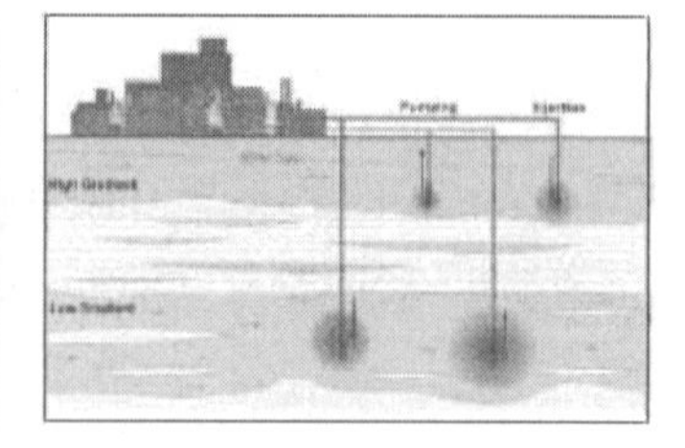

개간 축열시스템(유럽 사례)

제8장 | 신재생에너지 관련법규

"법규나 국가 정책 관련 사항은 항상 변경 가능성이 있으므로, 필요 시 '법령정보'를 재확인해야 한다(www.law.go.kr)."

01 신재생에너지 공급의무 비율의 산정기준 및 방법

(1) 신재생에너지 공급의무 비율(%)

$$\text{신재생에너지 공급의무 비율} = \frac{\text{신재생에너지 생산량}}{\text{예상 에너지사용량}} \times 100$$

① 신재생에너지 공급의무 비율이란 건축물에서 연간 사용이 예측되는 총 에너지량 중 그 일부를 의무적으로 신재생에너지 설비를 이용하여 생산한 에너지로 공급해야 하는 비율이다.

② 신재생에너지 생산량이란 신재생에너지를 이용하여 공급되는 에너지를 의미하며, 신재생에너지 설비를 이용하여 연간 생산하는 에너지의 양을 보정한 값이다.

③ 예상 에너지 사용량이란 건축물에서 연간 사용이 예측되는 총 에너지의 양을 보정한 값이다.

* 신재생에너지 생산량 및 예상 에너지사용량은 법 제12조제2항 및 영 제15조제3항에 의한다.

(2) 예상 에너지사용량

$$\text{예상 에너지사용량} = \text{건축 연면적} \times \text{단위 에너지사용량} \times \text{지역계수}$$

① 연면적이란 영 제15조제2항에 따른 연면적을 말한다. 단, 주차장 면적은 연면적에서 제외한다.

② 단위 에너지사용량이란 용도별 건축물의 단위면적당 연간 사용이 예측되는 에너지의 양이다.

③ 지역계수란 지역별 기상조건을 고려한 계수이다.

④ 단위 에너지사용량 및 지역계수는 다음과 같다.

〈단위 에너지사용량〉

구분		단위 에너지사용량 ($kWh/m^2 \cdot yr$)
공공용	교정 및 군사시설	392.07
	방송통신시설	490.18
	업무시설	371.66
문교·사회용	문화 및 집회시설	412.03
	종교시설	257.49
	의료시설	643.52
	교육연구시설	231.33
	노유자시설	175.58
	수련시설	231.33
	운동시설	235.42
	묘지관련시설	234.99
	관광휴게시설	437.08
	장례식장	234.99
상업용	판매 및 영업시설	408.45
	운수시설	374.47
	업무시설	374.47
	숙박시설	526.55
	위락시설	400.33

〈지역계수〉

구분	지역계수
서울	1.00
인천	0.97
경기	0.99
강원 영서	1.00
강원 영동	0.97
대전	1.00
충북	1.00
전북	1.04
충남·세종	0.99
광주	1.01
대구	1.04
부산	0.93
경남	1.00
울산	0.93
경북	0.98
전남	0.99
제주	0.97

(3) 신재생에너지 생산량

신재생에너지 생산량 = 원별 설치규모 × 단위 에너지생산량 × 원별 보정계수

① 원별 설치규모란 설치계획을 수립한 신재생에너지원의 규모를 말한다.

② 단위 에너지생산량이란 신재생에너지원별 단위 설치규모에서 연간 생산되는 에너지의 양이다.

③ 원별 보정계수란 신재생에너지원별 연간 에너지생산량을 보정하기 위한 계수이다.

④ 단위 에너지생산량, 원별 보정계수는 다음과 같다.

신재생에너지원		단위 에너지생산량		원별 보정계수
태양광	고정식	1,358	kWh/kW · yr	1.56
	추적식	1,765		1.68
	BIPV	923		5.48
태양열	평판형	596	kWh/m^2 · yr	1.42
	단일진공관형	745		1.14
	이중진공관형	745		1.14
지열	수직밀폐형	864	kWh/kW · yr	1.09
	개방형	864		1.00
집광 채광	프리즘	132	kWh/m^2 · yr	7.74
	광덕트	73		7.74
연료전지	PEMFC	7,415	kWh/kW · yr	2.84
수열에너지		864		1.12
목재펠릿		322		0.52

㈜ 여기서 정해지지 않은 신재생에너지원에 대한 단위 에너지생산량과 원별 보정계수는 분야별위원회의 심의를 거쳐 센터의 장이 정한다.

02 세계 대표적 친환경건축물 평가제도

(1) 미국의 리드(LEED ; Leadership in Energy and Environmental Design)

① 정의

㈎ 미국 그린빌딩위원회(USGBC ; The United States Green Building Council, 1993년 산업과 학계와 정부의 많은 협력자들로 설립된 비정부기구이며, 회원제로 운영되는 비영리단체)가 만든 자연친화적 빌딩 · 건축물에 부여하는 친환경 인증제도다.

㈏ 한국의 '친환경 건물 인증제도'와 유사한 개념이며 친환경건물의 디자인, 건축, 운영의 척도로 사용되는 친환경 건물 인증시스템이다.

㈐ 건물의 생애주기(Life Cycle) 동안의 전체적 환경성능을 평가한다.

② Green Building Rating System

배　점	취득점수	등급구분
총 69점 • 일반배점 : 64점 • 보너스점수 : 5점	총 취득점수 52점 이상	LEED 인증 백금 등급
	총 취득점수 39~51점	LEED 인증 금 등급
	총 취득점수 33~38점	LEED 인증 은 등급
	총 취득점수 26~32점	LEED 인증

㈜ 한 해 최고점수를 얻은 건물은 'Green Building of the Year'상을 받는다.

③ Green Building 인증을 위한 기술적 조치내용

(가) 지속 가능한 부지계획 : 14점

(나) 수자원 효율(물의 효율적 사용) : 5점

(다) 에너지 및 대기 : 17점

(라) 재료 및 자원 : 13점

(마) IAQ : 15점

(바) 혁신 및 설계과정 : +5점

④ LEED의 개발 배경

(가) 향후 친환경 건축물들이 건축시장의 대세가 될 것이라는 예상을 기반으로 한다.

(나) 건축주들은 프로젝트 성공에 궁극적인 조정자가 될 것이다. 즉, 환경적 책임감에 대한 사회적 요구를 충족시킬 수 있고 공신력 있는 기구에 의해 발전됨으로써 건축시장에서 더 좋은 건축물로 팔리게 될 것이라는 예상을 기반으로 한다.

⑤ LEED의 평가구조

(가) LEED-EB : 기존 건축물

(나) LEED-CI : 상업적 내부공간

(다) LEED-H : 집

(라) LEED-CS : Core and Shell 프로젝트

(마) LEED-ND : 인근 발달

(바) LEED-NC : 상업용 건축물

(2) 영국의 브리엄(BREEAM ; the Building Research Establishment Environ mental Assessment Method ; 건축연구 제정환경 평가방식)

① BRE (Building Research Establishment Ltd)와 민간 기업이 공동으로 제창한 친환경 인증제도를 말한다.

② 건물의 환경 질을 측정, 표현함으로써 건축 관련 분야 종사자들에게 시장성과 평가도구로 활용되고 있다.

③ 환경에 미치는 건물의 광범위한 영향을 포함하고 있고, 환경개선효과 기술 초기에는 신축사무소 건물을 대상으로 하였으며, 현재 평가영역을 계속 확대하고 있으며, 캐나다를 포함한 여러 유럽과 동양국가에서도 사용되고 있다.

④ BREEAM의 평가방식

(가) 관리 : 종합적인 관리 방침, 대지위임 관리 그리고 생산적 문제

(나) 에너지 사용 : 경영상의 에너지와 이산화탄소

(다) 건강과 웰빙 : 실내와 외부의 건강과 웰빙에 영향을 주는 문제

(라) 오염 : 공기와 물의 오염문제

(마) 운반 : CO_2와 관련된 운반과 장소 관련요소

(바) 대지 사용 : 미개발지역과 상공업지역

(사) 생태학 : 생태학적 가치 보존과 사이트 향상

(아) 재료 : 수면주기 효과를 포함한 건축 재료들의 환경적 함축

(자) 물 : 소비와 물의 효능

⑤ 건축물은 Pass, Good, Very Good, Excellent, Outstanding과 같은 등급으로 나누어지며 장려의 목적으로 사용될 수 있는 인증서가 발부된다.

(3) 일본의 캐스비(CASBEE ; Comprehensive Assessment System for Building Environmental Efficiency)

① 산·학·관 공동프로젝트로 발족한 것이다.

② CASBEE (캐스비)의 목적

(가) 건축물 라이프 사이클에 지속 가능한 사회 실현

(나) 정책 및 시장 쌍방의 수요를 모두 지원

③ CASBEE (캐스비)의 특징

(가) CASBEE는 프로세스상의 흐름에 평가제도를 반영

(나) CASBEE에서 가장 중요한 개념은 건물의 지속효율성을 표현하려는 노력인 환경적 효율건물, 즉 BEE이다.

㈐ BEE의 개념

㉮ Building Environmental Efficiency Value of products or servies, 즉 건물의 지속효율성 = 상품이나 서비스의 환경적 개념의 효율

㉯ 간단히 말해, BEE는 건물에 지속효율성을 적용하는 개념을 현대화시킨 것임

㉰ 다양한 과정, 계획, 디자인, 완성, 작업과 리노베이션으로 평가받고 있는 건물의 평가 도구

㈑ BEE의 평가방식

㉮ BEE 평가는 숫자로 되어있으며 근본적으로 0.5에서 3의 서식범위로 부여

㉯ 즉, S부류(3.0이나 그보다 높은 BEE)로부터 A부류(1.5에서 3.0의 BBE), B+(1.0에서 1.5의 BBE), B-(0.5에서 1.0의 BBE), 그리고 C부류(0.5 이하의 BBE)로 이루어져 있음

> **주 ➔ 일본의 '환경공생 주택'(주거용 환경평가 기준)**
>
> 1. 환경부하 절감 및 쾌적한 생활환경 창출을 위해 태양에너지 등의 자연에너지 사용, 우수의 활용, 인공연못 조성 등의 수준을 평가한다.
> 2. 환경성능을 자동으로 산출할 수 있게 프로그램화하여 LCE(Life Cycle Energy)라고 부른다.

(4) 호주의 그린스타(Green Star)

① 건물 시장에서 사용되는 개발 직전단계의 새로운 건물평가 시스템으로 회사 건물에 최초로 상품화되어 규제되었다.

② 건물 생태주기의 다양한 과정에 등급을 정하고 차별화된 건물의 등급을 포인트 매긴다.

③ GREEN STAR의 디자인 기술 분류

㈎ 관리(12포인트)

㈏ 실내 환경적 상태(27포인트)

㈐ 에너지(24포인트)

㈑ 운반(11포인트)

㈒ 용수(12포인트)

㈓ 재료(20포인트)

㈔ 대지 사용과 생태학(8포인트)

㈕ 방사(13포인트)

㈖ 신기술(5포인트)

④ 최대 132포인트까지 받을 수 있으며, 다량의 "별"을 부여한다.

⑤ 6개의 별이 가장 높은 수치이며 국제적으로 인식되고 보상받을 수 있다. 5개의 별은 호주의 지도자의 지위를 받으며, 4개의 별은 최고의 환경적 솔선의 모습을 보여주는 것으로 인지한다.

(5) 캐나다의 베팩(BEPAC)

① 캐나다에서는 영국의 BREEAM을 기본으로 한 건물의 환경수준을 평가하는 BEPAC (Building Environmental Performance Assessment Criteria)를 시행하고 있다.

② 이 평가기준은 신축 및 기존 사무소건물의 환경성능을 평가하는 것으로 다음의 분류체제로 구성되어 건축설계와 관리운영 측면에서 평가가 이루어진다.

㈎ 오존층 보호
㈏ 에너지 소비에 의한 환경에의 영향
㈐ 실내환경의 질
㈑ 자원 절약
㈒ 대지 및 교통

③ BEPAC의 활용수단

㈎ 환경에 미치는 영향을 평가하는 수단
㈏ 건축물을 유지관리하는 수단
㈐ 건축물의 보수, 개수 등을 위한 계획수단
㈑ 건축물의 환경설계를 위한 수단
㈒ 건축주가 입주자들에게 건축물의 환경의 질을 설명할 수 있는 수단
㈓ 환경의 질이 높은 건축물로의 유도를 위한 수단

(6) 캐나다의 지비툴(GBTOOL)

① 종합적이고 정교한 건물 평가시스템으로서 국제적인 Green Building Challenge (GBC ; 캐나다를 중심으로 세계적으로 많은 나라에서 참여하고 있는 민간 컨소시엄)로 2년마다 한 번씩 개발되었고, 1998년(프랑스)을 최초 시작으로 유럽 주요 도시에서 2년에 한 번씩 주최된다.

② GBTOOL은 BREEAM으로 대표되는 1세대 환경성능평가방식이 직접적인 환경의 이슈만을 다룬 데 반하여 보다 넓은 일련의 고려사항, 즉 적응성(Adaptability), 제어성(Controllability) 등과 같이 직접적 혹은 간접적으로 자원 소비 또는 환경부하에 영향을 주는 기타 중요한 성능 이슈를 포괄할 수 있도록 확대되었다.

③ GBTOOL은 사무소건물, 학교건물 및 공동주택 등 3가지 건물유형을 대상으로 하며, Computer Program으로 개발되어 쉽게 사용할 수 있도록 보급되고 있다.

03 녹색건축 인증에 관한 규칙

(1) 개요

① 이 규칙은 녹색건축 인증대상, 건축물의 종류, 인증기준 및 인증절차, 인증유효기간, 수수료, 인증기관 및 운영기관의 지정 기준, 지정 절차 및 업무범위 등에 관한 사항과 그 시행에 필요한 사항을 규정함을 목적으로 한다.

② 해당 부처의 장관은 녹색건축센터로 지정된 기관 중에서 운영기관을 지정하여 관보에 고시하여야 한다.

(2) 인증의 의무취득

공공기관에서 연면적 3,000제곱미터 이상의 공공건축물을 신축하거나 별도의 건축물을 증축하는 경우에는 고시에서 정하는 등급 이상(우수 : 그린2등급)의 녹색건축 예비인증 및 인증을 취득하여야 한다.

(3) 인증의 전문분야 및 세부분야

전문분야	해당 세부분야
토지이용 및 교통	단지계획, 교통계획, 교통공학, 건축계획 또는 도시계획
에너지 및 환경오염	에너지, 전기공학, 건축환경, 건축설비, 대기환경, 폐기물처리 또는 기계공학
재료 및 자원	건축시공 및 재료, 재료공학, 자원공학 또는 건축구조
물순환관리	수공학, 상하수도공학, 수질환경, 건축환경 또는 건축설비
유지관리	건축계획, 건설관리, 건축설비 또는 건축시공 및 재료
생태환경	건축계획, 생태건축, 조경 또는 생물학
실내환경	온열환경, 소음·진동, 빛 환경, 실내공기환경, 건축계획, 건축환경 또는 건축설비

(4) 인증 기준

① 인증등급은 신축 및 기존 건축물에 대하여 최우수(그린1등급), 우수(그린2등급), 우량(그린3등급) 또는 일반(그린4등급)으로 한다.

② 7개 전문분야의 인증기준 및 인증등급별 산출기준에 따라 취득한 종합점수 결과를 토대로 부여한다.

(5) 인증 신청

① **예비인증 신청** : 다음 각 호의 어느 하나에 해당하는 자가 「건축법」에 따른 허가 · 신고 대상 건축물 또는 「주택법」에 따른 사업계획승인 대상 건축물에 대하여 허가 · 신고 또는 사업계획승인을 득한 후 설계에 반영된 내용을 대상으로 예비인증을 신청할 수 있다.

㈎ 건축주

㈏ 건축물 소유자

㈐ 사업주체

㈑ 설계자 또는 시공자(건축주나 건축물 소유자가 인증 신청을 동의하는 경우에 한정한다.)

② **(본)인증 신청** : 신축 건축물에 대한 녹색건축의 인증은 신청자가 「건축법」에 따른 사용승인 또는 「주택법」에 따른 사용검사를 받은 후에 신청할 수 있다. 다만, 인증등급 결과에 따라 개별 법령으로 정하는 제도적 · 재정적 지원을 받고자 하는 경우와 사용승인 또는 사용검사를 위한 신청서 등 관련서류를 허가권자 또는 사용검사권자에게 제출한 것이 확인된 경우에는 사용승인 또는 사용검사를 받기 전에 신청할 수 있다.

③ 공동주택의 경우 건축주 등이 예비인증을 받은 사실을 광고 등의 목적으로 사용하려면 인증(본인증)을 받을 경우 그 내용이 달라질 수 있음을 알려야 한다.

④ 예비인증을 받아 제도적 · 재정적 지원을 받은 건축주 등은 예비인증 등급 이상의 본인증을 받아야 한다.

04 건축물 에너지효율등급 인증에 관한 규칙

(1) 개요

① **대상건물** : 단독주택, 공동주택, 기숙사, 업무시설, 기타 냉방 또는 난방 면적이 500 제곱미터 이상인 건축물

② 보통 예비인증은 건축물 완공 전 신청서류가 완비된 시점에 진행되고, 본인증은 건축물 준공승인 전 신청서류가 완비된 시점에 행해진다.

(2) 인증 신청

① 다음 각 호의 어느 하나에 해당하는 자는 사용승인, 사용검사를 받은 후에 건축물 에너지효율등급 인증을 신청할 수 있다. 다만, 개별 법령(조례를 포함한다.)에 따라 제도적 ·

재정적 지원을 받거나 의무적으로 건축물 에너지효율등급 인증을 받아야 하는 경우에는 사용승인 또는 사용검사를 받기 전에 건축물 에너지효율등급 인증을 신청할 수 있다.

(가) 건축주

(나) 건축물 소유자

(다) 사업주체 또는 시공자(건축주나 건축물 소유자가 인증 신청에 동의하는 경우에만 해당한다.)

② 건축물 에너지효율등급 인증을 받으려면 인증관리시스템을 통하여 건축물 에너지효율등급 인증 신청서를 제출하고, 다음 각 호의 원본 서류 및 이를 저장한 전자적 기록매체를 인증기관의 장에게 제출하여야 한다.

(가) 최종 설계도면

(나) 건축물 부위별 성능내역서

(다) 건물 전개도

(라) 장비용량 계산서

(마) 조명밀도 계산서

(바) 설계변경 확인서 및 설명서

(사) 예비인증서 사본(해당 인증기관 및 다른 인증기관에서 예비인증을 받은 경우만 해당한다.)

(아) (가)부터 (사)까지 규정한 서류 외에 건축물 에너지효율등급 평가를 위하여 국토교통부장관과 산업통상자원부장관이 필요하다고 인정하여 공동으로 고시하는 서류

③ 인증기관의 장은 제2항에 따른 신청서와 신청서류가 접수된 날부터 50일(단독주택 및 공동주택에 대해서는 40일) 이내에 인증을 처리하여야 한다.

④ 인증기관의 장은 제3항에 따른 기간 내에 부득이한 사유로 인증을 처리할 수 없는 경우에는 건축주 등에게 그 사유를 통보하고 20일의 범위에서 인증 평가 기간을 한 차례만 연장할 수 있다.

⑤ 인증기관의 장은 제2항에 따라 건축주 등이 제출한 서류의 내용이 미흡하거나 사실과 다른 경우에는 서류가 접수된 날부터 20일 이내에 건축주 등에게 보완을 요청할 수 있다. 이 경우 건축주 등이 제출서류를 보완하는 기간은 제3항의 기간에 산입하지 아니한다.

(3) 인증 평가

① 인증기관의 장은 인증 신청을 받으면 인증 기준에 따라 서류심사와 현장실사(現場實査)를 하고, 인증 신청 건축물에 대한 인증 평가 보고서를 작성하여야 한다.

② 인증기관의 장은 인증 평가 보고서 결과에 따라 인증 여부 및 인증 등급을 결정한다.

③ 인증기관의 장은 사용승인 또는 사용검사를 받은 날부터 3년이 지난 건축물에 대해서 건축물 에너지효율등급 인증을 하려는 경우에는 건축주 등에게 건축물 에너지효율 개선방안을 제공하여야 한다.

(4) 인증 기준

① 건축물 에너지효율등급 인증은 냉방, 난방, 급탕(給湯), 조명 및 환기 등에 대한 1차 에너지 소요량을 기준으로 평가하여야 한다.

- 에너지 소요량 = 해당 건축물에 설치된 난방, 냉방, 급탕, 조명, 환기시스템에서 소요되는 에너지량
- 단위면적당 에너지 소요량 =

$$\frac{\text{난방에너지 소요량}}{\text{난방에너지가 요구되는 공간의 바닥면적}} + \frac{\text{냉방에너지 소요량}}{\text{냉방에너지가 요구되는 공간의 바닥면적}} + \frac{\text{급탕에너지 소요량}}{\text{급탕에너지가 요구되는 공간의 바닥면적}} + \frac{\text{조명에너지 소요량}}{\text{조명에너지가 요구되는 공간의 바닥면적}} + \frac{\text{환기에너지 소요량}}{\text{환기에너지가 요구되는 공간의 바닥면적}}$$

- 단위면적당 1차에너지 소요량 = 단위면적당 에너지 소요량×1차에너지 환산계수

② 건축물 에너지효율 인증 등급은 1+++등급부터 7등급까지의 10개 등급으로 한다.

등 급	주거용 건축물	주거용 이외의 건축물
	연간 단위면적당 1차 에너지 소요량(kWh/m^2·년)	연간 단위면적당 1차 에너지 소요량(kWh/m^2·년)
1+++	60 미만	80 미만
1++	60 이상 90 미만	80 이상 140 미만
1+	90 이상 120 미만	140 이상 200 미만
1	120 이상 150 미만	200 이상 260 미만
2	150 이상 190 미만	260 이상 320 미만
3	190 이상 230 미만	320 이상 380 미만
4	230 이상 270 미만	380 이상 450 미만
5	270 이상 320 미만	450 이상 520 미만
6	320 이상 370 미만	520 이상 610 미만
7	370 이상 420 미만	610 이상 700 미만

㈜ 1. EBL(최대 허용 에너지량 : Energy Budget Level) : 상기 표와 같이 kWh/m^2·년 등으로 표현된 연간·단위면적당의 1차에너지 소모량을 말한다.
2. 에너지 요구량을 줄일 수 있는 방안 : 고단열, 고기밀, 축열, 자연환기 혹은 하이브리드 환기, 자연채광, 고성능창호, 차양장치, 이중외피 등 주로 Passive적인 방법이 적용되면 된다.
3. 에너지 소요량을 줄일 수 있는 방안 : 고효율 기기 적용, 반송동력 절감, 고효율 신재생에너지 적용, 폐열회수장치 적용, 인버터 적용, 대수제어, 혹은 비례제어 등 주로 Active적인 방법이 적용되면 된다.

(6) 인증서 발급 및 인증의 유효기간

① 인증기관의 장은 건축물 에너지효율등급 인증을 할 때에는 별지 서식의 건축물 에너지효율등급 인증서를 발급하여야 한다.
② 건축물 에너지효율등급 인증의 유효기간은 건축물 에너지효율등급 인증서를 발급한 날부터 10년으로 한다.
③ 인증기관의 장은 인증서를 발급하였을 때에는 인증 대상, 인증 날짜, 인증 등급을 포함한 인증 결과를 운영기관의 장에게 제출하여야 한다.

(7) 재평가 요청

① 인증 평가 결과나 인증 취소 결정에 이의가 있는 건축주 등은 인증기관의 장에게 재평가를 요청할 수 있다.
② 재평가 결과 통보, 인증서 재발급 등 재평가에 따른 세부 절차에 관한 사항은 국토교통부장관과 산업통상자원부장관이 정하여 공동으로 고시한다.

(8) 예비인증의 신청

① 건축주 등은 「건축법」 제11조·제14조에 따른 허가·신고 또는 「주택법」 제16조에 따른 사업계획승인을 받은 후 건축물 설계에 반영된 내용을 대상으로 예비인증을 신청할 수 있다. 다만, 예비인증 결과에 따라 개별 법령(조례를 포함한다.)에서 정하는 제도적·재정적 지원을 받는 경우에는 「건축법」 제11조·제14조에 따른 허가·신고 또는 「주택법」 제16조에 따른 사업계획승인 전에 예비인증을 신청할 수 있다.
② 건축주 등은 건축물 에너지효율등급 예비인증을 받으려면 인증관리시스템을 통하여 별지 서식의 건축물 에너지효율등급 예비인증 신청서를 제출하고, 다음 각 호의 원본 서류 및 이를 저장한 전자적 기록매체를 인증기관의 장에게 제출하여야 한다.
㈎ 건축, 기계, 전기 설계도면
㈏ 기타 별첨서류
③ 인증기관의 장은 평가 결과 예비인증을 하는 경우 별지 서식의 건축물 에너지효율

등급 예비인증서를 신청인에게 발급하여야 한다. 이 경우 신청인이 예비인증을 받은 사실을 광고 등의 목적으로 사용하려면 본인증을 받을 경우 그 내용이 달라질 수 있음을 알려야 한다.

④ 예비인증을 받은 건축주 등은 본인증을 받아야 한다. 이 경우 예비인증을 받아 제도적·재정적 지원을 받은 건축주 등은 예비인증 등급 이상의 본인증을 받아야 한다.

⑤ 건축물 에너지효율등급 예비인증의 유효기간은 건축물 에너지효율등급 예비인증서를 발급한 날부터 사용승인일 또는 사용검사일까지로 한다.

(9) 인증을 받은 건축물의 사후관리

① 건축물 에너지효율등급 인증을 받은 건축물의 소유자 또는 관리자는 그 건축물을 인증받은 기준에 맞도록 유지·관리하여야 한다.

② 인증기관의 장은 필요한 경우에는 건축물 에너지효율등급 인증을 받은 건축물의 정상 가동 여부 등을 확인할 수 있다.

③ 건축물 에너지효율등급 인증을 받은 건축물의 사후관리 범위 등 세부 사항은 국토교통부장관과 산업통상자원부장관이 정하여 공동으로 고시한다.

05 제로에너지건축물 인증 기준

(1) 건축물 에너지효율등급 : 인증등급 1++ 이상

(2) 에너지 자립률(%) $= \dfrac{\text{단위면적당 1차 에너지생산량}}{\text{단위면적당 1차 에너지소비량}} \times 100$

① 단위면적당 1차 에너지생산량(kWh/m^2·년) = Σ{(신재생에너지 생산량−신재생에너지 생산에 필요한 에너지량)×해당 1차 에너지환산계수}/평가면적

② 단위면적당 1차 에너지소비량(kWh/m^2·년) = 단위면적당 1차 에너지소요량+단위면적당 1차 에너지생산량

※ 냉방설비가 없는 주거용 건축물(단독주택 및 기숙사를 제외한 공동주택)의 경우 냉방 평가 항목을 제외

(3) 건축물에너지관리시스템 또는 원격검침전자식 계량기 설치 확인 : 「건축물의 에너지절약 설계기준」의 〔별지 제1호 서식 2. 에너지성능지표 중 전기설비부문 8. 건축

물에너지관리 시스템(BEMS) 또는 건축물에 상시 공급되는 모든 에너지원별 원격검침전자식 계량기 설치 여부

※ 제로에너지건축물 인증 등급

ZEB 등급	에너지 자립률
1등급	에너지 자립률 100 % 이상
2등급	에너지 자립률 80 % 이상 ~ 100 % 미만
3등급	에너지 자립률 60 % 이상 ~ 80 % 미만
4등급	에너지 자립률 40 % 이상 ~ 60 % 미만
5등급	에너지 자립률 20 % 이상 ~ 40 % 미만

주 ➔ 건축물의 완화기준

1. 건축물 에너지효율등급 및 녹색건축 인증에 따른 건축기준 완화비율 : 건축주 또는 사업주체가 「녹색건축 인증에 관한 규칙」에 따른 녹색건축 인증과 「건축물 에너지효율등급 및 제로에너지건축물 인증에 관한 규칙」에 따른 건축물 에너지효율등급 인증을 별도로 획득한 경우 다음의 기준에 따라 건축기준 완화를 신청할 수 있다.

건축물 에너지효율 인증 등급	녹색건축 인증 등급	최대완화비율
1+	최우수	9 %
1+	우수	6 %
1	최우수	6 %
1	우수	3 %

2. 건축물 에너지효율등급 및 제로에너지건축물 인증에 따른 건축기준 완화비율 : 건축주 또는 사업주체가 「건축물 에너지효율등급 및 제로에너지건축물 인증에 관한 규칙」에 따른 제로에너지건축물 인증을 취득하는 경우 다음의 기준에 따라 건축기준 완화를 신청할 수 있다.

제로에너지건축물 인증 등급	최대완화비율	비고
ZEB 1	15 %	에너지 자립률이 100 % 이상인 건축물
ZEB 2	14 %	에너지 자립률이 80 % 이상 ~ 100 % 미만인 건축물
ZEB 3	13 %	에너지 자립률이 60 % 이상 ~ 80 % 미만인 건축물
ZEB 4	12 %	에너지 자립률이 40 % 이상 ~ 60 % 미만인 건축물
ZEB 5	11 %	에너지 자립률이 20 % 이상 ~ 40 % 미만인 건축물

※ 건축물 에너지효율등급 인증 1++등급을 획득하고, 에너지 자립률이 20 % 미만인 경우 최대완화비율은 10 %이다.

06 건축물 에너지평가에서 '1차에너지 소요량'이란?

(1) 1차 에너지 환산계수

① 전력생산 및 연료의 운송 등에서 손실되는 손실분을 고려하기 위하여 적용하는 계수이다.

② 1차에너지 환산계수 테이블

구 분	1차 에너지 환산계수
연료(가스, 유류, 석탄 등)	1.1
전력	2.75
지역난방	0.728
지역냉방	0.937

(2) 에너지 요구량

건축물의 냉방, 난방, 급탕, 조명 부문에서 표준 설정 조건을 유지시키기 위하여 해당 공간에서 필요로 하는 에너지량을 말한다.

(3) 에너지 소요량

에너지 요구량을 만족시키기 위하여 건축물의 냉방, 난방, 급탕, 조명, 환기 부문의 설비기기에 사용되는 에너지량을 말한다.

(4) 1차에너지 소요량

에너지 소요량×1차 에너지 환산계수

제2편 신재생에너지 시스템설계

New Renewable Energy

제 1 장 | 신재생에너지 촉진법 및 기본계획

"법규나 국가 정책 관련 사항은 항상 변경 가능성이 있으므로, 필요 시 '국가 법령정보'를 재확인해야 한다." (www.law.go.kr)

01 신에너지 및 재생에너지 개발 · 이용 · 보급 촉진법

(1) 개요

① 과거「대체에너지개발및이용 · 보급촉진법」을 명칭 변경한 것이다(환경친화적이고 지속 가능한 의미를 내포할 수 있도록 '신재생에너지'로 용어를 변경함).

② 신재생에너지(대체에너지) 설비에 대한 소비자의 신뢰 확보와 보급 확대를 목적으로 국내 생산 또는 수입되는 태양열, 태양광, 소형풍력 등의 분야에 대한 설비 인증을 2003년 10월부터 최초 시행하고, 이를 위해 신재생에너지설비 인증에 관한 규정을 제정하였다.

(2) 신재생에너지의 정의

신에너지 및 재생에너지(신재생에너지)는 기존의 화석연료를 변환시켜 이용하거나 햇빛 · 물 · 지열 · 강수 · 생물유기체 등을 포함하는 재생 가능한 에너지를 변환시켜 이용하는 에너지를 말한다.

(3) 신재생에너지의 종류

① 석유, 석탄, 원자력, 천연가스가 아닌 에너지로서 11개 분야를 지정하였다.

② 신에너지 : 3종(수소, 연료전지, 석탄액화 · 가스화 및 중질잔사유(重質殘渣油) 가스화 에너지)

③ 재생에너지 : 9종(태양열, 태양광, 풍력, 수력, 지열, 해양, 바이오에너지, 폐기물, 수열)

(4) 신재생에너지 공급의무비율(공공 및 공공 투자건물)

해당 연도	2011~2012	2013	2014	2015	2016	2017	2018	2019	2020 이후
공급의무 비율(%)	10	11	12	15	18	21	24	27	30

(5) 신재생에너지 의무공급량(RPS)

의무공급량의 연도별 합계는 공급의무자의 총 전력생산량에 아래 표에 따른 비율을 곱한 발전량 이상으로 한다.

해당 연도	2012	2013	2014	2015	2016	2017	2018	2019	2020	2021	2022	2023 이후
비율(%)	2.0	2.5	3.0	3.0	3.5	4.0	5.0	6.0	7.0	8.0	9.0	10.0

(6) 태양광 별도 의무량

① 태양광 산업의 집중육성 측면에서 시행초기 5년간 할당물량 집중 배분
② 2016년부터는 별도 신규할당 없이 타 신재생에너지원과 경쟁 유도

해당 연도	의무공급량(단위 : GWh)
2012년	276
2013년	723
2014년	1,353
2015년 이후	1,971

㈜ '개별 공급의무자별 태양광 의무할당량은 고시' 별도

제2장 | 히트펌프 시스템

01 히트펌프 분류 및 특징

(1) 개요

① 히트펌프란 저열원에서 고열원으로 열을 전달할 수 있게 고안된 장치를 말한다.

② 원래 높은 성적계수(COP)로 에너지를 효율적으로 이용하는 방법의 일환으로 연구되어왔다.

③ Heat Pump는 하계 냉방 시에는 보통의 냉동기와 같지만, 동계 난방 시에는 냉동 사이클을 이용하여 응축기에서 버리는 열을 난방용으로 사용하고 양 열원을 겸하므로 보일러실이나 굴뚝 등이 차지하던 공간의 절약이 가능하다.

④ 열원의 종류는 공기(대기), 물, 태양열, 지열 등 다양하며, 온도가 적당하고 시간적 변화가 적은 열원일수록 좋다.

⑤ **시스템의 종류(열원－열매)** : 공기－공기 방식, 공기－물 방식, 물－공기 방식, 물－물 방식, 태양열－물 방식, 지열－물 방식, 이중 응축기 방식 등

(2) 장 · 단점

① 장점

㈎ 대부분의 사용 영역에서 성적계수(COP)가 높다.

㈏ 한 대로 냉 · 난방을 동시에 할 수 있다.

㈐ 압축비를 높여 고온의 물이나 공기도 얻을 수 있고, 연소가 없으므로 대기오염이나 오염물질 배출이 거의 없다.

㈑ 저온 발열의 '재생 이용'에 효과적이다(폐열회수).

㈒ 난방 시의 열량 및 열효율을 냉방 시보다 높일 수 있는 가능성이 있다.

㉮ 성능 측면 : 응축열량＝증발열량＋압축기 소요동력

㉯ COPh＝1＋COPc

㈓ 신재생에너지와 연계가 용이하다(자연에너지를 승온 및 냉각).

② 단점

㈎ 성적계수(COP)가 외부 기후조건(TAC 위험율 초과 온습도 시, 눈, 비, 바람, 지

중온도 등)에 따라 매우 유동적일 수 있다.

(나) 난방 운전 시 주기적인 제상운전이 필요 : 난방의 간헐적 중단, 평균 용량 저하, 과잉 액체냉매 처리 등이 문제

(다) 냉·난방을 겸할 수 있으나, 외기 저온 난방 시에는 높은 압축비를 필요로 하므로 열효율이 많이 떨어진다.

(라) 비교적 부품이 많고, 제어가 복잡하다(냉매회로 절환, 혹은 공기/수 회로 절환).

(마) 보일러와 달리 많은 열을 동시에 얻기 어렵다.

(바) 지열, 태양열, 폐열원 등의 기후조건에 변치 않는 고정열원을 확보한다면 상기 단점들을 많이 극복할 수 있다.

(3) 히트펌프의 분류 및 각 특징

구 분	열원 측	가열(냉각 측)	변환 방식	특 징
ASHP	공기	공기	냉매회로 변환 방식	• 장치구조 간단 • 중소형 히트펌프에 많이 사용
			공기회로 변환 방식	• 덕트구조 복잡하여 Space 커짐 • 거의 사용 적음
	공기	물	냉매회로 변환 방식	• 구조 간단(축열조 이용이 용이) • 기존의 중앙공조시스템의 대체용으로 적용이 용이
			수회로 변환 방식	• 수회로구조 복잡 • 브라인 교체 등 관리 복잡 • 현재 거의 사용 적음
WSHP	물	공기	냉매회로 변환 방식	• 장치구조 간단 • 중소형 히트펌프에 많이 사용
			수회로 변환 방식	• 수회로구조 복잡 • 현재 거의 사용 적음
	물	물	냉매회로 변환 방식	• 중형 이상의 히트펌프 시스템에 적합 • 냉·온수를 모두 이용하는 열회수 시스템 적용이 용이
			수회로 변환 방식	• 수회로구조 복잡 • 대형시스템에 적합
			변환 없는 방식	• 일명 Double Bundle Condenser • 냉/온수 동시간 이용 가능(실내기 2대 설치 등)
SSHP	태양열(물)	공기 혹은 물	냉매회로 변환 방식	• 태양열을 이용한 열원 확보 • 냉/난방 공히 안정된 열원(냉각탑과 연계 운전)

GSHP	지열 (물)	공기 혹은 물	냉매회로 변환 방식	• 지열, 강물, 해수 등의 열을 회수하여 히트펌프의 열원으로 사용함 • 냉/난방 공히 비교적 안정된 열원
폐수 열원 히트 펌프	폐수 (물)	공기 혹은 물	냉매회로/수회로 변환 방식	• 폐수열을 회수하여 히트펌프의 열원으로 재사용하는 방식
EHP	물 혹은 공기	공기	냉매회로 변환 방식	• 수랭식 혹은 공랭식 열교환 • 실내기 측은 멀티 실내기 형태 혹은 공조기(AHU) 연결 가능함
GHP	물 혹은 공기	공기	냉매회로 변환 방식	• 보통 공랭식 열교환 • 실내기 측은 멀티 실내기 형태 혹은 공조기(AHU) 연결 가능함
HR	물 혹은 공기	공기	냉매회로 변환 방식	• 수랭식 혹은 공랭식 열교환 • 실내기 측은 주로 멀티 형태로 다중 연결됨 • 동시운전멀티 : 한 대의 실외기로 냉·난방을 동시에 행할 수 있음
흡수식 히트 펌프	물 혹은 공기	물	수회로 변환 방식	• 증기구동방식, 가스구동방식, 온수구동방식 등이 있음 • 높은 열효율, 고온 승온이 용이

주 • ASHP (Air Source Heat Pump) : 실외공기를 열원으로 하는 히트펌프
• WSHP (Water Source Heat Pump) : 물을 열원으로 하는 히트펌프
• SSHP (Solar Source Heat Pump) : 태양열을 열원으로 하는 히트펌프
• GSHP (Ground Source Heat Pump) : 땅속의 지열을 열원으로 하는 히트펌프
• EHP (Electric Heat Pump) : 전기로 구동되는 히트펌프의 총칭
• GHP (Gas driven Heat Pump) : 가스엔진을 사용하여 냉매압축기를 구동함
• HR (Heat Recovery) : 한 대의 실외기로 냉방, 난방을 동시에 구현 가능

(4) 주요 열원방식별 특징

① ASHP

㈎ 공기-공기 방식 : 간단한 패키지형 공조기, 에어컨 종류 등에 많이 적용

㈏ 공기-물 방식 : 공랭식 칠러 방식, 실내 측은 공조기 혹은 FCU 방식이 대표적임

② WSHP

㈎ 물-공기 방식 : 수랭식(냉각탑 사용), 실내 측은 직팽식 공조기, 패키지형 공조기 등을 많이 적용함

㈏ 물-물 방식 : 수랭식(냉각탑 사용), 실내 측은 공조기 혹은 FCU 방식이 대표적임

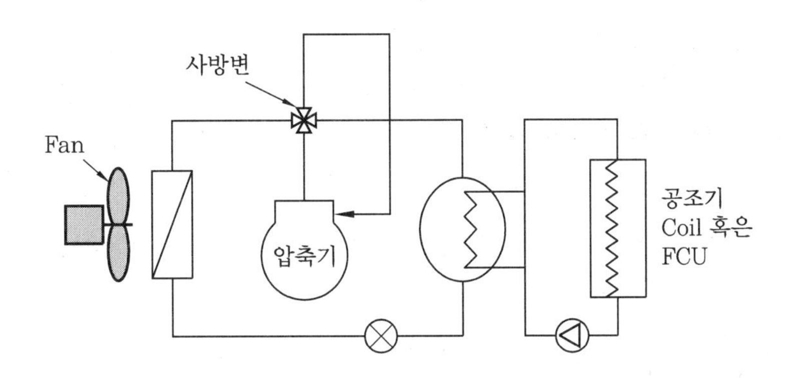

공기–물 히트펌프(냉매회로 변환방식)

(5) 기술동향

① 공기열원 방식의 경우 과거에는 국내 기후조건에서 남부지방 일부 지역과 제주도 지역에서만 히트펌프 시스템 적용이 가능했으나, 최근에는 한랭지 전용의 히트펌프가 많이 개발되면서 기술적으로 외기온도의 영향을 많이 극복하였다.

② **축열(물) 후 이용** : 축열 후 멀리 이송 가능, 냉・난방 흐름의 역변환 작동 및 이용

③ GHP, EHP 및 냉・난방 겸용 팩케이지형 에어컨 등에 적용 노력이 많이 이루어지고 있다(특히 GHP, EHP는 에너지 절약형 히트펌프로서 학교 건물, 사무실, 고층 건물 용도로 많이 시공되고 있다).

✓ 핵심
- 히트펌프의 가장 큰 장점은 한 대의 열원으로 냉・난방을 동시에 행할 수 있고, 냉・난방 시 에너지 효율이 타 장치보다 높다는 점이다.
- 히트펌프의 가장 큰 단점은 공기열원식의 경우 겨울철 난방 시 실외온도가 많이 낮을 시 압축기의 압축비가 증가하므로 난방능력 저하와 시스템 효율 저하를 가져올 수 있고, 습도가 많을 시 제상운전이라고 하는 빈번한 간헐운전(간헐난방)이 진입할 수 있다. 또 난방 시 증발열원 보충을 위해 보조열원이 필요한 경우도 있다. 따라서, 지열, 태양열, 폐열 등의 기후조건에 변치 않는 고정적 보조열원을 확보한다면 상기 단점을 극복할 수 있다.
- 히트펌프의 열원으로서는 물과 공기가 가장 많이 쓰이며, 앞으로 태양열, 지열 등의 신재생에너지도 많이 보급될 전망이다.

(6) 향후 연구과제

① 고효율 열교환기 개발로 COP를 향상시켜야 한다.

② 고효율 및 고압축비에서 신뢰성이 강한 압축기를 개발해야 한다.

③ 작동 열매체를 업그레이드(대체냉매의 COP 향상 등)해야 한다.

④ 공기열원 히트펌프의 경우 실외 저온난방Cycle을 개선해야 한다.

⑤ 이용처 확대방안을 모색해야 한다.

Quiz 제주도에 신축 중인 모텔에 공기열원 주거용 패키지 히트펌프(Air-Source Residential Package Heat Pump) 시스템을 적용할 경우 장점은?

해설 1. 패키지 히트펌프 설치 시의 장점

① 제주도는 한랭지가 아니므로 기본적으로 히트펌프를 설치하면 보조열원 없이도 냉·난방이 동시에 가능하다.

② 냉·난방을 동시에 할 수 있어 높은 에너지효율을 극대화할 수 있다는 가장 큰 장점이 있다.

③ 겨울철 난방 시 제상(실외 열교환기의 착상) 모드의 진입이 거의 없어 연속적인 난방이 가능할 수도 있다.

④ 제주도는 타 지역 대비 바람이 많고 실외기 주변의 통풍이 잘 이루어질 수 있어 응축능력 혹은 증발능력이 증가될 수 있다.

⑤ 패키지형 히트펌프는 직팽식 코일 형태가 많으므로 열교환 효율이 높아서 제주도의 높은 습도를 제거하는 데 도움이 된다.

2. 응용

① 제주도의 날씨는 현열비가 낮고 제습부가가 크므로, 패키지 히트펌프의 실내 풍량을 줄이고 코일 면적을 다소 크게 하여 감습량을 증가시켜주는 것이 좋다.

② 제습부하를 용이하게 처리하기 위해 재열시스템 등의 고려가 필요하다.

③ 시스템 멀티(EHP, GHP ; 실외기 한 대에 실내기를 여러 대 부착 가능)가 많이 보급되고 있어 건물 외주부 공조나 개별공조 등에 많이 활용 가능하다.

02 공기-공기 히트펌프(Air to Air Heat Pump)

(1) 개요

① 대기를 열원으로 하며 냉매 코일에 의해서 직접 대기로부터 흡열(혹은 방열)하여 실내공기를 가열(혹은 냉각)하는 방식이다.

② 중소형 히트펌프에 적합한 방식이다(비교적 장치구조 간단). 단, 요즘은 시스템 혹은 장치의 대형화 작업이 많이 이루어지고 있다.

③ 여름철 냉방과 겨울철 난방의 균형상 전열기 등의 보조열원이 필요한 경우가 많다.

④ 냉매회로 변환 방식과 공기회로 변환 방식이 있으나, 주로 냉매회로 변환 방식이 많이 사용된다.

(2) 작동방식

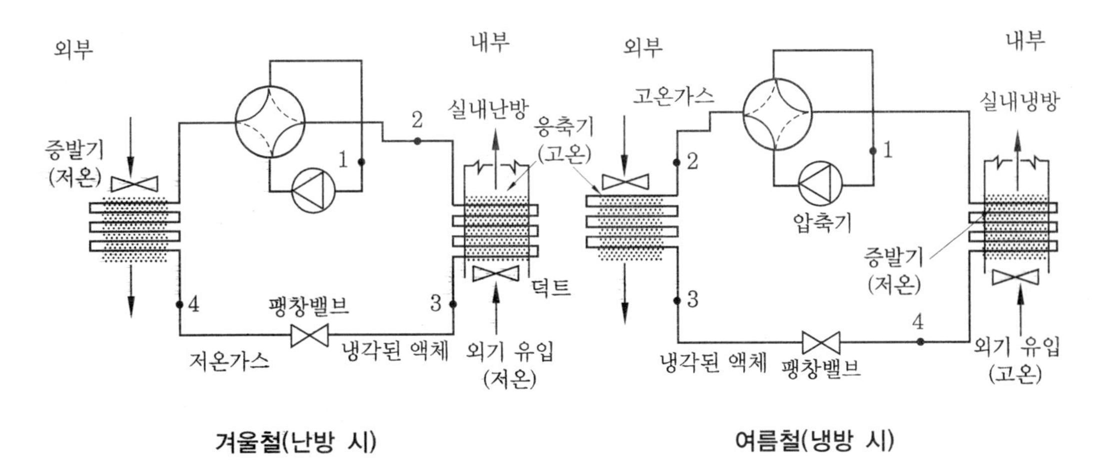

겨울철(난방 시) 여름철(냉방 시)

① **겨울철(난방 시)**

㈎ 압축기에서 나오는 고온고압의 가스는 실내 측으로 흘러들어가 난방을 실시한다.

㈏ 실내 응축기에서 난방을 실시한 후 팽창변을 거쳐 증발기로 흡입되어 대기의 열을 흡수한다.

㈐ 증발기에서 나온 냉매는 사방변을 거쳐 다시 압축기로 흡입된다.

② **여름철(냉방 시)**

㈎ 압축기에서 나오는 고온고압의 가스는 실외 측 응축기로 흘러들어가 방열을 실시한다.

㈏ 실외 응축기에서 방열을 실시한 후 팽창변을 거쳐 실내 측 증발기로 흡입되어 냉방을 실시한다.

㈐ 실내 측 증발기에서 나온 냉매는 사방변을 거쳐 다시 압축기로 흡입된다.

✓핵심 공기-공기 히트펌프는 열원 측과 가열 측의 냉매가 모두 공기와 열교환하는 시스템이며, 한랭지에서는 겨울철 열원 측의 온도 저하가 심하므로 전열기, 폐열회수 등의 보조열원이 필요한 경우가 많다.

(3) 성적계수(COP)의 계산 – 압축기의 손실 미고려 시

- 냉방 시의 성적계수 $COPc = \frac{증발능력}{소요동력} = \frac{(h_1 - h_4)}{(h_2 - h_1)}$
- 난방 시의 성적계수 $COPh = \frac{응축능력}{소요동력} = \frac{(h_2 - h_3)}{(h_2 - h_1)}$

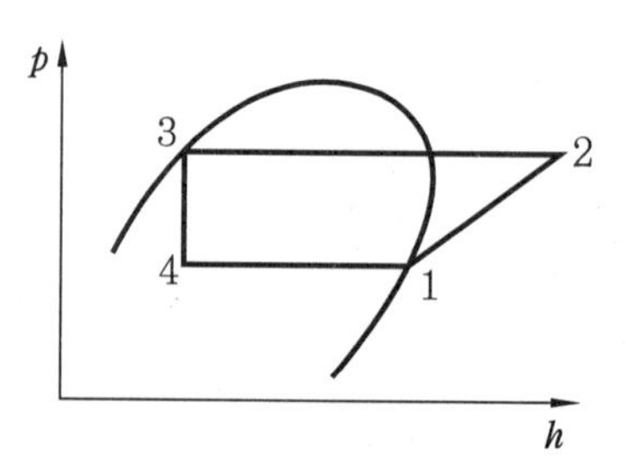

$p-h$선도 (냉 · 난방 시 동일)

03 공기–물 히트펌프 (Air to Water Heat Pump)

(1) 개요

① **공기열원 히트펌프** : 공기열원이라는 말은 실외 측의 열교환기에서 냉방 시에는 열을 방출하고, 난방 시에는 열을 흡수하기 위한 열원이 공기라는 뜻이다.

② **사용처가 물** : 사용처가 물이라는 말은 2차냉매로 물이나 브라인 등을 이용한다는 뜻으로 볼 수 있다.

(2) 개방식 수축열조를 이용한 공기–물 히트펌프

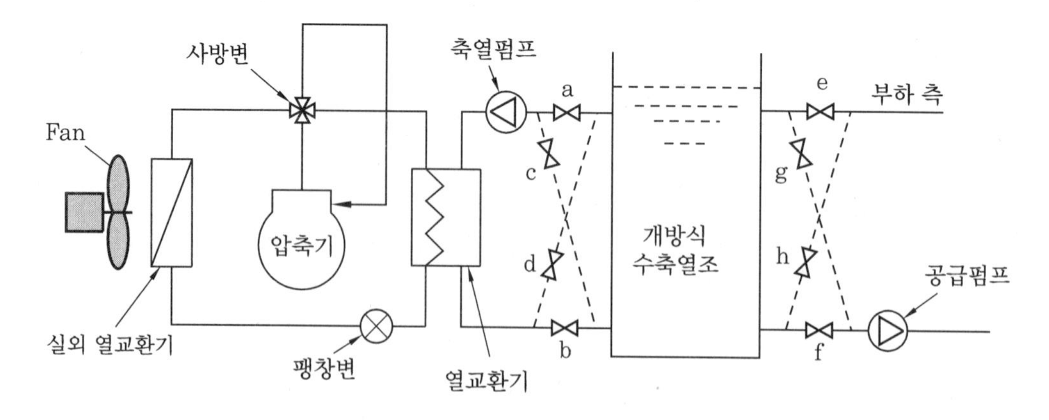

① 난방 시 운전방법

㈎ 압축기에서 나오는 고온고압의 냉매가스는 열교환기를 통하여 간접적으로 개방형 수축열조 내부의 물을 데운다(약 45~55℃ 수준).

㈏ 이때 밸브 a 및 b가 닫히고, c 및 d가 열리게 하여 수축열조 하부의 비교적 찬 물을 열교환기 측으로 운반하여 데운 후 수축열조 상부로 다시 공급하여준다.

㈐ 열교환기를 통과한 냉매는 팽창변 및 실외 열교환기를 거쳐 사방변을 돌아서 압축기로 다시 복귀된다.

㈑ 한편 수축열조에서 데워진 물은 공급펌프에 의해 부하 측으로 운반되어 공조기, FCU, 바닥코일 등의 내부 열교환기를 가열시켜 난방을 행하거나 급탕에 이용된다.

㈒ 이때 밸브 e 및 f는 닫히고, g 및 h는 열리게 하여 수축열조 상부의 비교적 뜨거운 물을 부하 측으로 공급해준 후, 환수되는 물은 축열조 하부로 다시 넣어준다(이때 수축열조 내부의 물의 성층화를 위하여 특수한 형태의 디퓨저장치를 통하여 물을 수축열조 내부로 공급 및 환수시키는 것이 유리하다).

② 냉방 시 운전방법

㈎ 압축기에서 나오는 고온고압의 냉매가스는 실외 측의 실외 열교환기로 흘러들어가 방열을 실시한다.

㈏ 실외 공랭식 응축기에서 방열을 실시한 후 팽창밸브를 거친 후 열교환기를 통하여 간접적으로 개방형 수축열조 내부의 물을 냉각시킨다(약 5~7℃ 수준).

㈐ 개방형 수축열조의 냉각된 물은 공급펌프에 의해 부하 측으로 운반되어 공조기, FCU 등의 내부 열교환기를 냉각시켜 냉방을 행한다.

㈑ 이때 밸브 a~h는 '난방 시 운전방법'과는 반대로 열리거나 닫힌다(즉, a, b, e, f는 열리고, c, d, g, h는 닫힌다).

㈒ 열교환기에서 나온 냉매는 사방변을 거쳐 다시 압축기로 흡입된다(재순환).

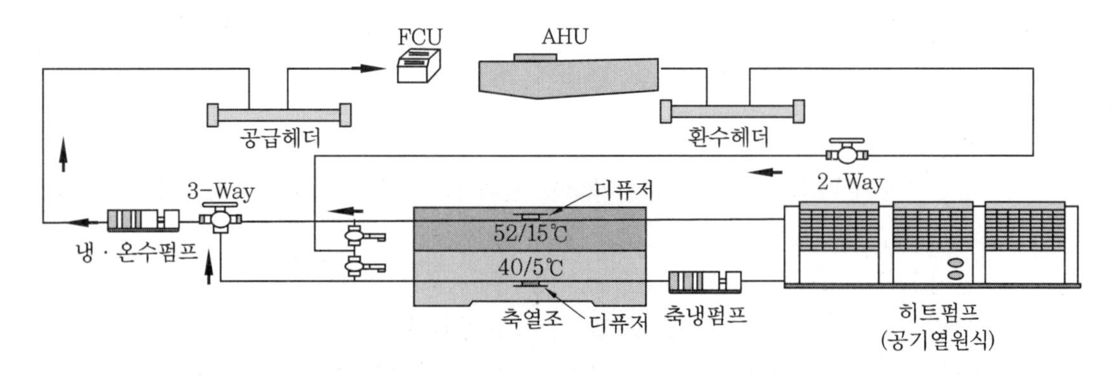

공기열원 수축열 히트펌프 시스템의 적용사례

③ 개방식 수축열조를 이용한 공기-물 히트펌프의 장 · 단점

㈎ 장점 : 저렴한 심야전력 이용 가능, 냉방 · 난방 · 급탕 동시 이용 가능, 전력의 수요관리 가능, 열원의 안정성

㈏ 단점 : 개방식 축열조 내의 오염, 부식, 스케일 생성 우려, 장치의 복잡성 등

✓핵심 공기열원이라는 말은 실외 측의 열교환기에서 냉방 시에는 열을 방출하고, 난방 시에는 열을 흡수하기 위한 열원이 공기라는 뜻이며, 개방식 수축열조라는 말은 2차 냉매인 물이나 브라인의 순환이 개방회로로 이루어진다는 의미이다.

04 HR (Heat Recovery ; 냉 · 난방 동시운전 멀티)

(1) 개요

① 일명 '냉 · 난방 동시운전 멀티'라고도 하며, 한 대의 실외기에 연결된 다수의 실내기의 냉 · 난방 선택운전이 자유로워 냉 · 난방 동시운전이 가능하다.

② 실외에 버려지는 응축열을 회수하여 난방하는 데 사용할 수 있다(겨울철에 실외에 버려지는 증발열을 회수하여 냉방하는 데 사용하게 하는 시스템도 있다).

③ 한 대의 실외기에 하나의 냉매 Cycle로 연결된 다수의 실내기에 대해 냉방 혹은 난방을 자유롭게 선택 · 운전이 가능하다는 점 외에, 버려지는 폐열의 회수가 가능하다는 점이 가장 중요한 기술이다.

(2) 냉방 혹은 냉 · 난방 동시운전 시의 원리(3관식의 사례)

다음 그림과 같이 실내기 측 및 실외기 측을 서로 연결하는 배관이 3개로 되어있는 경우이므로 3관식이라고 이름한다.

① 냉방운전 시

㈎ 압축기에서 나오는 고온고압의 가스는 실외 H/EX(응축기)로 흘러들어가 방열을 실시한다.

㈏ 실외 H/EX(응축기)에서 방열을 실시한 후 수액기 및 팽창변 A, B, C를 거쳐 각 실내기 A, B, C의 각 H/EX(증발기)로 흡입되어 냉방을 실시한다(이때 실외기 측의 난방용 팽창변은 완전히 열리게 하여 팽창변 역할을 하지 못하게 한다).

㈐ 각 실내기 측 증발기에서 나온 냉매는 냉난방 선택밸브(3방변)의 하부로 흘러나

와 사방변을 거쳐 액분리기를 통과한 후 압축기로 다시 흡입된다.

② 냉·난방 동시운전 시

㈎ 실내기 A가 냉방운전을 하고, 실내기 B, C가 난방운전을 할 경우 실내기 A는 상기 ①의 Cycle로 일반적인 냉방운전을 실시한다.

㈏ 그러나 실내기 B, C가 난방운전을 하기 위해서 그림 좌측의 '동시운전밸브'가 열리면 압축기에서 나오는 고온고압의 냉매가스 중 일부가 실내기로 넘어가서 냉난방 선택밸브(3방변)의 상부로 흘러 실내기 B, C가 난방운전을 실시한다. 이후 팽창변 B, C을 거쳐 합류한 후 팽창변A를 거쳐 실내기A로 흘러들어가 냉방을 실시한 후 냉난방 선택밸브(3방변)의 하부로 흘러나와 사방변을 거쳐 액분리기를 통과한 후 압축기로 다시 흡입된다(이때 실외기 측의 난방용 팽창변과 실내기 측 팽창변 B, C는 완전히 열리게 하여 팽창변 역할을 하지 못하게 한다).

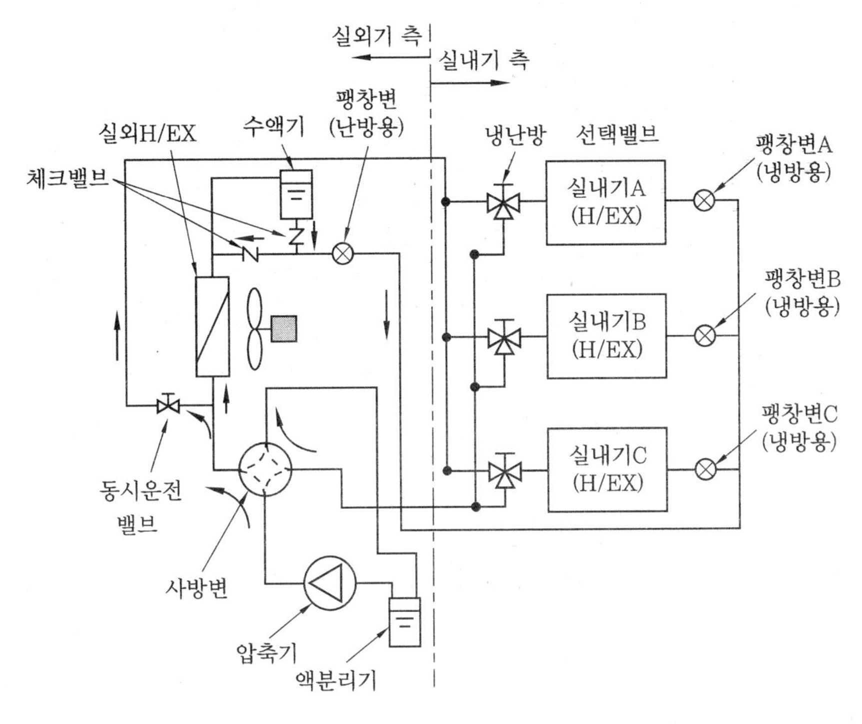

HR(Heat Recovery)의 냉방운전 혹은 냉·난방 동시운전

(3) 난방운전 시의 원리(3관식의 사례)

① 실내기 A, B, C 중 냉방운전의 선택이 없고 오직 난방운전만 1~3대 실시될 경우 상기 '냉방운전 혹은 냉·난방 동시운전 그림' 대비하여 좌측 하부에 있는 사병변

주변의 냉매의 흐름이 완전히 반대임을 알 수 있다.

② 즉, 실내기 A, B, C 모두 난방운전으로 선택되는 경우를 예로 들어보면, 사방변(4Way Valve)이 절환하여 압축기에서 나오는 고온고압의 가스냉매가 냉난방 선택밸브(3방변)의 하부로 흘러들어가고 각 실내기 A, B, C로 공급되어 실내기가 난방을 실시하게 해준다.

③ 이후 팽창변 각각 A, B, C(완전히 열리게 하여 팽창변 역할을 하지 못하게 한다)를 거쳐 실외 측의 난방용 팽창변에서 교축되고 이후 실외 H/EX(증발기)로 인입되어 열교환 후 사방변과 액분리기를 거쳐 다시 압축기로 복귀하게 된다.

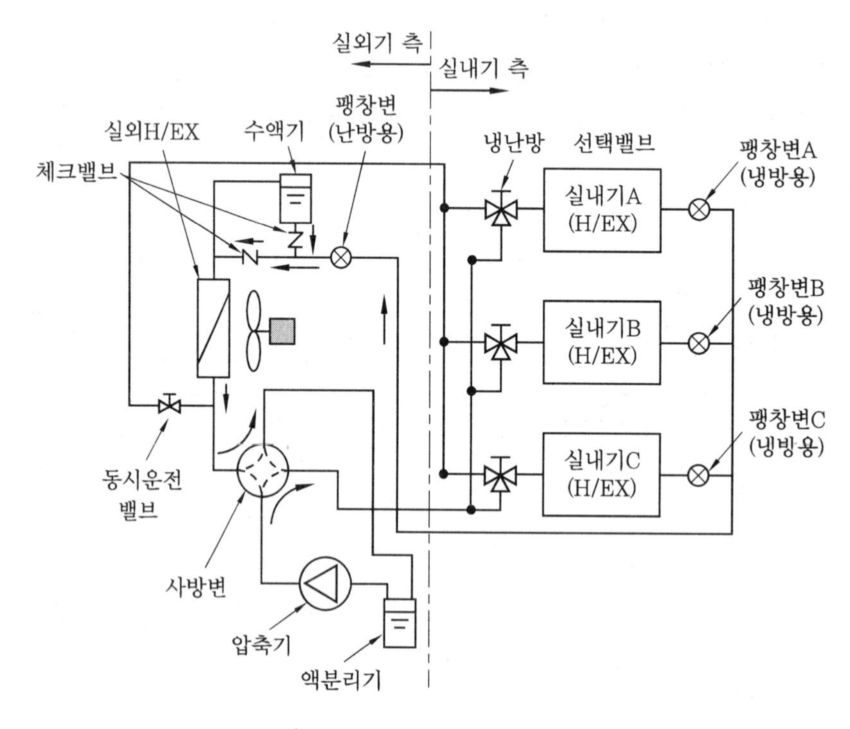

HR(Heat Recovery)의 난방운전

제3장 | 신재생에너지 시스템설계

01 자연형 태양열주택 System

(1) 개요

① 무동력으로 태양열을 난방 등의 목적으로 이용하는 방법을 말한다.
② 낮 동안에 태양에 의해 데워진 공기 혹은 구조체(축열)가 대류 혹은 복사의 원리로 주간 및 야간에 사용처로 전달되어 난방으로 활용되는 방식이다.

(2) 종류 및 특징

① 직접획득형(Direct Gain)

㈎ 일부는 직접 사용한다.
㈏ 일부는 벽체 및 바닥에 저장(축열) 후 사용한다.
㈐ 여름철을 대비하여 차양 설치가 필요하다.
㈑ 장점
㉮ 일반화되고 추가비가 거의 없다.
㉯ 계획 및 시공이 용이하다.
㉰ 창의 재배치로 일반 건물에 쉽게 적용할 수 있다.
㉱ 집열창이 조망, 환기, 채광 등의 다양한 기능을 유지한다.
㈒ 단점
㉮ 주간에 햇빛에 의한 눈부심이 발생하고 자외선에 의한 열화현상이 발생하기 쉽다.
㉯ 실온의 변화폭이 크고 과열현상이 발생하기 쉽다.
㉰ 유리창이 크기 때문에 프라이버시가 결핍되기 쉽다.
㉱ 축열부가 구조적 역할을 겸하지 못하면 투자비가 증가된다.
㉲ 효과적인 야간 단열을 하지 않으면 열손실이 크다.

② 온실 부착형(Attached Sun Space)

㈎ 남쪽 창 측에 온실을 부착하여, 일단 온실에 태양열을 축적 후 필요한 인접 공간에 공급하는 형태(분리 획득형으로 분류하는 경우도 있음)이다.

(나) 온실의 역할을 겸하므로, 주거공간의 온도 조절이 용이하다.

(다) 장점

㉮ 거주공간의 온도 변화폭이 적다.

㉯ 휴식이나 식물 재배 등 다양한 기능을 갖는 여유 공간을 확보할 수 있다.

㉰ 기존 건물에 쉽게 적용할 수 있다.

㉱ 디자인 요소로서 부착온실을 활용하면 자연을 도입한 다양한 설계가 가능하다.

(라) 단점

㉮ 온실의 부착으로 초기투자비가 비교적 높다.

㉯ 설계에 따라 열 성능에 큰 차이가 나타난다.

㉰ 부착온실 부분이 공간 낭비가 될 수 있다.

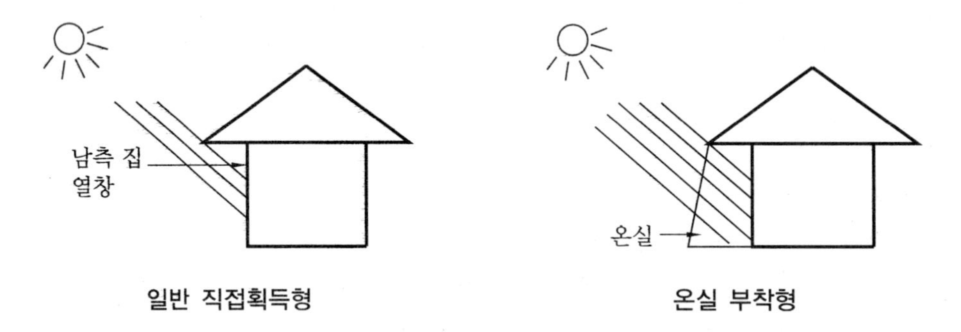

③ **간접획득형**(Indirect Gain, Trombe Wall, Drum Wall)

(가) 콘크리트, 벽돌, 석재 등으로 만든 축열벽형을 '트롬월(Trombe Wall)'이라 하고, 수직형 스틸 Tube (물을 채움)로 만든 물벽형을 '드럼월(Drum Wall)'이라고 한다.

(나) 일단 축열벽 등에 저장 후 '복사열'을 공급한다.

(다) 축열벽 전면에 개폐용 창문 및 차양을 설치한다.

(라) 축열벽 상·하부에 통기구를 설치하여 자연대류를 통한 난방도 가능하다.

(마) 물벽, 지붕연못 등도 '간접획득형'에 해당한다.

(바) 축열벽의 집열창 쪽은 검은색, 방 (거주역) 쪽은 흰색으로 하는 것이 유리하다.

(사) 장점

㉮ 거주공간의 온도 변화가 적다.

㉯ 일사가 없는 야간에 축열된 에너지의 대부분이 방출되므로 이용효율이 높다.

㉰ 햇빛에 의한 과도한 눈부심이나 자외선의 과다 도입 등의 문제가 없다.

㉱ 우리나라와 같은 추운 기후에서 효과적이다.

㉲ 태양의존율 측면 : '간접획득형'의 태양의존율은 보고에 따르면 약 27 % 정도에 달하는 것으로 알려져있으며, 설비형 태양열 설비(태양의존율이 50~60 % 정

도)의 절반 수준이다. 단, 설비형은 투자비가 과다하게 들어가는 단점이 있다.

> **주➔ 태양의존율(또는 태양열 절감률)** : 열부하 중 태양열에 의해서 공급하는 비율을 말한다.

㈎ 단점

㉮ 창을 통한 조망 및 채광이 결핍되기 쉽다.

㉯ 벽의 두께가 크고 집열창과 이중으로 구성되어 유효공간을 잠식한다.

㉰ 집열창에 대한 야간 단열을 효과적으로 하기가 용이하지 않다.

㉱ 건축디자인 측면에 있어서 조화 있는 해결이 용이하지 않다.

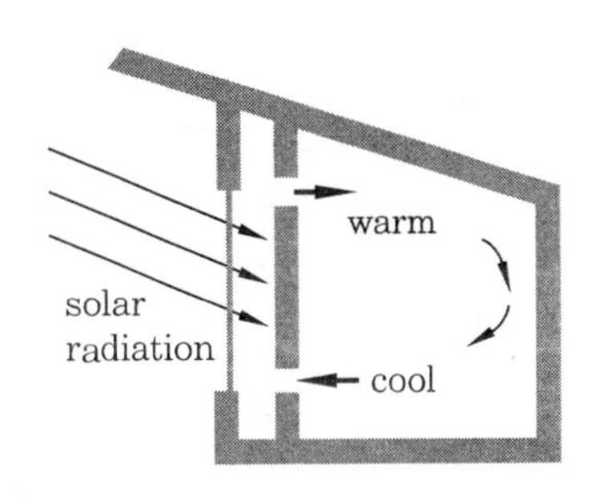

간접획득형

> **주➔ 축열지붕형**(Roof Pond)
>
> ① 지붕연못형이라고도 하며 축열체인 액체가 지붕에 설치되는 유형을 말한다.
> ② 난방기간에는 주간에 단열패널을 열어 축열체가 태양열을 받도록 하며, 야간에는 저장된 에너지가 건물의 실내로 복사되도록 한다.
> ③ 냉방기간에는 주간에 실내의 열이 지붕 축열체에 흡수되고 강한 여름 태양빛으로부터 단열되도록 단열 패널을 닫고 야간에는 축열체가 공기 중으로 열을 복사 방출하도록 단열패널을 열어둔다.

④ **분리획득형**(Isolated Gain)

㈎ 축열부와 실내공간을 단열벽으로 분리시키고, 대류현상을 이용하여 난방을 실시한다.

㈏ 자연대류형(Thermosyphon)의 일종이며, 공기가 데워지고 차가워짐에 따라서 자연적으로 일어나는 공기의 대류에 의한 유동현상을 이용한 것이다.

㈐ 태양이 집열판 표면을 가열함에 따라 공기가 데워져서 상승하고 동시에 축열체 밑으로부터 차가운 공기가 상승하여 자연대류가 일어난다.

㈑ 장점

㉮ 집열창을 통한 열손실이 거의 없으므로 건물 자체의 열성능이 우수하다.

㉯ 기존의 설계를 태양열 시스템과 분리하여 자유롭게 할 수 있다.

㉰ 온수 급탕에 적용할 수 있다.

㈒ 단점

㉮ 집열부가 항상 건물 하부에 위치하므로 설계의 제약조건이 될 수 있다.

㉯ 일사가 직접 축열되지 않고 대류공기로 축열되므로 효율이 떨어진다.

㉰ 시공 및 관리가 비교적 어렵다.

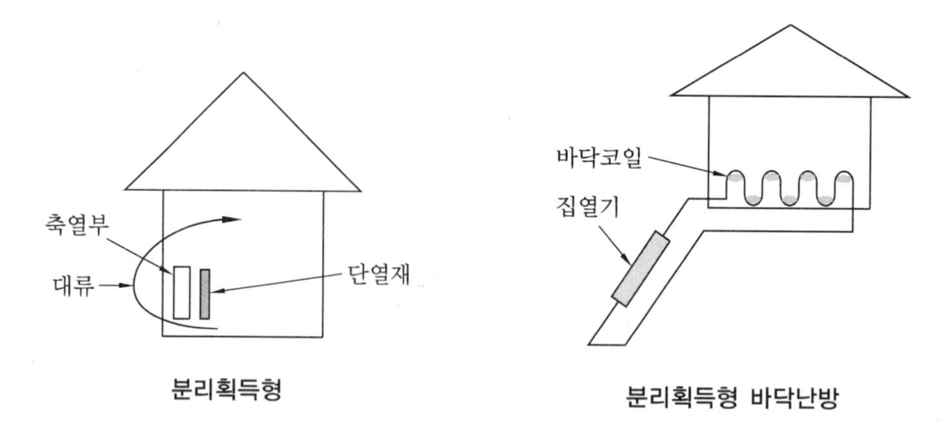

분리획득형 분리획득형 바닥난방

⑤ **이중외피 구조형**(Double Envelope)

㈎ 이중외피 구조형은 건물을 이중외피로 하여 그 사이로 공기가 순환되도록 하는 형식을 말한다.

㈏ 겨울철 주간에 부착온실(남측면에 보통 설치)에서 데워진 공기는 이중외피 사이를 순환하게 되며, 바닥 밑의 축열재를 가열하게 된다.

㈐ 겨울철 야간에는 남측에서 가열된 공기가 북측 벽과 지붕을 가열하여 열손실을 막는다.

㈑ 여름철에는 태양열에 의해 데워진 공기를 상부로 환기시켜 건물의 냉방부하를 경감시킨다.

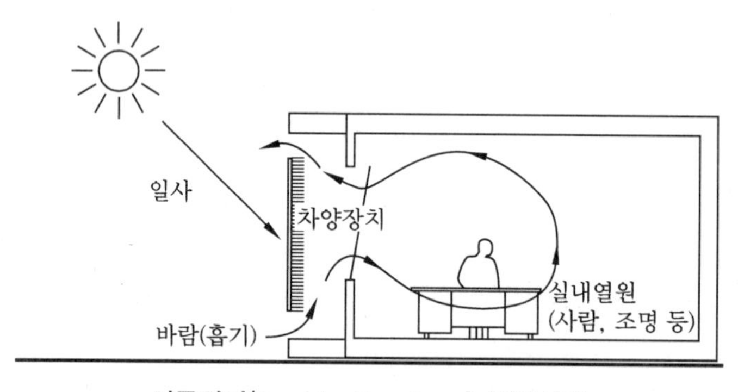

이중외피(Double Envelope) 적용사례

✓ 핵심 자연형 태양열주택은 직접획득형, 온실 부착형, 간접획득형(물벽, 지붕연못 등), 분리획득형(축열부와 실내공간을 단열벽으로 분리), 이중외피형 등으로 분류되고, 무동력으로 난방을 하기 위해 고안된 난방방식이다.

02 설비형 태양광 자연채광시스템

(1) 광덕트(채광덕트) 방식

① 채광덕트는 외부의 주광을 덕트를 통해 실내로 유입하는 장치이고 태양광을 직접 도입하기보다는 천공산란광, 즉 낮기간 중 외부조도를 유리면과 같이 반사율이 매우 높은 덕트 내면으로 도입시켜 덕트 내의 반사를 반복시켜가면서 실내에 채광을 도입하는 방법이다.

② 채광덕트는 채광부, 전송부, 발광부로 구성되어있고 설치방법에 따라 수평 채광덕트와 수직 채광덕트로 구분한다.

③ 빛이 조사되는 출구는 보통 조명기구와 같이 패널 및 루버로 되어있으며 도입된 낮기간의 빛이 이곳으로부터 실내에 도입된다.

④ 야간에는 반사경의 각도를 조정시켜 인공조명을 점등하여 보통 조명기구의 역할을 하게 한다.

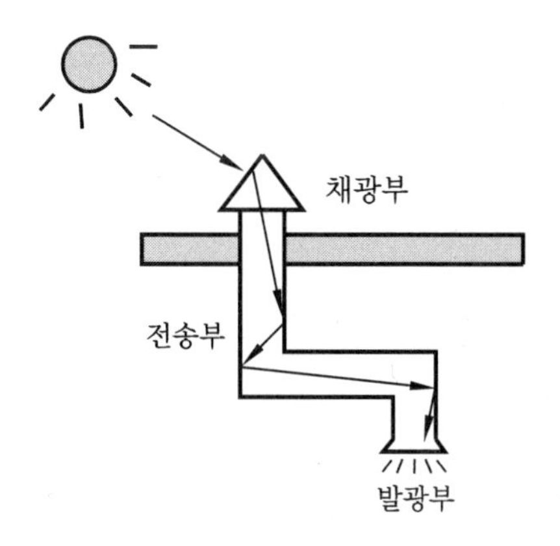

광덕트(채광덕트) 방식

(2) 천장 채광조명 방식

① 지하 통로 연결부분에 천장의 개구부를 활용하여 천창구조식으로 설계하여 자연채광이 가능하도록 함으로써 자연채광조명과 인공조명을 병용하는 방법이다.

② 특히 정전 시에도 자연채광에 의하여 최소한의 피난에 필요한 조명을 확보할 수 있도록 하고 있다.

(3) 태양광 추미 덕트 조광장치

① 태양광 추미식 반사장치와 같이 반사경을 작동시키면서 태양광을 일정한 장소로

향하게 하여 렌즈로 집광시켜 평행광선으로 만들어 좁은 덕트 내를 통하여 실내에 빛을 도입시키는 방법이다.

② 자연채광의 이용은 물론이고 조명 전력량의 많은 절감을 가져다줄 수 있는 시스템이다.

(4) 광파이버(광섬유) 집광장치

① 이 장치는 태양광을 콜렉터라 불리는 렌즈로 집광하여 묶어놓은 광파이버 한쪽에 빛을 통과시켜 다른 한쪽에 빛을 보내 조명하고자 하는 부분에 빛을 비추도록 하는 장치이다.

② 실용화 시 복수의 콜렉터를 태양의 방향으로 향하게 하여 태양을 따라가도록 한다.

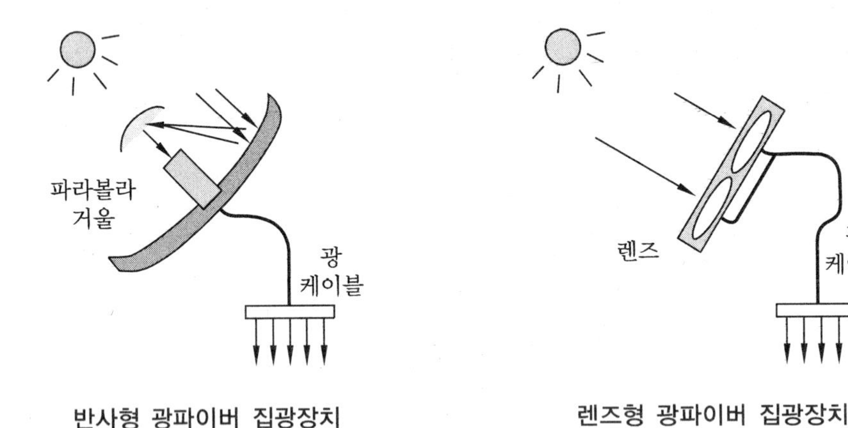

반사형 광파이버 집광장치　　렌즈형 광파이버 집광장치

(5) 프리즘 윈도

① 비교적 위도가 높은 지방에서 많이 사용되며 자연채광을 적극적으로 실(室) 안쪽 깊숙한 곳까지 도입시키기 위해서 개발된 장치이다.

② 프리즘 패널을 창의 외부에 설치하여 태양으로부터의 직사광이 프리즘 안에서 굴절되어 실(室)을 밝히게 하는 것이다.

(6) 광파이프 방식

① Pipe 안에 물이나 기름 대신 빛을 흐르게 한다는 개념이다.

② 이것은 기존에 거울을 튜브의 벽면에 설치하여 빛을 이동시키고자 하는 것이었다 (하지만 이 시도는 평균적으로 95 %에 불과한 거울의 반사율 때문에 실용화되지는 못했다).

③ OLF (Optical Lighting Film)의 반사율은 평균적으로 99 %에 달하는 것으로 볼

수 있다(OLF는 투명한 플라스틱으로 만들어진 얇고 유연한 필름으로서, 미세 프리즘 공정에 의해 한 면은 매우 정교한 프리즘을 형성하고 있고, 다른 면은 매끈한 형태로 되어있다. 이러한 프리즘 구조가 독특한 광학특성을 만들어낸다).

④ 점광원으로부터 나온 빛을 눈부심이 없는 밝고 균일한 광역조명으로 이용할 수 있도록 빛을 이동시킨다.

⑤ 또 다른 장점은 경량성이다. 가볍기 때문에 기존의 디자인 개념을 깨는 길고(최대 40 m 이상) 연속적인 light pipe를 만들어 장착할 수 있어 에너지와 관리 운영비를 크게 절감할 수 있다.

⑥ Light Pipe의 핵심기술은 Optical Lighting Film(OLF)에 있다.

⑦ OLF는 미세프리즘이 연속적으로 배열된 필름으로서 빛의 입사각에 따라 투명한 창이 되기도 하고, 거울이 되기도 하는 특성을 지니고 있다.

⑧ 이때 반사되는 빛의 입사각은 27.6도 이내이고, 반사율은 99 %에 이른다. 때문에, 빛은 light pipe를 따라 매우 효율적으로 이동할 수 있다. 여기에 Extractor라는 필름을 light pipe 상단에 장착하게 된다면, light pipe의 길이 방향으로 빛을 균일하게 방출할 수 있게 된다.

⑨ 장점

㈎ 높은 효율로 인한 에너지 소모비 절감
㈏ 깨질 염려가 없으므로 낙하, 비산에 따른 산재 예방
㈐ 작업조건 개선
㈑ 자연광에 가까움
㈒ UV 방출이 거의 없음
㈓ 환경 개선(수은 및 기타 오염물질이 전혀 없음)
㈔ 열이 발생하지 않음

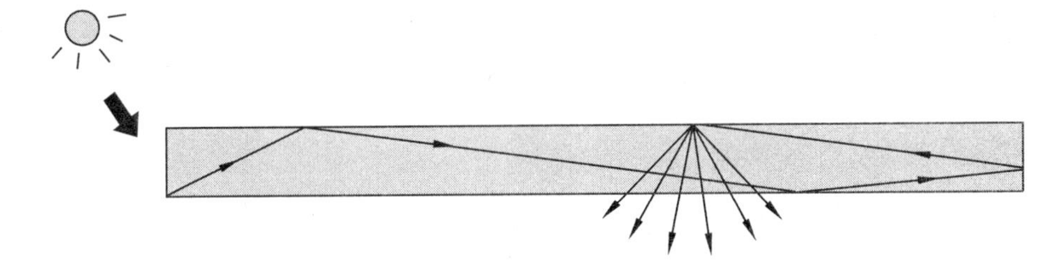

광파이프 방식

(7) 광선반 방식

① 실내 깊숙한 곳까지 직사광을 사입시킬 목적으로 개발되었으며, 천공광에 의한 채

광창의 글레어를 방지할 수도 있는 시스템이다.

② 창의 방향, 실(室)의 형상, 위도, 계절 등을 고려하여야 하며, 충분한 직사일광이 가능한 창에 적합하다.

③ 동향이나 서향의 창 및 담천공이 우세한 지역에는 적합하지 않다.

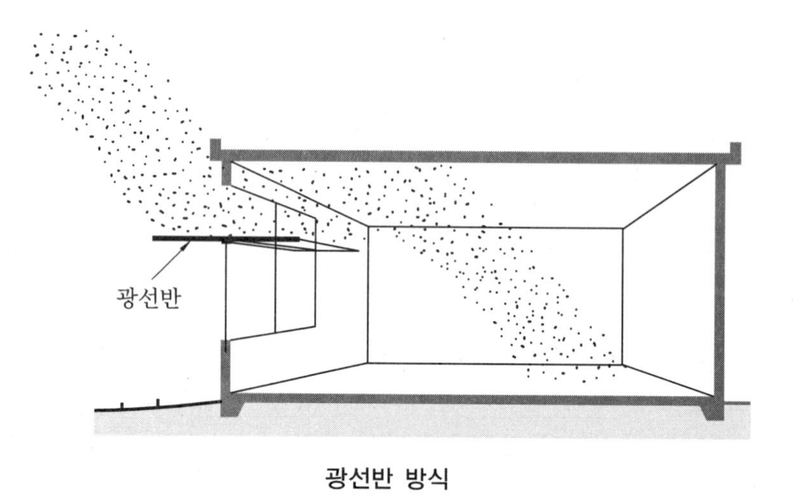

광선반 방식

(8) 반사거울 방식

① 빛의 직진성과 반사원리에 의해 별도의 전송부 없이 빛을 전달하므로 장거리 조사도 가능하다.

② 주광조명을 하고자 하는 대상물 이외의 장소에 빛이 전달되지 않도록 면밀한 주의가 필요하다.

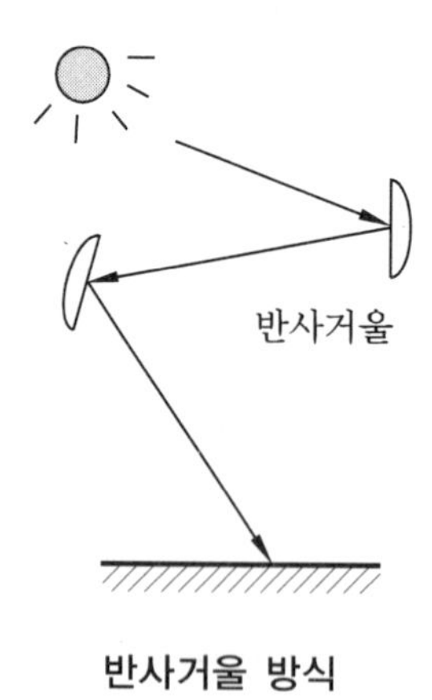

반사거울 방식

Quiz 일사계의 종류는?

해설 일사량을 측정하는 데는 일사계(日射計)가 쓰인다. 태양을 비롯한 전천(全天)으로부터 수평면에 도달하는 일사량을 측정하는 전천일사계와 직접 태양으로부터만 도달하는 일사량을 측정하는 직달일사계(直達日射計)의 두 종류가 있다.

1. 전천일사계
   ① 가장 널리 사용되는 것은 전천일사계이며, 보통 1시간이나 1일 동안의 적산값(積算値 ; kWh/m^2)을 측정한다.
   ② 흔히 쓰이고 있는 전천일사계는 열전쌍(熱電雙)을 이용한 에플리일사계와 바이메탈을 이용한 로비치일사계가 있다.
   ③ 원리는 일정한 넓이에서 일사를 받아 이것을 완전히 흡수시켜 그 올라가는 온도를 측정하여 단위 시간에 단위 면적에 있어서의 열량을 계산하는 일종의 열량계이다.
2. 직달일사계
   ① 직달일사계는 기다란 원통 내부의 한 끝에 붙은 수감부 쪽으로 태양광선이 직접 들어오도록 조절하여 태양복사를 측정한다.
   ② 측정값은 보통 1분 동안에 단위면적(cm^2)에서 받는 cal로 표시하거나 또는 m^2당 kWh로 나타내기도 한다($cal/min \cdot cm^2$, kWh/m^2).

✓ 핵심
- 설비형 태양열 채광시스템은 광덕트 방식, 광파이프 방식 등 아주 다양하게 응용되고 있다.
- '일사계'란 태양열의 강도를 측정하는 장치로서, 단위 면적당의 전천(全天)의 일사량을 측정하는 전천일사계와 직접 태양으로부터만 도달하는 일사량을 측정하는 직달일사계(기다란 원통 내부로 일사를 도입하여 측정)의 두 종류가 있다.

03 태양광(일조와 음영 분석)

(1) 일사와 일조

① 일사량

(가) 일사량은 일정기간의 일조강도(에너지)를 적산한 것을 의미한다($kWh/m^2 \cdot day$, $kWh/m^2 \cdot year$, $MJ/m^2 \cdot year$ 등).

(나) 일사량은 대기가 없다고 가정했을 때의 약 70%에 해당된다.

(다) 일사량은 하루 중 남중시에 최대가 되고, 일 년 중에는 하지경이 최대가 된다.

㈑ 보통 해안지역이 산악지역보다 일사량이 많다.

㈒ 국내에서 일사량을 계측 중인 장소는 22개로 20년간 평균치로 기상청이 보유하고 있다.

② 일조량

㈎ 일조량도 일사량과 유사한 의미로 사용되고 있다.

㈏ 일조강도(일사강도, 복사강도)는 단위 면적당 일률 개념으로 표현하며, W/m^2의 단위를 사용한다.

㈐ 태양상수 : 일조강도의 평균값으로서 1,367 W/m^2이다.

㈑ 일조량의 구분

㉮ 직달 일조량 : 지표면에 직접 도달하는 일사강도를 적산한 것

㉯ 산란 일조량 : 햇빛이 대기 중을 지날 때 공기분자, 구름, 연무, 안개 등에 의해 산란된 일조 강도량

㉰ 총일조량(경사면 일조량) : 경사면이 받는 직달 일사량과 산란 일조량의 적산값을 합한 것

㉱ 전일조량(수평면 일조량) : 지표면에 직접 도달한 직달 일조량과 산란 일조량의 적산값을 합한 것

③ 일조율

$$\text{일조율} = \frac{\text{일조시간}}{\text{가조시간}} \times 100\ \%$$

㈜ • 일조시간 : 구름, 먼지, 안개 등의 방해 없이 지표면에 태양이 비친 시간
• 가조시간(可照時間, Possible Duration of Sunshine) : 태양에서 오는 직사광선, 즉 일조(日照)를 기대할 수 있는 시간 또는 해 뜨는 시각부터 해 지는 시각까지의 시간을 말한다.

④ 태양복사에너지 결정요소

㈎ 천문학적 요소 : 태양과 지구의 거리, 태양의 천정각, 관측지점의 고도, 알베도(일사가 대기나 지표에 반사되는 비율, 약 30%)

㈏ 대기 요소 : 구름, 먼지, 안개, 수증기, 에어로졸 등

⑤ 태양의 남중 고도각

㈎ 하지 시 : 90° − (위도−23.5°)

㈏ 동지 시 : 90° − (위도+23.5°)

㈐ 춘·추분 시 : 90° − 위도

태양의 적위 : 태양이 지구의 적도면과 이루는 각을 말하며, 춘분과 추분일 때 0°, 하지일 때 +23.5°, 동지일 때 −23.5° 임

⑥ 음영각

㈎ 수직음영각 : 태양의 고도각이며, 지면의 그림자 끝 지점과 장애물의 상부를 이은 선의 지면과의 이루는 각도

㈏ 음영각 : 수평면상 하루 동안(일출~일몰)의 그림자가 이동한 각도

㈐ 연중 입사각이 가장 작은 동지의 오전 9시부터 오후 3시까지 태양광 어레이에 그늘이 생기지 않도록 할 것

⑦ 대지이용률

㈎ 어레이 경사각이 작을수록 대지이용률 증가

㈏ 경사면을 이용할 경우 대지이용률 증가

㈐ 어레이 간 이격거리가 증가할수록 대지이용률 감소

⑧ 신태양궤적도

㈎ 종래의 태양궤적도는 균시차를 고려하여 진태양시의 환산작업이 필요하므로 사용상 번거롭고 많은 오차가 있을 수 있었다.

㈏ 따라서 균시차를 고려한 신태양궤적도를 사용하는 것이 편리하다.

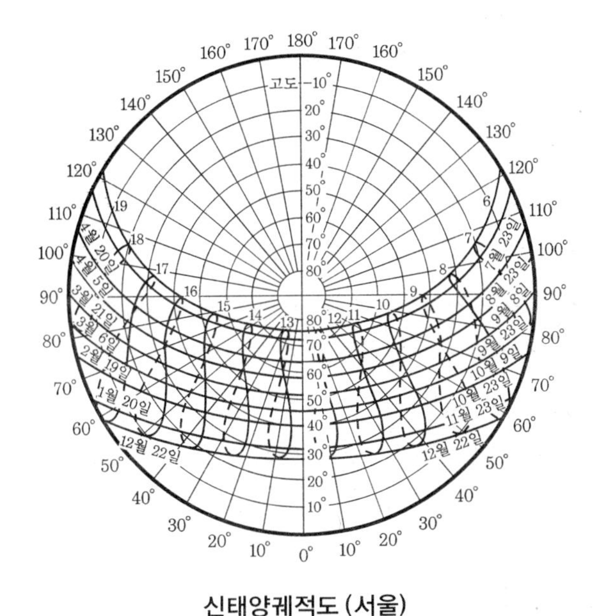

신태양궤적도(서울)

⑨ 신월드램 태양궤적도

㈎ 신월드램 태양궤적도는 관측자가 천구상의 태양경로를 수직 평면상의 직교좌표로 나타낸 것이다.

㈏ 태양의 궤적을 입면상에 그릴 수 있기 때문에 매우 이해하기 쉽고 편리하다.

㈐ 실용 면에서 태양열 획득을 위한 건물의 향, 외부공간 계획, 내부의 실 배치, 창 및 차양장치, 식생 및 태양열 집열기의 설계 등에 특히 많이 사용된다.

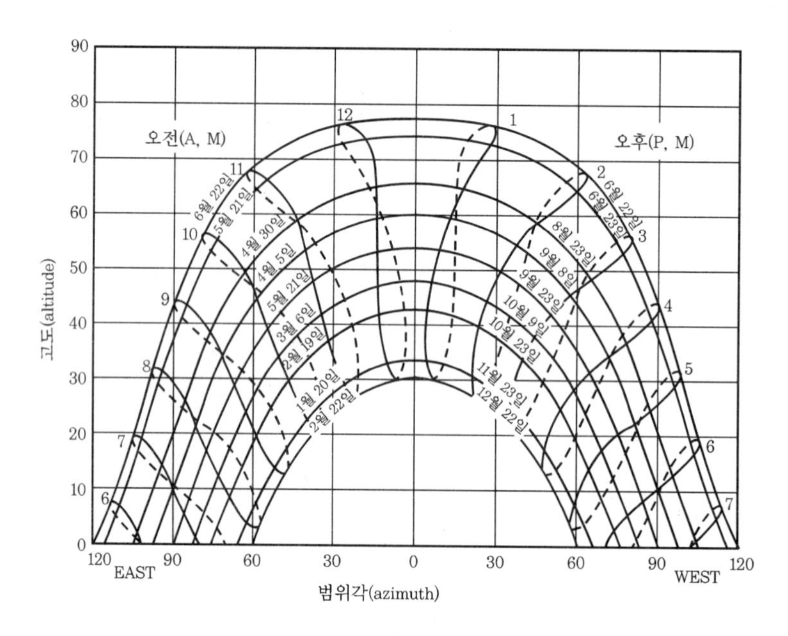

신월드램 태양궤적도(서울)

(2) 핫스팟(Hotspot) 현상

① **병렬 어레이에서의 Hotspot 현상** : 특정 태양전지 전압량이 출력 전압량보다 적은 경우 발생하는 출력 전압량이 적은 셀의 발열 현상

② **직렬 어레이에서의 Hotspot 현상** : 특정 태양전지의 전류량이 출력 전류량보다 적은 경우 발생하는 출력 전류량이 적은 셀의 발열 현상

③ **결정질 태양광모듈의 열화 원인**

㈎ 태양광모듈의 출력특성 저하 : 출력 불균일 셀 사용으로 전체 모듈의 출력 저하, 얼룩, 그림자 등의 장시간 노출에 의한 출력 불균일

㈏ 제조공정결함이 사용 중에 나타남 : Tabbing 혹은 String공정 및 Lamination 공정 중의 미세 균열 등

㈐ 사용과정에서의 자연열화 : 설치 후 자연환경에 의한 열화

④ **결정질 태양광모듈의 열화의 형태**

㈎ EVA sheet 변색 = 빛 투과율 저하 (자외선)

㈏ 태양전지와 EVA sheet 사이 공기 침투 = 백화현상 (박리)

㈐ 물리적인 영향에 의한 습기 침투 = 전극 부식(저항 변화 = 출력 감소)

(3) 일조와 태양전지의 특성

① 전류-전압 ($I-V$) 특성곡선

'표준시험조건'에서 시험한 태양전지 모듈의 '$I-V$ 특성곡선'은 다음과 같다.

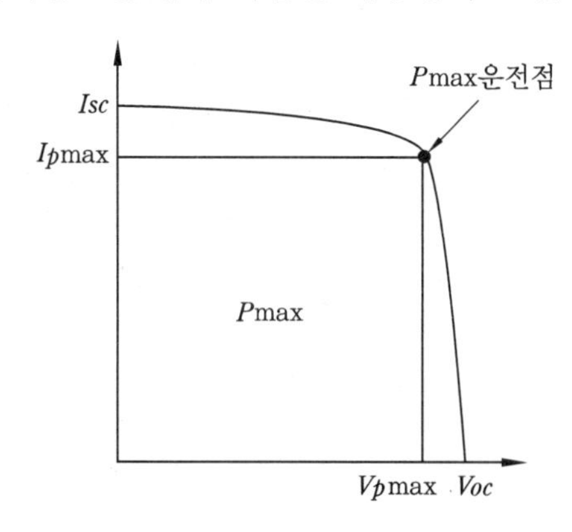

* Pmax : 최대출력
Ipmax : 최대출력 동작전류(=Impp)
Vpmax : 최대출력 동작전압(=Vmpp)
Isc : 단락전류
Voc : 개방전압

② 표준온도 (25℃)가 아닌 경우의 최대출력 ($P'max$)

$$P'max = Pmax \times (1 + \gamma \cdot \theta)$$

* γ : Pmax 온도계수, θ : STC조건 온도편차 (= 셀의 온도－25℃)

주 ➔ 1. 표준시험조건(STC ; Standard Test Conditions)

① 제1조건 : 태양광 발전소자 접합온도 = 25 ± 2℃

② 제2조건 : AM1.5

* AM (Air Mass)1.5 ; '대기질량 (AM)'이라고 부르며, 직달 태양광이 지구 대기를 48.2° 경사로 통과할 때의 일사강도를 말한다 (일사강도 = 1 kW/m^2).

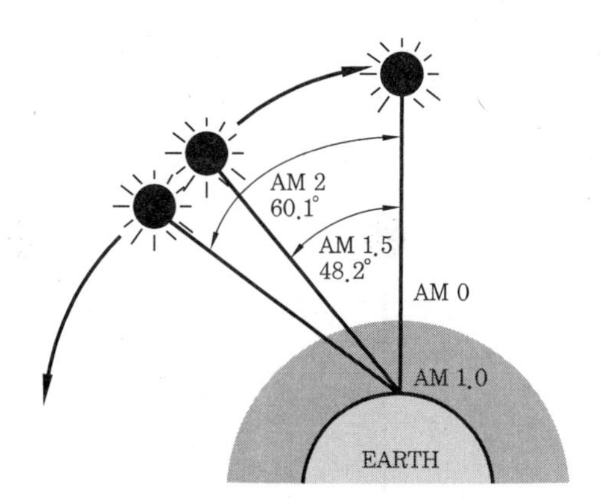

③ 광 조사강도 = 1 kW/m^2

④ 최대출력 결정 시험에서 시료는 9매를 기준으로 한다.

⑤ 모듈의 시리즈인증 : 기본모델 정격출력의 10 % 이내의 모델에 대해서 적용

⑥ 충진율(Fill Factor) : 개방전압과 단락전류의 곱에 대한 최대출력의 비율을 말하며 $I-V$ 특성곡선의 질을 나타내는 지표이다(내부의 직·병렬저항과 다이오드 성능지수에 따라 달라진다).

2. **표준운전조건**(SOC ; Standard Operating Conditions) : 일조 강도 1000 W/m^2, 대기 질량 1.5, 어레이 대표 온도가 공칭 태양전지 동작온도(NOCT ; Nominal Operating Cell Temperature)인 동작 조건을 말한다.

3. **공칭 태양광 발전전지 동작온도**(NOCT ; Nominal Operating photovoltaic Cell Temperature) : 아래 조건에서의 모듈을 개방회로로 하였을 때 모듈을 이루는 태양전지의 동작 온도. 즉, 모듈이 표준 기준 환경(SRE ; Standard Reference Environment)에 있는 조건에서 전기적으로 회로 개방 상태이고 햇빛이 연직으로 입사되는 개방형 선반식 가대(Open Rack)에 설치되어있는 모듈 내부 태양전지의 평균 평형온도(접합부의 온도)를 말한다(단위 : ℃).

① 표면의 일조강도 = 800 W/m^2

② 공기의 온도(T_{air}) : 20℃

③ 풍속(V) : 1 m/s

④ 모듈 지지상태 : 후면 개방(Open Back Side)

4. **셀온도 보정 산식**

$$T_{cell} = Tair + \frac{\text{NOCT}-20}{800} \times S$$

* S : 기준 일사강도 = 1,000 W/m^2

5. **모듈의 출력 계산**

① 표준온도(25℃)에서의 최대출력(Pmax)

$P\text{max} = Vmpp \times Impp$

② 표준온도(25℃)가 아닌 경우의 최대출력(P'max)

$P'\text{max} = P\text{max} \times (1 + \gamma \cdot \theta)$

* γ : 최대출력(Pmax) 온도계수, θ : STC 조건 온도편차(Tcell−25℃)

※ AM(Air Mass) : 아래와 같은 태양광 입사각을 참조할 때, AM(= 1/sinθ)으로 표현하여 입사각에 따른 일사에너지의 강도를 표현하는 방법이다(예를 들어, 아래 그림에서 AM = 1/sin 41.8 = 1.5가 되는 것이다).

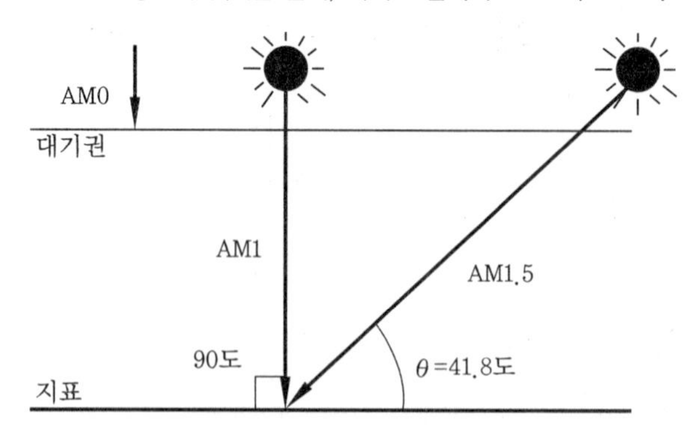

(4) 태양전지의 온도 특성 및 일조량 특성

① **온도 특성** : 모듈 표면온도 상승 → 전압 급감소(전류는 조금 감소) → 전력 급감소

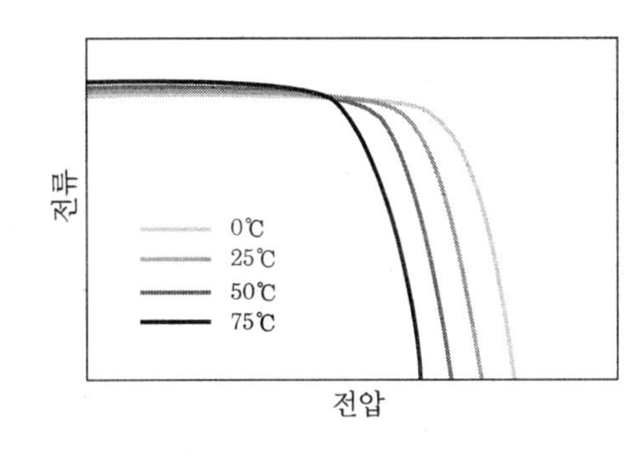

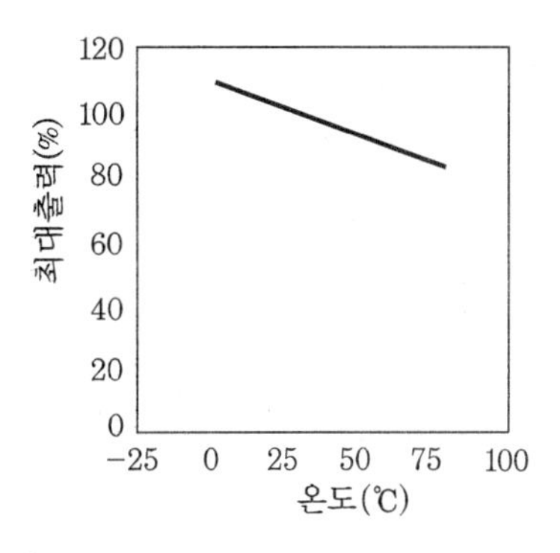

② **일조량 특성** : 일사량 감소 → 전류 급감소(전압은 큰 변화 없음) → 전력 급감소

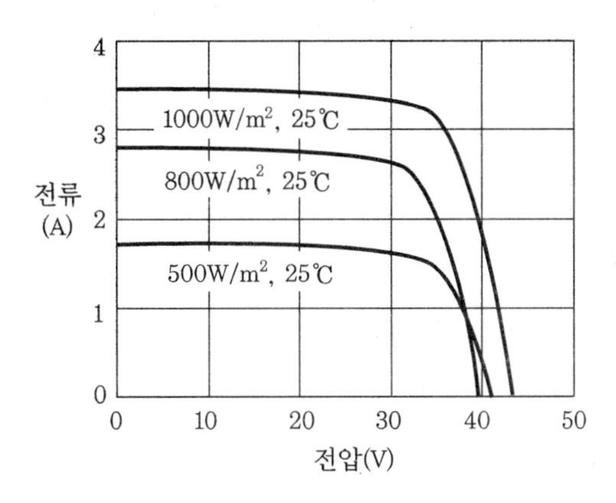

04 태양광발전 시스템 설계

(1) 어레이(Array)의 구성

① 태양전지 Module을 필요매수, 직렬접속한 것을, 그 위에 병렬접속으로 조합하여 필요한 발전전력을 얻어내도록 하는 것을 태양전지 Array라고 부른다.

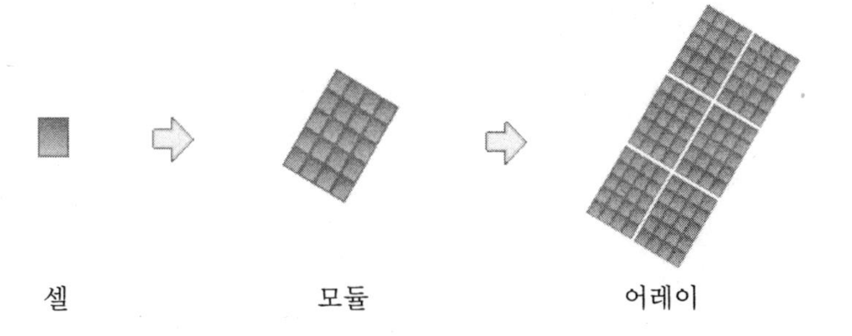

② **모듈의 최적 직렬 수 계산**

㈎ 최대 직렬 수

$$= \frac{\text{PCS 입력전압 변동범위의 최고값(최고 입력값)}}{\text{모듈 표면온도가 최저인 상태의 개방전압}(Voc')}$$

㈏ 최저 직렬 수

$$= \frac{\text{PCS 입력전압 변동범위의 최저값}}{\text{모듈 표면온도가 최고인 상태의 최대 출력 동작전압}(Vmpp')}$$

*1. 모듈 표면온도가 최저인 상태의 개방전압 (Voc')

= 표준 상태(25℃)에서의 $Voc \times (1 + \text{개방전압 온도계수} \times \text{표면 온도차})$

2. 모듈 표면온도가 최고인 상태의 최대 출력 동작전압 ($Vmpp'$)

= 표준 상태(25℃)에서의 $Vmpp \times \left(1 + \frac{Vmpp}{Voc} \times \text{개방전압 온도계수} \times \text{표면 온도차}\right)$

㈐ 최저 직렬 수<최적 직렬 수<최대 직렬 수 : 통상 '최대 직렬 수'를 기준으로 직렬 매수를 결정한다.

(2) 태양광발전 설계 용어

① **방위각** : 어레이와 정남향과 이루는 각 (발전시간 내 음영 발생 없을 것)

② **경사각** : 어레이와 지면이 이루는 각 (적설고려, 경사각 이격거리 확보)

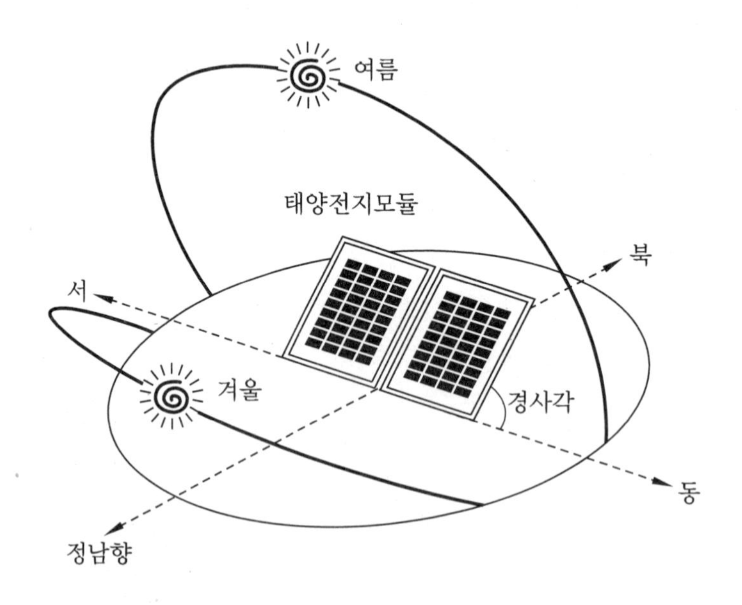

③ 이격거리

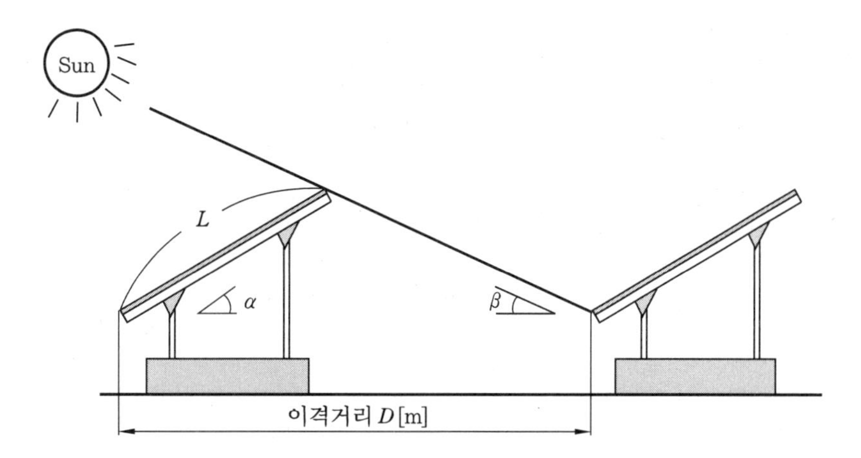

㈎ 이격거리 계산식

$$\text{이격거리 } D = \frac{\sin(180° - \alpha - \beta)}{\sin\beta} \times L$$

㈏ 이격거리 계산 기준 : 동지 시 발전 가능 시간대에서의 고도를 기준으로 고려한다.

④ 기준 등가 가동시간과 어레이 등가 가동시간

㈎ 기준 등가 가동시간 혹은 등가 1일 일조시간(Reference Yield) : 일조강도가 기준 일조 강도라고 할 경우, 실제로 태양광발전 어레이가 받는 일조량과 같은 크기의 일조량을 받는 데 필요한 일조시간

㈏ 어레이 등가 가동시간(Array Yield) : 태양광발전 어레이가 단위 정격용량당 발전한 출력에너지를 시간으로 나타낸 것

(3) 태양광발전 시스템 효율

① 모듈변환효율

$$= \frac{\text{모듈출력(W)}}{\text{모듈면적(m}^2\text{)} \times 1{,}000(\text{W/m}^2)} \times 100\ (\%)$$

태양광모듈 설치용량은 사업계획서상에 제시된 설계용량 이상이어야 하며, 설계용량의 103 %를 초과하지 않아야 한다.

② 일평균 발전시간

$$= \frac{\text{1년간 발전전력량(kWh)}}{\text{시스템용량(kW)} \times \text{운전일수}}$$

③ **시스템 이용률**

$$= \frac{\text{일평균 발전시간}}{24} \times 100\ (\%)$$

혹은

$$= \frac{\text{태양광발전 시스템의 출력(kWh)}}{\text{어레이의 정격출력(kW)} \times \text{가동시간(hr)}} \times 100\ (\%)$$

④ **어레이 기여율(= 태양에너지 의존율)** : 종합시스템 입력 전력량에서 태양광발전 어레이 출력이 차지하는 비율

- 태양열에너지 사용 측면에서의 태양의존율 또는 태양열 절감률(전체 열부하 중 태양열에 의해서 공급하는 비율)과의 구별에 주의를 요한다.

(4) 인버터 선정

① **인버터의 선정**

㈎ 종합적 체크사항 : 연계하는 한전 측과 전기방식 일치, 인증여부, 설치의 용이성, 비상시 자립운전 여부, 축전지 운전연계 가능, 수명, 신뢰성, 보호장치 설정/시험 용이, 발전량 확인 용이, 서비스 네트워크 구축 등

㈏ 태양광의 유효 이용 관련 체크사항 : 전력변환효율이 높고, 최대전력 추종제어(MPPT)가 용이할 것, 대기손실 및 저부하 손실이 적을 것

㈐ 전력의 품질 및 공급의 안정성 측면의 체크사항 : 잡음 및 직류 유출, 고조파 발생이 적을 것, 기동·정지가 안정적일 것

㈑ 기타의 확인사항

㉮ 제어방식 : 전압형 전류제어방식

㉯ 출력 기본파 역률 : 95 % 이상

㉰ 전류의 왜형율 : 종합 5 % 이하, 각 차수마다 3 % 이하

㉱ 최고효율 및 유로피언 효율이 높을 것

② **인버터 설치상태** : 옥내, 옥외용을 구분하여 설치하여야 한다. 단 옥내용을 설치하는 경우는 5 kW 이상 용량일 경우에만 가능하며 이 경우 빗물 침투를 방지할 수 있도록 옥내에 준하는 수준으로 외함 등을 설치하여야 한다.

③ **인버터 설치용량** : 인버터의 설치용량은 설계용량 이상이어야 하고, 인버터에 연결된 모듈의 설치용량은 인버터의 설치용량 105 % 이내여야 한다.

④ **인버터 표시사항** : 입력단(모듈출력) 전압, 전류, 전력과 출력단(인버터출력)의 전압, 전류, 전력, 역률, 주파수, 누적발전량, 최대출력량(Peak)이 표시되어야 한다.

⑤ **인버터 효율**

(가) 최대효율

㉮ 전부하 영역 중에서 가장 효율이 높은 값(보통 75~80% 부하에서 가장 효율이 높음)

㉯ 태양광 발전은 일사량, 온도 등의 기상조건이 시시각각으로 변화하기 때문에 일정한 부하에서 최대값을 나타내는 최대효율은 큰 의미가 없다고도 할 수 있다.

(나) European 효율

㉮ 낮은 부분부하 영역에서부터 전부하 영역까지 운전하는 것을 고려하여 산정

㉯ 5%, 10%, 20%, 30%, 50%, 100% 부하에서 각각 효율을 측정하고 각각의 효율에 가중치를 부여한 다음 합산하여 산정한다.

㉰ European 효율 계산식

$$\text{European 효율}(\eta_{euro}) = 0.03\times\eta_{5\%} + 0.06\times\eta_{10\%} + 0.13\times\eta_{20\%} + 0.1\times\eta_{30\%} + 0.48\times\eta_{50\%} + 0.2\times\eta_{100\%}$$

(다) CEC(California Energy Commission) 효율

㉮ 미주지역에서 주로 사용하며 '캘리포니아 효율'이라고도 한다.

㉯ 미국 업체와 상담 시에는 주로 European 효율 대신 CEC 효율값이 요구된다.

㉰ CEC 효율 계산식

$$\text{CEC 효율}(\eta_{cec}) = 0.04\times\eta_{10\%} + 0.05\times\eta_{20\%} + 0.12\times\eta_{30\%} + 0.21\times\eta_{50\%} + 0.53\times\eta_{75\%} + 0.05\times\eta_{100\%}$$

(5) 축전지 설계

① **축전지 선정 시 고려사항**

(가) 경제성

(나) 자기 방전율이 낮을 것

(다) 수명이 길 것

(라) 방전 전압 및 전류가 안정적일 것

(마) 과충전, 과방전에 강할 것

(바) 중량 대비 효율이 높을 것

(사) 환경변화에 안정적일 것

(아) 에너지 저장밀도가 높을 것

(자) 유지보수가 용이할 것

② **축전지 용량 및 직렬연결 개수**

(가) 계통연계시스템용 축전지 용량 산출(방재대응형, 부하 평준화형 포함)

$$\text{축전지 용량 } C = \frac{K \cdot I}{L}\ (\text{Ah})$$

* C : 온도 25℃에서 정격 방전율 환산용량(축전지 표시용량)
  K : 방전(유지)시간, 축전지(최저동작)온도, 허용 최저전압(방전 종기 전압 ; V/Cell)으로 결정되는 용량 환산시간(알려고 하는 방전시간에 해당하는 K값 = 어떤 방전시간에 해당하는 K값+방전시간의 차이)
  I : 평균 방전전류(PCS 직류 입력전류) $= \dfrac{1000P}{(Vi+Vd)\cdot Ef}$
  L : 보수율(수명 말기의 용량 감소율 고려하여 보통 0.8)
  P : 평균 부하용량(kW)
  Vi : 파워컨디셔너 최저 동작 직류 입력전압(V)
  Vd : 축전지-파워컨디셔너 간 전압강하(V)
  Ef : 파워컨디셔너의 효율

(나) 축전지 직렬연결 개수 산출

$$\text{축전지 직렬연결 개수 } N = \frac{Vi+Vd}{Vc}$$

* Vc : 축전지 방전 종기 전압(V/Cell)

(다) 독립형 전원시스템용 축전지 용량 산출

$$C = \frac{Ld \times Dr \times 1000}{L \times Vb \times N \times DOD}\ \text{(Ah)}$$

* Ld : 1일 적산 부하전력량(kWh)
  Dr : 불일조 일수, L : 보수율
  Vb : 공칭 축전지 전압(V) → 보통 납축전지는 2 V, 알칼리 축전지는 1.2 V
  N : 축전기 개수
  DOD : 방전심도(일조가 없는 날의 마지막 날을 기준으로 결정)

③ MSE형 축전지 용량환산시간(K값)

방전시간	온도(℃)	허용 최저전압(V/Cell)			
		1.9 V	1.8 V	1.7 V	1.6 V
1시간	25	2.40	1.90	1.65	1.55
	5	3.10	2.05	1.80	1.70
	−5	3.50	2.26	1.95	1.80
1.5시간 (90분)	25	3.10	2.50	2.21	2.10
	5	3.80	2.70	2.42	2.25
	−5	4.35	3.00	2.57	2.42
2시간	25	3.7	3.05	2.75	2.60
	5	4.50	3.30	3.00	2.80
	−5	5.10	3.70	3.15	3.00

3시간	25	4.80	4.10	3.72	3.50
	5	5.80	4.40	4.05	3.80
	−5	6.50	5.00	4.50	4.10
4시간	25	5.90	5.00	4.60	4.40
	5	7.00	5.40	5.00	4.75
	−5	7.70	6.10	5.40	5.10
5시간	25	7.00	5.95	5.50	5.20
	5	8.00	6.30	6.00	5.60
	−5	9.00	7.20	6.40	6.10
6시간	25	8.00	6.80	6.30	6.00
	5	9.00	7.20	6.80	6.40
	−5	10.00	8.30	7.40	7.00
7시간	25	8.90	7.60	7.10	6.70
	5	10.00	8.00	7.60	7.30
	−5	11.00	9.40	8.40	8.00
8시간	25	9.90	8.40	7.90	7.50
	5	11.00	8.90	8.40	8.10
	−5	12.00	10.30	9.30	9.00
9시간	25	10.80	9.20	8.70	8.20
	5	11.80	9.70	9.20	8.90
	−5	13.00	11.10	10.00	9.80
10시간	25	11.50	10.00	9.40	8.90
	5	12.70	10.50	10.00	9.70
	−5	14.00	12.00	11.00	10.60

④ 축전지 이격거리

대 상	이격거리(m)
큐비클 이외의 발전설비와의 사이	1.0
큐비클 이외의 변전설비와의 사이	1.0
옥외에 설치할 경우 건물과의 사이	2.0
전면 또는 조작면	1.0
점검면	0.6
환기면(환기구 설치면)	0.2

(6) 태양광 어레이의 분류

① 설치방식에 따른 분류

(가) 고정형 어레이 (나) 경사가변형 어레이

(다) 추적식 어레이 (라) BIPV(건물통합형)

② 추적방식에 따른 분류

(가) 감지식 추적법 (나) 프로그램식 추적법

(다) 혼합 추적식

③ 추적방향에 따른 분류

(가) 단방향 추적식 (나) 양방향 추적식

④ 건물 실치 시 지지대에 따른 분류

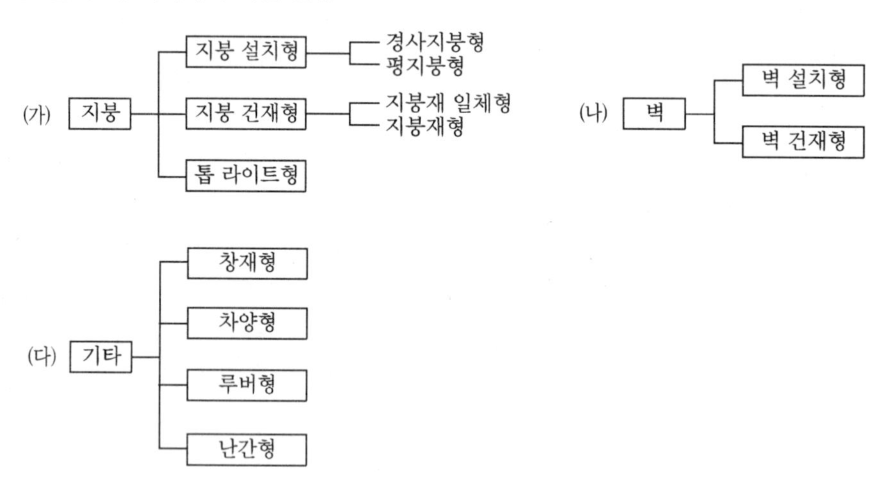

태양광발전 시스템의 지지대

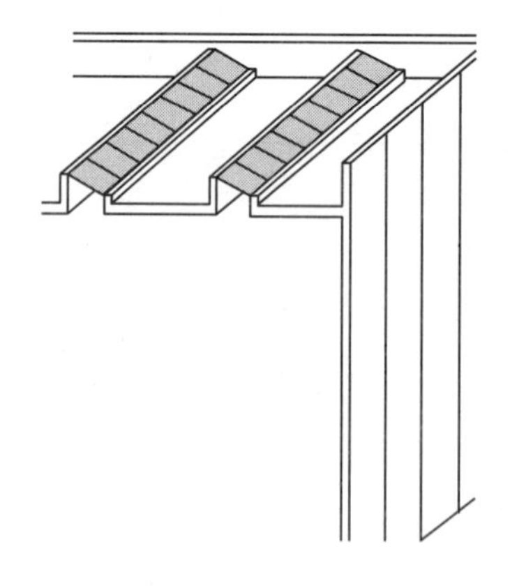

톱라이트형

주 1. 설치장소에 따른 분류로는 평지, 경사지, 건물 설치형 등이 있다.
2. 발전효율 : 양방향 추적식 > 단방향 추적식 > 고정식
3. 단축식은 태양의 고도에 맞게 동쪽과 서쪽으로 태양을 추적하는 방식으로서, 동서 및 남북으로 태양을 추적하는 양축식에 비해 발전효율이 떨어진다.
4. 연중 4~6월은 태양의 고도가 높고 외기의 온도가 비교적 선선하여 출력 또한 가장 높다.
5. 연중 7~8월은 일사량이 1년 중 가장 많지만 태양전지의 온도 상승에 의한 손실이 커서 출력감소율도 제일 크다.

⑤ 주요 태양광 어레이의 장단점 비교

구분	고정형 어레이	경사가변형 어레이	추적식 어레이
장점	• 설치비가 제일 낮다. • 간단하고 고장우려가 가장 적다. • 토지이용률이 높다.	• 설치비가 추적식 대비 낮다. • 고장우려가 적다. • 고정형 대비 효율이 높다.	• 발전효율이 가장 높은 편이다.
단점	• 효율이 낮은 편이다.	• 추적식 대비 효율이 낮다. • 연중 약 2회 경사각 변동 시 인건비가 발생한다.	• 투자비가 많이 든다. • 구동축 운전으로 인한 동력비가 발생한다. • 토지이용률이 낮다. • 유지보수비가 증가한다.

(7) 태양광발전 시스템 품질

① 태양광발전 시스템의 성능평가를 위한 측정 요소

(가) 구성요소의 성능 및 신뢰성
(나) 사이트
(다) 발전성능
(라) 신뢰성
(마) 설치가격(경제성)

② 태양광발전 시스템의 성능분석

(가) 태양광 어레이 발전효율(PV Array Conversion Efficiency)

$$= \frac{\text{태양광 어레이 출력(kW)}}{\text{경사면 일사강도}(\text{kW/m}^2) \times \text{태양광 어레이 면적}(\text{m}^2)} \times 100\ (\%)$$

(나) 태양광 시스템 발전효율(PV System Conversion Efficiency)

$$= \frac{\text{태양광 시스템 발전전력량(kWh)}}{\text{경사면 일사량}(\text{kWh/m}^2) \times \text{태양광 어레이 면적}(\text{m}^2)} \times 100\ (\%)$$

(다) 태양에너지 의존율 (Dependency on Solar Energy)

$$= \frac{\text{태양광 시스템 평균 발전전력(kW)}}{\text{부하 소비전력(kW)}} \times 100\ (\%)$$

$$= \frac{\text{태양광 시스템 평균 발전전력량(kWh)}}{\text{부하 소비전력량(kWh)}} \times 100\ (\%)$$

(라) 태양광 시스템 이용률 (PV System Capacity Factor)

$$= \frac{\text{일 평균 발전시간}}{24} \times 100(\%) = \frac{\text{태양광 시스템 발전전력량(kWh)}}{24 \times \text{운전일수} \times \text{PV설계용량(kW)}} \times 100\ (\%)$$

(마) 태양광 시스템 가동률 (PV System Availability)

$$= \frac{\text{시스템 동작시간}}{24 \times \text{운전일수}} \times 100\ (\%)$$

(바) 태양광 시스템 일조가동률 (PV System Availability per Sunshine Hour)

$$= \frac{\text{시스템 동작시간}}{\text{가조시간}} \times 100\ (\%)$$

* 가조시간 (可照時間 ; Possible Duration of Sunshine) : 태양에서 오는 직사광선, 즉 일조(日照)를 기대할 수 있는 시간 또는 해 뜨는 시각부터 해 지는 시각까지의 시간을 말한다.

(사) 시스템 성능계수 (PR ; Performance Ratio) : 어레이손실 및 시스템손실(인버터, 정류기 등의 손실) 등을 고려한 효율값 (보통 80~90 % 수준임)

$$\text{시스템 성능계수} = \frac{\text{시스템 발전전력량(kWh)}}{\text{어레이 출력전력량(kWh)}} \times 100\ (\%)$$

③ 신뢰성 평가분석

(가) 시스템 트러블 : 시스템의 정지, 인버터의 정지, 트립, 지락 등

(나) 계측 관련 트러블 : 컴퓨터의 Off 혹은 조작 오류, 기타의 계측 관련 트러블 등

(다) 운전데이터의 결측

(라) 계획 정지 : 계획 정전, 정기점검, 개수정전, 계통정전 등

05 온수집열 태양열 난방

(1) 개요

① 태양열 난방은 장시간 흐린 날씨, 장마철 등 태양열의 강도상 불균일에 따라 보조 열원이 필요한 경우가 많다.

② 온수집열 태양열 난방은 태양열 축열조 혹은 열교환기와 보조열원(보일러)의 사용 위치에 따라 직접 난방, 분리 난방, 예열 난방, 혼합 난방 등으로 구분된다.

(2) 직접 난방

① 항상 일정한 온도의 열매를 확보할 수 있게 보일러를 보조가열기 개념으로 사용한다.

② 개략도

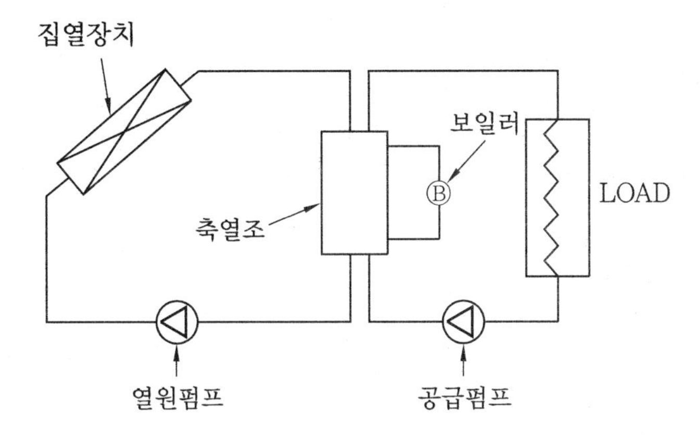

(3) 분리 난방

① 맑은 날은 100% 태양열을 사용하고, 흐린 날은 100% 보일러에 의존하여 난방운전을 실시한다.

② 개략도

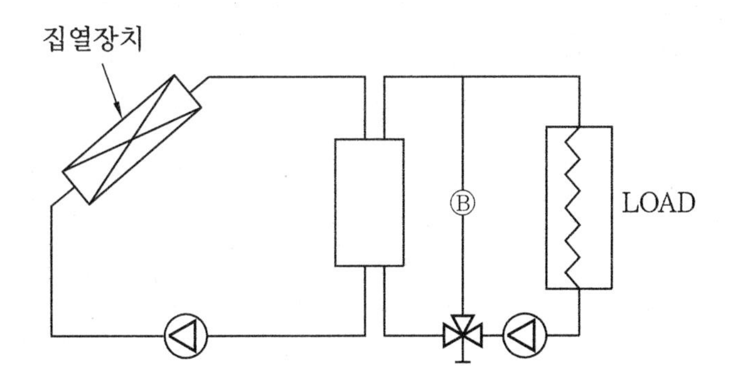

(4) 예열 난방

① 태양열 측 축열조와 보일러를 직렬로 연결하여 태양열을 항시 사용할 수 있게 한다.

② 개략도

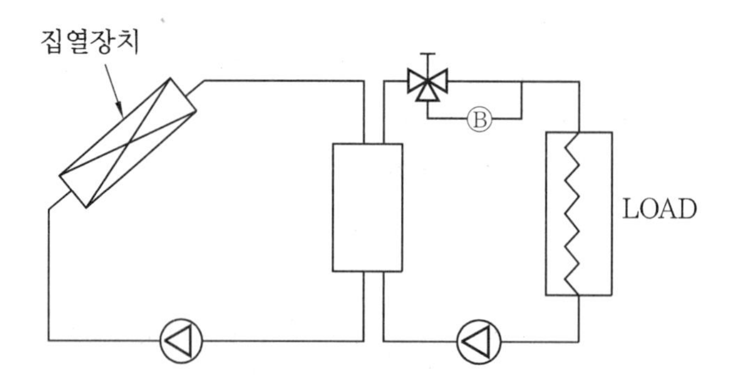

(5) 혼합 난방

① 태양열 측 축열조와 보일러를 직·병렬로(혼합 방식) 동시에 연결하여 열원에 대한 선택의 폭을 넓힌다(분리식+예열방식).

② 개략도

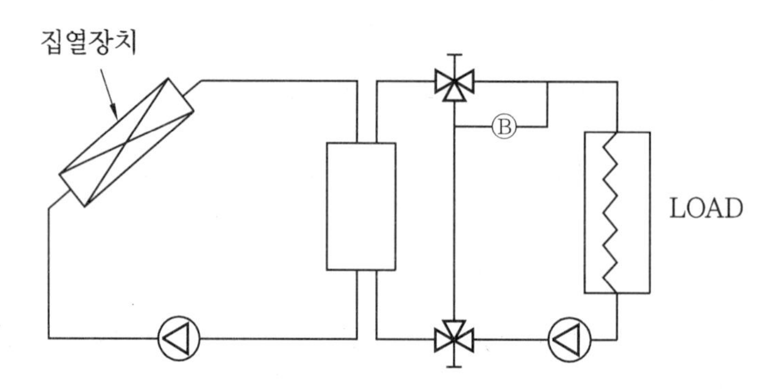

✓ 핵심 온수집열 태양열 난방은 직접 난방(일정 온도의 열매 확보), 분리 난방(맑은 날 태양열 사용, 흐린 날 보일러 사용), 예열 난방(태양열을 항시 사용), 혼합 난방(직·병렬 혼합방식) 등으로 구분된다.

06 태양열급탕기(給湯機) 혹은 태양열온수기(溫水機)

(1) 개요

태양열급탕 방식은 초기투자비는 높지만 장기적으로 사용 시에는 운전유지비가 낮아서 경제적이다.

(2) 특징

① 무한성, 무공해성, 저밀도성, 간헐성(날씨) 등의 특징을 가지고 있다.

② **구성** : 집열부, 축열부, 이용부, 보조열원부, 제어부 등

③ **보조열원부** : 태양열 부족 시 사용 가능한 비상용 열원

(3) 무동력 급탕기(자연형)

① **저유식(Batch식)** : 집열부와 축열부가 일체식으로 구성된 형태

② **자연대류식(자연순환식)** : 집열부보다 위쪽에 저탕조(축열부) 설치

③ **상변화식** : 상변화가 잘되는 물질(PCM ; Phase Change Materials)을 열매체로 사용

(4) 동력 급탕기(펌프를 이용한 강제 순환방식)

① **밀폐식** : 부동액(50 %)+물(50 %) 등으로 얼지 않게 함

② **개폐식** : 집열기 하부의 '온도 감지장치'에 의하여 동결온도에 도달하면 자동 배수

③ **배수식** : 순환펌프 정지 시 배수를 별도의 저장조에 저장

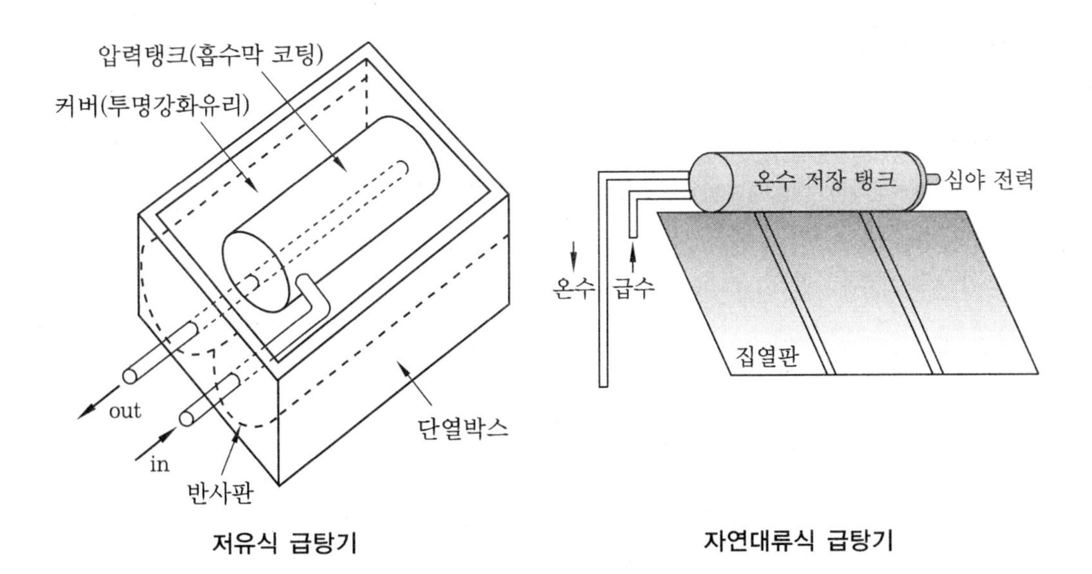

저유식 급탕기 자연대류식 급탕기

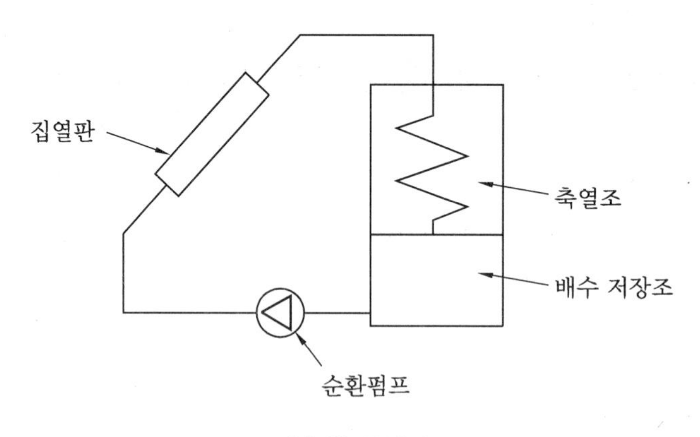

배수식 급탕기

④ **내동결 금속 사용** : 집열판을 스테인리스 심용접판으로 만들어 동결량을 탄성 변형량으로 흡수

> ✓핵심 태양열 급탕기(온수기) : 태양열을 축열 후 이용하여 급탕 및 난방을 할 수 있는 장치이다(태양열 장치를 사용하므로 초기투자비는 높지만 장기적으로는 경제적이다).

07 BIPV (Building Integrated Photovoltaics)

(1) BIPV의 특징

① BIPV는 '건물 일체형 태양광발전 시스템'이라고 하며, PV모듈을 건물 외부 마감재로 대체하여 건축물 외피와 태양열 설비를 통합한 방식이다.

② 따라서 통합에 따른 설치비가 절감되고 태양열 설비를 위한 별도의 부지 확보가 불필요하다.

③ 커튼월, 지붕, 차양, 타일, 창호, 창유리 등 다양한 건축 부자재에 적용 가능하다.

(2) 기술적 해결과제

① 안전성, 방수, 방화, 내구성, 법규 등 관련 규격 및 법규의 보완이 필요하다.

② 건축가 및 수요자의 디자인 측면과 건축 성능상의 요구사항을 충족시킬만한 품질이 우수하고 다양한 재료의 개발이 시급하다.

(3) 설계 및 설치 시 주의사항

① PV모듈에 음영이 안 생기게 해야 한다.

② **PV모듈 후면 환기 실시** : 온도 상승 방지

③ 서비스성 개선 구조로 할 것

④ 청결을 유지할 수 있는 구조로 해야 한다.

⑤ 전기적 결선(Wiring)이 용이한 구조로 해야 한다.

⑥ **배선 보호** : 일사(자외선), 습기 등으로부터 보호

(4) 설치 시 고려사항

① 방위 및 경사가 적절해야 한다.

② 인접 건물과의 거리가 충분해야 한다.

③ 건축과 조화를 이루어야 한다.

④ 형상과 색상이 기능성 및 건물과 조화를 이루어야 한다.

⑤ 건축물과의 통합 수준을 향상시켜야 한다.

(5) 기술개발 동향

① 1990년부터 독일이 주관하여 '13개국 공동 연구회'를 만들어 관련 연구를 진행해 왔으며, 2000년대에 접어들어 '태양열 복합 BIPV' 개발이 본격화되고 있다.

② 국내에는 2000년 이후 도입되어 지붕 일체형 BIPV, 차양 일체형 BIPV 등이 개발 및 적용되고 있다.

③ 이 분야의 미래 에너지 기술을 선점하기 위해 미국, 서구, 일본 등 선진국들을 중심으로 막대한 투자를 하고 있는 상황이다.

(6) 향후 기술동향

① 유가의 불안정, 하절기 전력 Peak 문제, 환경문제 등의 효과적인 해결책이 될 수 있으므로 급속한 발전 가능성이 대단히 높다.

② 잠재성이 무궁무진한 분야이며, 친환경성 등의 상징적 효과도 있다.

③ BIPV는 거대 프로젝트로 되기 쉬우므로 국제적 공조체계로 기술개발하는 것이 효과적일 것으로 예상된다.

> **✓핵심** 태양에너지로 전기를 생산하는 기술을 건축물 설계 및 건축재료에 통합하는 과정이 BIPV이고, BIPV 기술을 사용함으로써 태양에너지 부품은 건물의 통합 요소 중의 하나가 되며, 대부분의 경우 지붕, 창유리, 벽체 등의 외장재로 사용된다.

08 태양열원 히트펌프(SSHP ; Solar Source Heat Pump)

(1) 개요

① 태양열은 기상조건의 영향을 많이 받으므로 축열조를 만들어 일사가 풍부할 시 축열운전을 진행하고, 축열된 에너지는 필요 시 언제라도 사용하게 한다.

② 흐린 날, 장마철 등 일사가 부족할 시 비상운전을 위해 보일러 등의 대체열원이 필요한 경우가 많다.

(2) 집열기의 분류 및 특징

① 평판형 집열기(Flat Plate Collector)

(가) 집광장치가 없는 평판형의 집열기로 가격이 저렴하여 일반적으로 사용됨

(나) 집열매체는 공기 또는 액체로 주로 물, 부동액 등을 이용한 액체식이 보통임

(다) 열교환기의 구조에 따라 관-판, 관-핀, 히트파이프식 집열기 등이 있음

(라) 지붕의 경사면(약 30~60도) 이용, 구조가 간단하여 가정 등에서 많이 적용함

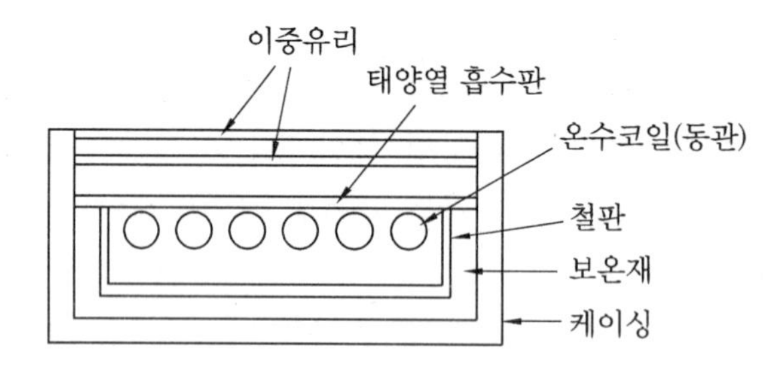

평판형 집열기 구성품

② 진공관형 집열기 : 보온병같이 생긴 진공관식 유리튜브에 집열판과 온수 파이프를 넣어서 만든 것으로, 단위 모듈의 크기(용량)가 작아서, 적절한 열량을 얻기 위해서는 단위 모듈을 여러 개 연결하여 사용한다.

(가) 단일 진공관형 집열기 : 히트파이프, 흡수판 및 콘덴서를 이용한 열전달

(나) 이중 진공관형 집열기 : 진공관 내부를 열매체가 직접 왕복하면서 열교환을 이룬 후 열매체 수송관으로 빠져나감

③ 집광형 집열기(Concentrating Solar Collector)

(가) 반사경, 렌즈 혹은 그 밖의 광학기구를 이용하여 집열기 전체 면적(collector aperture)에 입사되는 태양광을 그보다 적은 수열부면적(absorber surface)에 집광이 되도록 고안한 장치임

(나) 직달일사를 이용하며 고온을 얻을 수 있음 (태양열 추적장치 필요)

(다) 종류

㉮ PTC (Parabolic Trough Collector)형 집광형 집열기

㉯ Dish Type 집광형 집열기

㉰ CPC (Compound Parabolic Collector)형 집광형 집열기

㉱ 태양열발전탑(Solar Power Tower ; 타워형 태양열발전소)

(3) 태양열원 히트펌프의 특징

① 일종의 설비형(능동형) 태양열 시스템이다 (↔ 자연형 태양열 시스템).

② 보조열원이 필요하다 (장시간 흐린 날씨 대비).

③ **선택흡수막** : 흡수열량 증가를 위한 Selective Coating (장파장에 대한 방사율을 줄여줌) 적용

(4) 장치도

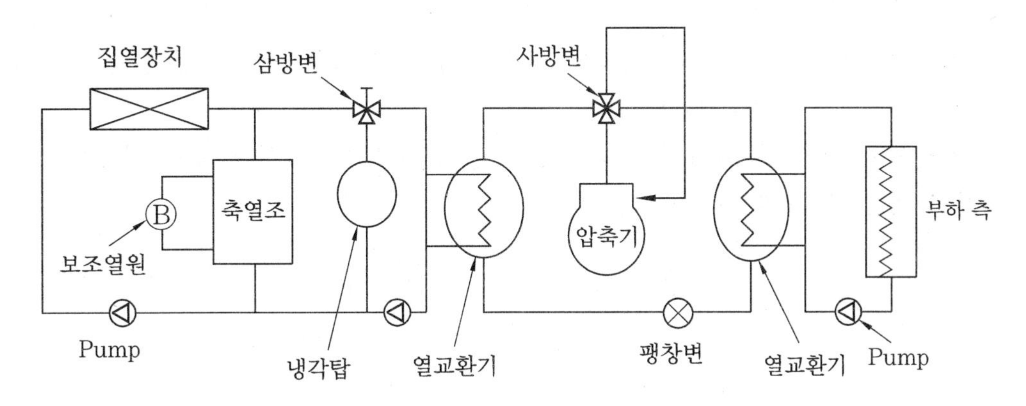

주 1. 여름철 냉방 시에는 태양열 및 응축기의 열로 축열조를 데운 후 급탕 등에 사용 가능하고, 남는 열은 냉각탑을 이용하여 배출 가능하다.

2. 겨울철 난방 시에는 열교환기(증발기)의 열원으로 태양열을 사용할 수 있다.

3. 보조열원 : 장마철, 흐린 날, 기타 열악한 기후 조건에서는 태양열원이 약하기 때문에 보일러 등의 보조열원이 시스템상 필요하다.

✓ 핵심 • 태양열원 히트펌프 : 태양열을 열원으로 함으로써 무공해 청정에너지를 사용할 수는 있으나, 기후가 흐린 날씨를 대비하여 보조열원 혹은 축열이 반드시 필요한 히트펌프의 일종이다.

• 태양열 히트펌프의 핵심부품 : 집열기, 축열조 및 보조열원부이다. 집열기에는 평판형, 진공형, 집광형 등이 있고, 축열조는 물, 브라인용 등이 사용된다.

09 지열원 히트펌프 (GSHP ; Ground Source Heat Pump)

(1) 개요

① 지중열을 사용함으로써 무한한 땅속 에너지를 사용할 수 있고, 태양열 대비 열원 온도가 일정하여(연중 약 15℃±5℃) 기후의 영향을 적게 받기 때문에 보조열원이 거의 필요하지 않은 무제상 히트펌프의 일종이다.

② 지중 열교환 파이프상의 압력손실 증가로 반송동력 증가 가능성이 있고, 초기 설치의 까다로움 등으로 투자비가 증대된다.

③ 지열원 히트펌프는 폐회로 방식(수평형, 수직형)과 개방회로 방식 등 다양한 방식들이 개발되고 있다.

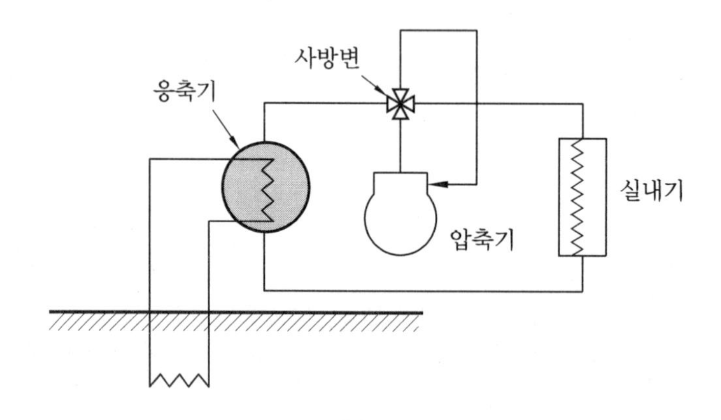

지열원 히트펌프 개념도

(2) 지열(히트펌프)시스템의 종류

① 폐회로(Closed Loop) 방식(밀폐형 방식)

(가) 일반적으로 적용되는 폐회로 방식은 파이프가 폐회로로 구성되어있는데, 파이프 내에는 지열을 회수(열교환)하기 위한 열매가 순환되며, 파이프의 재질은 주로 고밀도폴리에틸렌 등이 사용됨

(나) 폐회로시스템(폐쇄형)은 루프의 형태에 따라 수직, 수평 루프시스템으로 구분되는데 수직으로 약 100~200 m, 수평으로는 약 1.2~2.5 m 정도 깊이로 묻히게 되며, 수평 루프시스템은 상대적으로 냉난방부하가 적은 곳에 쓰임

(다) 수평 루프시스템은 관(지열 열교환기)의 설치형태에 따라 1단 매설방식, 2단 매설방식, 3단 매설방식, 4단 매설방식 등으로 나누어짐

설치형태	지열 열교환기 호칭경	설치깊이(m)	USRT당 필요 길이(m)	USRT당 필요 굴토길이(m)
1단 매설방식	30~50 A	1.2~1.8	110~150	110~150
2단 매설방식	30~50 A	1.2~1.8	130~185	65~95
3단 매설방식	20~25 A	1.8 기준	140~220	50~80
4단 매설방식	20~25 A	1.8 기준	150~250	35~65

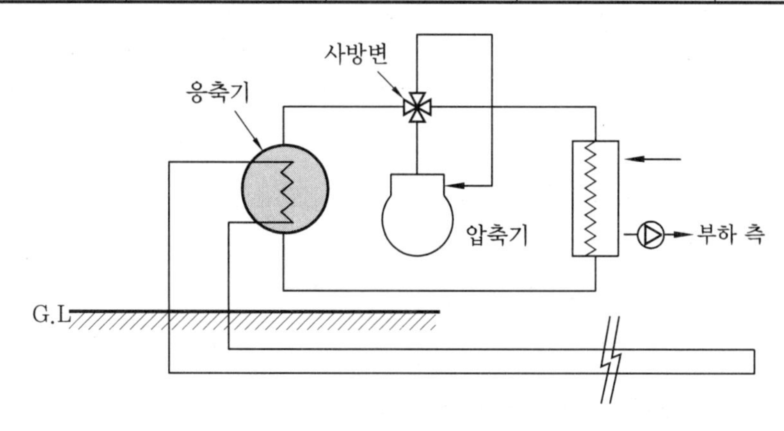

밀폐형 수평 루프시스템

(라) 수평 루프시스템 중에서 관을 코일 형태로 둥글게 말아서 지중에 펼쳐 설치하는 방식을 특히 '슬링키 코일 방식(Slinky Coil Type)'이라고 함(설치 면적을 줄이는 데 효과적임)

슬링키 타입 루프시스템

(마) 수직 루프시스템은 관(지열 열교환기)의 설치형태에 따라 병렬매설방식, 직렬매설방식 등으로 나누어짐

설치형태	지열 열교환기 호칭경	USRT당 필요 길이(m)	USRT당 필요 굴토길이(m)
병렬매설방식	25~50 A	70~140	35~70
직렬매설방식	25~50 A	100~120	50~60

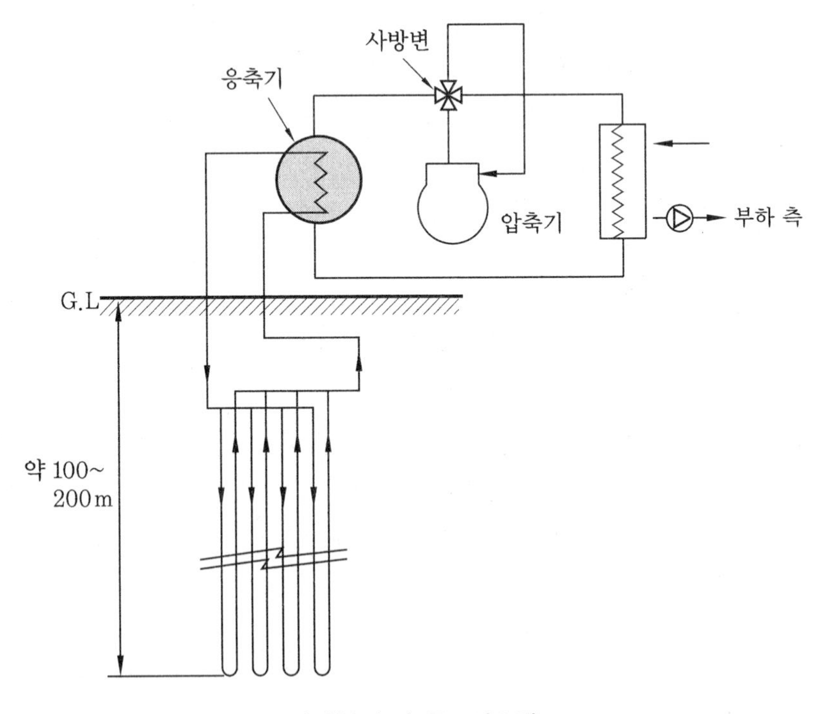

밀폐형 수직 루프시스템

㈓ 연못 폐회로형 : 연못, 호수 등에 폐회로의 열교환용 코일을 집어넣어 열교환시키는 방식

② 개방회로(Open Loop) 방식(설비 및 장치에 의해 더워지거나 차가워진 물은 수원에 다시 버려짐)

㈎ 개방회로는 수원지, 호수, 강, 우물(복수정, 단일정) 등에서 공급받은 물을 운반하는 파이프가 개방되어있는 형태로서 풍부한 수원지가 있는 곳에서 주로 적용될 수 있음

㈏ 폐회로 방식이 파이프 내의 열매(물 또는 부동액)와 지열원이 간접적으로 열교환되는 것에 비해 개방회로 방식은 파이프 내로 직접 열원수가 회수되므로 열전달 효과가 높고 설치비용이 저렴한 장점이 있음

㈐ 폐회로방식에 비해 수질, 장치 등에 대한 보수 및 관리가 많이 필요한 단점이 있음

③ 간접식 방식

㈎ 폐회로(Closed Loop) 방식과 개방회로(Open Loop) 방식의 장점을 접목한 형태

㈏ 원칙적으로 개방회로(Open Loop) 방식의 시스템을 취하지만, 중간에 열교환기를 두어 수원 측의 물이 히트펌프 내부로 직접 들어가지 않게 하고 중간 열교환기에서 열교환을 하여 열만 전달하게 하는 방식(히트펌프 내부의 부식 및 스케일 방지 가능함)

④ 지열 하이브리드 방식

㈎ 히트펌프의 열원으로 지열과 기존의 냉각탑 혹은 태양열집열기 등을 유기적으로 결합시켜 상호 보완하는 방식

㈏ 몇 가지의 열원을 복합적으로 접목시켜 하나의 열원이 부족할 때 또 다른 열원이 보조할 수 있도록 하는 방식

(3) 지열(히트펌프)시스템의 장점

① 연중 땅속의 일정한 열원을 확보 가능하다.

② 기후의 영향을 적게 받기 때문에 보조열원이 거의 필요하지 않는 무제상 히트펌프의 구현이 가능하다.

③ COP가 매우 높은 고효율 히트펌프 운전이 가능하다.

④ 냉각탑이나 연소과정이 필요 없는 무공해 시스템이다.

⑤ 지중 열교환기는 수명이 매우 길다(건물의 수명과 거의 동일).

⑥ 물-물, 물-공기 등 열원 측 및 부하 측의 열매체 변경이 용이하다.

(4) 지열(히트펌프)시스템의 단점

① 지중 천공비용이 많이 들어 초기투자비가 크다.

② 장기적으로 땅속 자원의 활용에 제한을 줄 수 있다(재건축, 재개발 등).

③ 천공 중 혹은 하자 발생 시 지하수 오염 등의 가능성이 있다.

④ 지중 열교환 파이프상의 압력손실 증가로 반송동력 비용 증가 가능성이 있고, 초기 설치의 까다로움 등으로 투자비가 증대될 수 있다.

> ✓ 핵심 지열원 히트펌프 : 지중 열원을 사용함으로써 무한한 땅속 에너지를 사용할 수 있고, 태양열 대비 열원온도가 일정하여(연중 약 15℃±5℃) 기후의 영향을 적게 받기 때문에 보조열원이 거의 필요하지 않고, 무제상 히트펌프가 가능하다.

10 지열의 응용 (이용방법)

(1) 개요

① 땅속 깊은 곳에서는 방사성 동위원소들의 붕괴로 끊임없이 열이 생성되고 있고, 땅속 마그마는 종종 지각이 얇은 곳에서 화산이나 뜨거운 노천온천의 형태로 열을 분출한다. 또한 얕은 땅속은 계절에 따른 온도변화가 없이 섭씨 15~20℃ 내외의 일정한 온도를 유지한다.

② 이러한 땅속의 무궁한 에너지는 난방과 냉방, 전기 생산 등 여러 가지 형태로 이용될 수 있다.

(2) 지열의 응용사례

① 땅속의 뜨거운 물 이용 발전

㈎ 지열을 이용해서 전기를 생산하기에 적합한 곳은 뜨거운 증기나 뜨거운 물이 나오는 곳이다.

㈏ 증기가 솟아나오는 곳에서는 이 증기로 직접 터빈을 돌려서 발전을 한다.

㈐ 뜨거운 물이 나오는 곳은 보조가열기를 사용하여 승온 및 증기를 만들어 터빈을 가동하는 방법 혹은 끓는점이 낮은 액체를 증기로 만들어 터빈을 가동하는 방법 등이 있다.

㈑ 지질조사 : 지열 징후나 지질구조에서 지열저류층의 면적·두께·온도를 유추하고, 거기에 공극률(空隙率)이나 회수율의 적당한 값을 곱해서 채취가능 자원량을

산출하고 있다. 발전량을 예측하려면 다시 기계효율·발전효율을 곱한다.

(마) 이와 같은 산출법에 이용되는 각 인자의 값은 어느 것이나 확실한 것은 아니므로 결과는 대략 그런 값을 부여하는 데 불과하며 정확성이 결여될 가능성도 많다.

② 땅속의 암반 이용 발전

(가) 땅속에 뜨거운 물이 없고 뜨거운 암석층만 있어도 발전이 가능하다.

(나) 암석층에 구멍을 뚫고 물을 흘려보내서 가열시킨 다음 끌어올려서 그 열로 끓는점이 낮은 액체를 증기로 만들어 발전기를 돌리고, 이때 식혀진 물은 다시 땅속으로 보내 가열시켰다가 끌어올리기를 반복하면 된다.

(다) 뜨거운 암석층은 거의 식지 않는다는 점을 이용하여 연속적인 발전이 가능하다.

(라) 이 방법 역시 무엇보다 지질조사(암반층 탐사, 지열 탐사 등)가 잘 선행되어야 성공할 수 있다는 점이 중요하다.

③ 직접 급탕·난방용 열 공급

(가) 땅속 암석층에 의해서 뜨거워진 물은 전기생산뿐만 아니라 급탕용 혹은 난방용 열을 공급하는 데 직접 이용될 수도 있다.

(나) 건물 급탕설비의 급탕탱크용 가열원으로 활용 가능하다.

(다) 열교환기를 통하거나(간접 방식), 직접적으로 난방용 방열기를 가동할 수 있다.

(라) 암반층의 뜨거운 물을 건물의 바닥코일로 돌려 바닥 복사난방에 활용할 수 있다.

④ 쿨 튜브 시스템(Cool Tube System)

(가) 아래 그림에서 보듯이, 땅속에 긴 공기 흡입관을 묻고 이 관을 통과한 공기를 건물에 공급해서 난방과 냉방을 하는 지열 이용방식도 가능하다.

(나) 이 경우 겨울에는 공기가 관을 통과하면서 지열을 받아 데워져서 난방 혹은 난방 예열용으로 활용 가능하다.

(다) 여름에는 뜨거운 바깥 공기가 시원한 땅속 관을 통과하면서 식혀진 후 공급됨으로써 냉방 혹은 냉방 예냉용으로 활용 가능하다.

(라) 상기와 같이 행함으로써 난방과 냉방을 위한 에너지가 절약되고, 쾌적하고 신선한 외기의 도입도 가능해진다.

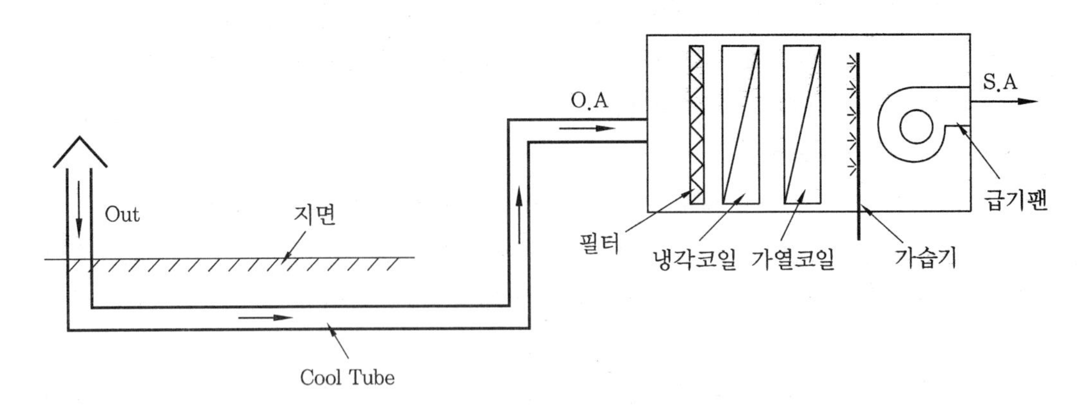

Cool Tube System 적용사례

⑤ 지열 이용 히트펌프 방식에서 열원으로 활용

(가) 물/Brine과 대지의 열교환을 통하여 히트펌프를 가동한다.

(나) 땅속 관내 압력강하량이 증가하여 펌프동력 증가 가능성이 있다.

(다) 지중 매설공사에 어려움이 있다.

(라) 가격이 고가이다(초기투자비 측면).

(마) 배관 등 설비의 부식 우려가 있다.

(바) 효율적이면서도 무제상(無除霜)이 가능하여 이상적인 히트펌프 시스템을 구축할 수 있다.

(사) 흡수식 냉온수기 대비 장점 : 에너지 효율 매우 높음, 운전 유지비 절감, 친환경 무공해 시스템, 물-공기 시스템 형태로도 설치 가능(개별 제어성 우수), 냉·난방·급탕 동시운전 구현 가능, 대형 냉각탑 불필요, 연료의 연소과정이 없으므로 수명이 길다.

⑥ 기타의 지열 이용방법

(가) 도로융설

㉮ 한랭 적설지에서는 지열을 이용한 도로융설의 용도로 사용할 수 있다.

㉯ 지열이용 도로융설은 노반에 파이프를 매설하고 도로면과 지하 간에 통수시켜 도로를 가열하여 눈을 녹이는 방식이다.

(나) 농업 분야 : 지열의 농업에의 이용은 세계 각지에서 그 예를 볼 수 있는데, 가장 활발한 곳이 헝가리 등의 EU국가로서, 거의 전 지역에 산재하고 있는 심층 열수를 최대한 이용하여 대규모 시설원예를 시행하고 있다.

(다) 2차 산업 분야 : 지열을 농림수산물의 건조가공, 제염, 화학약품의 추출 등에도 이용 가능하나 그 규모는 아직 매우 작은 편이다.

11 열원별 히트펌프 (공기열원형, 수열원형, 지열원형) 비교

(1) 비교 TABLE

구 분	환경적 측면	에너지 절약 측면	경제적 측면 (초기투자비)
공기열원형	2	3	1
수열원형	3	2	2
지열원형	1	1	3

*1. 가장 우수, 2. 중간 수준, 3. 가장 부족

(2) 특성 분석

① 환경적 측면

(가) 환경적인 측면에서는 무공해인 지열원이 가장 유리하다. 더군다나 지열원은 에너지효율이 높아 그만큼 CO_2 방출량이 적어 지구온난화 문제나 환경문제 해결에도 기여한다고 할 수 있다.

(나) 수열원형은 수질오염(레지오넬라균, 부식, 스케일, 백연현상 등)의 우려가 있고, 공기열원은 공기오염(응축열 무단 방출, 분진 등)의 우려가 있다.

② 에너지 절약 측면

(가) 에너지 절약적 측면에서는 지열원이 가장 유리하다. 연중 일정한 온도를 무동력으로 얻을 수 있어, 아주 효율적이다.

(나) 수열원은 냉각탑과 펌프 등에 동력이 많이 투입되고, 공기열원 방식은 혹한기 난방이나 혹서기 냉방 시에 압축비의 증가로 압축기 동력 소비가 크다.

③ 경제적 측면(초기투자비) : 초기투자비 측면에서는 공기열원 방식이 가장 유리하다. 수랭식처럼 냉각탑 및 수배관공사가 불필요하고, 지열원형처럼 pipe 매설을 위한 초기투자가 과대해지지 않는다.

④ 기타 고려사항

(가) 최종적인 히트펌프 방식의 선택은 LCC평가, 회수기간 평가, 정부지원금, 신재생에너지 관련 법규 등을 잘 따져보고 결정하는 것이 좋다.

(나) 상기 공기열원형, 수열원형, 지열원형 등은 각각의 장점과 단점을 가지고 있으므로, 적용현장에 따른 판단이 필요하다.

제4장 | 시스템 설계이론

01 SI단위 (The International System of Units)

(1) 개요

① 세계 대부분의 국가에서 채택하여 국제 공동으로 사용해온 단위계인 "미터계" (또는 "미터법") 혹은 MKS (Meter-Kilogram-Second) 단위계가 현대화된 것을 말한다.

② 1960년 제11차 국제도량형총회(CGPM ; Conference Generale des Poids et Mesures, General Conference of Weights and Measures)에서 "국제단위계"라는 명칭과 그 약칭 "SI"를 채택 결정하였다.

③ 현재는 이들 중 질량의 단위인 킬로그램(kg)만 인공적으로 만든 국제원기에 의하여 정의되어있고, 나머지 6개는 모두 물리적인 실험에 의하여 정의되어있다.

(2) SI 7대 기본단위 : 길이(m), 질량 (kg), 시간 (sec), 전류 (A), 온도 (K), 물질량 (mol), 광도 (cd ; 칸델라)

① **길이(m)** : 길이의 기본단위는 미터(meter)이며, 1미터는 빛이 진공 중에서 1/299,792,458초 동안 진행한 거리와 같은 길이이다 (따라서 빛의 속력은 정확히 299,792,458 m/s).

② **질량 (kg)** : 질량의 기본단위는 킬로그램(kilogram)이며, 국제 킬로그램 원기의 질량과 같다.

③ **시간 (s)** : 시간의 기본단위는 초 (second)이다. 1초는 세슘 133의 기저 상태에 있는 두 초미세 준위 간의 천이에 대응하는 복사선의 9,192,631,770 주기의 지속 시간이다.

④ **전류 (A)** : 전류의 기본단위는 암페어(Ampere)이다. 1암페어는 무한히 길고 무시할 수 있을 만큼 작은 원형 단면적을 가진 두 개의 평행한 직선 도체가 진공 중에서 1미터 간격으로 유지될 때 두 도체 사이에 미터당 2×10^{-7} N의 힘을 생기게 하는 일정한 전류이다.

⑤ **온도 (K)** : 온도의 기본단위는 캘빈 (Kelvin)이다. 이것은 열역학적 온도의 단위로 물의 삼중점의 열역학적 온도의 1/273.16이다.

⑥ **물질량(mol)** : 물질량의 기본단위는 몰(mole)이다. 1몰은 탄소 12의 0.012 kg에 있는 원자의 수와 같은 수의 구성요소를 포함한 어떤 계의 물질량이다. 몰을 사용할 때는 구성요소를 반드시 명시해야 하며, 이 구성요소는 원자, 분자, 이온, 전자, 기타 입자 또는 이 입자들이 특정한 집합체가 될 수 있다.

⑦ **광도(Cd)** : 광도의 기본단위는 칸델라(Candela)이다. 1칸델라는 주파수 540×10^{12} Hz인 단색광을 방출하는 광원의 복사도가 어떤 주어진 방향으로 매 스테라디안(Sr)당 1/683 W일 때 이 방향에 대한 광도이다.

(3) 유도단위 : SI 7대 단위를 기준으로 유도되는 단위

① **힘(= 질량 X 가속도)** : N (= $kg \cdot m/s^2$)
② **일(= 힘 X 거리)** : J (= $kg \cdot m^2/s^2$)
③ **일률(= 일/시간)** : Watt (= J/s)
④ **열전도율** : $W/(m \cdot K)$
⑤ **비열** : $J/(kg \cdot K)$
⑥ **열관류율** : $W/(m^2 \cdot K)$
⑦ **엔탈피** : J/kg
⑧ **압력** : N/m^2 ($=kg/s^2 \cdot m$) 혹은 Pa
⑨ **평면각(rad ; 라디안)** : 원의 반지름과 같은 길이의 원둘레에 대한 중심각
⑩ **입체각(sr ; 스테라디안)** : 구(球)의 반지름의 제곱과 같은 넓이의 표면에 대한 중심입체각

✓ **핵심** SI 7대 기본단위 및 유도단위 등의 숙지 및 활용이 필요하다.

02 공조부하계산법

(1) 개요

① 열원설비, 공조기 등의 크기 산정 시에는 '최대부하계산법'이 사용되고, 전력 수전용량 혹은 계약용량 산정, 경제성 평가 시에는 '기간부하계산법'이 사용된다.

② **기간부하계산에서 프로그램 입력 외계조건(7가지)** : 건구온도, 절대습도, 풍속, 풍향, 법선일사량, 수평일사량, 운량(雲量)을 '표준기상년'을 기준으로 입력함

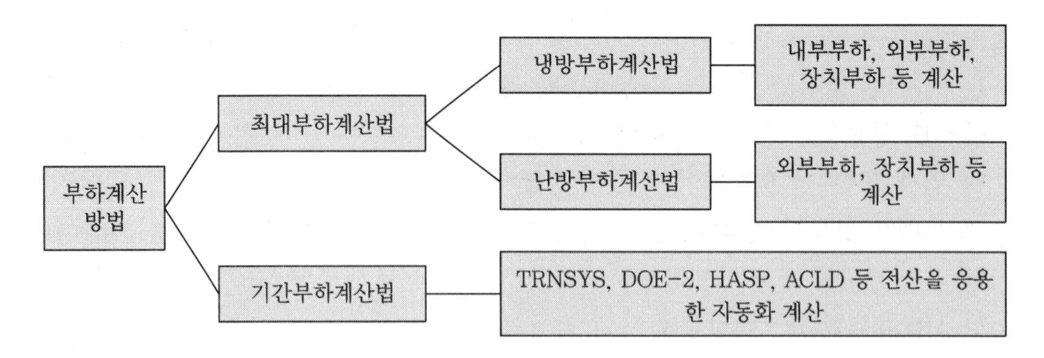

㈜ 보통 내부부하, 외부부하 중 유리를 통한 열취득량 등은 난방부하에서 제외된다.

(2) 냉방부하계산법

① 외부부하 (벽, 지붕, 창 등 구조체를 통한 열침투량)

㈎ 외벽 열취득량, 지붕 열취득량

$$q = K \cdot A \cdot ETD \cdot (SLF)$$

* q : 열량 (kcal/h, W)

K : 열관류율 (kcal/m^2·h·℃, W/m^2·K)

A : 면적(m^2)

ETD (Equivalent Temp. Difference) : 상당외기온도차 (ETD = SAT − 실내온도)

SAT (Solar Air Temperature, 상당외기온도) : 상당외기온도는 복사 열교환이 없으면서도 태양열의 복사와 대류에 의해 실질적으로 발생하는 열교환량과 동일하게 나타나는 외부공기온도를 말한다 (= 실외온도 + 벽체의 일사흡수량에 해당하는 온도).

SLF : 일사에 의한 구조체의 축열효과 및 시간 지연 고려 시에만 적용 (≤1)

> **주 ➔ CLTD에 의한 방법 :** 상기 계산식 $q = K \cdot A \cdot ETD$에서, ETD (Equivalent Temp. Difference)를 CLTD (Cooling Load Temperature Difference)로 대체하는 방법(즉, ETD ·(SLF) → CLTD로 대체)으로서, CLTD란 일사에 의해 구조체가 축열된 후 축열의 효과가 시간차를 두고 서서히 나타나는 현상을 고려하는 방법

㈏ 내벽 취득열량 (칸막이, 천장, 바닥을 통한 열취득량)

$$q = K \cdot A \cdot \Delta T$$

* q : 열량 (kcal/h, W)

K : 열관류율 (kcal/m^2·h·℃, W/m^2·K)

A : 면적(m^2)

ΔT : 벽 양측 공기의 온도차

(다) 유리를 통한 열취득량

유리 취득열량=관류 열전달+일사 취득열(아래 그림 '유리를 통한 열취득량' 참조)

㉮ **관류(대류) 열전달**

$$q = K \cdot A \cdot \Delta T$$

㉯ **일사 취득열**

$$q = ks \cdot Ag \cdot SSG$$

㉰ **단, 일사 취득열에 축열 시간지연 고려 시에는**

$q = ks \cdot Ag \cdot SSG \cdot SLFg$ 혹은 $q = ks \cdot Ag \cdot SSG + kr \cdot Ag \cdot AMF$

로 계산한다.

* *ks* (전차폐계수) : 유리 및 Blind의 종류의 함수
  Ag : 유리의 면적(m^2)
  SSG (Standard Sun Glass ; 표준일사 취득열량) : 유리의 방위 및 시각의 함수 (W/m^2)
  SLFg (Storage Load Factor ; 축열부하계수) : 구조체의 중량, 방위, Blind 유/무, 시각의 함수
  kr : 복사 차폐계수
  AMF (Absorb Modify Factor ; 일사 흡열 수정계수) : 벽체의 종류, 방위, 시각의 함수 (W/m^2)

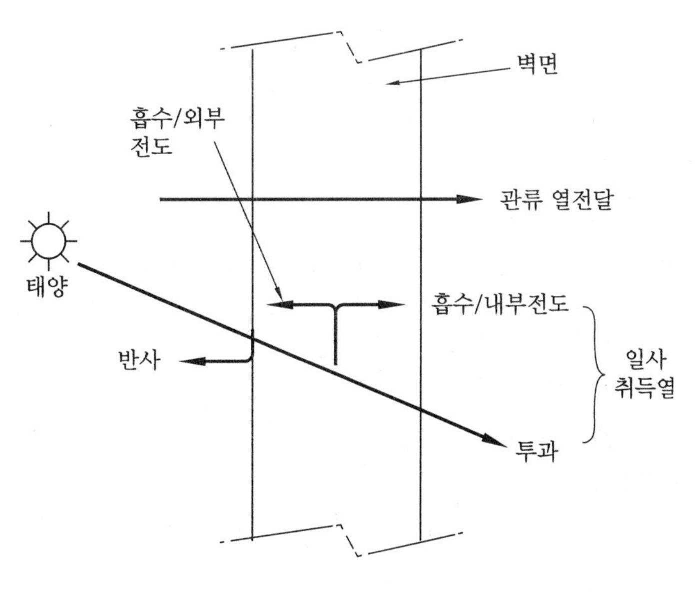

유리를 통한 열취득량

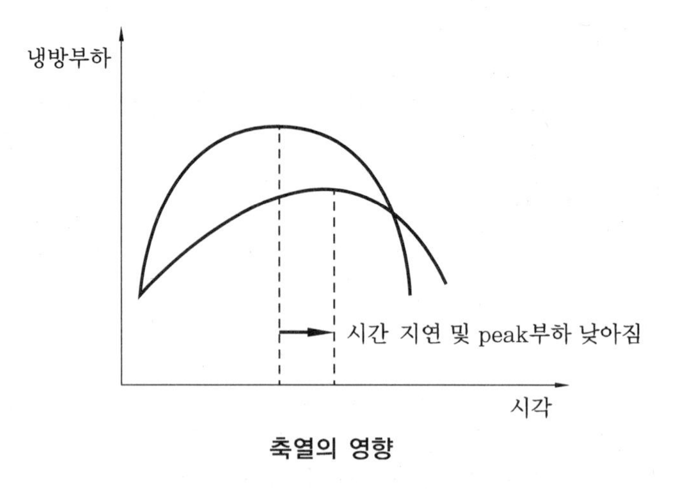

축열의 영향

> **주** ➜ **SCL에 의한 방법 :** 상기 계산식 $q = ks \cdot Ag \cdot SSG \cdot SLFg$에서 $SSG \times SLFg$ 대신 SCL (Solar Cooling Load)이라는 단일 개념을 적용할 수 있다.

㈃ 극간풍 (틈새바람)에 의한 취득열량

극간풍 취득열량 = 현열 + 잠열

㉮ 현열

$$q = Cp \cdot Q \cdot \gamma \cdot (to - tr)$$

㉯ 잠열

$$q = r \cdot Q \cdot \gamma \cdot (x_o - x_r)$$

* q : 열량 (kcal/h = 1/860 kW = 1/860 kJ/s)
  Q : 풍량 (m^3/h = 1/3600 m^3/s)
  γ : 공기의 밀도 (= 1.2 kg/m^3)
  Cp : 건공기의 정압비열(0.24 kcal/kg·℃≒1.005 kJ/kg·K)
  r : 0℃에서의 물의 증발잠열(597.5 kcal/kg≒2501.6 kJ/kg)
  $to - tr$: 실외온도 - 실내온도 (℃, K)
  $x_o - x_r$: 실외 절대습도 - 실내 절대습도 (kg/kg')

㉰ 상기에서, Q (극간풍량) 구하는 법

㉠ 환기회수법

$$Q = n \cdot V$$

* n : 시간당 환기회수, V : 실의 체적(m^3)

㉡ 창문의 틈새길이법

$$Q = l \cdot Q_I \text{ 혹은 } Q = l \cdot a \cdot \Delta P^{2/3}$$

* l : 창문의 틈새길이(Crack)
Q_I : 창문의 종류와 풍속의 함수 (I ; Infiltration)
a : 통기특성(틈새폭의 함수)
ΔP (작용압차) = 풍압에 의한 압력차 + 연돌효과에 의한 압력차, 즉

$$\Delta P = C\frac{\gamma_o}{2g}w^2 + (\gamma_r - \gamma_o)h$$

C : 풍압계수 (C_f, C_b)
C_f (풍상) : 풍압계수 (실이 바람의 앞쪽일 경우, C_f = 약 0.8~1)
C_b (풍하) : 풍압계수 (실이 바람의 뒤쪽일 경우, C_b = 약 −0.4)
γ_o : 실외 측 공기의 비중량
g : 중력가속도
w : 실외 측 공기의 풍속
γ_r : 실내 측 공기의 비중량
h : 중성대에서의 높이

여기서,

건물폭/건물높이	C_b	C_f
0.1~0.2	−0.4	1.0
0.2~0.4	−0.4	0.9
0.4 이상	−0.4	0.8

㉢ 창문의 면적법

$$Q = A \cdot Q_I$$

* A : 창의 면적

㉣ 출입문 사용빈도법

$$Q = \text{사람 수} \cdot Q_I$$

② **내부부하(室 내부 열취득량)** : 냉방 시 실(室) 내부로부터의 열취득량을 말하며, 이는 공조부하에 가산되는 것이고, 그 종류로는 아래와 같이 인체, 조명기구, 기기(동력), 기구 등으로부터의 취득열량 등이 있다.

㈎ 인체 열취득량

인체 취득열량 = 현열 + 잠열

㉮ 인체의 현열

$$qs = n \cdot Hs$$

* n : 사람 수, Hs : 1인당 인체 발생 현열량

㉯ 인체의 잠열

$$qL = n \cdot H_L$$

* H_L : 1인당 인체 발생 잠열량

※ 평균 재실인원 = 약 0.1~0.3인/m^2

(나) 조명기구 취득열량

㉮ 백열등

$$q = W \times f$$

㉯ 형광등

$$q = W \times 1.2f$$

* W : 조명기구 발열량(W), f : 조명 점등률, 1.2 : 안정기(Ballast) 계수

㉰ 축열부하 고려 시

$$q' = q \cdot SLF$$

* SLF : 축열 부하계수(SLF<1)

(다) 동력 취득열량

$$q = P \cdot fe \cdot fo \cdot fs$$

* P : 전동기의 정격 출력(W), fe : 부하율(실제출력÷정격출력)≒0.8~0.9
  fo : 동력장치 가동률
  fs (사용상태 계수) : 전동기는 실외, 기계는 실내 : $fs=1$
  전동기는 실내, 기계는 실외 : $fs=(1/\eta)-1$
  전동기, 기계 모두 실내 : $fs=1/\eta$

(라) 기구 취득열량(가스레인지, 커피포트 등)

$$q = qe \cdot fo \cdot fr$$

* qe : 기구의 열원용량(방열량 : W), fo : 가동률(사용률)≒0.4
  fr : 실내로의 복사비율≒0.5

> **주 ➔ CLF에 의한 방법 :** 상기 내부부하 계산식에서 공히 축열에 의한 효과를 고려 시 CLF (Cooling Load Factor) 혹은 SLF (Storage Load Factor)를 곱하여 사용할 수 있다.

③ 장치부하

㈎ 송풍기 취득열량

$$q = P$$

* P : 송풍기의 정격출력(W) 혹은 실내취득 현열량의 약 10~20 %

㈏ 덕트로 취득열량 : 실내 취득 현열량의 약 2 %

㈐ 재열부하 : 잠열은 없고, 현열만 존재함

$$q = Cp \cdot Q \cdot \gamma \cdot (t_2 - t_1)$$

* q : 열량 (kcal/h = 1/860 kW = 1/860 kJ/s)
  Q : 풍량 (m^3/h = 1/3600 m^3/s)
  γ : 공기의 밀도 (= 1.2kg/m^3)
  Cp : 공기의 비열(0.24 kcal/kg·℃≒1.005 kJ/kg·K)
  $t_2 - t_1$: 재열기 출구온도－재열기 입구온도 (℃, K)

㈑ 외기부하 : '극간풍에 의한 취득열량'과 동일 방법으로 계산함

외기 도입에 의한 취득열량 = 현열 + 잠열

㉮ 현열

$$q = Cp \cdot Q \cdot \gamma \cdot (to - tr)$$

㉯ 잠열

$$q = r \cdot Q \cdot \gamma \cdot (xo - xr)$$

* q : 열량 (kcal/h = 1/860 kW = 1/860 kJ/s)
  Q : 외기 도입량 (m^3/h = 1/3600 m^3/s ; 일반공조에서는 급기량의 약 30 % 정도를 도입하나, 각 건물의 용도나 재실인원, 법규 등에 따라 차이가 남)
  γ : 공기의 밀도(= 1.2 kg/m^3)
  Cp : 건공기의 정압비열(0.24 kcal/kg · ℃≒1.005 kJ/kg·K)
  r : 0℃에서의 물의 증발잠열(597.5 kcal/kg≒2501.6 kJ/kg)
  $to - tr$: 실외온도－실내온도 (℃, K)
  $xo - xr$: 실외 절대습도－실내 절대습도 (kg/kg')

Quiz 냉방부하(공조기부하)와 열원기기부하의 차이점은 ?

해설 1. 냉방부하(공조기부하, 냉각코일부하) = 내부부하 + 외부부하 + 장치부하
① 내부부하 : 실(室) 내부에서 발생하는 부하
② 외부부하 : 외부로부터 침투되는 열량에 의한 부하
③ 장치부하 : 기계장치 등으로부터 발생하는 부하

2. 열원기기부하(냉동기부하) = 공조기부하 + 펌프/배관부하
여기서, 펌프/배관부하란 반송동력의 압력 손실값 및 단열 불완전에 의한 열취득값 등을 말한다.

3. 펌프/배관부하의 약식계산
냉각코일부하의 약 5~10 %로 계산
따라서, 열원기기부하(냉동기 부하) = 공조기부하×(1.05~1.1)

✓ 핵심 건물의 최대부하는 주로 냉방부하 위주로 계산되며 외부부하, 내부부하, 장치부하로 나누어 계산한다(각각 현열과 잠열을 별도 계산하여 합산한다).

03 난방부하계산법

(1) 개요

① 장치용량 산정을 위한 난방 측면의 최대부하 계산법이다.

② 장치용량이 대개 냉방용량 위주로 설계가 많이 되므로, 냉방부하보다는 중요도가 떨어지나, 히트펌프 타입의 냉·난방기에서는 장비의 냉방능력보다 난방능력이 부족할 경우가 많으므로 난방능력 산정에 보다 더 주의를 요한다.

(2) 난방부하계산법

① 외부부하(구조물을 통한 손실 열량)

㈎ 외벽, 지붕, 창유리의 열손실

$$q = K \cdot A \cdot k \cdot (tr - to - \Delta tair)$$

* q : 열량(kcal/h, W) K : 열관류율(kcal/m^2·h·℃, W/m^2·K)
A : 면적(m^2) k : 방위계수

남	$k=1$
북, 서, 북서	$k=1.1$
기타의 방위	$k=1.05$

$tr-to$: 실내온도－실외온도 (℃, K)

$\Delta tair$: 대기복사량 (℃, K : 지표 및 대기의 적외선 방출량으로 태양복사 입사량과 균형을 이룸)

항 목		$\Delta tair$ (대기복사량)
지붕	구배 5/10 이하	6
	구배 5/10 초과	4
외벽, 창	9층 초과 건물	3
	4층~9층인 건물 (주위가 개방된 경우)	2
	기타	0

(나) 칸막이, 천장, 내창을 통한 열손실

$$q=K\cdot A\cdot \Delta T$$

* ΔT : 구조체 양측 공기의 온도차

(다) 지면과 접하는 바닥면, 지하벽체의 열손실

㉮ 지상 0.6 m~지하 2.4 m

$$q=kp\cdot l\cdot (tr-to)$$

* kp : 지하벽체의 열손실량 (kcal/m·h·℃, W/m·K)
  l : 지하벽체의 길이
  $tr-to$: 실내온도－실외온도 (℃, K)

㉯ 지하 2.4 m 이하

$$q=K\cdot A\cdot (tr-tg)$$

* q : 열량 (kcal/h＝1/860 kW＝1/860 kJ/s)
  K : 열관류율 (kcal/m²·h·℃, W/m²·K)
  바닥인 경우 : 약 0.244 kcal/m²·h·℃≒0.284 W/m²·K
  벽체인 경우 : 약 0.391 kcal/m²·h·℃≒0.455 W/m²·K
  A : 벽체 혹은 바닥의 면적(m^2)
  $tr-tg$: 실내온도－지중온도 (℃, K)

(라) 극간풍에 의한 열손실 : 냉방과 동일(단, 잠열부하는 계산하지 않는 경우가 많음)

$$q = Cp \cdot Q \cdot \gamma \cdot (tr - to)$$

* q : 열량(kcal/h = 1/860 kW = 1/860 kJ/s)
Q : 풍량 (m^3/h = 1/3600 m^3/s)
γ : 공기의 밀도 (= 1.2 kg/m^3)
Cp : 공기의 비열(0.24 kcal/kg · ℃≒1.005 kJ/kg · K)
$tr - to$: 실내온도−실외온도 (℃, K)

② 장치부하 (장치 열손실량)

(가) 외기부하에 의한 열손실 : 냉방과 동일(단, 잠열부하는 계산하지 않는 경우가 많음)

$$q = Cp \cdot Q \cdot \gamma \cdot (tr - to)$$

* Q : 외기 도입량 (일반 공조에서는 급기량의 약 30 % 정도를 도입하나 각 건물의 용도나 재실인원 혹은 법규 등에 따라 차이가 남)

(나) 덕트에서의 열손실 : 보통 실내 현열량의 약 5~10 % 정도로 산정

04 공조방식의 대분류 및 주요 특징

공기조화 (空調方式) 방식이라 함은 공기조화의 4요소 (온도, 습도, 기류, 청정도)를 적절하게 조절함으로써 실내의 공기를 재실자가 원하는 상태로 조절할 수 있도록 고안된 공조용 기계설비의 제 방식을 의미한다.

공기조화 (空調方式) 방식은 크게 중앙공조와 개별공조로 대별될 수도 있겠으나 요즘은 그 종류가 세분화되면서, 중앙공조와 개별공조 각각의 장점을 혼합시킨 혼합공조 방식, 각종 열매체의 복사열로 냉 · 난방을 행할 수 있는 복사냉난방 방식도 보급이 확대되고 있기 때문에 명확하고 단일한 체계의 분류를 하기에는 다소 어려움이 있다. 그러나 이 책에서는 내용의 체계적인 설명과 이론상 정립을 위해 다음과 같은 체계로 그 종류를 대별해보기로 한다.

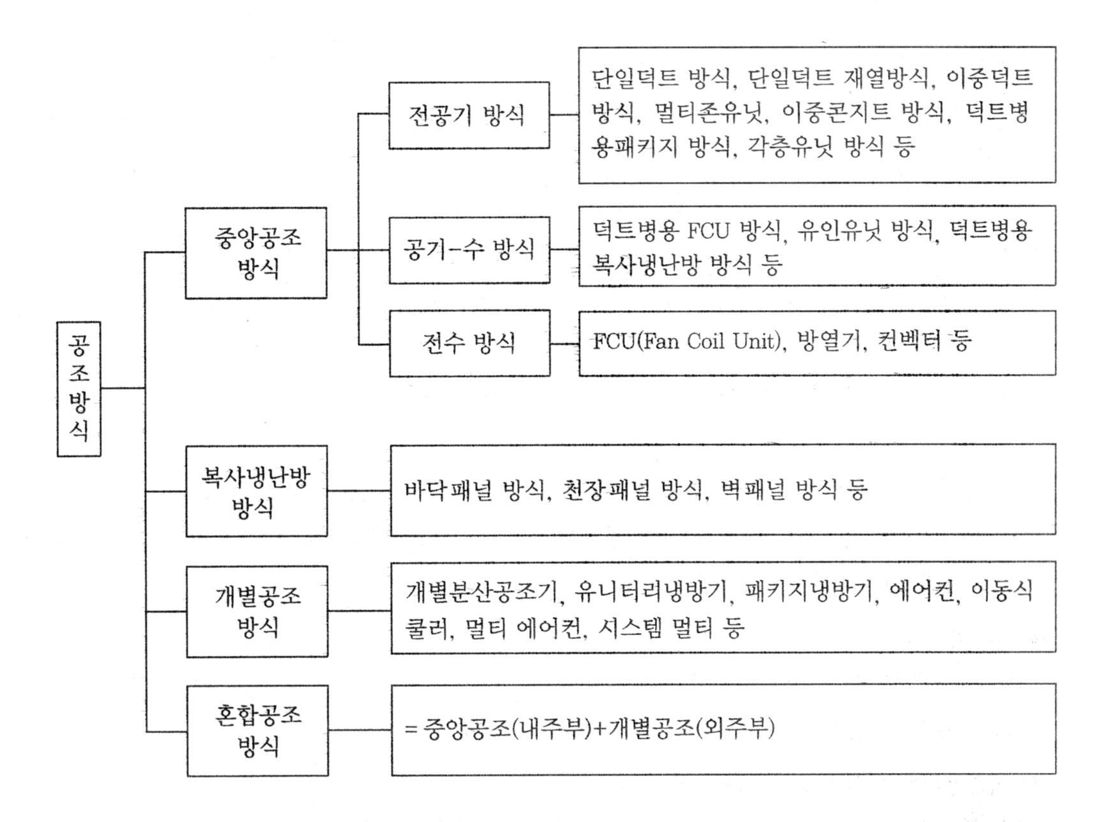

(1) 전공기 방식

전공기 방식은 중앙기계실의 열원기기에서 생산된 열매가 공조기로 인입되어 공조기에서 냉풍 혹은 온풍을 생산하여 덕트 및 디퓨저를 통해 각 실(室) 혹은 존(ZONE)으로 보내지는 방식으로 사용처 주변에 물배관을 사용하는 팬코일유닛 등의 배관설비가 없어 수배관회로가 단순해지고 물에 의한 피해가 거의 없으며 환기량과 공기의 질을 충분히 제고할 수 있다는 장점이 있으나, 덕트시스템이 광범위하게 사용처까지 설치되어야 하므로 설비비가 많이 소요되며 덕트 내부에 오염, 결로, 소음 등이 발생하기 쉽기 때문에 항상 청소, 관리, 보수 등에 소홀하지 않도록 관리되어야 하는 등의 단점 혹은 주의사항도 많은 방식이다.

① 단일덕트 방식

(가) 냉방 시는 냉풍, 난방 시는 온풍 단일 상태로 공조기에서 각 실(室)로 공조된 공기가 전달됨

(나) 냉풍 및 온풍의 혼합에 의한 에너지손실이 없고, 단일덕트 시스템이므로 천장 내 공간절약 및 투자비 절감 가능, 송풍량도 충분한 편임

(다) 전공기방식 중 가장 보편적인 방식임

② **단일덕트 재열방식**

㈎ 냉풍 시 지나친 Cold draft 방지 및 습도 제어를 위한 재열 필요 시 재열기를 추가로 설치

㈏ 말단 혹은 존별 재열기 설치(단일덕트방식의 단점인 재열기능을 보완한 것임)

③ **이중덕트 방식**

㈎ 냉방 시 및 난방 시 냉풍과 온풍을 동시에 취입, 혼합상자(Blender)에서 혼합하여 적절한 온·습도를 맞추어 각 존 혹은 실(室)로 공급

㈏ 부하가 각기 다른 다양한 공조 공간에 여러 가지 조건의 공기를 공급할 수 있다는 장점이 있음

㈐ 냉풍 및 온풍의 혼합에 의한 에너지 손실이 크므로(에너지 소모적), 건물 내 부하가 아주 복잡하거나 세밀한 경우 혹은 실의 용도변경(부하변경)이 아주 잦은 경우에 한정적으로 사용됨

④ **멀티존유닛**

㈎ 혼합 댐퍼를 이용하여 미리 일정비율로 혼합 후 각 존 혹은 실(室)에 공급

㈏ 비교적 소규모에 적합하며, 정풍량장치 없음

⑤ **이중콘지트 방식(Dual Conduit System)**

㈎ 부하의 크기가 많이 변동하는 멀티조운 건물을 경제적으로 운용하기에 적합한 방식

㈏ 1차공조기 및 2차공조기가 유기적으로 병행운전하는 방식

㈐ 야간 및 주말에는 소형의 1차 공조기만을 운전하여 경제적인 운전이 가능한 시스템

⑥ **덕트병용패키지 방식**

㈎ 중앙공조기의 덕트와 분산형공조기(패키지)가 실의 용도별로 유기적으로 결합된 형태

㈏ 소규모에 적합하며, 공기정화 및 습도조절 등이 충분하지 못하여 공기의 질 저하 우려

㈐ 일종의 패키지형 냉동기를 사용하는 방식(보통 직팽코일 사용, 난방열원은 보일러 혹은 전기히터 사용)이며, 덕트와 결합하여 사용하는 방식

⑦ **각층유닛 방식**

㈎ 1차 공기(기계실) 및 2차 공기(각층)를 혼합하여 공급하는 공조방식

㈏ 각층에는 패키지 혹은 공조기 유닛이 있으며, 별도의 중앙공조기가 있는 형태와 없는 형태의 두 가지가 있음

⑧ **기타** : 바닥 취출 공조(UFAC, 샘공조방식), 저속 치환 공기조화 등

(2) 공기-水 방식

① **덕트병용FCU 방식**

㈎ 외기(Outdoor Air) 도입은 덕트를 이용하고, 환기(Return Air)는 FCU를 이용한 방식

㈏ 덕트방식에 팬코일유닛(fan coil unit)을 병용하는 방식

② **유인유닛 방식** : 1차 신선공기는 중앙유닛에서 냉각 감습되고 덕트에 의하여 각 실에 마련된 유인유닛에 보내어 2차 공기 혼합 후 공급하는 방식

(3) 전수 방식

① 실내에 설치된 Unit(FCU, 방열기, 컨벡터 등)에 냉온수를 순환시켜 냉·난방하는 방식이다.

② 덕트 스페이스가 필요 없으나, 각 실에 수배관이 필요하며 유닛이 실내에 설치되므로 실내 유효면적이 감소되고, 환기가 부족해질 수 있다.

(4) 복사냉난방 방식

① 바닥, 천장, 벽체 등에 복사면을 구성하여 공조한다.

② 난방은 바닥으로부터, 냉방은 천장으로부터(패널 설치, 파이프 매설 등을 행함) 하는 경우가 많다.

③ 환기량이 부족해지기 쉽다.

④ **종류**

㈎ 패널의 종류에 따라 바닥패널 방식, 천장패널 방식, 벽패널 방식 등

㈏ 열매체에 따라 온수식, 증기식, 전기식, 온풍식, 연소 가스식, 특수열매식 등

㈐ 패널의 구조에 따라 파이프 매입식, 특수 패널식, 적외선 패널식, 덕트식 등

(5) 개별공조 방식

① 개별 제어 편리, 부하 대응성 우수, 투자비 절감 등이 주목할만하다.

② 개별분산공조기, 유니터리냉방기, 패키지냉방기, 창문형 에어컨(WRAC ; Window Type Room Air Conditioner), 벽걸이형 에어컨(Wall Mounted Air Conditioner), 스탠드형 에어컨(Stand Type Air Conditioner) 혹은 패키지형 에어컨(Package Type Air Conditioner), 이동식 쿨러, 멀티 에어컨, 시스템 멀티 등이 대표적이다.

③ **기타** : Task/Ambient 공조시스템, 윗목/아랫목 시스템 등

(6) 혼합공조 방식

① 중앙공조와 개별공조의 장점을 동시에 취한다.

② 주로 부하의 변동이 심한 외주부는 부하대응성이 우수한 개별공조, 환기 및 잠열 부하가 큰 내주부는 중앙공조 방식을 취한다.

05 압력단위 (ata, atg, atm)

(1) 정의

① ata : 완전진공 상태를 0으로 보고, 이를 기준으로 압력 측정(절대압력)

② atg : 국소대기압을 0으로 보고, 이를 기준으로 압력 측정(게이지압력)

③ atm (표준기압)

(가) 대기압력인 수은주 760 mmHg를 1 atm으로 표기한다.

(나) 정확히 공기의 표준온도 (15℃)에서의 해면상의 대기압력을 0이 아닌 '1표준기압 (1 atm)' 이라고 한다.

(2) 측정기준

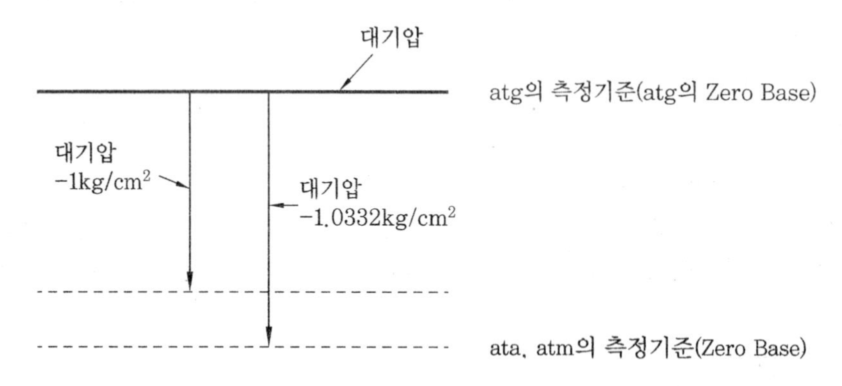

(3) 계산 사례

① 1 atm = (1.0332) ata – 상기 '측정기준'의 그림 참조

② 1 ata = (−0.0332) atg – 상기 '측정기준'의 그림 참조

(4) 기타 압력단위

① 대기압 = (0) atg = (1) atm = (1.0332) ata = (1.0332) kgf/cm^2
= (10.332) mAq = (1.013) bar = (1.013 × 10^5) N/m^2 (Pa) = (0.1013) MPa
= (760) mmHg

② 100mmAq = (10^{-1}) mAq = (10^{-2}) kgf/cm^2 = (100) kgf/m^2

③ 1 bar = (10) N/cm^2 = (10^5) N/m^2

④ 1 mmAq = (9.8) Pa

(5) SI단위

Pa (N/m^2)

✓ 핵심 • 약어 : ata = atmosphere absolute, atg = atmosphere gauge, atm = atmosphere

• ata는 표준대기압 - 1.0332 kgf/cm^2을 기준점(영점)으로 하고, atg는 대기압을 기준점(영점)으로 하며, atm은 표준대기압 - 1 kgf/cm^2을 기준점(영점)으로 한다.

• 역으로 대기압을 표현할 때, ata 측면에서는 1.0332 kgf/cm^2로 표현하고, atg 측면에서는 0 kgf/cm^2으로 표현하고, atm 측면에서는 1 kgf/cm^2로 표현한다.

Quiz 단위 환산 관련하여 괄호 안을 채우시오.

해설 1. 대기압 = (0) atg = (1) atm = (1.0332) ata = (1.0332) kgf/cm^2
= (10.332) mAq = (1.013) bar = (1.013 × 10^5) N/m^2 (Pa)
= (0.1013) MPa = (760) mmHg

2. 100 mmAq = (10^{-1}) mAq = (10^{-2}) kgf/cm^2 = (100) kgf/m^2

3. 1 bar = (10) N/cm^2 = (10^5) N/m^2 (Pa)

4. 1 kcal/h = (3.968) Btu/h = (4.186) kJ/h

5. 1 W = (3.412) Btu/h

6. 1 kW = (860) kcal/h

7. 1 kgf = (9.8) N

8. 1 lb = (0.4536) kg

9. 1 ft = (0.3048) m

10. 1 mmAq = (9.8) Pa

11. 1 kgf/cm^2 = (14.22) Psi (lb/in^2)

06 압력 관련용어

(1) 압력

① 진공이 아니라면, 가스체는 항상 팽창되려 하고 있다. 이 가스를 용기에 넣으면 가스가 팽창되려고 용기의 벽을 밖으로 밀어내는 힘을 '압력'이라 한다.

② **단위** : kgf/cm^2, Psi (lb/in^2), bar, N/cm^2, Pa (N/m^2) 등

(2) 절대압력(Absolute Pressure)

① 절대압력은 실제로 가스가 용기의 벽면에 가하는 힘의 크기를 말한다.

② 게이지압력+대기압으로 계산되며, 게이지압력이 0 kgf/cm^2이라도 실제로는 1.03 kgf/cm^2 · abs (0.1013 MPa)라는 압력을 가지고 있으며 완전 진공 상태를 0으로 하여 측정한 압력이다.

③ **압력단위** : 기호 뒤에 a 또는 abs를 덧붙이는 경우가 많음

(3) 진공압력(Vacuum Pressure)

① 대기압력으로부터 절대 0인 곳으로 재어 내려가는 압력, 즉 대기압 이하의 압력을 말한다.

② 용기 내의 압력이 대기압 이하로 되는 것을 말한다.

③ 단위로는 주로 torr를 사용한다 (1 torr = 1 mmHg).

(4) 게이지압력(Gauge Pressure)

① 대기압하에서 0을 지시하는 압력계로 측정한 압력, 가스가 용기 내벽에 가하는 힘과 대기가 외부에서 용기 외벽에 가하는 힘의 차를 의미한다.

② 별도의 지시가 없을 시 대개 게이지압력을 말하며 혼선을 방지하기 위하여 kg/cm^2G로도 표기한다.

③ 압력계의 지시압력은 가스의 압력에서 대기압력을 뺀 것이다. 평지의 대기압력은 1.03 kgf/cm^2·abs (0.1013 MPa)이고, 절대압력과 게이지압력의 관계는 다음과 같다.

$$\text{절대압력} = \text{게이지압력} + \text{대기압}$$

(5) 대기압 (Atmospheric Pressure)

① 다음 그림에서 관내에서 수은면의 높이가 약 76 cm 정도에서 멈추게 되는 것은

용기의 수은면이 대기압을 받고 있다는 증거이다.

② 수은의 무게는 1 cc에 약 13.595 g이므로 76 cm의 수은의 무게는 밑 면적 1 cm^2 마다 13.595 g×76 = 1033.2 g이다.

③ 지상에 있는 모든 물건은 1033.2 g/cm^2와 같은 공기의 압력을 받고 있는 것이며, 이것이 곧 대기압이다.

표준 대기압 = 760 mmHg = 1033.2 g/cm^2 = 1.0332 kgf/cm^2 = 0.1013 MPa

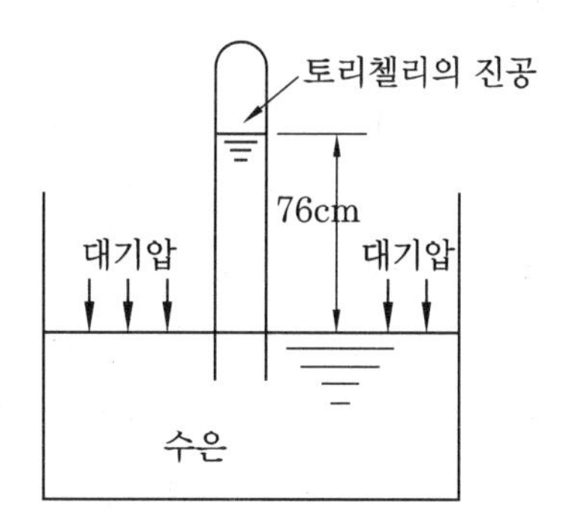

토리첼리의 수은주 실험

✓ 핵심 공조냉동 분야에서는 압력에 대한 개념이 상당히 중요하다. 일상에서는 대개 게이지 압력(게이지압력 = 절대압력 − 대기압)을 기준으로 냉매압, 수압 등을 표기한다.

07 온도와 습도

(1) 온도 Scale

① **섭씨온도** (Celsius Temperature ; ℃) : 표준 대기압하에서 순수한 물의 빙점을 0, 비점을 100으로 하여 100등분 함

② **화씨온도** (Fahreneit Temperature ; ℉) : 표준대기압하에서 순수한 물의 빙점을 32, 비점을 212로 하여 180등분 함

$$°F = 1.8 \times ℃ + 32$$

③ **절대온도** (Absolute Temperature ; K, **열역학적 온도**)

㈎ 열역학적으로 분자 운동이 정지한 상태의 온도를 0으로 하여 측정한 온도로 섭

씨 −273.15℃가 절대 0도가 됨

㈏ 열역학 제3법칙을 유도하는 과정에 발생한 개념으로 물질의 성질에 의존하지 않는 보편적인 온도

㈐ 열역학 제3법칙 : 어떠한 이상적인 방법으로도 어떤 계를 절대 0도에 이르게 할 수 없음

㈑ 중요 기체의 상변화 온도 (표준 대기압 기준)

㉮ 액화천연가스 : −162℃

㉯ 액체산소 : −183℃

㉰ 액체질소 : −196℃

㈒ 액화산소 제조법 : 온도를 낮추면 먼저 액화되는 물질은 끓는점이 높은 산소이고 나중에 질소가 액화되며, 액화된 상태에서 온도를 상승시키면 끓는점이 낮은 질소가 먼저 기화하고 나중에 산소가 기화한다. 단, 산소가 액화될 때 약간의 질소도 액화되기 때문에 Rectification (정류) 혹은 Distillation (증류하여 불순물을 거르는 것)을 거쳐서 순수한 산소를 생성한다.

(2) 건구온도와 습구온도 측정법

① **건구온도** (Dry bulb Temperature) : 보통의 온도계로 측정한 온도 (즉 감온부가 건조한 상태인 보통의 온도계로 측정한 공기의 온도)

② **습구온도** (Wet bulb Temperature) : 봉상온도계의 수은구 부분의 하단을 명주 또는 모슬린 등으로 싸서 그 한 끝부분을 물에 잠기게 하여 증발이 일어날 때 측정한 온도

(3) 습도 (Humidity)

① 공기 중의 수증기량을 나타내는 척도를 말한다.

② 공기는 습증기(수증기)를 흡수하며, 그 양은 공기의 압력과 온도에 달려있다.

③ 공기의 온도가 높을수록 더 많은 습증기를 흡수하고, 공기의 압력이 높을수록 더 적은 습증기를 흡수한다.

④ **종류**

㈎ 상대습도 (Relative Humidity, R.H., 비교습도)

㉮ 공기 중의 수증기량을 그 공기 온도에서의 포화수증기량에 대한 비율로 나타낸 값

㉯ 어떤 온도에서 공기 중의 수증기압과 포화수증기압의 비율 혹은 공기 중의 수증기량과 포화수증기량의 비율

㉰ 기호는 ψ이고, 단위는 퍼센테이지(%)

㉣ 계산식

$$\psi = \frac{Pw}{Ps} \times 100\% = \frac{\gamma w}{\gamma s} \times 100\%$$

* Pw : 어떤 공기의 수증기 분압　　Ps : 포화공기의 수증기 분압
　γw : 어떤 공기의 수증기 비중량　　γs : 포화공기의 수증기 비중량

(나) 절대습도 (Absolute Humidity, Specific Humidity)

㉮ 습공기 중에 함유되어있는 수증기의 질량을 나타낸 값 → 건공기 1(kg) 중에 포함된 수증기 X(kg)을 절대습도 X(kg/kg')로 표시함

㉯ 여기서, 습공기의 질량은 (1+X) kg임을 알 수 있음

㉰ 동일한 포화수증기 분압을 갖는 상태에서는 상대습도가 커져도 절대습도는 증가하지 않음

㉣ 계산식

$$x = \frac{rw}{ra} = 0.622 \cdot \frac{Pw}{(P - Pw)}$$

* γw : 건공기 중 수증기 비중량　　γa : 건공기의 비중량
　Pw : 수증기 분압　　P : 대기압

㉤ 단위 : kg/kg' 혹은 kg/kgDA

(다) 습구온도 (Wet Bulb)

㉮ 건구온도계의 감온부를 물로 적신 거즈로 싸고 읽은 온도 (복사열 배제)

㉯ 공기로부터의 현열 이동과 물의 증발열이 열적으로 '동적 평형상태'를 이룰 때의 온도

08 이상기체 (완전가스)

(1) 정의

① 이상기체 방정식을 만족하는 기체를 말한다.

② 분자 사이의 상호작용이 전혀 없고, 그 상태를 나타내는 온도, 압력, 부피 사이에 '보일-샤를의 법칙'이 완전히 성립될 수 있다고 가정된 기체를 말한다.

③ 아보가드로의 법칙을 만족할 수 있는 기체이다.

(2) 상태 방정식(Boyle-Charles의 법칙의 또 다른 표현)

$$PV=nRT$$

* P : 압력(N/m^2)　　V : 체적(m^3)
  n : 몰수 (입자수/6.02×10^{23})　　R : 일반 기체상수 (8.31 J/mol·K)
  T : 절대온도 (273.15+℃)

(3) '이상기체'의 가정

기체의 운동에 관한 여러 가지를 설명하기 위하여 기체의 운동에 대하여 다음과 같은 가정을 한다.

① 충돌에 의한 에너지의 변화가 없는 완전탄성체이다.
② 기체 분자 사이에 분자력(인력 및 반발력)이 없다.
③ 기체 분자가 차지하는 크기(부피, 용적)가 없다.
④ 기체 분자는 불규칙한 직선운동을 한다.
⑤ 기체 분자들의 평균 운동에너지는 절대온도(켈빈 온도)에 비례한다.
⑥ 줄-톰슨계수가 '0'이다.

(4) 이상기체와 실제기체의 차이

① 이상기체는 질량과 에너지를 갖고 있으나 자체의 부피를 갖지 않고 분자 간 상호작용이 존재하지 않는 가상적인 기체이다. 그러나 실제기체는 부피를 가지며 분자 간 상호작용이 있으므로 이상기체와 상당한 차이를 보인다.
② 실제기체 중에서 분자량이 적은 기체일수록 이상기체와 가까운 상태를 보인다.
③ 이상기체는 뉴턴의 운동법칙에 따라 완전 탄성충돌을 하므로 에너지 손실이 없고 분자 간 인력도 없으므로 온도와 압력을 변화시켜도 고체나 액체 상태로 변하지 않고 기체로 남으며 절대 0도에서 부피가 완전히 0이 된다. 그러나 실제기체는 충돌 시 에너지 손실이 일어날 수 있고 온도와 압력에 따라 상태 변화를 일으키며 부피가 0이 되는 일은 없다.
④ 이상기체의 성질을 갖는 기체는 존재하지 않지만 실제기체가 상당히 높은 온도와 낮은 압력 상태에 있다면 분자 간의 거리가 멀고 기체분자의 속도가 빨라서 분자 간 상호작용을 극복할 수 있다. 이러한 조건에서 실제기체가 이상기체에 근접한다고 볼 수 있다.

(5) 이상기체 상태방정식의 의미 해설

① $PV=nRT$는 보일의 법칙과 샤를의 법칙, 아보가드로의 법칙을 종합해서 나온 식

이다.

② 보일의 법칙은 일정한 온도에서 기체의 압력(P)과 부피(V)는 반비례한다는 법칙이다 (PV= 일정).

③ 샤를의 법칙은 압력이 일정할 때 기체가 차지하는 부피는 절대온도에 비례한다는 법칙이다 ($\frac{V}{T}$ = 일정).

④ 보일의 법칙과 샤를의 법칙을 종합하면 온도, 압력, 부피의 상관관계를 얻을 수 있다 (보일-샤를의 법칙 $\frac{P1\,V1}{T1} = \frac{P2\,V2}{T2}$ = 일정).

⑤ 아보가드로의 법칙에 의하면 0℃ (절대온도 273 K), 1기압 표준상태에서 기체 1몰의 부피는 그 종류에 관계없이 22.4 L이므로 이를 대입하면 기체상수 R은 0.082가 된다 (R= 1기압×22.4 L/273 K = 0.082 atm · l/mol·K = 8.31 J/mol·K).

⑥ 또한 기체의 부피는 몰수에 비례하므로 결국 식은 $\frac{PV}{T} = nR$이 된다.

⑦ 이처럼 이상기체의 상태방정식은 세 가지 법칙을 종합해서 유도해낸 것이다.

(6) 비기체상수 (임의기체상수, 가스정수 ; R')

① 일반기체상수 (R)를 분자량 (몰질량)으로 나눈 값으로 표현한다.

② 임의기체상수를 이용한 상태방정식

$$PV = nRT = m/M \times RT = mR'T \text{ 혹은 } Pv = R'T$$

* m : 기체의 질량 (kg)　R' : 임의기체상수 (= R/M)　M : 분자량
  V : 기체의 체적(m^3)　v : 기체의 비체적(m^3/kg)

✓ 핵심 이상기체의 가정 : 불규칙한 직선운동, 완전탄성체, 인력과 반발력 무시, 크기 무시, 운동에너지가 절대온도에 비례, 줄-톰슨계수가 '0'

09 이상기체의 상태변화 (보일의 법칙, 샤를의 법칙, 보일샤를의 법칙 등)

(1) 보일의 법칙(Boyle's law)

① 일정한 온도에서 일정량의 기체 부피(V)는 압력(P)에 반비례한다.

② 보일이 발견한 법칙으로 기체의 부피와 압력에 관한 서술이다.

③ 이 법칙은 후에 이상기체 상태 방정식을 유도할 때 샤를의 법칙과 함께 중요하게

쓰인다.

④ 이를 식으로 나타내면

$$PV = K$$

(2) 샤를의 법칙(Charle's law)

① 일정한 압력에서 기체의 부피는 절대온도에 비례한다.

② 샤를이 발견한 법칙으로 기체의 부피와 온도에 관한 서술이다.

③ 이를 식으로 나타내면, $V = KT$ 로 정리된다. 즉,

$$\frac{V}{T} = K$$

(3) 보일샤를의 법칙(Boyle Charle's law)

① 기체의 부피와 압력에 관한 서술인 보일의 법칙과 기체의 부피와 온도에 관한 서술인 샤를의 법칙을 합성한 법칙이다.

② 기체의 부피는 압력에 반비례하고, 켈빈온도에 비례한다. 즉,

$$V \propto \frac{T}{P}$$

③ 여기에 비례상수를 집어넣어 주면, $V = K \times \frac{T}{P}$가 된다.

$$\frac{PV}{T} = K$$

(4) 이상기체의 상태변화

① **정압변화**(Isobaric Change) : $PV = RT$ 공식에서 P(압력)가 일정하므로,

$$\frac{T1}{V1} = \frac{T2}{V2} \rightarrow \frac{T}{V} = \text{Constant}$$

② **정적변화**(Isochoric Change) : $PV = RT$ 공식에서 V(체적)가 일정하므로,

$$\frac{P1}{T1} = \frac{P2}{T2} \rightarrow \frac{P}{T} = \text{Constant}$$

③ **등온변화**(Isothermal Change) : $PV = RT$ 공식에서 T(온도)가 일정하므로,

$$\frac{P1}{V1} = \frac{P2}{V2} \rightarrow PV = \text{Constant}$$

④ **단열변화**(Adiabatic Change) : 계의 경계선에서 열의 이동이 없으므로,

$$\frac{T2}{T1} = \frac{P2\,V2}{P1\,V1} = \left[\frac{P2}{P1}\right]^{\frac{K-1}{K}} \rightarrow PV^{K} = \text{Constant}$$

> **주** $PV^{K} = \text{Constant}$ (K = 정압비열(Cp)과 정적비열(Cv)의 비($= \frac{Cp}{Cv}$))
>
> 따라서, $P1\,V1^{K} = P2\,V2^{K}$, 즉 $\left(\frac{V2}{V1}\right)^{K} = \frac{P1}{P2}$
>
> $$\frac{V2}{V1} = \left(\frac{P1}{P2}\right)^{\frac{1}{K}} = \left(\frac{P2}{P1}\right)^{\frac{-1}{K}}$$
>
> 따라서, 보일샤를의 법칙$\left(\frac{P1\,V1}{T1} = \frac{P2\,V2}{T2}\right)$을 다음과 같이 바꿀 수 있다.
>
> $$\frac{T2}{T1} = \frac{P2\,V2}{P1\,V1} = \left[\frac{P2}{P1}\right]^{\frac{K-1}{K}}$$

✓ **핵심**

- 보일의 법칙과 샤를의 법칙을 통합하면 보일샤를의 법칙이 되며, 이들 법칙들은 이상기체의 상태를 설명해주는 방정식이다(실제의 기체 해석에서는 다소 차이가 발생할 수 있다).
- 단열변화(Adiabatic Change)는 계의 경계선에서 열의 이동이 없는 Process이며, PV^{K}이 일정한 특징이 있다.

(5) 계

관찰대상이 되는 일정량의 물질이나 공간의 어떤 구역을 '계'라고 한다.

① **밀폐계** : 계의 경계를 통해 물질의 이동이 없는 계

② **개방계** : 계의 경계를 통해 물질의 이동이 있는 계

③ **절연계(고립계)** : 계의 경계를 통해 물질이나 에너지의 전달이 없는 계

(6) 강도성 상태량과 종량성 상태량

상태량은 질량과의 관계 측면에서 아래와 같이 강도성 및 종량성 상태량으로 크게 대별해볼 수 있다.

① **강도성 상태량** : 계의 질량에 관계없는 상태량(온도, 압력)

② **종량성 상태량** : 계의 질량에 정비례하는 상태량(체적, 에너지, 질량)

(7) 돌턴의 법칙(Dolton's law)

① 두 가지 이상의 서로 다른 이상기체를 하나의 용기 속에 혼합시킬 경우, 기체 상호 간에 화학 반응이 일어나지 않는다면 혼합 기체의 압력은 각각 기체 압력의 합과 같다.

② 이것을 Dolton의 분압법칙이라고도 한다.

10 습공기 용어 (건공기와 습공기, 포화공기, 노점온도, 포화도, 단열포화온도)

(1) 건공기와 습공기

① 공기의 성분은 N_2, O_2, Ar, CO_2, H_2, Ne, He, Kr, Xe 등과 같은 여러 가지의 gas가 혼합되어있다.

② 여기서 수증기 이외의 성분은 지구상에서 거의 일정한 양을 유지하나, 수증기는 기후에 따라 변화가 심하다.

③ 이와 같이 수증기를 함유한 공기를 습공기(Moist Air, Humid Air)라고 하며, 수증기를 함유하지 않은 공기를 건공기(Dry Air)라고 한다.

(2) 포화공기

① 습공기 중의 절대습도 x가 차차로 증가하면 최후에는 수증기로 포화되는데 이 상태의 공기를 포화공기라 한다.

② 습공기 중에 수증기가 점차 증가하여 더 이상 수증기를 포함시킬 수 없을 때의 공기를 포화공기(Saturated Air)라고 한다.

③ 포화공기에 계속해서 수증기를 가하면 그 여분의 수증기는 미세한 물방울(안개)로 존재하는데 이를 Fogged Air라고 한다.

(3) 노점온도 (Dew Point Temperature)

① 습공기가 냉각될 때 어느 온도에서 공기 중의 수증기가 물방울로 변화되며 이때의 온도를 노점온도(Dew Point Temperature)라고 한다.

② 노점온도는 공기 중에 포함되어있는 수증기가 포화해서 이슬이 맺히기 시작할 때의 온도로 온도와 절대습도 등에 의해 결정된다.

③ 포화공기의 온도 이하로 냉각된 고체의 표면이 있으면 공중의 수증기는 거기서 응결해서 이슬이 된다(냉동 및 제습의 원리).

④ 즉, 포화공기의 온도를 약간 더 떨어뜨리면 이슬이 생긴다.

(4) 포화도 (Degree of Saturation, 비교습도)

① 습공기의 절대습도를 동일 온도에서의 포화습공기의 절대습도로 나누어 백분율로 나타낸 값을 말한다.

② 계산식

$$\phi s = \frac{X}{Xs} \times 100\ (\%)$$

* ϕs : 포화도 (%)
  X : 어떤 공기의 절대습도 (kg/kg')
  Xs : 동일 온도에서의 포화공기의 절대습도 (kg/kg')

(5) 단열포화온도 (AST ; Adiabatic Saturated Temperature)

① 완전히 단열된 공간의 에어워셔 사용 시와 같이 물로 하여금 공기를 포화시킬 때 출구공기의 온도를 단열포화온도라 한다.

② 완전히 단열된 용기 내에 물이 포화 습공기와 같은 온도로 공존할 때의 온도를 말한다.

③ 습구온도 (WB)의 열역학적 표현 (풍속 = 5 m/s 이상)이다.

11 엔탈피 용어 (건공기의 엔탈피, 수증기의 엔탈피, 습공기의 엔탈피 등)

(1) 건공기의 엔탈피

$$ha = Cp \cdot t$$

* ha : 엔탈피(kcal/kg = 4.1868 kJ/kg)
  Cp : 건공기의 정압비열(≒0.24 kcal/kg · ℃≒1.005 kJ/kg · K)
  t : 건구온도 (℃, K)

(2) 수증기의 엔탈피

t℃인 수증기의 엔탈피는 0℃의 포화액의 증발잠열에 이 증기가 t℃까지 상승하는데 필요한 열량의 합이다. 따라서 t℃수증기 1 kg의 엔탈피 hv는

$$hv = r + Cvp \cdot t$$

* r : 0℃에서 포화수의 증발잠열(= 597.5 kcal/kg≒2501.6 kJ/kg)
  Cvp : 수증기의 정압비열(= 0.44 kcal/kg·℃≒1.84 kJ/kg·K)
  t : 온도(℃, K)

(3) 습공기의 엔탈피

- 습공기의 엔탈피 = 건공기의 엔탈피 + 수증기의 엔탈피
- 절대습도 X [kg/kg']인 습공기의 엔탈피 hv (kcal/kg = 4.1868 kJ/kg)

$$hw = ha + X \times hv = Cp \times t \times X(r + Cvp \times t)$$

* Cp : 건공기의 정압비열(≒0.24 kcal/kg·℃≒1.005 kJ/kg·K)
  X : 절대습도(kg/kg')
  r : 0℃에서의 물의 증발잠열(597.5 kcal/kg≒2501.6 kJ/kg)
  Cvp : 수증기의 정압비열(= 0.44 kcal/kg·℃≒1.84 kJ/kg·K)
  t : 습공기의 온도(℃, K)

Quiz '열수분비'란?

해설 1. 의미
습공기의 상태변화량 중 수분의 변화량과 엔탈피 변화량의 비를 말함

2. 열수분비(U) 계산식

$$U = \frac{\Delta h}{\Delta x}$$

* Δh : 엔탈피 변화량(kcal/kg = 4.1868 kJ/kg)
  Δx : 수분 변화량(kg/kg')

3. 가습 시의 응용
① 물 분무 시
$U = t$ [kcal/kg] = $4.1868t$ [kJ/kg]
② 증기 분무 시

$$U = \frac{\Delta h}{\Delta x} = \frac{\Delta x(597.5 + 0.441t)}{\Delta x} = 597.5 + 0.441t \text{ (kcal/kg)}$$

$$= 2501.6 + 1.84t \text{ (kJ/kg)}$$

12 베르누이 방정식 (Bernoulli's Equation)

(1) 개요

① 물리학의 '에너지 보존의 법칙'을 유체에 적용하여 얻은 식을 말한다.

② '운동유체가 가지는 에너지의 총합은 일정하다.'라는 의미를 지닌 방정식이다. 즉, 유체가 가지고 있는 에너지 보존의 법칙을 관속을 흐르는 유체에 적용한 것으로서 관경이 축소 (또는 확대)되는 관속으로 유체가 흐를 때 어느 지점에서나 에너지의 총합은 일정하다 (단 마찰손실 등은 무시).

③ 주로 학계에서는 운동유체의 압력을 구할 때 많이 사용하고, '공조 분야'에서는 수두 (H)를 구할 때 많이 사용한다.

(2) 법칙식

$$P+\frac{1}{2}\rho v^2+\gamma Z=\text{일정}$$

혹은

$$\frac{P}{\gamma}+\frac{v^2}{2g}+Z=H(\text{일정})$$

* H : 전수두 (m)
P : 각 지점의 압력(kgf/m² 혹은 Pa)
ρ : 유체의 밀도 (kg/m³)
γ : 유체의 비중량 (kgf/m³ 혹은 N/m³)
v : 유속 (m/s)
g : 중력 가속도 (9.8 m/s²)
Z : 기준면으로부터 관 중심까지의 높이(m)

(3) Bernoulli's Equation의 가정

① 1차원 정상유동이다.

② 유선의 방향으로 흐른다.

③ 외력은 중력과 압력만이 작용한다.

④ 비점성, 비압축성 유동이다.

⑤ 마찰력에 의한 손실은 무시한다.

✓ 핵심 베르누이 방정식은 유체의 '에너지 보존의 법칙'이므로, 마찰손실을 무시할 경우 유체 흐름의 어느 곳에서나 에너지의 총합은 일정하다는 법칙이다.

13 토리첼리 정리 계산

다음 그림의 b점에서의 유속을 정의하시오.

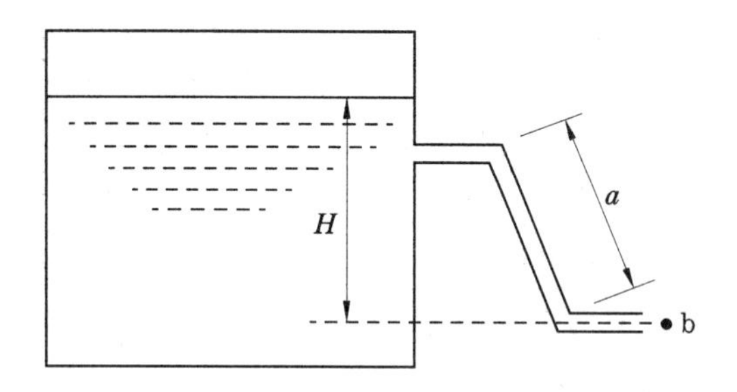

(1) 상기 그림에서 'a'의 어느 지점에서나 총 에너지의 합은 동일함.

(2) 그림의 'b'지점에서의 속도 계산

'베르누이 방정식'에서

$$\frac{P}{\gamma} + \frac{v^2}{2g} + Z = H \Rightarrow \frac{v^2}{2g} = H \Rightarrow v = \sqrt{2gH}$$

* H : 전수두 (m)
  P : 각 지점의 압력(kgf/m^2 혹은 Pa)
  v : 유속 (m/s)
  g : 중력 가속도 (9.8 m/s^2)
  γ : 유체의 비중량 (kgf/m^3 혹은 N/m^3)
  Z : 기준면으로부터 관 중심까지의 높이(m)

✓ 핵심 그림의 'b'지점은 대기 노출지점이므로 Bernoulli's Equation에서 압력에너지가 0이며(대기압상태), 최하단부에 도달했을 때이므로 위치에너지 또한 0의 값이 된다.

14 수두 계산

다음 그림의 c, d지점에서의 총 에너지(수두)를 계산하고, b지점에서의 속도를 구하시오 (마찰손실 무시).

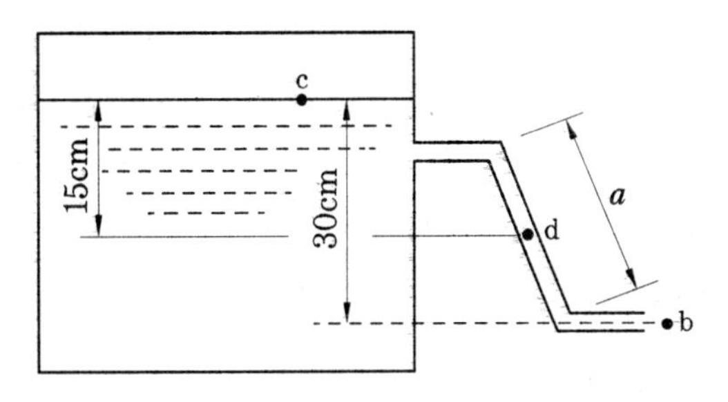

(1) 그림의 'c' 지점에서의 총 에너지(수두) 계산

'베르누이 방정식'에서

$$\frac{P}{\gamma}+\frac{v^2}{2g}+Z=H$$

$*\frac{P}{\gamma}=0,\ \frac{v^2}{2g}=0$

따라서, 총 수두 $H=Z=30\text{ m}$

(2) 그림의 'b'지점에서의 속도 계산

'베르누이 방정식'에서

$$\frac{P}{\gamma}+\frac{v^2}{2g}+Z=H$$

$*\ \frac{P}{\gamma}=0$, 위치에너지 $Z=0$

따라서, 총 수두 $H=\frac{v^2}{2g}=\sqrt{(2\times 9.8\times 30)}=24.25\text{ m/s}$

(3) 그림의 'd'지점에서의 총 에너지(수두) 계산

'베르누이 방정식'에 의해서 어느 지점에서나 총 수두는 동일하다.

즉, 총 수두 측면에서 b, c, d지점 모두 동일

따라서, 총 수두 $H=30\text{ m}$

15 점성계수

(1) 점성계수

① 유체의 흐름에서 전단력에 대해 저항하려는 정도를 나타내는 계수 (유체의 특성)를 말한다.

② 유체의 층류유동에 대해 살펴보면, 유체의 층과 층 사이는 점성 때문에 서로 다른 속도로 움직인다. 표면에서 거리 y, $y+dy$ 떨어진 곳의 속도를 u, $u+du$라 하면 $y+dy$의 층을 움직이는 데 필요한 힘 F는 두 층의 접촉면적 A와 속도차 du에 비례하고, 거리 dy에 반비례하는 것을 알 수 있다.

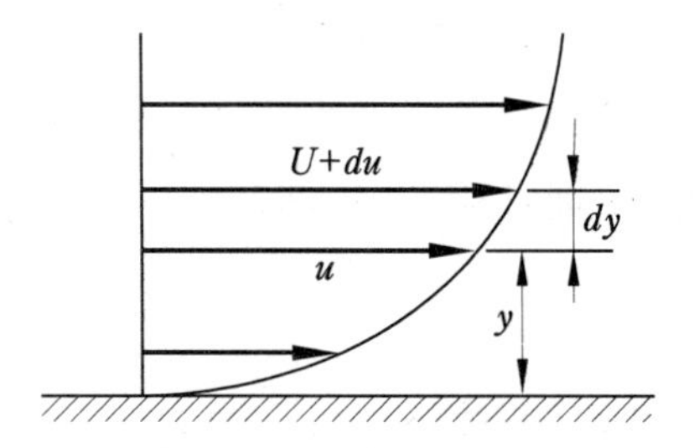

즉, $F \propto A \times \dfrac{du}{dy}$

$\tau = \dfrac{F}{A} \propto \dfrac{du}{dy} = \mu \times \dfrac{du}{dy}$ (* μ : 점성계수)

③ **점성계수의 단위** : 1 dyne sec/cm^2 (= 1 poise), lb sec/in^2, lb sec/ft^2, kg sec/m^2, N·s/m^2(= 1 Pa·s) 등

(2) 동점성계수 (kinematic viscosity)

① 유체유동의 방정식에는 μ보다 이것을 밀도 ρ로 나눈 값 $\nu = \mu$ over ρ가 자주 쓰이며, ν를 동점성계수 (kinematic viscosity)라 한다.

② 단위로는 m^2/s, ft^2/s, cm^2/s 등이 쓰이며 특히 cm^2/s를 stokes라고도 부른다.

✓ 핵심 유체의 흐름에서 저항하려는 성질을 나타내는 값이 점성계수이며, 이 값을 밀도로 나눈 값이 동점성계수이다.

16 마하수와 압축성 관계

(1) 마하수 (M)

$$\text{마하수}\,(M) = \frac{V}{a}$$

* V : 어떤 물체의 속도
  a : 음속 (音速, sound velocity) = 331.5+0.61 t (m/s)
  t : 매질(공기)의 온도

(2) 마하수 평가

① 마하수 (M) < 0.3일 경우 '비압축성'으로 간주한다.

② 마하수 (M) > 0.3일 경우 '압축성'으로 간주 (특히 초음속일 경우는 반드시 '압축성'으로 간주할 것)한다.

(3) 마하수의 구분

① **초음속** : 마하수 M이 1을 초과할 경우 (보통 마하수가 1.2~5일 경우를 말함)

② **아음속** : 마하수 M이 1에 못 미칠 경우 (Bernoulli's Equation이 적용되는 영역임, 단, M>0.3일 경우 약간의 편차 발생)

③ **천음속** (Transonic Velocity)

(가) 물체와 일정거리 이상에서는 M<1이고, 날개 등의 물체와 접한 곳에서는 M>1이 되는 경우

(나) 보통 마하수가 0.7~1.2일 경우 발생함

④ **극초음속**

(가) 비행물체의 주행속도와 비행물체 주변의 공기의 속도 모두 초음속보다 더욱더 빠른 영역

(나) 보통은 마하수가 5 이상인 경우

✓핵심 마하수 (M)란 물체의 속도를 음속으로 나눈 값이므로 아음속에서는 M<1이고, 초음속에서는 M>1이며, 천음속 (轉移音速 ; Transonic Velocity)에서는 물체와 일정 거리 이상에서는 M<1이고, 바로 접한 특정 영역에서는 M>1이다.

17 뉴턴유체

(1) 정의

① 뉴턴의 전단법칙을 만족하는 유체를 '뉴턴유체' 라고 한다.

② 뉴턴의 전단법칙(점성법칙) : 전단응력은 속도구배 간의 관계

(2) 계산식(뉴턴의 전단법칙)

$$\tau = -\mu \cdot \frac{dv}{dy}$$

* τ : 전단응력(N/m^2)
  μ : 점성계수 ($N \cdot s/m^2 = Pa \cdot s$)
  v : 속도 (m/s)
  y : 좌표값 (m) : 상기 식의 음수 값은 y좌표축 설정방향에 의함

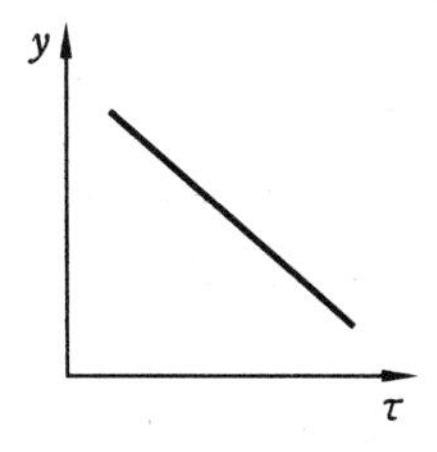

(3) 뉴턴유체의 특징

① 뉴턴유체의 전단응력은 속도구배와 점성계수의 곱으로 나타낸다.

② 유체는 전단력에 저항하므로, 속도구배가 있는 곳에는 항상 전단응력이 존재한다.

③ 뉴턴유체 : 전단속도의 증가/감소에 무관하게 점도가 일정한 유체(다음 그림의 ①번 유체)

④ 비뉴턴유체

㈎ 전단속도의 증가에 따라 점도도 증가하는 유체를 다일레이턴트(Dilatant ; 팽창성) 유체라고 한다(다음 그림의 ②번 유체 : 감자전분, 비닐, 플라스틱 등).

㈏ 전단속도의 증가에 따라 점도가 감소하는 유체는 의소성 유체(Pseudo-plastic)라고 한다(다음 그림의 ③번 유체 ; 전분겔, 마요네즈, 케첩 등).

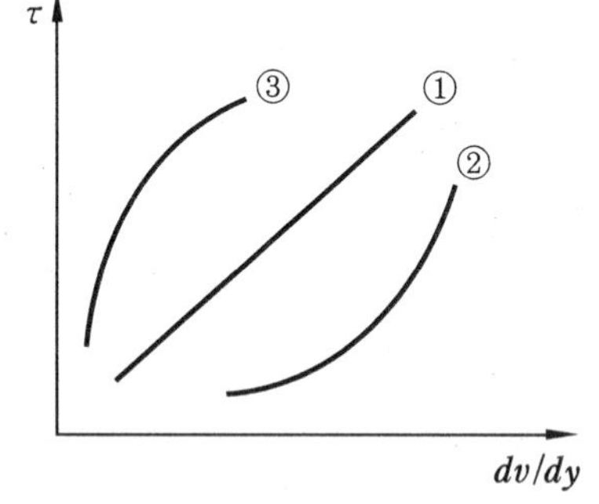

✓ 핵심 뉴턴의 전단법칙에 따르면, 유체의 거리에 따른 속도구배(반비례)가 존재하며, 전단응력은 이 속도구배와 점성계수의 곱으로 계산된다.

18 물의 상평형 곡선 ($P-T$선도)

(1) 물의 $P-T$선도

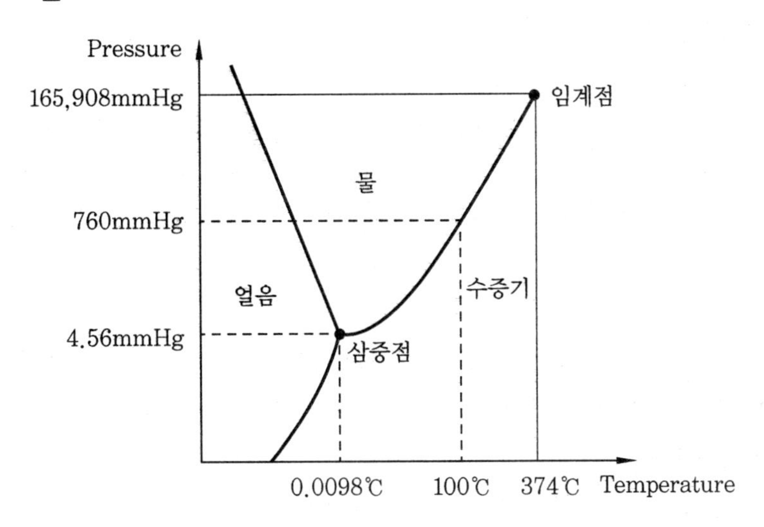

(2) 물의 $P-T$선도에 대한 해설

① 물의 P-T선도는 몇 개의 상 (고체, 액체, 기체) 사이의 평형상태를 나타낸 도표이다.

② 상 평형상태에 대한 도표를 그리기 위해서 주로 온도와 압력을 이용하며, 순물질에서는 상기와 같이 주로 평면에 그린다 (단, 여러 성분이 섞여있는 계에서는 독립적으로 변하는 상태량이 많아 입체적으로 그리기도 한다).

③ 삼중점

㈎ 상기 고상 (얼음), 액상 (물), 기상 (수증기)의 3개의 상의 중심에 있는 점에서는 3개의 상이 공존하므로, 이 점을 삼중점이라 한다.

㈏ 이 점에서는 온도와 압력이 모두 일정하며, 그중 어느 하나를 변화시키면 공존하는 3개의 상 중에서 적어도 한 상이 없어진다.

㈐ 물의 삼중점은 4.56 mmHg (0.006 atm), 0.0098℃이다.

④ 임계점

㈎ 상기 P-T선도의 우측 상단의 끝점을 임계점이라 한다.

㈏ 수증기는 이러한 임계점(374℃에서 165,908 mmHg, 즉 218.3 atm) 이하의 온도와 압력에서는 액화시킬 수 있고, 온도가 374℃가 넘거나 압력이 165,908 mmHg 이상이 되면, 액화시켜 물을 만들 수 없다. 이러한 Point를 임계점(임계온도, 임계압력)이라고 한다.

19 마력 (물리학적 마력)

(1) 개요

① 보통 짐마차를 부리는 말이 단위시간 (1분)에 하는 일을 실측하여 1마력으로 삼은 데서 유래한다.

② 동력의 단위로 사용하는 단위에는 마력 및 와트 (W) 또는 킬로와트 (kW)가 있는데, 이 중에서 마력은 주로 엔진 · 터빈 · 전동기 등에 의해 이루어지는 일의 비율이나, 구동 (驅動)하고 있는 작업기계에 의해 흡수되는 일의 비율을 나타내는 데 사용한다.

(2) 정의

① 동력이나 일률을 측정하는 단위를 말한다.

② 마력으로는 영국마력(기호 HP)과 미터마력(프랑스마력 : 기호 PS)이 있다.

㈎ 1영국마력(HP)

㉮ 전기당량 (電氣當量) : 746 W = 76 kgf · m/sec

㉯ 열당량 (熱當量) : 2,545 BTU/Hr

㉰ 1영국마력은 매초 550 ft · lb, 즉 매분 33,000 ft · lb의 일에 해당한다.

㉱ 원래는 말 한 필이 할 수 있는 힘과 같다는 것에서 유래되었으나, 현재의 개량종 1마리는 4 HP 정도의 힘을 가졌다고 한다.

㈏ 1미터마력(PS)

㉮ 1PS = 735.5 W (한국에서 사용하는 방식) = 75 kgf · m/sec

㉯ 1미터마력 = 0.9858영국마력

㉰ 1초에 75 kg을 1 m 높이로 올릴 수 있는 동력의 단위로 쓰인다 (혹은 매분 4,500 kg을 1 m 높이로 올릴 수 있는 동력 단위).

㉱ 즉, 초당 1 m 높이로 75 kg × 중력가속도 (9.80665 m/s^2) = 735.5 W

㉲ kW 단위로 환산하면 대략 3/4 kW 정도의 양이다.

✓ 핵심 국내 · 외 공조냉동 업계에서 흔히 사용하는 1마력의 개념은 공랭식 냉동기의 경우 약 2,500 kcal/h (약 2,900 W), 수랭식 냉동기의 경우 약 3,024 kcal/h (약 3,516 W)를 말하는 경우가 많은데, 이는 상기에서 논술한 물리적 마력과 상당한 차이가 있는 개념이며, 공식적 용어는 아니므로 정확성을 요하는 공식 계약문서나 학계에서는 사용을 피하는 것이 좋다 (동력 혹은 에너지 개념의 단위로는 SI 단위계인 W 혹은 kW가 가장 많이 사용됨).

20 제베크효과 (Seebeck Effect)

(1) 개요

① 열전대를 처음 발견한 사람의 이름을 따서 'Seebeck Effect'라고 부른다.

② 1821년 독일의 Seebeck (제베크)은 구리(Cu)선과 비스무스 (Bi)선, 또는 비스무스선과 안티몬 (Sb)선의 양쪽 끝을 서로 용접하고 접합부을 가열하면 전위차가 발생하고 전류가 흐르는 현상을 발견하였다 (Thermal electricity의 현상이라고도 한다).

③ 이 현상은 온도차에 의해 전압, 즉 열기전력(Thermoelectromotive force)이 발생하여 폐회로 내에서 전류가 흐르기 때문에 일어나는 것으로서 열전발전의 원리이기도 하다.

(2) 정의

① 두 개의 이종금속이 폐회로를 구성할 때 양접점의 온도차가 다르면 기전력이 발생하는 현상을 Seebeck Effect라고 한다.

② Peltier 효과 (다른 종류의 도체 또는 반도체 접점에 전류를 흘리면 그 접점에 줄열 외의 다른 종류의 열의 발생 또는 흡수가 일어나며, 전류의 방향을 바꾸면 열의 발생과 흡수도 바뀔 수 있는 현상)와는 반대 개념이다.

③ Thomson Effect (균질한 금속에 온도 기울기가 있을 때 그것에 전류가 흐르면 열이 흡수되거나 방출되는 현상으로, 전류를 고온부에서 저온부로 흐르게 하면 철(−)에서는 열을 흡수하고, 구리(+)에서는 열을 방출하는 것과 같은 현상)의 개념과도 구분이 필요하다.

(3) 용도 (응용)

① **열전온도계(열전쌍 ; Thermocouple)** : 온도 측정 센서 분야에서 광범위하게 이용되고 있다.

② **열전반도체** : 다양한 종류의 열전반도체가 개발됨에 따라 이들을 응용하여 폐열을 이용한 발전설비(열전 변환장치)의 실용화에 관한 연구 및 개발이 많이 진행되고 있다.

21 톰슨효과 (Thomson Effect)

(1) 원리

① 1851년 영국의 물리학자 켈빈(본명은 W.톰슨)이 발견한 현상이다.

② 1개의 금속도선의 각부에 온도차가 있을 때, 이것에 전류가 흐르면 부분적으로 전자(電子)의 운동에너지가 다르기 때문에 온도가 변화하는 곳에서 저항에 의한 줄열(저항에 전류가 흐를 때 발생하는 열은 전류의 제곱과 저항과 시간에 비례 ; $H = 0.24I^2Rt$ [cal]) 이외의 열(Thomson Heat)이 발생하거나 흡수가 일어나는 현상(열의 발생과 흡수는 전류의 방향에 따라 결정된다)을 톰슨효과라고 한다.

③ 하나의 전도체 금속을 통해 전류가 흐를 때 그것은 Thermal Gradient를 갖고, 열은 열이 흐르는 방향으로 전류가 흐르는 어떤 한 점으로 방출된다.

(2) 특징

① 대체로 이 효과에 의해 발생하는 열은 전류의 세기와 온도차에 비례한다.

② 단위시간을 취할 경우, 양자(량자)의 비(비)는 도선의 재질에 따라 정해진 값을 취한다. 이 값을 톰슨계수 또는 전기의 비열이라 한다.

③ 관계식

$$\text{톰슨계수 } a = \frac{Q}{I \cdot \Delta T}$$

* Q : 단위시간당 발열량, I : 전류, ΔT : 도체 양쪽의 온도차

(3) 실례

① 예를 들면 구리(Cu)나 은(Ag)은 전류를 고온부에서 저온부로 흘리면 열이 발생하고, 철(Fe)이나 백금(Pt)에서는 열의 흡수가 일어난다.

② 또 전류를 반대로 흘리면, 열의 발생흡수는 반대가 된다.

③ 단, 납에서는 이 효과가 거의 나타나지 않는다($a \fallingdotseq 0$). 따라서 열기전력 측정 시 기준물질로 사용된다.

④ 양단에 온도차가 있는 전선에 전기를 흘리게 되면 온도가 변화하는 곳에서 전자의 운동에너지가 달라져 전기저항에 의한 열(전선 전체에 걸쳐 균일하게 발생하는 열) 이외에 더 큰 열이 발생하거나, 열을 빼기어 차가워지는 현상(톰슨효과)이 발생한다.

⑤ 펠티에 효과보다 효과는 적다(따라서 응용사례도 적다).

✓ 핵심 • Seebeck Effect (제베크효과)는 두 개의 이종금속의 접촉부에서의 온도차 발생으로 기전력이 발생(간접적 온도 측정 가능)하는 원리이고, Thomson effect는 1개의 금속 도선의 각부에 온도차가 있을 때, 이것에 전류가 흐르면, 부분적으로 전자(電子)의 운동에너지가 다르기 때문에 열이 발생하거나 흡수하는 현상이 발생한다는 원리이다.
• Thomson Effect는 실제로는 Seebeck 혹은 the Peltier effect와 a junction and an electric field를 만들기 위해 두 개의 물체가 필요 없다는 것을 제외하고는 같다. 대신 그 자체가 electric field를 만드는 temperature gradient에 의존한다.

22 줄 – 톰슨효과 (Joule–Thomson Effect)

(1) Joule-Thomson계수의 정의

① 유체는 교축과정에서 온도가 내려갈 수도, 올라갈 수도 혹은 변하지 않을 수도 있다.
② 교축과정 동안의 유체의 온도변화를 측정하는 데 사용되는 Joule–Thomson계수는 아래의 식으로 표현된다.

$$\mu = \frac{\Delta T}{\Delta P}$$

* $\mu > 0$: 교축과정(압력 하강) 중 온도가 내려감
  $\mu = 0$: 역전온도 혹은 이상기체
  $\mu < 0$: 교축과정(압력 하강) 중 온도가 올라감

③ 이 현상을 'Throttling 현상'이라고도 한다.

(2) Joule-Thomson계수의 특징

① Joule–Thomson계수는 다음 (그림1)과 같이 $T-P$선도에서 등엔탈피선의 기울기로 나타낸다.
② 교축과정은 압력강하를 나타내므로 다음 (그림1)의 $T-P$선도에서, 오른쪽에서 왼쪽으로 진행된다.
③ 이때 (그림1)의 역전온도선에서는 기울기가 0이 됨을 알 수 있다 (역전온도 ; 공기 = 487℃, 수소 = −72℃).
④ 수소는 역전온도가 낮아 상온에서 팽창시키면 오히려 온도가 상승한다.
⑤ 만약 교축과정이 역전온도선의 왼쪽에서 시작된다면 교축은 주로 기체온도의 감소를 가져온다 (이 점은 가스를 액화시키는 냉동장치의 해석에 유용하게 사용된다).

(3) 냉각과정 설명

① 이상기체에서는 단열팽창 (체적이 커지고, 압력이 떨어짐)이 온도가 일정한 상태에서 이루어진다.

② 그러나 수증기 등 일반기체는 단열팽창 시 온도의 감소를 동반한다. 아래 그림2)에서 3→4과정으로 변화 시(단열팽창) 온도 및 압력이 동시에 떨어진다 ('비체적'은 증가).

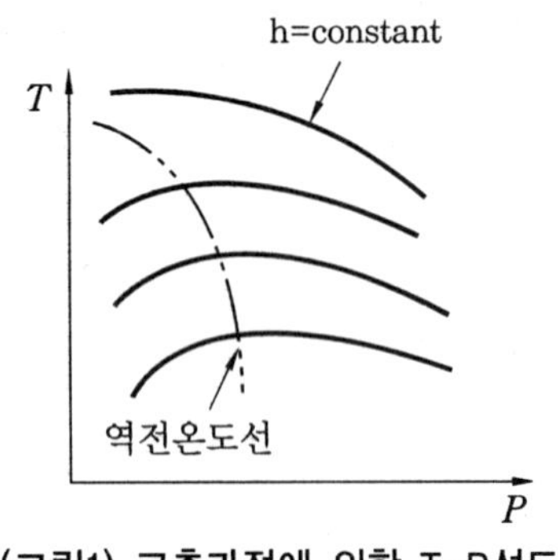

(그림1) 교축과정에 의한 T-P선도

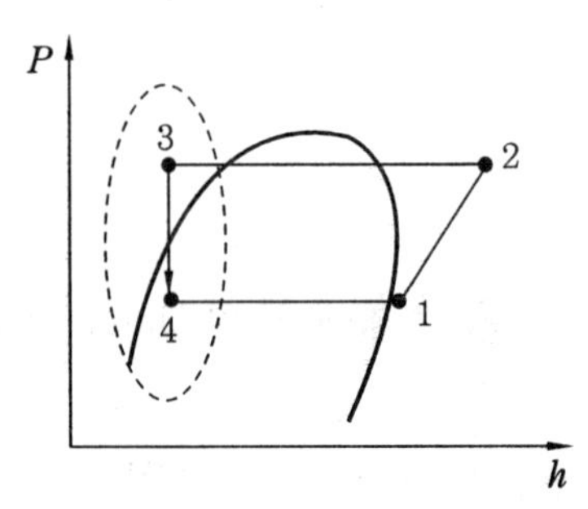

(그림2) 냉동 과정(교축과정)

(4) Joule-Thomson계수 사용 시 주의점

줄-톰슨 계수를 구하기 위해서는 온도 (T) 및 압력(P)을 나타내는 포인트 두 개가 주어져야 하며, 그 기울기(혹은 미분값)가 줄-톰슨 계수를 의미한다 (만약 포인트가 한 개만 주어졌다면 줄-톰슨 계수를 구할 수 없음).

> ✓핵심 압력 변화에 대한 온도 변화의 기울기 값을 '줄-톰슨 계수 (Joule-Thomson계수)'라고 한다.

23 열역학 제 법칙

(1) 열역학 제0법칙

① 열평형 및 온도에 대한 규정이다.

② 두 물체가 열평형상태(열이동이 없음)에 있으면 온도는 같다.

③ 온도가 서로 다른 두 물체를 접촉시키면 고온의 물체가 열량을 방출하고, 저온의 물체는 열량을 흡입해서 두 물체의 온도차는 없어진다. 이때 두 물체는 열평형이 되

었다고 하며 이런 열평형이 된 상태를 동일 온도로 규정하는 것을 '열역학 제0법칙'이라고 한다.

(2) 열역학 제1법칙

① 에너지 보존의 법칙

$$Q = \Delta U + W$$

② 밀폐계가 어떤 과정 동안에 받은 열량에서 그 계가 한 참일을 빼면 계의 저장(내부)에너지의 증가량과 같다.

③ 개방계를 설명하기 위한 개념

$$\text{엔탈피(열함량)}\ H = U + P \cdot V$$

* U : 내부에너지, $P \cdot V$: 압력×부피

④ 열과 일은 모두 하나의 에너지 형태로서 서로 교환하는 것이 가능하다. 이 법칙을 다른 말로 표현하면 '에너지 보존의 법칙'이라고도 한다.

(3) 열역학 제2법칙

① 엔트로피(에너지의 질) 증가원리

$$\Delta S = \frac{\Delta Q}{T}$$

② 온도는 '퍼텐셜 에너지'이다(에너지의 질을 결정).

③ 이론적으로는 물질계가 흡수하는 열량 dQ와 절대온도 T와의 비 $dS = \dfrac{dQ}{T}$로 정의한다(여기서, dS는 물질계가 열을 흡수하는 동안의 엔트로피 변화량이다).

④ 열과 기계적인 일 사이의 방향성(열이동의 방향성)을 제시하여주는 것이 열역학 제2법칙이다.

⑤ 열을 저온에서 고온으로 이동시키려면 별도의 일에너지가 필요하다.

⑥ 물을 낮은 곳에서 높은 곳으로 이동시키려면 별도의 펌프의 힘이 필요하다.

⑦ **Kelvin-Planck의 표현** : 자연계에 어떠한 변화를 남기지 않고 일정 온도의 어느 열원의 열을 계속하여 일로 변환시키는 기계를 만드는 것은 불가능하다(열효율 100 %인 기관을 만들 수 없다).

⑧ **Clausius의 표현** : 자연계에 어떠한 변화를 남기지 않고서 열을 저온의 물체로부터 고온의 물체로 이동하는 기계(열펌프)를 만드는 것이 불가능하다.

(4) 열역학 제3법칙

① 절대영도에 대한 개념이다.
② 어떠한 이상적인 방법으로도 어떤 계를 절대 0도에 이르게 할 수는 없다는 법칙이 Nernst에 의하여 수립되었다(열역학 제3법칙).
③ 절대0도에 가까워질수록 엔트로피는 0에 가까워진다.
④ 절대0도란 분자의 운동이 정지되어있는 완전한 질서 상태를 의미한다.

24 엔탈피 (Enthalpy)

(1) '열함량'이라고도 하며 물질계의 내부에너지가 U, 압력이 P, 부피가 V라고 할 때 그 상태의 열함량 H는 다음과 같다.

$$H = U + P \cdot V \text{ (열역학 제1법칙)}$$
$$= U + nRT \text{ (Joule의 법칙 ; 온도만의 함수)}$$

(2) 열함량은 상태함수이기 때문에 출발 물질과 최종 물질이 같은 경우에는 어떤 경로를 통해서 만들더라도 그 경로에 관여한 열함량 변화의 합은 같다. 이를 '헤스(Hess)의 법칙'이라고 한다.

(3) 어떤 물체가 가지고 있는 열량의 총합을 엔탈피(열함량)라 한다.

(4) 물체가 갖는 모든 에너지는 내부에너지 외에 그때의 압력과 체적의 곱에 상당하는 에너지를 갖고 있다.

✓ 핵심 엔탈피(열함수)는 어떤 물질이 가지고 있는 열량의 총합(내부에너지+압력·체적)이다.

25 엔트로피 (Entropy)

(1) 정의

① 자연의 방향성을 설명하는 것으로 비가역과정은 엔트로피가 증가한다.

② 반응은 엔트로피가 증가하는 방향으로 진행된다(열역학 제2법칙).

③ 이론적으로는 물질계가 흡수하는 열량 dQ와 절대온도 T와의 비 $dS=\frac{dQ}{T}$로 정의한다(여기서, dS는 물질계가 열을 흡수하는 동안의 엔트로피 변화량이다).

④ 열역학 제2법칙을 정량적으로 표현하기 위해서 필요한 개념으로 열에너지를 이용하여 기계적 일을 하는 과정의 불완전도, 다시 말하면 과정의 비가역성을 표현하는 것이 엔트로피이다.

⑤ 엔트로피는 열에너지의 변화 과정에 관계되는 양으로, 자연 현상은 반드시 엔트로피의 증가를 수반한다.

(2) 엔트로피 증가의 법칙

① 온도차가 있는 어떤 2개의 물체를 접촉시켰을 때, 열 q가 고온부에서 저온부로 흐른다고 하면 고온부(온도 $T1$)의 엔트로피는 $\frac{q}{T1}$만큼 감소하고, 저온부(온도 $T2$)의 엔트로피는 $\frac{q}{T2}$만큼 증가하므로, 전체의 엔트로피는 이 변화를 통하여 증가한다.

② 저온부에서 고온부로 열이 이동하는 자연 현상에 역행하는 과정, 예를 들면 냉동기의 저온부에서 열을 빼앗아 고온부로 방출하는 과정에서 국부적으로 엔트로피가 감소하지만, 여기에는 냉동기를 작동시키는 모터 내에서 전류가 열로 바뀐다는 자연적 과정이 필연적으로 동반되므로 전체로서는 엔트로피가 증가한다.

(3) 응용

① 열기관의 효율을 이론적으로 계산하는 이상기관의 경우는 모든 과정이 가역 과정이므로 엔트로피는 일정하게 유지된다. 일반적으로 현상이 비가역 과정인 자연적 과정을 따르는 경우에는 이 양이 증가하고, 자연적 과정에 역행하는 경우에는 감소하는 성질이 있다. 그러므로 자연 현상의 변화가 자연적 방향을 따라 발생하는가를 나타내는 척도이다.

② **통계역학의 입장**: 엔트로피 증가의 원리는 분자운동의 확률이 적은 질서 있는 상태로부터 확률이 큰 무질서한 상태로 이동해가는 자연 현상으로 해석한다.

③ 모든 종류의 에너지가 분자의 불규칙적인 열운동으로 변하여 열의 종말, 즉 우주의 종말에 도달하게 될 것이라는 논쟁이 있었다. 그러나 이는 우주를 고립된 유한한 계라고 가정했을 때의 결론이다.

> ✓ **핵심** 엔트로피는 자연계과정의 방향성을 나타내는 물리량으로, 자연계의 모든 비가역과정은 엔트로피를 증가시키는 방향으로 진행된다.

26 엑서지 (Exergy)

(1) 엑서지(Exergy)의 의미

① 엑서지(Exergy)란 공급되는 에너지 중 활용 가능한 에너지, 즉 유용에너지를 말하며 나머지 무용에너지를 아너지(Anergy)라고 한다.

② 엑서지는 에너지의 질을 의미하며 엑서지가 높은 에너지는 고온상태의 열에너지와 다양한 에너지 변환이 가능한 전기에너지, 일에너지 등이다.

③ 잠재에너지 중에는 일로 바꿀 수 있는 유효에너지와 일로 바꿀 수 없는 무효에너지가 있는데 그중에서 일로 바꿀 수 있는 유효에너지를 Exergy (엑서지)라 한다.

④ 외부에서 열량 $Q1$을 받고, $Q2$를 방출하는 열기관에서 유효하게 일로 전환될 수 있는 최대 에너지를 유효에너지(엑서지)라 한다.

⑤ 전기 분야에서 실제 일을 할 수 있는 유효전력에 해당된다.

$$\text{전력} = \text{유효전력} + \text{무효전력},\ \text{즉}\ W = V \cdot I \cdot \cos\theta + j(V \cdot I \cdot \sin\theta)$$

* $V \cdot I$: 피상전력(VA), $\cos\theta$: 역률 (유효전력/피상전력)

(2) 열역학 제2법칙에 따른 열정산

카르노 사이클 (Carnot Cycle)을 통하여 일로 바꿀 수 있는 에너지의 양을 말한다.

(3) 계산식

$$\text{엑서지 효율} = \frac{\text{실제의 출력}}{\text{유효에너지}}$$

(4) 엑서지의 응용

① 엑서지는 에너지의 변환과정에서 엑서지를 충분히 활용할 수 있는 장치의 개발과 시스템의 선정에 응용된다.

② 에너지(열)의 카스케이드 이용방식인 열병합발전시스템(Co-generation System)을 적용하는 것은 엑서지의 총량을 높이는 것으로 엑서지가 높은 고온의 연소열에 의해서는 에너지의 질이 높은 전력를 생산하고 이 과정에서 배출되는 보다 저온의 폐열을 회수하여 증기나 온수를 생산하여 냉방, 난방, 급탕 등에 사용한다.

✓ 핵심 엑서지(Exergy)란 공급되는 에너지 중 유효한 일로 변환이 가능한 최대에너지를 말한다 (카르노 사이클을 통한 열정산, 열병합발전시스템 등에 활용).

27 카르노 사이클과 역카르노 사이클

(1) 카르노 사이클 (Carnot Cycle)

① **이상적인 열기관의 사이클** : 카르노 사이클은 완전가스를 작업물질로 하는 이상적인 사이클로, 2개의 가역등온변화와 2개의 가역단열변화로 구성된다.

② 이론적으로 최대의 열기관의 효율을 나타내는 사이클 (가역과정)을 말한다.

③ 고열원에서 흡열하고, 저열원에서 방출한다.

④ 카르노 사이클에서 다음과 같은 사실을 알 수 있다.

(가) 같은 온도의 열저장소 사이에서 작동하는 기관 중 가역사이클로 작동되는 기관의 효율이 가장 좋다.

(나) 임의의 두 개 온도의 열저장소 사이에서 가역사이클인 카르노 사이클로 작동되는 기관은 모두 같은 열효율을 갖는다.

(다) 같은 두 열저장소 사이에서 작동되는 가역사이클인 카르노 사이클의 열효율은 동작물질에 관계없으며 두 열저장소의 온도에만 관계된다.

(2) 역카르노 사이클 (Reverse Carnot Cycle)

① 역카르노 사이클은 카르노 사이클을 역작용시킨 것으로, 2개의 가역등온과정과 2개의 가역단열과정으로 구성된다.

② 이상적인 히트펌프 사이클 (냉동 사이클)에 응용된다.

③ 이론적으로 최대의 냉·난방 효율을 나타내는 사이클 (가역과정)이다.

④ 저열원에서 흡열하고, 고열원에서 방출한다.

역카르노 사이클

⑤ 등온증발은 증발기에서, 단열압축은 압축기에서, 등온응축은 응축기에서, 단열팽창은 팽창밸브에서 이루어진다.

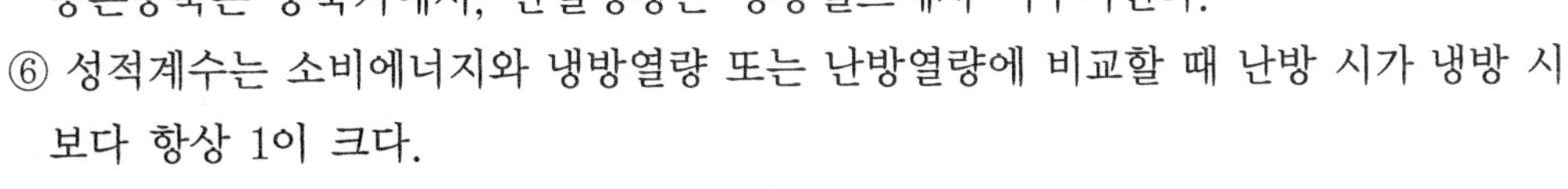

⑥ 성적계수는 소비에너지와 냉방열량 또는 난방열량에 비교할 때 난방 시가 냉방 시보다 항상 1이 크다.

⑦ **기타 사항** : 상기 '카르노 사이클'과 동일하다.

✓ 핵심 카르노 사이클은 이상적인 열기관의 사이클을 말하며, 역카르노 사이클은 카르노 사이클을 역작용시킨 것으로, 이상적인 히트펌프 사이클 (냉동 사이클)에 응용된다.

28 열역학 용어

(1) 열펌프(Heat Pump)

① 열을 Pumping한다는 뜻으로 만들어진 용어이다(열을 낮은 쪽에서 높은 쪽으로 끌어올린다는 의미).

② 열펌프는 저온열원에서 열을 흡수한 후, 일을 가하여 고온열원에 열을 방출하는 장치이다.

③ 저온열원에서 열이 흡수되는 원리를 이용하면 냉동/냉방장치가 되고, 고온열원에서 방출되는 열을 이용하면 가열/난방장치가 된다.

④ 이때 전자를 냉동기라 부르고, 후자를 열펌프라 부르기도 한다.

⑤ 또 냉방(냉동)과 난방의 겸용을 흔히 열펌프라 부르기도 한다.

(2) 가역과정과 비가역과정

① **가역과정** : 역학적·열적 평형을 유지하면서 이루어지는 과정으로 계나 주위에 변화를 일으키지 않고 이루어지며, 역과정으로 원상태로 되돌릴 수 있는 과정이다(손실이 전혀 없는 이상적인 과정을 말한다).

② **비가역과정** : 가역과정과 반대인 과정(원상태로 되돌릴 수가 없고, 손실이 발생하는 과정)을 말하며, 대부분의 자연계의 과정은 비가역과정이다.

(3) 내부에너지(Internal Energy)

① 물체가 갖는 운동에너지나 위치에너지에 무관하게 물체의 온도나 압력 등에 따라서 그 자신의 내부에 갖는 에너지를 말한다.

② **계산식**

$$\text{내부에너지}(U) = \text{계의 총 에너지}(H) - \text{기계적 에너지}(W)$$

* 기계적 에너지(W) = $P \cdot V$ = 압력×부피

③ 물체의 내부에너지는 물체를 구성하는 각 원자가 가지는 역학적 에너지(운동에너지와 위치에너지)의 총합과 같다.

> ✓ 핵심 가역과정은 역학적·열적 평형을 유지하면서 이루어지는 과정이므로 역으로 되돌려놓을 수 있는 과정이며, 가역과정으로 운전되는 사이클을 '카르노 사이클'이라고 부른다.

29 열전반도체 (열전기 발전기 ; Thermoelectric Generator)

(1) 열전반도체의 정의

① 배기가스의 폐열을 이용하여 전기를 생산하는 반도체 시스템을 말한다.
② 한쪽은 배기가스(약 80~100℃ 이상), 다른 한쪽은 상온의 공기로 하여 전기를 생산하는 시스템이다.
③ 열전기쌍과 같은 원리인 제베크효과에 의한 열에너지가 전기적 에너지로 변환하는 장치이다.

(2) 열전반도체의 원리

① 종류가 다른 두 종류의 금속(전자 전도체)의 한쪽 접점을 고온에 두고, 다른 쪽을 저온에 두면 기전력이 발생한다. 이 원리를 이용해서 고온부에 가한 열을 저온부에서 직접 전력으로 꺼내게 하는 방식이다.
② 기전부분(起電部分)에 사용되는 전도체로서는 열의 불량도체인 동시에 전기의 양도체인 것이 유리하다. 따라서 기전부분을 금속만의 조합으로 만들기는 힘들고, 적당한 반도체인 비스무트-텔루르, 납-텔루르 등을 조합해서 많이 사용한다.

(3) 적용 분야

① 구소련의 '우주 항공 분야'가 최초[인공위성, 무인기상대(無人氣象臺) 등]이다.
② 국내에서도 연구 및 개발이 많이 이루어지고 있다.
③ 열효율이 나쁜 것이 단점(약 5~10%에 불과)이다.
④ 점차 재료의 개발에 따른 동작온도의 향상과 더불어 용도가 매우 다양해지고 있는 상황이다.

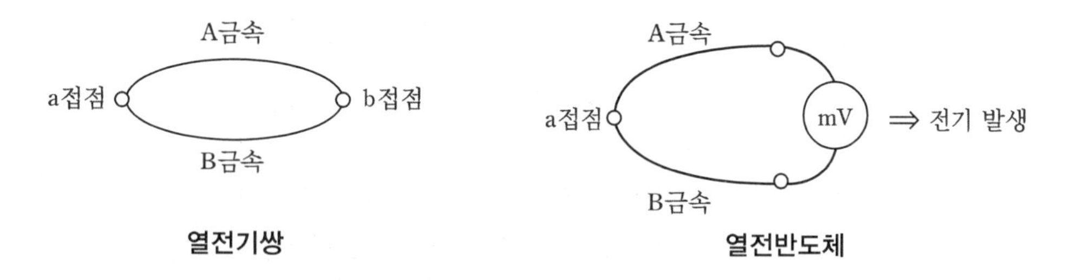

열전기쌍　　열전반도체

✓ 핵심 열전반도체는 일종의 Seebeck 효과(두 개의 이종금속이 폐회로를 구성할 때 양접점의 온도차가 다르면 기전력 발생)를 이용한 폐열회수 방법이다.

30 현열비(SHF)와 유효현열비(ESHF)

(1) 현열비(SHF ; Sensible Heat Factor)

① 현열비는 엔탈피 변화에 대한 현열량의 변화 비율이다.

② 현열비는 실내로 송풍되는 공기의 상태를 정하는 지표로서 실내 현열부하를 실내 전열부하 (= 현열부하+잠열부하)로 나눈 개념이다.

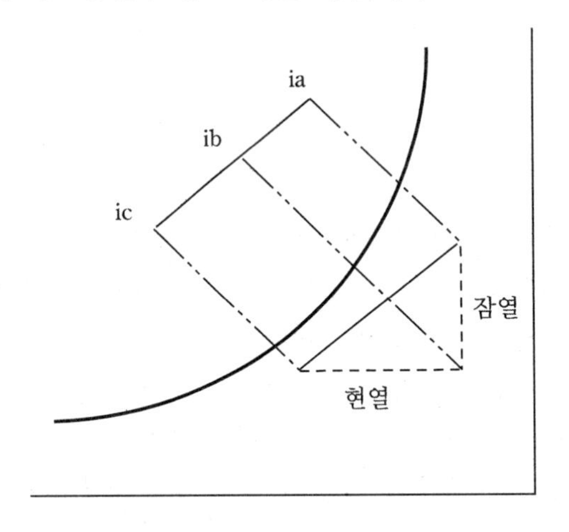

SHF = (ib−ic)/(ia−ic)

(2) 유효현열비(ESHF ; Effective Sensible Heat Factor)

① 코일 표면에 접촉하지 않고 Bypass되어 들어오는 공기량도 실내측 부하에 포함되므로, 실내부하에 Bypass양까지 고려한 현열비를 유효현열비(ESHF)라고 한다 (다음 그림 참조).

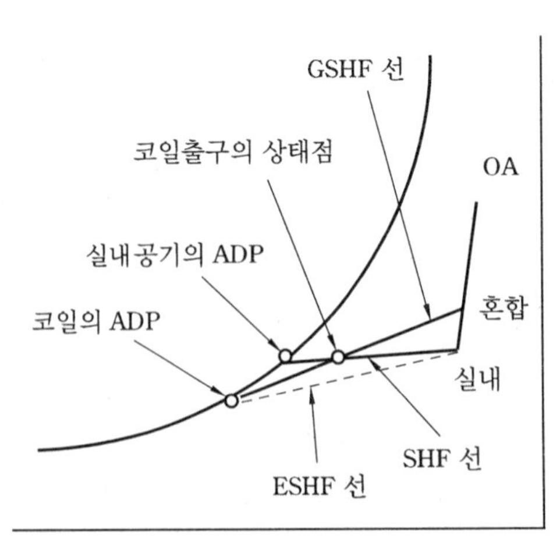

㈜ 1. GSHF (TSHF ; 총 현열비) : 외기부하 (OA)와 실내부하 (RA)를 포함한 전체 현열비
GSHF = 총 현열/(총 현열 + 총 잠열)
2. SHF (室현열비) : 실내부하만 고려한 현열비
SHF = 室현열/(室현열 + 室잠열)
3. ESHF (유효현열비) : 실내부하 (RA)에 Bypass부하 고려한 현열비
ESHF = 유효 室현열/(유효 室현열 + 유효 室잠열)
4. ADP (Apparatus Dew Point ; 장치 노점온도) : 상기 '코일의 ADP' 혹은 '실내공기의 ADP'를 말함 (각 SHF선이 포화습공기선과 만나는 교점)

✓ 핵심 현열비(SHF)는 총 현열비(외기부하와 실내부하를 포함한 전체 현열비), 실현열비(실내부하만 고려한 현열비), 유효현열비(실내부하에 Bypass부하 고려한 현열비)의 세 가지의 현열비로 대별된다.

31 굴뚝효과 (Stack Effect)

(1) 개요

① 연돌효과 (煙突效果)라고도 하며, 건물 안팎의 온・습도차에 의해 밀도차가 발생하여 건물의 위・아래로 공기의 큰 순환이 발생하는 현상을 말한다.

② 최근 빌딩의 대형화 및 고층화로 연돌효과에 의한 작용압은 건물 압력변화에 영향을 미치고, 냉・난방부하의 증가에 중요 요소가 되고 있다.

③ 외부의 풍압과 공기부력도 연돌효과에 영향을 주는 인자이다.

④ 이 작용압에 의해 틈새나 개구부로부터 외기의 도입을 일으키게 된다.

⑤ 건물의 위・아래쪽의 압력이 서로 반대가 되므로 중간의 어떤 높이에서 이 작용압력이 0이 되는 지점이 있는데, 이곳을 중성대라 하며 건물의 구조 틈새, 개구부, 외부 풍압 등에 따라 다르지만 대개 건물 높이의 1/2 지점에 위치한다.

(2) 연돌효과의 문제점

① 극간풍 (외기 및 틈새바람) 부하의 증가로 에너지소비량이 증가한다.

② 지하주차장, 하층부식당 등에서 오염공기가 실내로 유입된다.

③ 창문개방 등 자연환기가 어렵다.

④ 엘리베이터 운행 시 불안정하다.

⑤ 휘파람소리 등의 소음이 발생한다.

⑥ 실내설정압력 유지가 곤란(급배기량 밸런스의 어려움)하다.
⑦ 화재 시 수직방향으로 연소확대 현상이 증대한다.

(3) 연돌효과의 개선방안

① 고기밀 구조의 건물구조로 한다.
② 실내외 온도차를 작게 한다(대류난방보다는 복사난방을 채용하는 등).
③ 외부와 연결된 출입문(1층 현관문, 지하주차장 출입문 등)은 회전문, 이중문 및 방풍실, 에어커튼 등을 설치하고, 방풍실 가압을 유지한다.
④ 오염실은 별도 배기하여 상층부로의 오염 확산을 방지한다.
⑤ 적절한 기계환기 방식을 적용(환기유닛 등 개별환기장치도 검토)한다.
⑥ 공기조화장치 등 급배기팬에 의한 건물 내 압력을 제어한다.
⑦ 엘리베이터 조닝(특히 지하층용과 지상층용은 별도로 이격 분리)을 한다.
⑧ 구조층 등으로 건물을 수직구획한다.
⑨ 계단으로 통하는 출입문은 자동 닫힘 구조로 한다.
⑩ 층간 구획, 출입문 기밀화, 이중문 사이에 강제대류 컨벡터 혹은 FCU를 설치한다.
⑪ 실내를 가압하여 외부압보다 높게 한다.

(4) 틈새바람의 영향

① 바람 자체(풍압)의 영향 : Wind Effect

$$\Delta Pw = C \cdot \left(\frac{v^2}{2g}\right) \cdot r$$

② 공기밀도차 및 온도의 영향 : Stack Effect

$$\Delta Ps = h \cdot (ri - ro)$$

* Wind Effect에 의한 압력차(ΔP_w : kgf/m^2 = 9.81 Pa)
Stack Effect에 의한 압력차(ΔP_s : kgf/m^2 = 9.81 Pa)
풍압계수(C)
• Cf (풍상) : 풍압계수(실이 바람의 앞쪽일 경우, Cf = 약 0.8~1)
• Cb (풍하) : 풍압계수(실이 바람의 뒤쪽일 경우, Cb = 약 −0.4)
공기비중량(r : kgf/m^3)
외기속도(V : m/s, 겨울 약 7, 여름 약 3.5)
Stack Effect가 발생하는 창문의 지상높이에서 중성대의 지상높이를 뺀 거리(h : m)
실내・외공기의 비중량(ri, ro : kgf/m^3)

③ 연돌효과(Stack Effect) 개략도

(가) 겨울철

㉮ 외부 지표에서 높은 압력 형성 → 침입공기 발생

㉯ 건물 상부 압력 상승 → 공기 누출

(나) 여름철(역연돌효과)

㉮ 건물 상부 : 침입공기 발생

㉯ 건물 하부 : 누출공기 발생

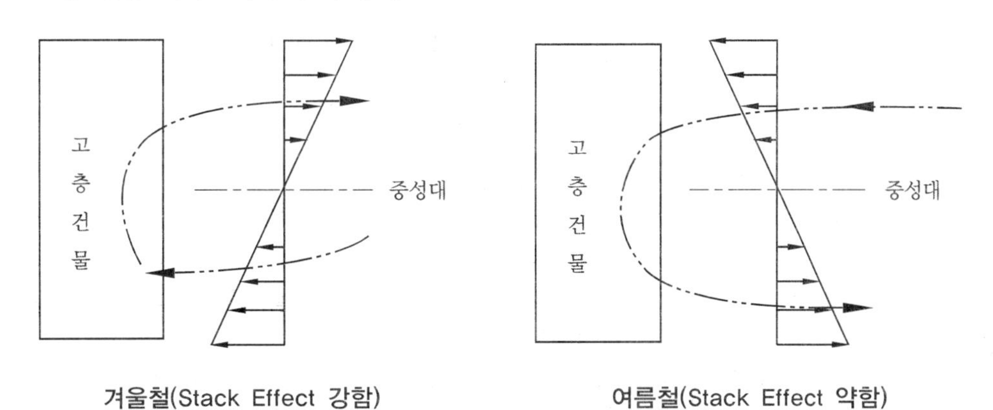

겨울철(Stack Effect 강함) 여름철(Stack Effect 약함)

④ 중성대의 변동

(가) 건물로 강풍이 불어와 건물 외측의 풍압이 상승하면 중성대는 하강한다.

(나) 실내를 가압하거나 어떤 실내압이 존재하는 경우에 중성대는 상승한다.

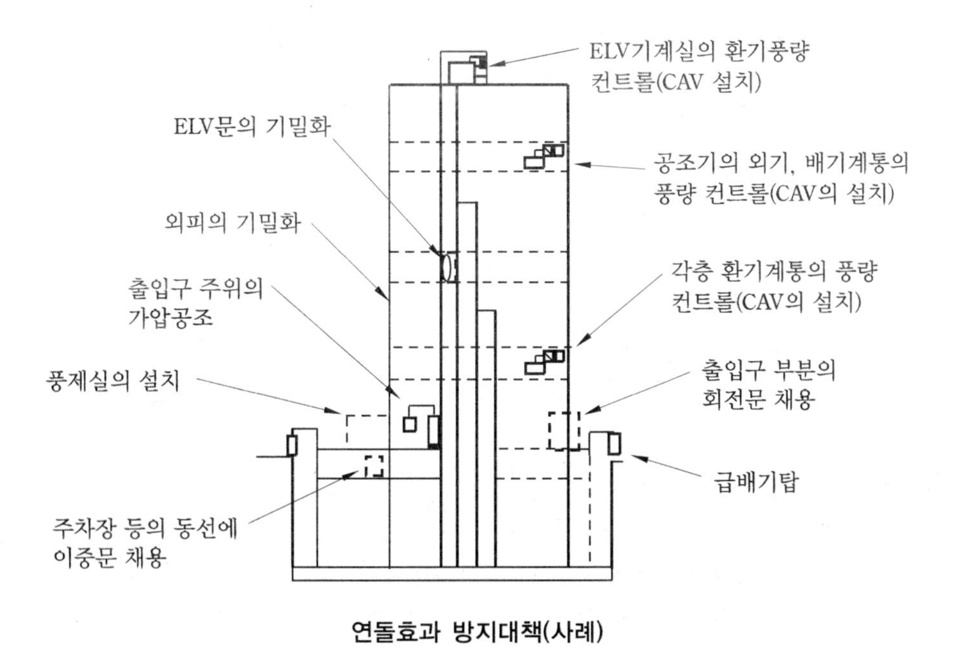

연돌효과 방지대책(사례)

Quiz 5층으로 된 건축물의 압력분포를 그림으로 나타내고 설명하시오 (샤프트 포함).

해설

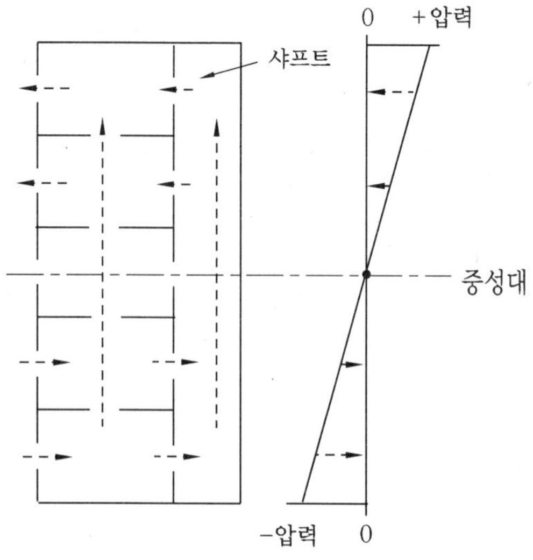

1. 건물의 압력분포 설명
   ① 상기 그림과 같이 화살표로 나타냄.
   ② 중성대를 기준으로 하부에는 음압 (공기가 밀려 들어옴), 상부에는 양압 (공기가 밀려 나감)이 걸린다.
   ③ 상기 그림에서 각층 간 개구부가 있으므로, 이 부분에서는 상승기류가 형성된다.
   ④ 샤프트 역시 음압인 아래로부터 양압인 위로 상승기류가 형성된다.
2. 압력분포에 대한 평가
   ① 상기와 같은 현상을 굴뚝효과 혹은 연돌효과 (Stack Effect)라고 한다.
   ② 상기와 같은 연돌효과는 에너지 절약에 악영향을 미치므로 이중문, 방풍실, 하층 가압, 층간 밀실시공 등의 방법을 통해 최소화하도록 노력해야 한다.
   ③ 상기 샤프트는 화재 시 연기가 밀려 들어오므로 피난통로로 활용되어서는 안 된다.
3. 수직온도 구배 분석법
   ① 상기와 같이 연돌효과 발생 시 일정 높이에서의 온도는 하나의 중요한 열환경 지표가 된다 (더운 공기는 상부에, 찬 공기는 하부에 체류되기 쉬움).
   ② 이는 재실자의 열감응에 영향을 미치며, 이와 같은 높이, 즉 0.75~1.5 m (호흡선) 기온이 실내온도로 적용된다.

✓ 핵심
- 굴뚝효과 (Stack Effect)는 건물 안팎의 공기의 밀도차에 의해 발생하므로, 고층 건물, 층간 기밀이 미흡한 건물, 대공간 건물, 계단실 등에서 심해진다.
- 겨울철 연돌현상에 비하여 여름철 역연돌현상은 그 세기가 상당히 약하다 (이는 실내·외 공기의 온도차에 의한 밀도차가 여름철이 겨울철 대비 훨씬 적기 때문임).

32 송풍기의 분류 및 특징

송풍기는 공기의 유동을 일으키는 기계장치로서, 유동을 일으키는 날개차(Impeller), 날개차로 들어가고 나오는 유동을 안내하는 케이싱(Casing) 등으로 이루어진다.

(1) 흡입구 형상에 의한 분류

① **편흡입** : 팬의 어느 한쪽 면에서만 공기를 흡입하여 압축하는 형상
② **양흡입** : 팬의 양측으로 공기를 흡입하여 압축하는 형상

(2) 압력에 의한 분류

① Fan : 압력이 0.1 kgf/cm^2 미만일 경우(cf. 선풍기는 압력이 거의 0에 가까움)
② Blower(송풍기) : 압력이 0.1 kgf/cm^2 이상~1 kgf/cm^2 미만일 경우
③ Air Compressor : 압력이 1 kgf/cm^2 이상일 경우

(3) 날개(Blade)에 의한 분류

① 전곡형(다익형, Sirocco팬)

(가) 최초로 전곡형 다익팬을 판매한 회사 이름을 따서 Sirocco Fan이라 불린다.
(나) 바람 방향으로 오목하게 날개(Blade)의 각도가 휘어 효율이 좋아 저속형 덕트에서 가장 많이 사용하는 형태이다(동일 용량 대비 회전수 및 모터 용량이 적다).
(다) 풍량이 증가하면 축동력이 급격히 증가하여 Overload가 발생된다(풍량과 동력의 변화가 큼).
(라) 회전수가 적고 크기에 비해 풍량이 많으며, 운전이 정숙한 편이다.
(마) 일반적으로 정압이 최고인 점에서 정압효율이 최대가 된다.
(바) 압력곡선에 오목부가 있어 서징위험이 있다.
(사) 물질 이동용으로는 부적합하다(부하 증가 시 대응 곤란).
(아) 용도 : 저속 Duct 공조용, 광산터널 등의 주급배기용, 건조로/열풍로의 송풍용, 공동주택 등의 지하주차장 환기팬(급배기) 등
(자) 보통 날개폭은 외경의 1/2 정도로 하며, 크기(외경)는 150 mm 단위로 한다.

② 후곡형(Turbo형)

(가) 보통 효율이 가장 좋은 형태이고, 압력 상승이 크다.
(나) 바람의 반대 방향으로 오목하게 날개(Blade)의 각도가 휘어짐, 소요동력의 급상승이 없고 풍량에 비해 저소음형이다.

㈐ 용도 : 고속 Duct 공조용, Boiler 각종 로의 연도 통기 유인용, 광산, 터널 등의 주 급기용

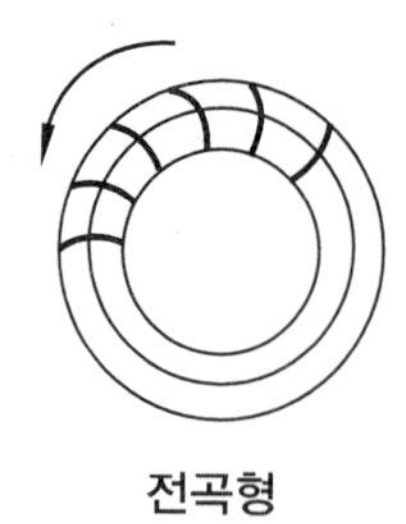

전곡형

후곡형

③ 익형(Airfoil형, Limit Load Fan)

㈎ Limit Load Fan (L.L.F)

㉮ 전곡형의 부하의 증가에 따라 급격히 특성이 변하는 현상 (Over Load 현상)을 개선한 형태임

㉯ 날개가 S자 형상을 이루어 오버로드를 방지할 수 있음

㈏ Airfoil형

㉮ 날개의 모양은 후곡형과 유사한 형태이나, 박판을 접어서 비행기 날개처럼 유선형(Airfoil형)의 날개를 형성한 형태임

㉯ 유선형의 날개를 가지고 후곡형(Backward)이며 non-overload 특성이 있으며, 기본 특성은 터보형과 같고 높은 압력까지 사용할 수 있음

㉰ 고속회전이 가능하며, 특별히 소음이 적음

㉱ 정압효율이 86 % 정도로 원심송풍기 중 가장 높음

㈐ 용도

㉮ 고속 Duct 공조용, 고정압용

㉯ 공장용 환기 급배기용

㉰ 광산, 터널 등의 주 급기용

㈑ 공조용으로 보통 80 mmaq 이상의 고정압에 적용 시에는 에어포일팬 (익형팬)을 많이 선호하고, 80 mmaq 이하에는 시로코팬 (다익형팬)을 많이 사용한다.

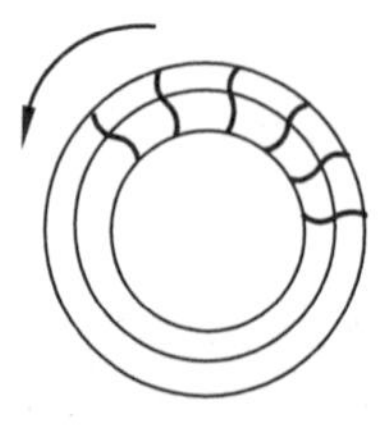

LIMIT LOAD FAN

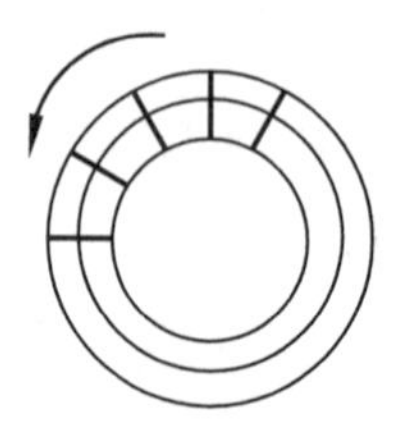

방사형

④ **방사형(Plate Fan, Self Cleaning, Radial형, 자기 청소형)**

(가) 효율이나 소음 면에서는 다른 송풍기에 비해 좋지 못하다.

(나) 용도 : 분진의 누적이 심한 공장용 송풍기 등

⑤ **축류형(Axial Fan)** : 공기를 임펠러의 축방향과 같은 방향으로 이송시키는 송풍기로서, 임펠러의 깃(Blade)은 익형으로 되어있다.

(가) 프로펠러 송풍기

㉮ 프로펠러 송풍기는 튜브가 없는 송풍기로서 축류송풍기 중 가장 간단한 구조임

㉯ 낮은 압력하에서 많은 공기량을 이송할 때 많이 사용함

㉰ 용도 : 실내환기용 및 냉각탑, 콘덴싱 유닛용 팬 등

(나) 튜브형 축류송풍기

㉮ 튜브형 축류송풍기는 임펠러가 튜브 안에 설치되어있는 송풍기

㉯ 용도 : 국소통풍이나 터널의 환기, 선박/지하실 등의 주 급배기용 등

(다) 베인형 축류송풍기

㉮ 베인형 축류송풍기는 튜브형 축류송풍기에 베인(안내깃, guide vane)을 장착한 송풍기로서 베인을 제외하면 튜브형 축류송풍기와 동일함

㉯ 베인은 임펠러 후류의 선회유동을 방지하여줌으로써 튜브형 축류송풍기보다 효율이 높으며 더 높은 압력을 발생시킴

㉰ 용도 : 튜브형 축류송풍기와 동일(국소통풍이나 터널의 환기 등)

⑥ **관류형팬(管流-; Tubular Fan)** : 날개가 후곡형으로 되어 원심력에 의해 빠져나간 공기가 다시 축방향으로 유도되어나간다(옥상용 환기팬으로 많이 사용).

⑦ **횡류팬(橫流-, 貫流-; Cross Flow Fan)**

(가) 날개가 전곡형으로 되어 효율이 좋다(에어컨 실내기, 팬코일 유닛, 에어커튼 등으로 많이 사용됨).

(나) 기체가 원통형 날개열을 횡단하여 흐르는 길이가 길고 지름이 작은 팬이다.

(4) 벨트의 구동방식에 의한 분류

① **전동기 직결식** : 모터에 팬을 직결시켜 운전함

② **구동벨트 방식** : 벨트를 통해 모터의 구동력을 팬에 전달시켜 운전함

(5) 송풍기 특성곡선

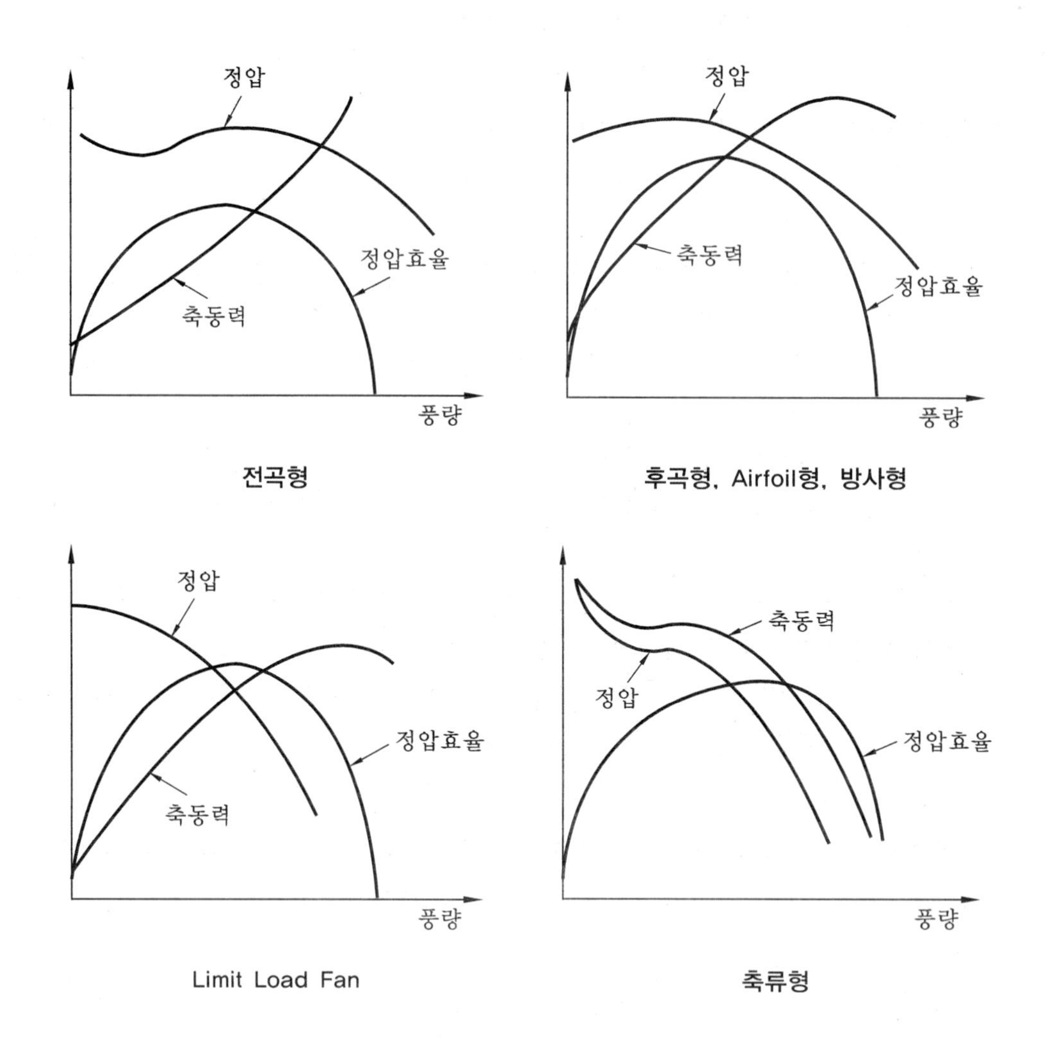

(6) Fan 선정 시 주의점

① 서징으로 인한 소음, 파손을 방지해야 한다.

㈎ 우하향 특성이 있는 Limit Load Fan 사용

㈏ 토출댐퍼 대신 흡입댐퍼 또는 흡입볼륨댐퍼로 용량 제어 등

② 무엇보다 필요 풍량 및 필요 기외정압에 부합하여야 한다.

③ 타 공정과 크로스 체크(건축, 전기, 통신, 소방 등)를 해야 한다.

④ 유량이 너무 적으면 Surging이 발생하기 쉽고, 유량이 너무 많으면 축동력이 과다해져 Overload를 초래하기 쉽다(Overload가 발생하면 과전류 유발, 송풍기의 정지 혹은 고장 등을 초래 가능).

✓ 핵심 송풍기의 분류 : 흡입구 형상에 따라 편흡입/양흡입, 압력에 따라 Fan/Blower/Air Compressor, 날개의 형상에 따라 전곡형/후곡형/익형(Limit Load Fan, Airfoil 형)/방사형/축류형/관류형/횡류형, 벨트의 구동방식에 따라 전동기 직결식/구동벨트 방식 등으로 분류된다.

33 송풍기의 풍량제어방법

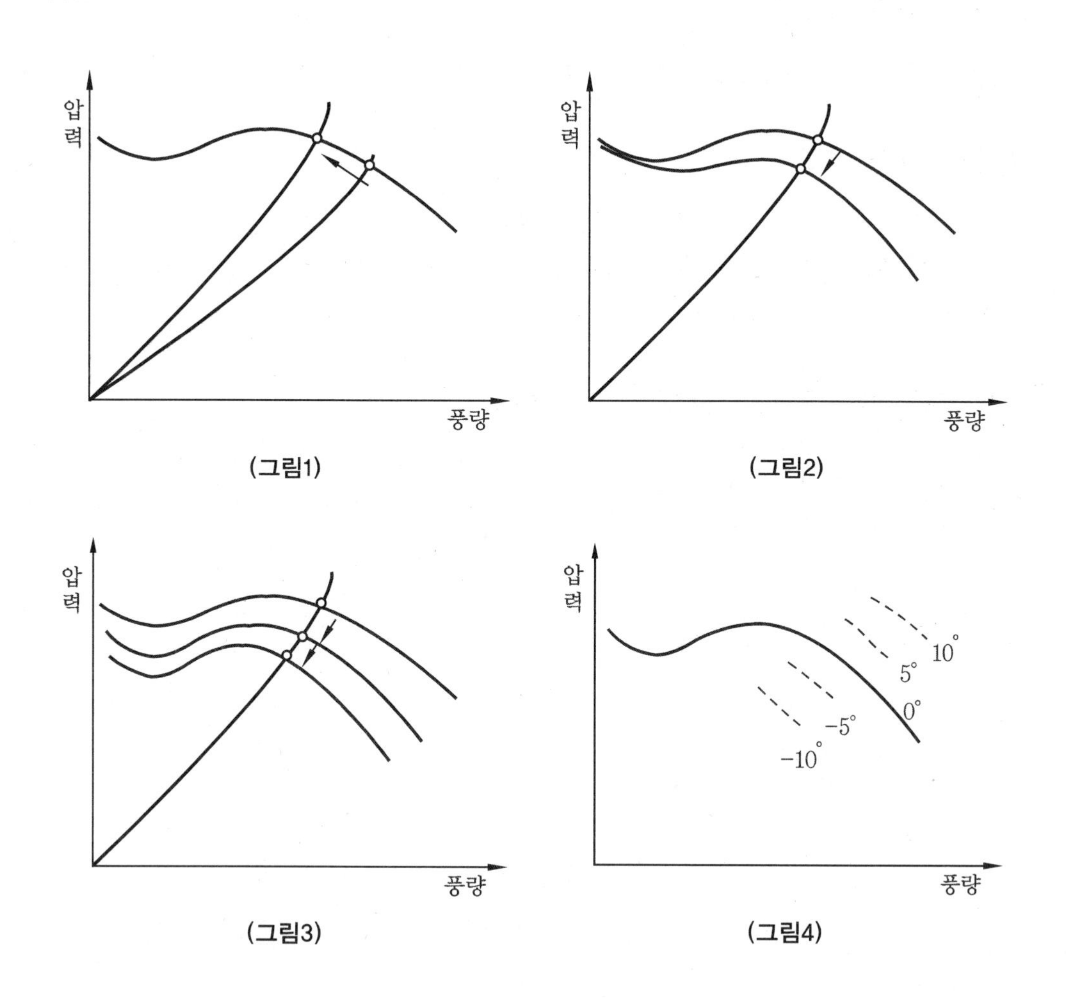

(1) 토출댐퍼(스크롤댐퍼) 제어(그림1)

토출 측의 댐퍼를 조절하여 풍량 제어, 토출압력이 상승한다.

(2) 흡입댐퍼 제어(그림2)

흡입 측의 댐퍼를 조절하여 풍량 제어, 토출압력이 하락한다.

(3) 흡입베인 제어(그림2)

① 토출압력 하락, 송풍기 흡입 측에 가동 흡입베인을 부착하여 Vane의 각도를 조절(교축)하는 방법이다.
② '흡입댐퍼 제어'와 유사한 방법이나, 동력은 더 절감된다.

(4) 가변피치 제어(그림3)

Blade 각도 변환(축류송풍기에 주로 사용), 장치가 다소 복잡하다.

(5) 회전수 제어(그림4)

① 모터의 회전수 제어로 풍량을 제어(가장 성능 우수)한다.
② 극수변환, Pulley직경 변환, SSR제어, 가변속 직류모터, 교류 정류자 모터, VVVF(Variable Voltage Variable Frequency) 등

(6) 바이패스 제어(Bypass Control)

바이패스 댐퍼를 열면, 토출압력이 줄어들어 토출 측 알짜 풍량(사용처로 보내지는 풍량)을 줄이는 제어를 할 수 있으나 동력절감에는 도움이 되지 않는다(아래 그림 참조).

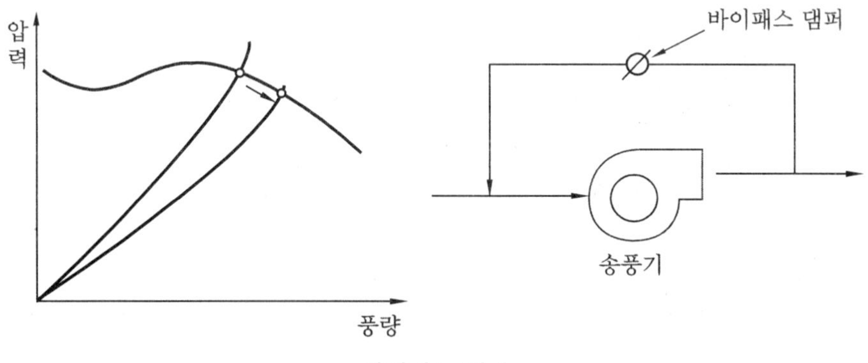

바이패스 제어

(7) 각 풍량 제어방식별 소요동력 비교

풍량 제어 시의 소요동력 측면으로 보면, 아래 그림과 같이 토출댐퍼 제어 및 스크롤댐퍼 제어가 가장 불리하고, 회전수 제어가 가장 유리하다.

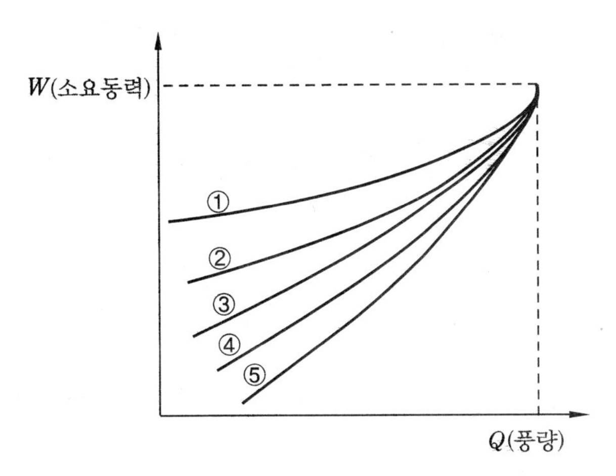

송풍기의 풍량 제어방식별 소요동력 곡선

✓핵심 송풍기의 풍량제어 방법 : 토출댐퍼(스크롤댐퍼) 제어, 흡입댐퍼 제어, 흡입베인 제어, 가변피치 제어, 회전수 제어(가장 효율 우수), 바이패스 제어 등이 있다.

34 송풍기(Fan) 및 펌프의 서징(Surging) 현상

(1) 개요

① 기계를 저유량 영역에서 사용 시 유량과 압력이 주기적으로 변하며 불안정 운전상태로 되는 것을 Surging이라 한다.

② 큰 압력변동, 소음, 진동의 계속적 발생으로 장치나 배관이 파손되기 쉽다.

③ 배관의 저항특성과 유체의 압송특성이 맞지 않을 때 주로 발생한다.

④ Surging이란 자려운동 [일정한 방향으로만 외력이 가해지고, 진동적인 여진력(勵振力)이 작용하지 않더라도 발생하는 진동, 대형사고 유발 가능]으로 인한 진동현상 (외부의 가진이 전혀 없어도, 또는 가진 원인이 불분명한 상태에서 발생)을 말한다.

(2) 원인

① 양정 측 산고곡선의 상승부 (왼쪽)에서 운전 시

② 한계치 이하의 유량으로 운전 시

③ 한계치 이상의 토출 측 댐퍼 교축 시

④ 펌프 1차 측의 배관 중 수조나 공기실이 있을 때(펌프)
⑤ 수조나 공기실의 1차 측 밸브가 있고 그것으로 유량 조절 시(펌프)
⑥ 임펠러를 가지는 펌프를 사용 시
⑦ 서징은 펌프에서는 잘 일어나지 않음(그 이유는 물이 비압축성 유체이기 때문)

(3) 현상

① 유량이 짧은 주기로 변화하여 마치 밀려왔다 물러가는 파도소리를 닮은 소리를 낸다. → 서징(Surging)이라는 이름은 여기에서 유래됨
② 심한 소음/진동, 베어링 마모, 불안정 운전
③ 블레이드의 파손 등

(4) 송풍기의 서징(Surging) 주파수(Hz)

서징 발생 시의 토출압력이나 유량이 변화하는 주파수를 말하며, 아래 식으로 근사치를 구할 수 있다.

$$f = \frac{a}{2\pi} \cdot \sqrt{\frac{S}{L \cdot V}}$$

* a : 음속(m/s)
S : Fan의 송출구 면적(m^2)
L : 접속관의 길이(m) : 송풍기~덕트의 목 부분
V : 접속덕트의 용적(m^3)

(5) Surging 대책

① 송풍기의 경우

(가) 송풍기 특성곡선의 우측(우하향) 영역에서 운전되게 할 것
(나) 우하향 특성곡선의 팬(Limit Load Fan 등) 채용
(다) 풍량조절 필요 시 가능하면 토출댐퍼 대신 흡입댐퍼 채용
(라) 송풍기의 풍량 중 일부 풍량은 대기로 방출시킴(Bypass법)
(마) 동익, 정익의 각도 변화
(바) 조임 댐퍼를 송풍기에 근접해서 설치
(사) 회전차나 안내깃의 형상치수 변경 등 팬의 운전특성을 변화시킴

② 펌프의 경우

(가) 회전차, 안내깃의 각도를 가능한 작게 변경시킴
(나) 방출밸브와 무단변속기로 회전수(양수량) 변경함

㈐ 관로의 단면적, 유속, 저항 변경(개선)
㈑ 관로나 공기탱크의 잔류공기 제어
㈒ 서징을 발생하지 않는 특성을 갖는 펌프를 사용함
㈓ 성능곡선이 우하향 펌프를 사용함
㈔ 서징 존 범위 외에서 운전함
㈕ 유량조절 밸브는 펌프 출구에 설치함
㈖ 필요 시 바이패스 밸브를 사용함
㈗ 관경을 바꾸어 유속을 변화시킴
㈘ 배수량을 늘리거나 임펠러 회전수를 바꾸는 방식 등을 선정함(펌프의 운전 작동점을 변경)

✓핵심 Surging 현상 : 서징은 송풍기 및 펌프에 공히 발생할 수 있고, 송풍기 서징은 기계를 최소유량 이하의 저유량 영역에서 사용 시 운전상태가 불안정해져서(소음/진동 수반) 주로 발생하며, 펌프에서의 서징은 펌프의 1차 측에 공기가 침투하거나 비등 발생 시 주로 나타난다(Cavitation 동반 가능).

35 송풍기의 특성곡선과 직·병렬 운전

(1) 개요

① 송풍기 특성곡선은 해당 송풍기의 특성을 나타내는 것이며 개개의 기종에 따라 다르게 나타난다.
② 동일 종류 중에서도 날개(Impeller)의 크기, 압력비 등에 의해서 그 특성이 다르게 나타난다.

(2) 특성곡선의 구성

① 풍량이 어느 한계 이상이 되면 축동력이 급증하고 압력과 효율은 낮아지는 오버로드 현상이 있는 영역과, 송풍기 동작이 불안정한 서징(Surging) 현상이 있는 영역에서의 운전은 좋지 않다.

② 서징(Surging)의 대책

㈎ 시방 풍력이 많고, 실사용 풍량이 적을 때 바이패스 또는 방풍한다.

(나) 흡입댐퍼, 토출댐퍼, R.P.M으로 조정한다.

(다) 축류식 송풍기는 동, 정익의 각도를 조정한다.

(3) 송풍기의 직렬운전 방법(용량이 동일한 경우)

① 압력을 승압할 목적으로 동일 특성의 송풍기 2대를 직렬로 연결하여 운전하는 경우에 해당하며, 2대 직렬운전 후의 특성은 어떤 풍량점에서의 압력을 2배로 하여 얻어진다.

② 특성곡선은 이와 같이 2배로 얻어지지만 단독운전의 송풍기에 1대 추가하여 직렬로 운전해도 실제의 압력은 2배가 되지 않는다. 그것은 관로저항이 2배로 되어 변하지 않고, 풍량은 증가하기 때문이다.

③ 2대 운전하고 있는 장치에서 1대를 정지한 경우, 작동점의 압력은 절반 이상이 된다.

④ 압력이 높은 송풍기를 직렬로 연결한 경우, 1대째의 승압에 비해 2대째의 송풍기가 기계적 문제를 야기할 수 있음에 주의해야 한다.

(4) 송풍기의 병렬운전 방법(용량이 동일한 경우)

① 동일 특성의 송풍기를 2대 이상 병렬로 연결하여 운전하는 경우에 해당하며, 이 경우 특성곡선은 풍량을 2배 하여 얻어지지만, 실제 2대 운전 후의 작동점은 2배의 풍량으로 되지는 않는다(압력도 다소 증가).

② 또한 병렬운동을 행하고 있는 송풍기 중 1대를 정지하여 단독운전을 해도 풍량은 절반 이상이 된다.

③ 이 또한 관로저항의 증가, 시스템 압력의 증가 등에 기인한다.

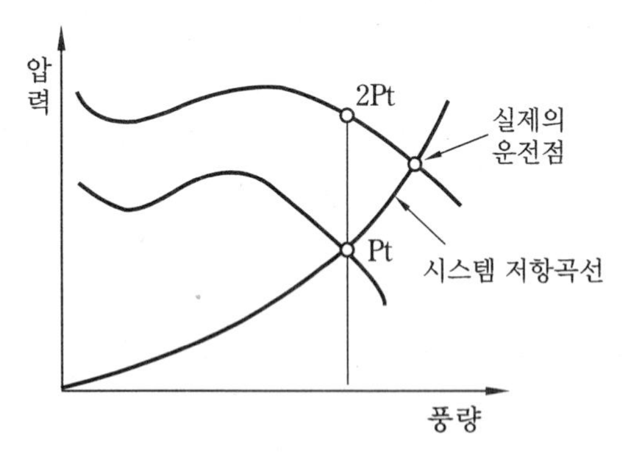

동일 용량의 직렬운전

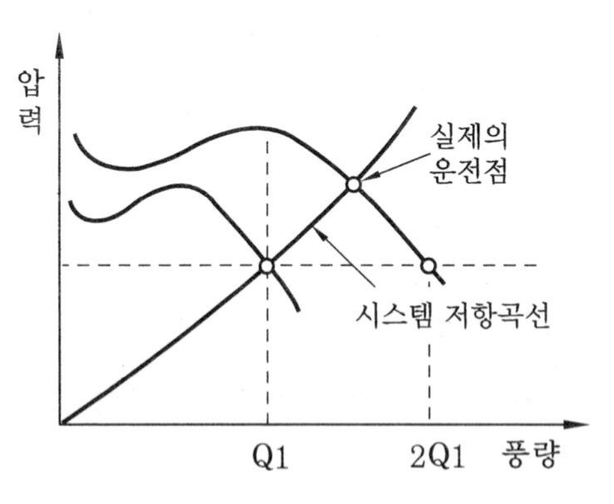

동일 용량의 병렬운전

(5) 송풍기의 직렬운전 방법(용량이 다른 경우)

① 아래 그림에서 보듯이, 합성운전점이 a일 경우 소용량 송풍기의 양정이 b가 되어 음의 양정이 되면 안 된다.

② 이 경우 소용량 송풍기는 오히려 시스템의 저항으로 작용한다.

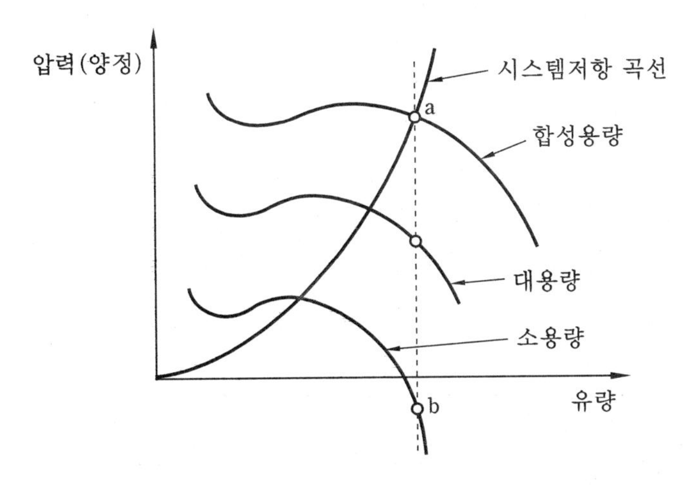

용량이 다른 직렬운전(펌프는 좌하향 구간이 없음)

(6) 송풍기의 병렬운전 방법(용량이 다른 경우)

① 합성운전점 a의 양정이 소용량 펌프의 최고양정 b보다 낮은 경우에는 2대의 펌프로 공히 양수 가능하게 된다.

② 특성이 크게 다른 송풍기를 병렬운전하는 것은 운전이 불가능한 경우도 있으므로 피하는 편이 좋다.

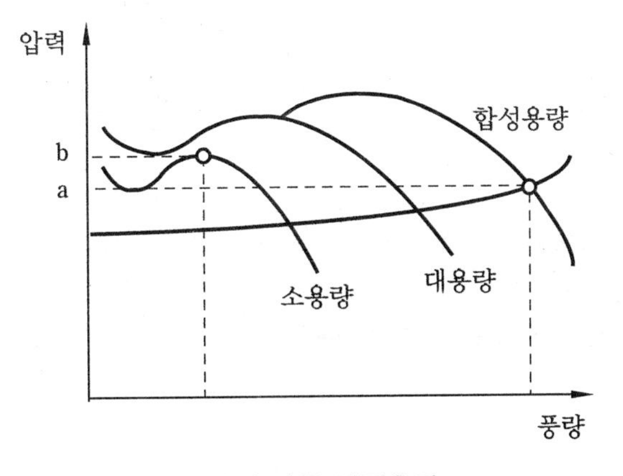

용량이 다른 병렬운전

(7) 직 · 병렬운전의 용도

① 직렬운전

(가) 송풍기의 총 압력을 높이고자 할 때

(나) 송풍기 1대의 압력보다 소요압력이 높은 경우

(다) Booster형식으로 저단/고단의 구분이 필요한 경우

② 병렬운전

(가) 송풍기의 풍량을 높이고자 할 때

(나) 송풍기 대수 제어로 효율관리가 필요한 경우

(다) 건물 반입상의 문제(크기 및 운반상 문제)

(라) 송풍기 1대 고장 시 Back-up 운전이 필요한 경우

(8) 비교표

항목	직렬운전	병렬운전
원리	• 공조용 저압송풍기를 직렬로 운전	• 2대 또는 그 이상의 동일성능의 송풍기를 병렬로 운전
특징	• 송풍기의 풍량이 동일한 경우, 송풍기 총압(總壓)은 각각의 송풍기의 총압을 합산한 것임	• 동일 송풍기의 경우 그 특성곡선은 각 송풍기의 총압(總壓) 또는 정압에 대한 각 송풍기의 풍량을 합산한 것임
용도	• 소요압력이 1대에서 얻어지는 최대압력보다 높은 경우 • 송풍저항의 변화에 따라 저압 시에는 1대, 고압 시에는 2대를 부스터로서 사용하는 경우	• 송풍기의 높이가 너무 높아서 건물 내 반입이 어려운 경우 • 고장 시에도 어느 정도의 풍량이 꼭 확보되어야 하는 경우 • 송풍계의 저항이 송풍기정압에 비해 작고 소요풍량이 1대에서 얻을 수 있는 최대풍량보다 많을 때

✓ 핵심 송풍기에서 압력을 승압할 목적으로 송풍기 2대 이상을 직렬로 연결하여 운전하는 방법을 '직렬운전'이라 하고, 송풍기 2대 이상을 병렬로 연결하여 풍량을 증가시키고자 하는 방식을 '병렬운전'이라고 한다.

36 송풍기의 압력관계

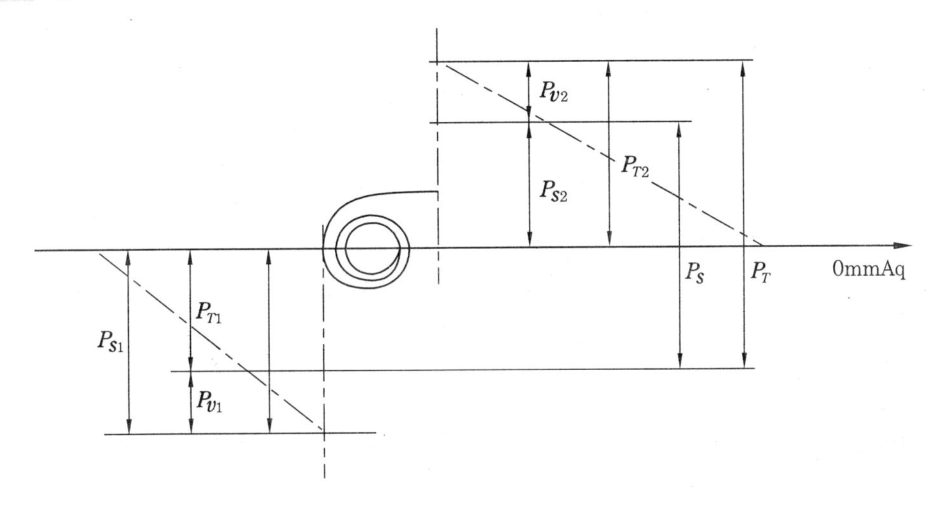

송풍기 전압 및 송풍기 정압 계산

상기 그림에서,

① 송풍기 전압 $= P_T = P_{T2} - P_{T1} = (P_{S2} + P_{V2}) - (P_{S1} + P_{V1})$

② 송풍기 정압 $= P_S = P_T - P_{V2} = P_{S2} - P_{S1} - P_{V1}$

37 유효흡입양정 (NPSH ; Net Positive Suction Head)

(1) 정의

① Cavitation이 일어나지 않는 흡입양정을 수주(水柱)로 표시한 것을 말하며, 펌프의 설치상태 및 유체온도 등에 따라 다르다.

② 펌프 설비의 실제 NPSH는 펌프 필요 NPSH보다 커야 Cavitaion이 일어나지 않는다.

(2) 이용 가능 유효흡입양정

$$NPSHav \geq NPSHre \times 1.3$$

* *NPSHre* : 필요(요구) 유효흡입양정(회전차 입구 부근까지 유입되는 액체는 회전차에서 가

압되기 전에 일시적으로 급격한 압력강하가 발생하는데, 이러한 압력강하에 해당하는 수두를 *NPSHre*라고 한다. → 펌프마다의 고유한 값이며, 보통 펌프회사에서 제공된다.)
* *NPSHav* : 이용 가능한 유효흡입양정

(3) 계산식

$$Hav = \frac{Pa}{r} - \left(\frac{Pvp}{r} \pm Ha + Hfs \right)$$

* 이용 가능 유효흡입양정(Hav : Available NPSH : m)
흡수면 절대압력(Pa : kgf/cm^2) : 표준대기압은 1.0332 kgf/cm^2
유체온도 상당포화증기 압력(Pvp : kgf/cm^2)
유체비중량 (γ : kgf/m^3)
흡입양정[Ha : m, 흡상 (+), 압입(−)]
흡입손실수두 (Hfs : m)

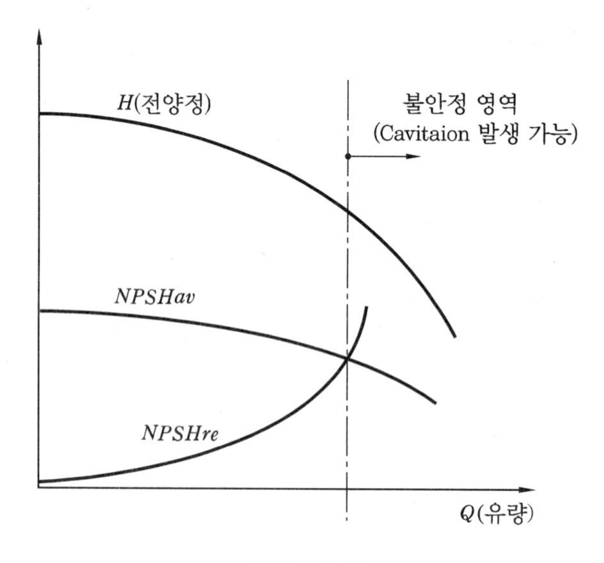

NPSH 곡선

✓핵심 *NPSH*(유효흡입양정) : Cavitation이 일어나지 않는 유효흡입양정을 수주(水柱)로 표시한 것을 말하며, 보통 여유율을 고려하여 요구 흡입양정의 약 1.3배 이상으로 선정된다.

38 펌프의 공동현상 (Cavitation)

(1) 개요

① 펌프의 이론적 흡입양정은 10.332 m, 관마찰 등을 고려한 실질적인 양정은 6~7 m 정도이다.

② 캐비테이션은 펌프의 흡입양정이 6~7 m 초과 시, 물이 비교적 고온 시, 해발고도가 높을 시 잘 발생한다.

③ 펌프는 액체를 빨아올리는 데 대기의 압력을 이용하여 펌프 내에서 진공을 만들고 (저압부를 만듦) 빨아올린 액체를 높은 곳에 밀어 올리는 기계이다.

④ 만일 펌프 내부 어느 곳에든지 그 액체가 기화되는 압력까지 압력이 저하되는 부분이 발생되면 그 액체는 기화되어 기포를 발생하고 액체 속에 공동 (공동 : 기체의 거품)이 생기게 되는데 이를 캐비테이션이라 하며 임펠러(Impeller) 입구의 가장 가까운 날개 표면에서 압력은 크게 떨어진다.

⑤ 이 공동현상은 압력의 강하로 물속에 포함된 공기나 다른 기체가 물에서부터 유리되어 생기는 것으로 이것이 소음, 진동, 부식의 원인이 되어 재료에 치명적인 손상을 입힌다.

(2) 발생 메커니즘 (Mechanism)

① 1단계 : 흡입 측의 양정 과다, 수온 상승 등 여러 요인으로 인하여 압력강하가 심할 경우 증발 및 기포가 발생함

② 2단계 : 이 기포는 결국 펌프의 출구 쪽으로 넘어감

③ 3단계 : 출구 측에서 압력의 급상승으로 기포가 갑자기 사라짐

④ **4단계 :** 이 순간 급격한 진동, 소음, 관 부식 등 발생함

(3) 캐비테이션의 발생조건 (원인)

① 흡입양정이 클 경우

② 액체의 온도가 높을 경우 혹은 포화증기압 이하로 된 경우

③ 날개차의 원주속도가 클 경우 (임펠러가 고속)

④ 날개차의 모양이 적당하지 않을 경우

⑤ 휘발성 유체인 경우

⑥ 대기압이 낮은 경우 (해발이 높은 고지역)

⑦ 소용량 흡입펌프 사용 시(양흡입형으로 변경 필요)

(4) 캐비테이션 방지법

① 흡수 실양정을 될 수 있는 한 작게 한다.
② 흡수관의 손실수두를 작게 한다(즉, 흡수관의 관경을 펌프 구경보다 큰 것을 사용하며, 관내면의 액체에 대한 마찰저항이 보다 작은 파이프를 사용하는 것이 좋다).
③ 흡수관 배관은 가능한 간단히 한다. 휨을 적게 하고 엘보(Elbow) 대신에 벤드(Bend)를 사용하며, 슬루스 밸브(Sluice Valve)를 사용한다.
④ 스트레이너(Strainer)는 통수면적으로 크게 한다.
⑤ 계획 이상의 토출량을 내지 않도록 한다. 양수량을 감소하며, 규정 이상으로 회전수를 높이지 않도록 주의하여야 한다.
⑥ 양정에 필요 이상의 여유를 계산하지 않는다.
⑦ 흡입배관 측 유속은 가능한 한 1 m/s 이하로 하며, 흡입수위를 정(+)압 상태로 하되 불가피한 경우 직선 단독거리를 유지하여 펌프유효흡입수두보다 1.3배 이상 유지한다(즉, $NPSHav \geq 1.3 \times NPSHre$가 되도록 한다).
⑧ 펌프의 설치위치를 가능한 한 낮게 하고, 흡입손실수두를 최소로 하기 위하여 흡입관을 가능한 한 짧게 하며, 관내 유속을 작게 하여 $NPSHav$를 충분히 크게 한다.
⑨ 횡축 또는 사축인 펌프에서 회전차입구의 직경이 큰 경우에는 캐비테이션의 발생위치와 $NPSH$ 계산위치상의 기준면과의 차이를 보정하여야 하므로 $NPSHav$에서 흡입배관 직경의 1/2을 공제한 값으로 계산한다.
⑩ 흡입수조의 형상과 치수는 흐름에 과도한 편류 또는 와류가 생기지 않도록 계획하여야 한다.
⑪ 편흡입 펌프로 $NPSHre$가 만족되지 않는 경우에는 양흡입펌프로 하는 경우도 있다.
⑫ 대용량펌프 또는 흡상이 불가능한 펌프는 흡수면보다 펌프를 낮게 설치하거나 압축펌프로 선택하여 회전차의 위치를 낮게 하고, Booster펌프를 이용하여 흡입조건을 개선한다.
⑬ 펌프의 흡입 측 밸브에서는 절대로 유량조절을 해서는 안 된다.
⑭ 펌프의 전 양정에 과대한 여유를 주면 사용 상태에서는 시방양정보다 낮은 과대 토출량의 범위에서 운전되게 되어 캐비테이션 성능이 나쁜 점에서 운전되게 되므로, 전 양정의 결정은 실제에 적합하도록 계획한다.
⑮ 계획토출량보다 현저하게 벗어나는 범위에서의 운전은 피해야 한다. 양정 변화가 큰 경우에는 저양정 영역에서의 $NPSHre$가 크게 되므로 캐비테이션에 주의하여야 한다.
⑯ 외적 조건으로 보아 도저히 캐비테이션을 피할 수 없을 때에는 임펠러의 재질을 캐비테이션 괴식에 강한 재질을 택한다.
⑰ 이미 캐비테이션이 생긴 펌프에 대해서는 소량의 공기를 흡입 측에 넣어서 소음과

진동을 적게 할 수도 있다.

(5) 캐비테이션 방지를 위한 펌프의 설치 및 배관상의 주의

① 펌프는 기초 볼트를 사용하여 기초 콘크리트 위에 설치 고정한다.
② 펌프와 모터의 축 중심을 일직선상에 정확하게 일치시키고 볼트로 죈다.
③ 펌프의 설치 위치를 되도록 낮춰 흡입양정을 낮게 한다.
④ 흡입양정은 짧게 하고, 굴곡배관을 되도록 피한다.
⑤ 흡입관의 횡관은 펌프 쪽으로 상향구배로 배관하고, 횡관의 관경을 변경할 시에는 편심 이음쇠를 사용하여 관내에 공기가 유입되지 않도록 한다.
⑥ 풋 밸브 (Foot Valve) 등 모든 관의 이음은 수밀, 기밀을 유지할 수 있도록 시공한다.
⑦ 흡입구는 수위면에서부터 관경의 2배 이상 물속으로 들어가게 한다.
⑧ 토출 쪽 횡관은 상향구배로 배관하며, 공기가 괼 우려가 있는 곳은 에어밸브를 설치한다 (공기 정체 방지).
⑨ 펌프 및 원동기의 회전방향에 주의한다 (역회전 방지).
⑩ 양정이 높을 경우에는 펌프 토출구와 게이트 밸브 사이에 역지밸브를 장착한다.

✓ 핵심 공동현상 (Cavitation) 발생 메커니즘 : 펌프의 흡입 측에 양정 과다, 수온 상승 등의 요인이 발생하면 압력 강하로 기포가 발생하게 되고, 이 기포는 결국 펌프의 출구 쪽으로 넘어간 후, 출구 측의 압력 급상승으로 인하여 기포가 갑자기 사라지면서 순간 급격한 진동, 소음 등을 발생시킨다.

39 수격현상 (Water Hammering)

(1) 개요

① 관내 유속변화와 압력변화의 급격현상을 워터해머라 하고, 밸브 급폐쇄, 펌프 급정지, 체크밸브 급폐 시 유속의 14배 이상의 충격파가 발생되어 관 파손, 주변에 소음 및 진동을 발생시킬 수 있다.
② Flush밸브나 One Touch 수전류의 경우 기구 주위 Air Chamber를 설치하여 수격현상을 방지하는 것이 좋고, 펌프의 경우에는 스모렌스키 체크밸브나 수격방지기 (벨로즈형, 에어백형 등)를 설치하여 수격현상 방지가 필요하다.

(2) 정의

수관로상 밸브류의 급폐쇄, 급시동, 급정지 등 발생 시 유체의 유속과 압력이 급변하면서 소음/진동 등을 유발하는 현상을 말한다.

(3) 배관 내 수격현상이 일어나는 원인

① 유속의 급정지 시에 충격압에 의해 발생

(가) 밸브의 급개폐

(나) 펌프의 급정지

(다) 수전의 급개폐

(라) 체크밸브의 급속한 역류 차단

② 관경이 적을 때

③ 수압 과대, 유속이 클 때

④ 밸브의 급조작 시(급속한 유량 제어 시)

⑤ 플러시 밸브, 콕 사용 시

⑥ 20 m 이상 고양정일 때

⑦ 감압밸브 미사용 시

(4) 수격현상 방지책

① 밸브류의 급폐쇄, 급시동, 급정지 등을 방지한다.

② 관지름을 크게 하여 유속을 저하시킨다.

③ 플라이 휠(Fly-wheel)을 부착하여 유속의 급변 방지 : 관성 이용

④ 펌프 토출구에 바이패스 밸브 (도피밸브 등)를 달아 적절히 조절한다.

⑤ 기구류 가까이에 공기실(에어챔버 ; Water Hammer Cusion, Surge Tank)를 설치한다.

⑥ 체크밸브를 사용하여 역류 방지 : 역류 시 수격작용을 완화하는 스모렌스키 체크밸브를 설치

⑦ 급수배관의 횡주관에 굴곡부가 생기지 않도록 직선배관으로 한다.

⑧ 수격방지기(벨로즈형, 에어백형 등)를 설치하여 수격현상을 방지한다.

⑨ 수격방지기의 설치위치

(가) 펌프에 설치 시에는 토출관 상단에 설치한다.

(나) 스프링클러에 설치 시에는 배관 관말부에 설치한다.

(다) 위생기구에 설치 시에는 말단 기구 앞에 설치한다.

⑩ 전자밸브보다는 전동밸브를 설치한다.

⑪ 펌프 송출 측을 수평배관을 통해 입상한다(상향공급방식).

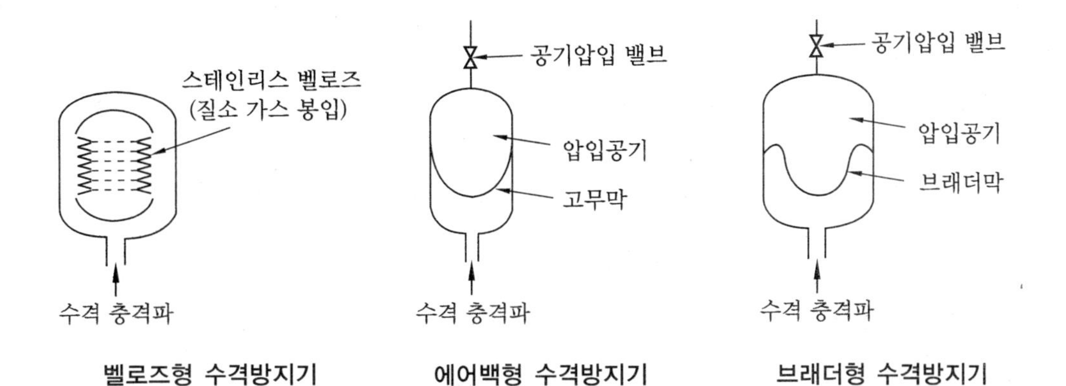

벨로즈형 수격방지기 에어백형 수격방지기 브래더형 수격방지기

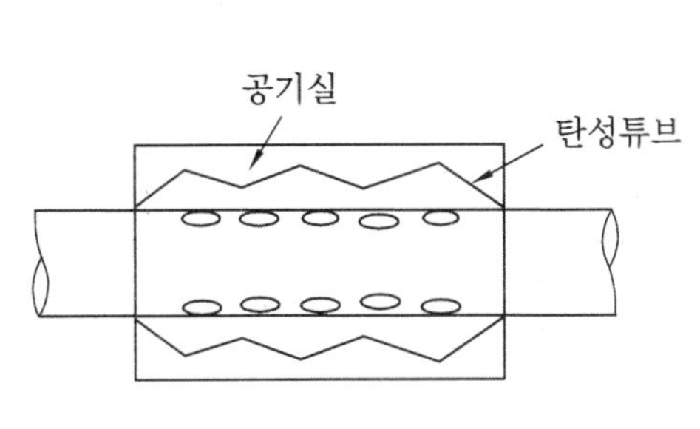

탄성튜브형 수격방지기

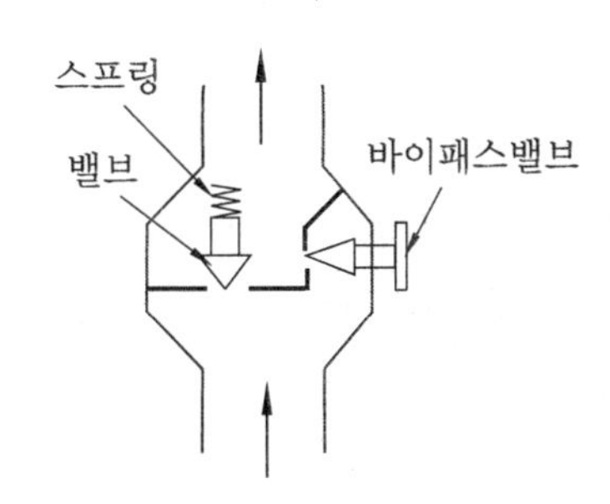

스모렌스키 체크밸브

Quiz 수격작용에 의한 충격압력 계산방법은?

해설 $Pr=\gamma \cdot a \cdot V$

* 상승압력(Pr : Pascal)

유체의 밀도(γ : 물 1,000 kg/m^3)

압력파 전파속도(a : 물 1,200~1,500 m/s 평균)

유속(V : m/s) : 관내유속은 1~2 m/s로 제한

✓ **핵심** 수격방지기는 비압축성인 물의 충격파를 흡수하기 위하여 공기 또는 질소 주머니 등을 내장한 완충기구의 일종을 말한다.

40 팽창탱크의 종류 및 설계

(1) 정의

① 온수난방 배관계에서 온수의 온도 변화로 비등(팽창)하여 플래시 가스가 발생하여 내압 상승 및 소음이 발생할 수 있다.

② 수축 시에는 배관 내에 공기침입이 초래되는 등 배관 계통의 고장 혹은 전열 저해의 원인이 될 수 있다.

③ 팽창탱크를 설치하여 물의 온도 변화에 따른 체적 팽창 및 수축을 흡수하고, 배관 내부압력을 일정하게 유지하게 할 수 있다.

④ 이와 같은 물의 체적 팽창에 따른 위험을 도피시키기 위한 장치가 반드시 필요한데, 이를 팽창탱크 혹은 팽창수조라고 한다.

(2) 종류 및 특징

① 개방식 팽창탱크(보통 온수 난방, 소규모 건물)

(가) 저온수 난방 배관이나 공기조화의 밀폐식 냉온수 내관 계통에서 사용되는 것으로, 이 수조는 일반적으로 보일러의 보급수 탱크의 목적도 겸하고 있다.

(나) 이 수조는 탱크 수면이 대기 중에 개방되며, 가장 높은 곳에 설치된 난방장치보다 적어도 1 m 이상 높은 곳에 설치되어야 한다(설치위치의 제한).

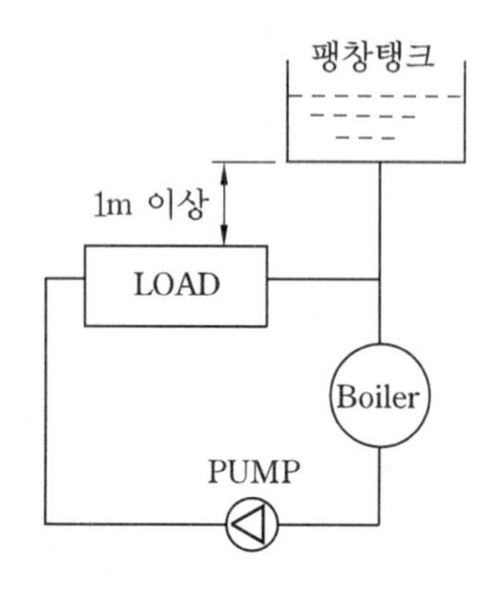

(다) 일반적으로 저온수 난방 및 소규모 급탕 설비에 많이 적용된다.

(라) 구조가 간단하고 저렴한 형태이다.

(마) 산소의 용해로 배관 부식이 우려된다.

(바) 설치가 용이하다.

(사) Over Flow 시 배관 열손실 발생 가능성이 있다.

(아) 주철제 보일러에서는 개방식을 많이 사용한다.

② 밀폐식 팽창탱크(고온수 난방, 대규모 건물)

(가) 밀폐식은 가압용 가스로서 불활성기체(고압질소가스) 혹은 공기를 사용하여 이를 밀봉한 뒤, 온수가 팽창했을 때 이 기체의 탄력성에 의해 압력 변동을 흡수하는 것이다.

(나) 이 탱크는 100℃ 이상의 고온수 설비 혹은 가장 높은 곳에 설치된 난방장치보

다 낮은 위치에 팽창수조를 설치하는 경우 등에 쓰이는 것으로, 이 탱크는 소정의 압력까지 가압해야 할 필요성 때문에 마련되는 것이다 (팽창탱크 위치가 방열기 위치에 무관).

(다) 밀폐식은 개방식에 비하여 용적은 커지지만 (물론 대규모 장치에서는 가능한 용적이 적어지도록 설계해야 한다), 보일러실에 직접 설치할 수 있어 편리하다.

(라) 이 탱크는 고온수일 때는 압력용기의 일종이 되므로 압력용기 법규의 규제대상이 될 수 있다.

(마) 강판제 보일러에 주로 사용된다.

(바) 고온수 및 지역난방에 널리 적용된다.

(사) 개방형 대비 복잡하고 가격이 비싸다.

(아) 관내 공기 유입이 되지 않아 배관부식 등의 우려가 적다.

(자) Over Flow가 생길 수 없다.

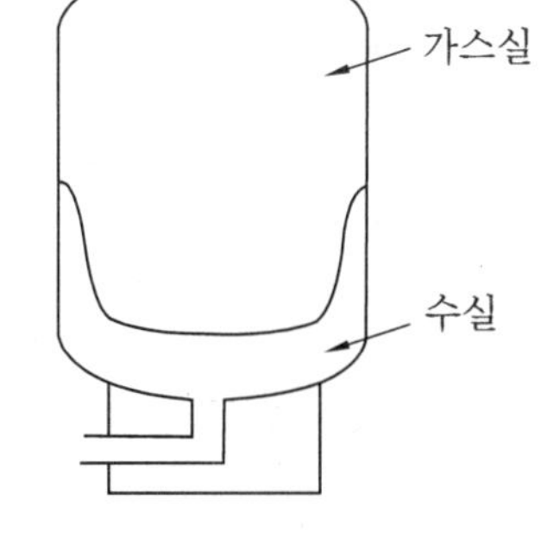

밀폐식 팽창탱크

③ Bradder식 팽창탱크

(가) 밀폐실 팽창탱크의 일종으로 '브래더'라고 하는 부틸계의 고무격막을 사용하여 반영구적으로 사용할 수 있다.

(나) 고무격막 브래더(공기주머니)는 공기의 차단을 위해 팽창탱크 내에 설치되어 배관수의 온도에 따라 팽창・수축되는 온수를 흡수・방출하는 기능을 한다.

(다) 고무의 두께가 균일해야 되고 공기투과율이 없어야 되는 등 제조공정상의 품질관리가 중요하다.

(3) 팽창탱크의 용량 계산

- 팽창량 $\Delta V = V \cdot \left(\frac{1}{\rho_2} - \frac{1}{\rho_1}\right)$
- 개방형 팽창탱크 용량 $Vt = (2 \sim 3) \times \Delta V$
- 밀폐형 팽창탱크 용량 $Vt = \dfrac{\Delta V}{P_a\left(\frac{1}{P_o} - \frac{1}{P_m}\right)}$

* 팽창량 ($\Delta V : l$) 관내전수량 ($V : l$) 가열 전 비중 (ρ_1)
가열 후 비중 (ρ_2) 초기봉입 절대압력 혹은 대기압 (P_a)
가열 전 절대압력(P_o) 최고사용 절대압력(P_m)

Quiz '밀폐형 팽창탱크의 용량' 에 대한 계산식을 유도하시오.

해설

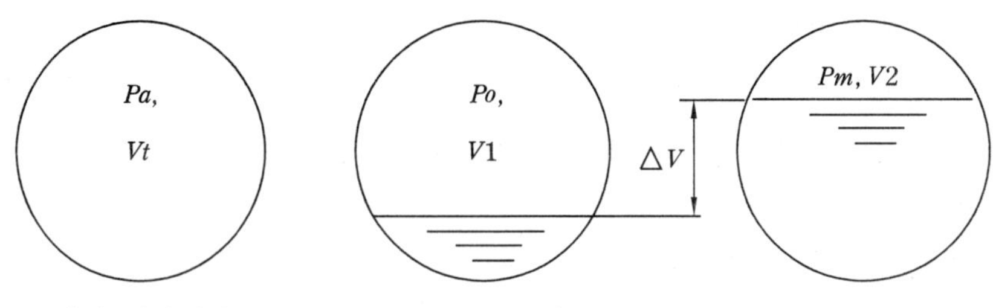

보일의 법칙에서,

$$Pa \cdot Vt = Po \cdot V1 = Pm \cdot V2$$

$$V1 = \frac{Pa \cdot Vt}{Po}$$

$$V2 = \frac{Pa \cdot Vt}{Pm}$$

$$\Delta V = V1 - V2 = \frac{Pa \cdot Vt}{Po} - \frac{Pa \cdot Vt}{Pm} = Pa \cdot Vt\left(\frac{1}{Po} - \frac{1}{Pm}\right)$$

따라서, $Vt = \dfrac{\Delta V}{Pa\left(\dfrac{1}{Po} - \dfrac{1}{Pm}\right)}$

✓ 핵심
- 팽창탱크는 온수난방 배관계에서 압력 상승 및 소음 발생, 충격음 등을 방지하기 위해 설치하는 핵심부품으로 과거에는 개방식 팽창탱크가 많이 사용되었으나, 요즘에는 설치위치의 제약이 없고, 공기 침입이 없어 부식 우려가 없는 밀폐식 팽창탱크가 주로 사용된다.
- 팽창탱크의 종류로는 개방식, 밀폐식, Bradder식 등이 있다.

41 배관저항 균형 (Balancing)

(1) 개요

① 건물이 고층화, 대형화되면서 유량의 불균형이 심해질 수 있다.

② 따라서 관경 조정, 오리피스 사용법, Balancing Valve 설치 등을 통하여 유량을 자동제어할 필요가 있다.

③ 배관저항의 Balance가 올바르게 되면 유량, 온도가 균일하고 에너지소비가 최소

화되고 관리비용이 절감된다.

④ Balance기구의 적정설계, 정확한 시공, 시운전 시 T뮤을 실시하여 열적 평형의 목적 달성이 필요하다.

(2) 배관저항 Balance 방법

① Reverse Return 방식

② 관경 조정에 의한 방법

③ Balancing 밸브에 의한 방법

④ Booster Pump에 의한 방법

⑤ 오리피스에 의한 방법(Balancing Valve)

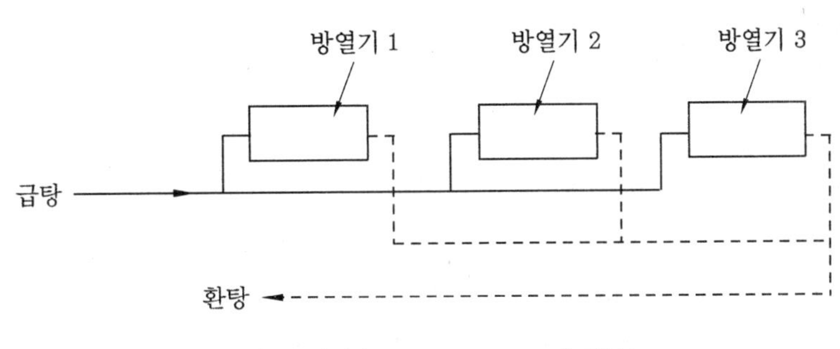

리버스 리턴(Reverse Return) 방식

(3) 밸런싱 밸브(Balancing Valve)

① 정유량식 밸런싱 밸브(Limiting Flow Valve)

(가) 배관 내의 유체가 두 방향으로 분리되어 흐르거나 주관에서 여러 개로 나뉘어질 경우 각각의 분리된 부분에 흘러야 할 일정한 유량이 흐를 수 있도록 유량을 조정하는 작업을 수행함

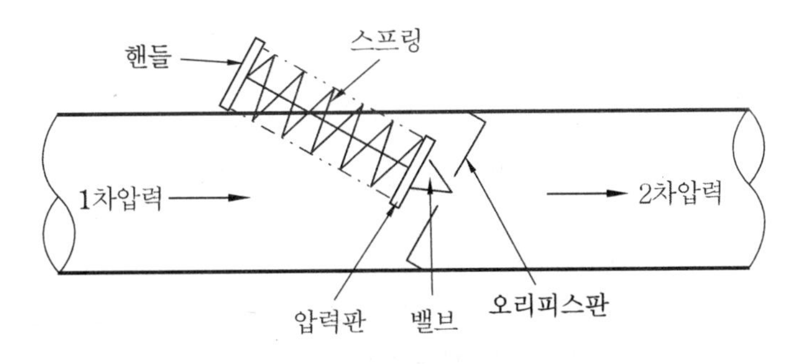

정유량식 밸런싱 밸브

(나) 오리피스의 단면적이 자동적으로 변경되어 유량을 조절하는 방법임

(다) 압력이 높을 시 통과단면적을 축소시키고, 압력이 낮을 시 통과단면적을 확대시켜 일정유량을 공급함

(라) 기타 스프링의 탄성력과 복원력을 이용(차압이 커지면 압력판에 의해 오리피스의 통과면적이 축소되고 차압이 낮아지면 스프링의 복원력에 의해 통과면적이 커짐)하는 방법도 있음

주 ➔ 직독식 정유량 밸브

① 정유량 밸브에 유량계를 설치하여 현장에서 눈으로 직접 유량을 읽은 다음, 적절히 필요한 유량으로 맞출 수 있는 형태의 정유량 밸브이다.

② 현장에서 유량을 직접 눈으로 확인할 수 있다는 점에서 다루기가 편하고, 정확도 또한 우수한 편이다.

② 가변유량식 밸런싱 밸브

(가) 수동식 : 유량을 측정하는 장치를 별도로 장착하여 현재의 유량이 설정된 유량과 차이가 있을 경우 밸브를 열거나 닫히게 수동으로 조절한 후, 더 이상 변경되지 않도록 봉인까지 할 수 있게 되어있음(보통 밸브개도 표시 눈금이 있음).

(나) 자동식 : 배관 내 유량 감시 센서를 장착하여 DDC제어 등의 자동 프로그래밍 기법을 이용하여 현재 유량과 목표 유량을 비교하여 자동으로 밸브를 열거나 닫아서 항상 일정한 유량이 흐를 수 있게 함

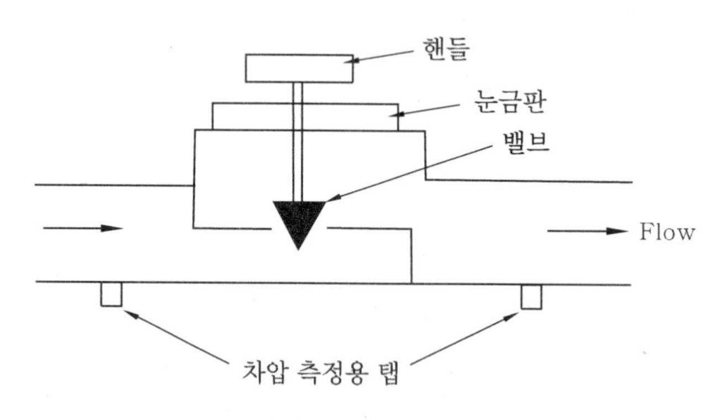

가변유량식 밸런싱 밸브(수동식)

✓ **핵심** 펌프의 밸런싱 밸브에는 정유량식(밸브 오리피스의 단면적의 크기가 스프링의 힘에 의해 스스로 변경되는 방식)과 가변유량식(수동 혹은 자동으로 유량 조절)이 있다.

42 오존의 효과 (Good Ozone과 Bad Ozone)

(1) Good Ozone

① 오존은 성층권의 오존층에 밀집되어있고, 태양광 중의 자외선을 거의 95~99% 차단(흡수)하여 피부암, 안질환, 돌연변이 등을 방지해준다.

② **오존발생기** : 살균작용(풀장의 살균 등), 정화작용 등의 효과

③ **오존 치료 요법** : 인체에 산소를 공급하는 치료 기구에 활용

④ 기타 산림지역, 숲 등의 자연 상태에서 자연적으로 발생하는 오존(산림지역에서 발생한 산소가 강한 자외선을 받아 높은 농도의 오존 발생)은 해가 적고, 오히려 인체의 건강에 도움을 주는 것으로 알려져 있다.

(2) Bad Ozone

① **자동차 매연에 의해 발생한 오존** : 오존보다 각종 매연 그 자체가 오히려 더 큰 문제이다(오존은 살균, 청정 작용 후 바로 산소로 환원됨).

② 밀폐된 공간에서 오존을 장시간 접촉하거나 직접 호기하면 눈, 호흡기, 폐질환 등을 유발할 수 있다고 알려져 있다.

(3) 참조

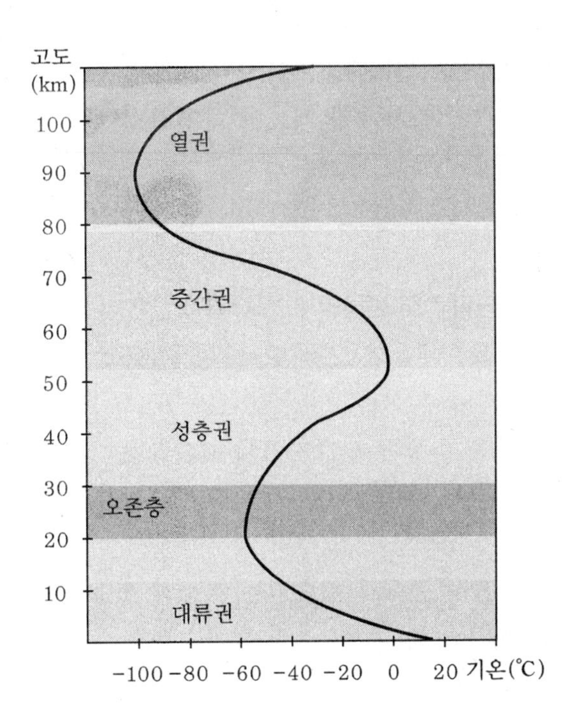

43 IAQ(Indoor Air Quality ; 실내공기의 질)

(1) 개요 및 특징

① 국내에서는 IAQ가 새집증후군 혹은 새건물증후군(Sick House Syndrome or Sick Building Syndrome) 정도로 축소 인식되는 경향이 있다.

② 산업사회에서 현대인들은 실외공기하에서 생활하는 것보다 실내공기를 마시며 생활하는 경우가 대부분이며 실내공기가 건강에 미치는 영향이 훨씬 지대하다.

③ ASHRAE 기준에서는 실내공기 질에 관한 불만족자율을 재실자의 20% 이하로 하고 있다.

④ **만족도(Satisfaction)** : 집무자의 만족도를 바탕으로 한 열적쾌적성 혹은 실내공기 질에 관한 지표

⑤ **환기효율** : 통상 건물 내로 들어오는 외기의 거주역에 도달하는 비율

(2) 정의(실내공기의 질)

실내의 부유분진뿐만 아니라 실내온도, 습도, 냄새, 유해가스 및 기류 분포에 이르기까지 사람들이 실내의 공기에서 느끼는 모든 것을 말한다.

(3) 실내공기 오염(Indoor Air Pollution)의 원인

① 산업화와 자동차 증가로 인한 대기오염

② 생활양식 변화로 인한 건축자재의 재료의 다양화

③ 에너지 절약으로 인한 건물의 밀폐화

④ 토지의 유한성과 건설기술 발달로 인한 실내공간 이용의 증가

(4) 실내공기 오염(Indoor Air Pollution)의 원인물질

① 건물시공 시에 사용되는 마감재, 접착제, 세정제, 도료 등에서 배출되는 휘발성 유기 화합물(VOC)

② 유류, 석탄, 가스 등을 이용한 난방기구에서 나오는 연소성물질

③ 담배연기, 먼지, 세정제, 살충제 등

④ 인체에서 배출되는 이산화탄소, 인체의 피부각질

⑤ **생물학적 오염원** : 애완동물 등에서 배출되는 비듬과 털, 침, 세균, 바이러스, 집먼지 진드기, 바퀴벌레, 꽃가루 등

(5) 실내공기 오염의 영향

① 새집증후군으로 인한 눈, 코, 목의 불쾌감, 기침, 쉰 목소리, 두통, 피곤함 등

② 기타 기관지천식, 과민성폐렴, 아토피성 피부염 등

(6) 실내공기 오염에 대한 대책

① **원인물질의 관리** : 가장 손쉬우면서도 확실한 방법이다.

㈎ 새집증후군과 관련해서 환경친화적인 재료의 사용, 허용기준에 대한 관리감독 강화, Baking-out (건물시공 후 바로 입주하지 않고 상당기간 환기를 시키는 것) 등의 방법이 있다.

㈏ 실내금연 등 상기 원인물질에 대한 꼼꼼한 관리가 필요하다.

② **환기** : 원인물질을 관리한다고 하지만 한계가 있고 생활하면서 오염물질은 끊임없이 배출되기 때문에 환기는 가장 중요한 대처방법이다.

㈎ 가급적 자주 최소한 하루 2~3회 이상 30분 이상 실내 환기를 시키는 것이 좋으며 흔히 잊고 있는 욕실, 베란다, 주방에 설치된 팬 (환풍기)을 적극적으로 활용하는 것이 중요하다.

㈏ 조리 시에 발생되는 일산화탄소 등을 바로 그 자리에서 배출하는 것이 중요하다.

③ **공기청정기의 사용**

㈎ 공기청정기는 집 안에서 이동 가능한 것부터 건물 전체의 환기시스템을 조정하는 대규모 장치까지 그 규모가 다양하다.

㈏ 시판되는 이동 가능한 공기청정기 상품들은 그 효율성에 관해 논란이 많으며 특히 기체성 오염물질의 제거에는 부족한 경우가 대부분이라고 하지만 적극적으로 활용하는 것이 좋겠다.

(7) IAQ 관련 향후 동향

① 실내공기 질의 문제(새집증후군 등)는 아직까지 학술적으로도 그 정의와 원인, 발병기전, 진단방법 등 논란이 많은 분야이다.

② 앞으로 이 분야에 보다 더 관심을 기울여 학문적·실용적 체계를 세우는 것이 필요하다.

> **✓핵심** 실내공기의 질은 재실인원의 건강과 쾌적을 위해 점차 중요성이 강조되고 있는 분야이며, 그 오염에 대한 대책으로는 원인물질 관리(가장 확실), 환기(가장 중요 : 욕실, 베란다, 주방 등의 환풍기 활용 등), 공기청정기 사용 (기체성 오염물질의 제거에는 부족) 등이 있다.

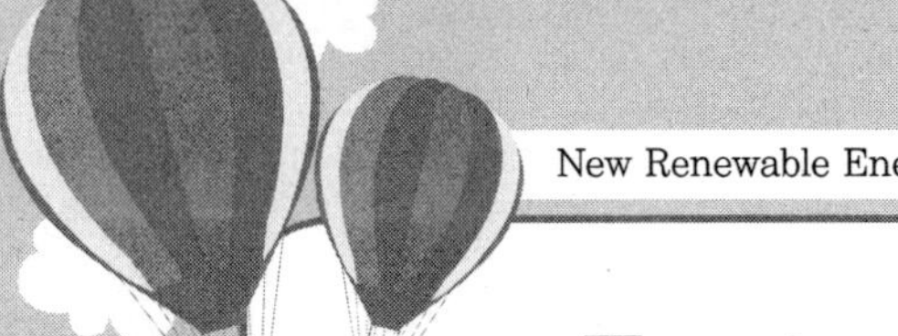

제5장 | 지구온난화 및 온실가스 대책

01 지구온난화의 원인, 영향 및 대책

(1) 개요

① 2005년 2월부터 교토의정서(지구온난화 방지 관련 협약)가 정식으로 발효되어 지구온난화를 방지하기 위한 다자간의 의무 실행지침이 시행 중이다.

② 1차연도인 2008~2012년까지(5년간) 1990년 대비 평균 5.2 %까지 온실가스를 감축할 것을 규정하고 있다 (38개 선진 참가국 전체 의무 실행).

(2) 지구온난화의 원인

① 수소불화탄소 (HFC), 메탄 (CH_4), 이산화탄소 (CO_2), 아산화질소(N_2O), 과불화탄소 (PFC), 육불화유황 (SF_6) 등은 우주공간으로 방출되는 적외선을 흡수하여 저층의 대기 중에 다시 방출한다.

② 상기와 같은 사유로 지구의 연간 평균온도가 조금씩 상승하는 온실효과가 생기고 있다.

(3) 지구온난화의 영향

① **인체** : 질병 발생율 증가

② **수자원** : 지표수 유량 감소, 농업용수 및 생활용수난 증가

③ **해수면의 상승** : 빙하가 녹아 해수면이 상승하여 저지대 침수가 우려됨

④ **생태계** : 상태계의 빠른 멸종 (지구상 항온 동물의 생존보장이 안 됨), 도태, 재분포 발생, 생물군의 다양성 감소

⑤ **기후** : CO_2의 농도 증가로 인하여 기온 상승 등 기후 변화 초래

⑥ 산림의 황폐화와 지구의 점차적인 사막화 진행

⑦ 기타 많은 어종 (魚種)이 사라지거나 도태, 식량 부족 등

(4) 지구온난화의 대책

① 온실가스 저감을 위한 국제적 공조 및 다각적 노력이 필요하다.
② 신재생에너지 및 자연에너지의 보급 확대가 필요하다.
③ 지구온난화는 국제사회의 공동 노력으로 해결해나가야 할 문제이다.

02 유엔 기후변화협약 (UNFCCC)

(1) 개요

① 기후변화에 관한 국제연합기본협약(The United Nations Framework Convention on Climate Change, 약칭 유엔 기후변화협약, UNFCCC 또는 FCCC)은 온실 기체에 의해 벌어지는 지구온난화를 줄이기 위한 국제협약이다. 우리나라는 1993년 12월에 가입하였다.
② 기후변화협약은 1992년 6월 브라질의 리우데자네이루에서 체결했고 1994년 3월 발효되었다. 이 협약은 이산화탄소를 비롯한 각종 온실 기체의 방출을 제한하고 지구온난화를 막는 데 주목적이 있다. 본 협약 자체는 법적 강제성이나 구속력은 없으며 의정서를 통해 의무적인 배출량 제한을 규정하고 있다.
③ 이에 대한 주요 내용을 정의한 것이 1997년 12월 11일 일본 교토시에서 개최된 지구온난화 방지 교토 회의(COP3) 제3차 당사국 총회에서 채택된 교토의정서로, 이 의정서를 인준한 국가는 이산화탄소를 포함한 여섯 종류의 온실가스(이산화탄소, 메탄, 아산화질소, 과불화탄소, 수소불화탄소, 육불화유황)의 배출량을 감축하며 배출량을 줄이지 않는 국가에 대해서는 비관세 장벽을 적용하게 된다. 교토의정서는 2005년 2월 16일에 발효되었다.
④ 선진국과 개도국 간의 기후대응 역량, 역사적 책임 등을 고려해 차별화된 의무를 부여하고 분야별로 논의를 진행한 후 매년 말에 최고의사결정기구인 당사국 총회에 보고해 합의하는 형태로 협상이 진행된다.

(2) COP18(카타르 도하 게이트웨이)

① 교토의정서 연장

㈎ 선진국들의 온실가스 의무 감축을 규정한 교토의정서는 연장되어 2013년 1월부터 예전과 같은 효력을 갖게 되었다. 제2차 공약기간은 선진국들의 희망대로 8년

으로 결정됐다. 따라서 교토 유연성 메커니즘으로 불리는 청정개발체제(CDM), 공동이행제도(JI), 배출권거래제(ETS) 등은 최소한 2020년 말까지 교토의정서에 참여하는 선진국들의 감축 수단으로 인정받게 된다.

(나) 미국은 중국, 인도 등 주요 개도국의 불참을 핑계로 1차 공약기간에 이어 이번 연장기간에도 의무감축국에서 빠졌다. 1차 공약기간에 참여했던 러시아, 일본, 뉴질랜드는 미국과 같은 이유를 들어 2차 공약기간 참여를 거부했다. 캐나다는 교토의정서를 아예 탈퇴해버렸으며, 개발도상국의 지위를 갖고 있는 중국과 인도는 애초부터 교토의정서 의무감축국가에 속하지 않는다. 이에 따라 연장된 교토의정서는 전 세계 온실가스 배출량의 약 15 %만 규제할 수 있게 됐다.

(다) 이처럼 많은 한계에도 교토의정서 연장은 나름의 의미를 갖는 것으로 평가된다. 향후 새로운 기후변화체제에 대한 협상 과정에서 미국, 중국, 러시아, 일본 등의 적극적인 참여를 압박할 수 있는 디딤돌이 마련되었기 때문이다.

② 잉여배출권의 효력

(가) 러시아, 우크라이나, 폴란드 등 구 동구권 국가들이 보유하고 있는 잉여배출권의 효력은 2차 공약기간에서는 제한된 형태로만 인정된다. 유럽연합 회원국들과 호주, 일본, 리히텐슈타인, 모나코, 노르웨이, 스위스 등은 2차 공약기간으로 넘어오는 배출권을 구입하지 않겠다고 선언했다.

(나) 새로운 기후변화체제가 출범할 2020년 이후에도 잉여배출권의 거래가 허용될지는 분명하지 않다. 잉여배출권의 양은 전 세계 연간 온실가스 배출량의 약 3분의 1에 달하는 약 130억 톤으로 추산된다. 환경운동가들은 잉여배출권이 효력을 갖는 한, 2020년 이후 미국과 중국이 이들을 대량 사들여 국내 감축을 회피하게 될 수도 있다는 점을 우려하고 있다.

③ 새로운 기후변화체제 마련을 위한 협상 시간표

(가) 2020년 출범 예정인 새로운 기후변화협약을 둘러싼 협상을 2015년까지 완료한다는 방침을 재확인하고 이를 현실화하기 위한 대강의 시간표가 제시되었다.

(나) 협상문에 담길 주요 내용은 늦어도 2014년 말까지 마련함으로써 협상문 초안이 2015년 5월 이전까지 나올 수 있도록 해야 한다는 점에 합의가 이루어졌다.

(다) 유럽연합은 2015년 이전에 감축목표를 현 20 %에서 30 %로 상향조정함으로써 미국과 중국 등을 압박할 것으로 예상된다. 현재 미국은 2020년까지 2005년 배출량 대비 17 % 감축한다는 약속에서 한 발짝도 움직이지 않고 있다. 이는 기준연도를 1990년으로 잡을 경우 4 % 감축 수준에 불과하다.

④ 녹색기후기금(GCF) 등 개발도상국 재정 및 기술 지원

(가) 주요 쟁점 가운데 하나인 선진국의 개도국 지원기금 출연 계획은 '기금 출연 액수

를 지금부터 2020년까지 반복적으로 상향 조정해 1000억 달러 수준까지 높인다'는 원론적인 수준에서 합의가 이뤄졌다. 하지만 기금 문제에 대한 논의를 단순히 1년 미룬 것에 불과하다는 강한 비판이 군소도서 국가들로부터 나오고 있다.

㈏ 개발도상국 지원의 연속성을 확보하기 위해 중기 지원기금으로 2015년까지 매년 100억 달러 규모의 기금을 제공한다는 데에는 합의가 이루어졌다.

㈐ 2015년까지 개발도상국들을 지원하게 될 녹색기후기금의 출연 액수는 영국, 독일, 프랑스, 스웨덴, 네덜란드, 덴마크 등 유럽의 일부 국가들만 구체적으로 약속했다. 하지만 이들이 내놓은 지원 규모를 모두 합하면 60억 달러에 불과해 나머지 금액의 조성 여부는 불확실한 상태로 남겨져 있다.

㈑ 녹색기후기금(GCF) 사무국을 인천 송도에 설치한다는 안과 GCF 재정상임위원회의 계획이 인준되었다.

㈒ 개발도상국으로의 기술이전 문제를 다루게 될 기후기술센터(CTC)의 호스트는 향후 5년간 유엔환경계획(UNEP)이 이끄는 컨소시엄이 맡기로 했다. 또한 CTC 자문위원회의 구성에도 합의가 이루어졌다.

⑤ 기후변화 '손실과 피해'에 대한 보상

㈎ '도하 기후 게이트웨이' 합의문에는 '손실과 피해'에 대한 보상 원칙이 원론적인 수준에서 언급되었다. 이는 기후변화 피해를 입은 국가들에 대 선진국의 지원 의무를 적시한 것으로서 '원인자 책임 원칙'을 처음으로 받아들인 것으로 평가된다.

㈏ 개발도상국들은 새롭게 추가된 이 규정이 향후 기후변화협상의 분수령이 될 것으로 환영하는 분위기다. 기후변화 피해에 대한 보상이 단시일 내에 가시화되지는 않겠지만, 향후 선진국들의 책임을 요구할 수 있는 단서 정도는 마련되었다고 보기 때문이다.

(3) COP21(프랑스 파리)

① 2015년 11월 30일부터 12월 12일까지 프랑스 파리에서 열린 기후변화 국제회의(the Paris Agreement)이다.

② 파리 협정서는 무엇보다 선진국만의 의무가 있었던 교토 의정서와 달리 195개 선진국과 개도국 모두 참여해 체결했다는 것이 큰 특징이다.

③ 합의문 내용

㈎ 온도 상승폭 2℃보다 '훨씬 작게', 1.5℃로 제한 노력 : 이번 세기말(2100년)까지 지구 평균온도의 산업화 이전 대비 상승폭을 섭씨 2℃보다 '훨씬 작게' 제한한다는 내용이 담겼다. 이와 함께 섭씨 1.5℃로 상승폭을 제한하기 위해 노력한다는 사항도 포함됐다.

(나) 인간 온실가스 배출량-지구 흡수능력 균형 합의 : 온실가스 배출은 2030년에 최고치에 도달하도록 하며, 이후 2050년까지 산림녹화와 탄소포집저장 기술과 같은 에너지기술로 온실가스 감축에 돌입해야 한다는 내용을 담았다.

(다) 5년마다 탄소감축 약속 검토(법적 구속력) : 각국은 2018년부터 5년마다 탄소감축 약속을 잘 지키는지 검토를 받아야 한다. 첫 검토는 2023년도에 이뤄진다. 이는 기존 대비 획기적으로 진전된 합의로 평가된다.

(라) 선진국, 개도국에 기후대처 기금 지원 : 선진국들은 2020년까지 매년 최소 1000억달러(약 118조원)를 개도국의 기후변화 대처를 돕기 위해 쓰기로 합의했다. 개도국의 기후변화 대처 기금 액수 등은 2025년에 다시 조정될 예정이다.

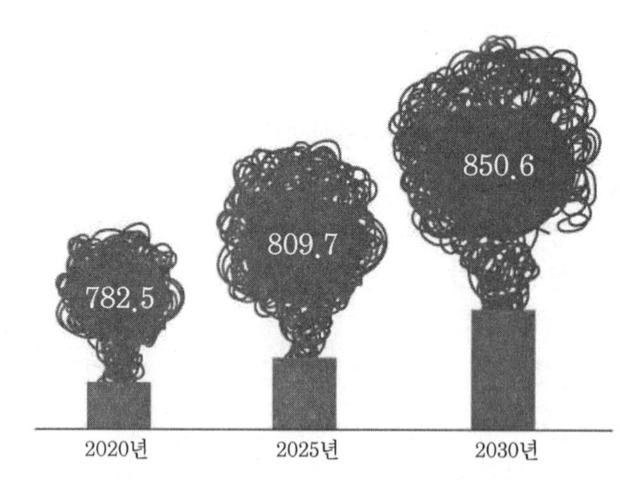

우리나라 온실가스 배출전망치(단위 : 백만톤CO_2-eq)

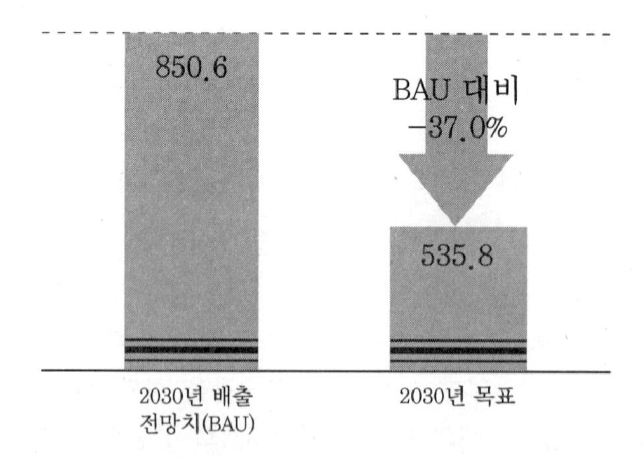

2030년 온실가스 감축목표(단위 : 백만톤CO_2-eq)

제6장 | 빙축열 시스템

01 빙축열(공조) 시스템의 장단점

(1) 정의

① 야간의 값싼 심야전력을 이용하여 전기에너지를 얼음 형태의 열에너지로 저장하였다가 주간에 냉방용으로 사용하는 방식을 말한다.

② 전력부하 불균형 해소와 더불어 값싸게 쾌적한 환경을 얻을 수 있는 방식이다.

(2) 개요

① 공조용 빙축열 시스템은 에너지 형태를 냉열에너지로 저장하였다가 필요 시 공조에 사용하는 시스템으로, 냉열원기기와 공조기기를 이원화하여 운전함에 따라 열의 생산과 소비를 임의로 조절할 수 있으므로 에너지를 효율적으로 이용할 수 있다.

② 공조용 빙축열 시스템을 심야전력과 연계하여 사용하면 기존의 공조방식과 비교하여 냉열원기기의 고효율 운전, 설비용량의 축소(최대 약 70%), 열회수에 의한 에너지 절약 등의 효과를 얻을 수 있다.

③ 기존의 공조방식은 냉수를 만들어 즉시 부하 측에 공급하여 냉방을 실시하고, 빙축열 공조방식은 심야시간대에 일부하의 전량 또는 일부를 얼음으로 만들어 빙축열조에 저장하였다가 필요 시 부하 측에 공급하여 냉방을 하는 공조방식이다.

④ 도입 배경 : 요즘 우리나라에서도 심각한 문제로 제기되는 하절기 냉방전력에 의한 최대 피크전력에 대한 관리의 필요성이 주원인이다.

(3) 빙축열 시스템의 장점

① 경제적 측면

㈎ 열원기기의 운전시간이 연장되므로 기기 용량 및 부속 설비가 대폭 축소됨

㈏ 심야전력 사용에 따른 냉방용 전력비용(기본요금, 사용요금)이 대폭 절감됨

㈐ 정부의 금융 지원 및 세제 혜택에 따른 설비투자 부담이 감소함

㈑ 한전의 무상지원금에 따른 투자비가 감소함

㈒ 한전의 외선공사비 전액 부담

(바) 한전의 내선공사비 일부액 부담

② 기술적 측면

(가) 전부하 연속 운전에 의해 효율 개선이 가능하다.

(나) 축열 능력의 상승 : 1톤의 0℃ 물에서 얼음으로 변할 경우 80 Mcal의 응고열이 발생하므로 12C, 1톤의 물이 얼음으로 상변화할 때는 92 Mcal(80 Mcal+12 Mcal)의 이용 열량이 생기는 셈이며, 이것은 같은 경우의 수축열 생성과정에 비해 약 18배의 열량비가 된다.

(다) 열원기기의 고장 시 축열분 운전으로 신속성을 향상할 수 있다.

(라) 부하변동이 심하거나 공조계통 시간대가 다양한 곳에도 안정된 열공급이 가능하다.

(마) 증설 또는 변경에 따른 미래부하 변화가 정응성이 높다.

(바) 시스템 자동제어반 채용으로 무인운전, 예측부하운전, 동일 장치에 의한 냉난방 이용으로 운전 보수관리가 용이하며, 자동제어 장치를 채용할 시에는 특히 야간의 자동제어 및 예측 축열이 효과적으로 행하여질 수 있다.

(사) 저온 급기 방식 도입에 의해 설비투자비 감소(미국, 일본의 경우 설치 적용사례가 점차적으로 증가하는 추세임)를 가져올 수 있다.

(아) 부하설비 축소 : 빙축열의 이용온도가 0~15℃로 범위가 넓은 점을 활용하여 펌프용량 및 배관 크기가 축소되고, 이에 따른 반송 동력 및 설비투자비가 절감됨

(자) 다양한 건물 용도에 적용 : 다양한 운전방식을 응용하여 사용시간대나 부하 변동이 상이한 거의 모든 형태의 건물에 효율적인 대응이 가능함

(차) 개축 용이 : 공조기, 냉온수 펌프, 냉온수 배관 등의 기존 2차 측 공조설비를 그대로 놔두고, 1차 측 열원설비를 개축 후 접속만 하면 되므로 설비 개선 시 매우 경제적이라 할 수 있음

(4) 빙축열 시스템의 단점 및 문제점

① 축열조 공간 확보가 필요하다.

② 냉동기의 능력에 따른 효율 저하 : 제빙을 위해 저온화하는 과정에 따른 냉동기의 능력, 즉 효율이 저하됨

③ 축열조 및 단열 보냉공사로 인한 추가비용이 소요된다.

④ 축열조 내에 저온의 매체가 저장됨에 따른 열손실이 발생된다.

⑤ 수처리가 필요(브라인의 농도 관리)하다.

(5) 응용

① 심야극장과 사무실건물의 빙축열조 크기(용량)

- 심야극장은 말 그대로 심야에 냉방이 요구되므로 굳이 심야에 빙축열을 축적할 이유가 없고, 또 일반 냉수 계통을 이용하면 되므로, 빙축열의 타당성이 없다.
- 주간사용이 많은 일반 업무용건물, 사무실 건물 등의 빙축열조는 비교적 크게 하는 것이 유리하다(초기투자비 수년 내 회수 가능).

✓ 핵심 빙축열(공조)시스템은 여름철 Peak전력을 줄이고, 저렴한 심야전력을 사용할 수 있는 등 장점이 많은 방식이지만, 초기투자비 상승과 축열조 등의 설치공간이 많이 소요되는 점이 단점이다.

02 빙축열(氷蓄熱) 시스템의 각 종류별 특징

(1) 빙축열 시스템의 분류

① 빙축열 방식에 따른 분류

㈎ 관외 착빙형

㉮ 원리 : 축열조 내부의 관 내부에 부동액 혹은 냉매를 순환시켜 관 외부에 빙 생성

㉯ 장점 : 표면적 증가 시에는 전열이 매우 효율적임

㉰ 단점 : 축열 초기부터 만기까지 부하가 많이 변동됨, 면적이 넓어짐

㉱ 축열조 해빙방식에 따라 내융형과 외융형이 있다.

㉠ 내융형 : 제빙과 해빙이 모두 관내의 브라인에 의해 이루어짐

- 제빙과 해빙이 모두 관내의 브라인에 의해 이루어지므로, 빙충진율(IPF)이 높음
- 시간이 지남에 따라 해빙속도 감소
- 간접 열교환방식이므로 부하 측 이용온도차가 작음

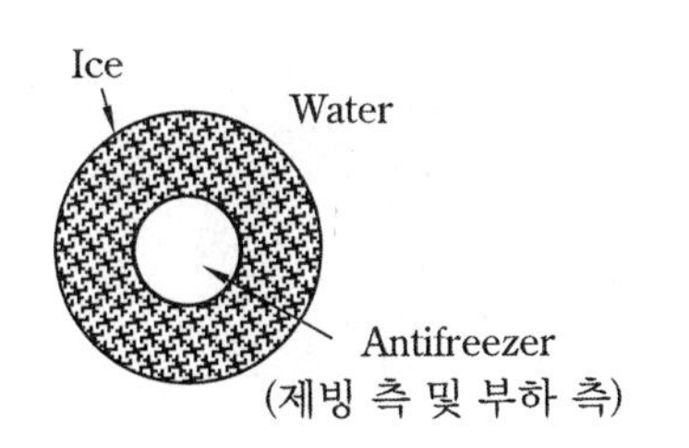

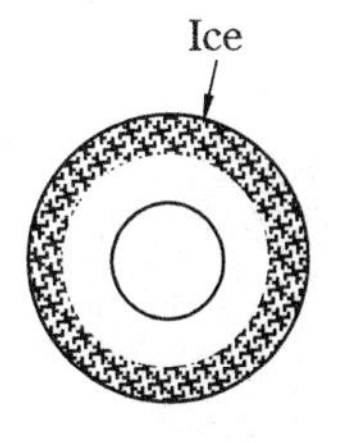

Thawing Ice

㉡ 외융형 : 제빙은 관내 브라인에 의해 이루어지고, 해빙은 관외 물에 의해 이루어지는 방식

- 관외의 물이 순환하면서 해빙하므로 해빙속도가 일정
- 초기 해빙 시 물의 순환통로를 확보해야 하므로 빙충진율(IPF)이 낮음
- 직접 열교환방식이므로 부하 측 이용온도차가 큼

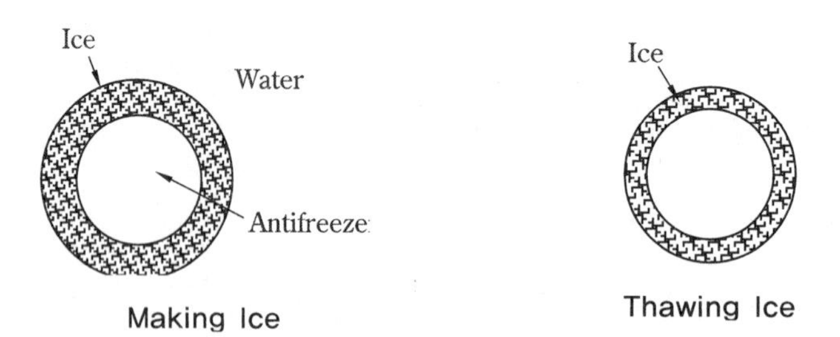

(나) 관내 착빙형

㉮ 원리 : 축열조 내부의 관 외부에 부동액 혹은 냉매를 순환시켜 관 내부에 빙 생성

㉯ 장점 : 해빙 시 열교환 효율이 우수

㉰ 단점 : 막히기 쉬우므로 주의 필요

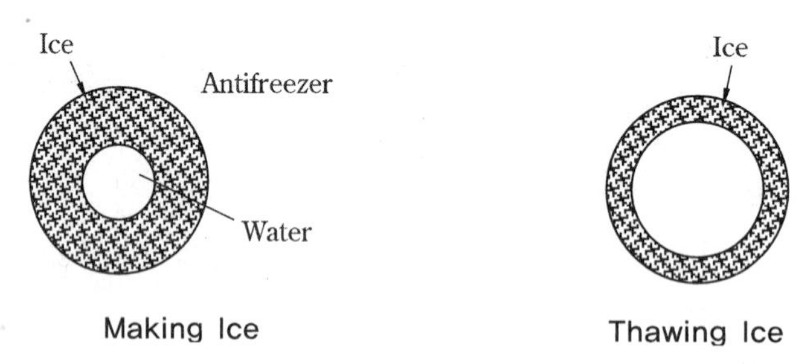

(다) 완전 동결형

㉮ 원리 : 결빙실내 완전한 동결이 이루어지게 설계(외부의 부동액은 제빙용이고, 내부의 부동액은 부하 측 부동액임)

㉯ 장점 : 부하 측 밀폐회로로 펌프동력 감소

㉰ 단점 : 해빙 시 효율 저하, 대형시스템에는 부적합

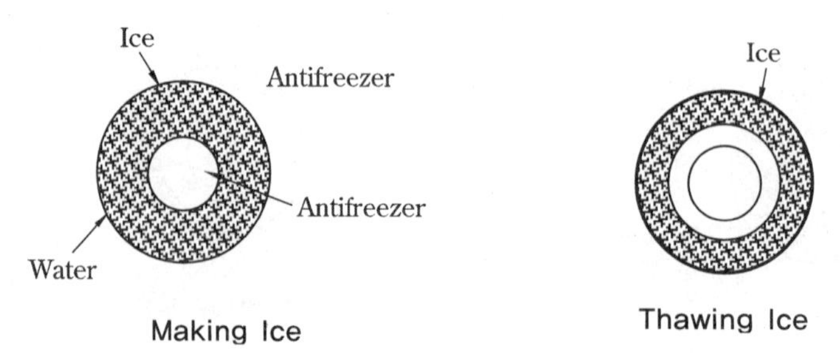

㈑ **캡슐형**

㉮ 원리 : 조내에 작은 Capsule을 설치하고, 내부에 물을 채워 얼림

㉯ 장점 : 제빙효율(IPF) 우수

㉰ 단점 : 부하 측까지 부동액이 있음, 축열조의 열손실이 큼

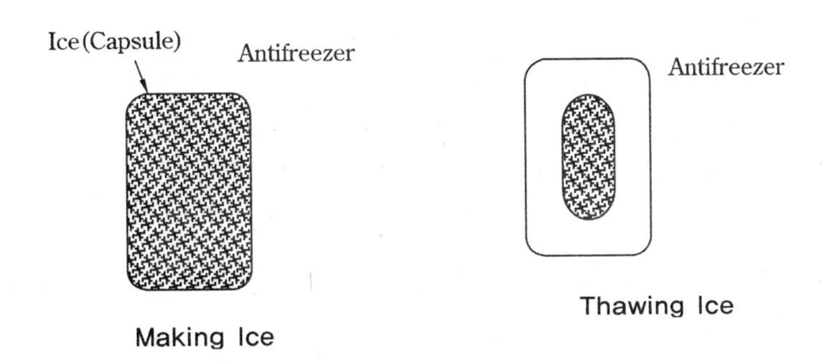

㈒ 빙박리형(Dynamic Type, Harvest Type)

㉮ 원리 : 분사된 물이 코일 주변에 응결된 후 역Cycle로 부동액 혹은 냉매를 순환시켜 얼음을 박리하여 사용함

㉯ 장점 : 제빙 시 아주 효율적임(분사된 물이 입자 상태로 열교환)

㉰ 단점 : 별도의 저장조 필요, 물 분사 위한 스프레이 동력이 필요함

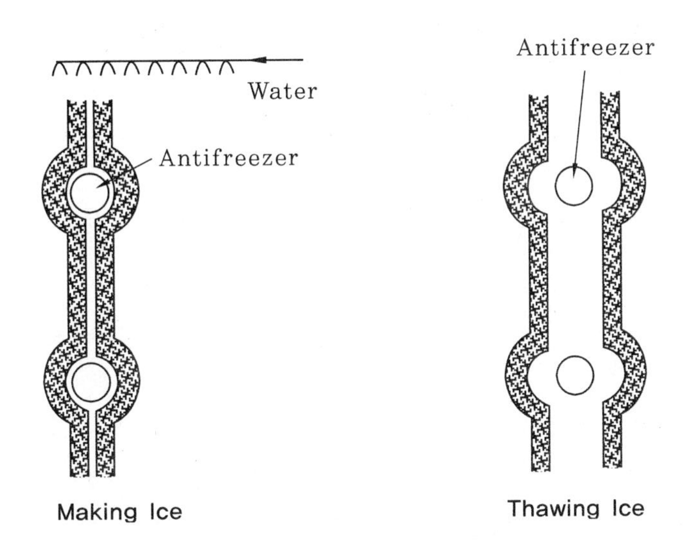

㈓ 액체 빙생성형(Slurry Type) : 빙박리형과 비슷하나, 분사되는 액체가 물이 아닌 브라인수이다 (물 성분만 동결됨).

㉮ 원리 : 에틸렌글리콜 수용액을 이용하여 직접 얼음 알갱이를 생성하는 방법(직접식)과 열교환기를 통해 냉매와 에틸렌글리콜을 간접적으로 접촉시키는 방법

(간접식)이 있음

㉯ 장점 : 열교환 효율이 높음 (아주 작은 알갱이 형태로 열교환)

㉰ 단점 : 제빙부위 오일 제거 곤란, 농도가 진해지면 COP 저하

② 축열률에 따른 분류 (축열률 : 1일 냉방부하량에 대한 축열조에 축열된 얼음의 냉방부하 담당비율)

(가) 전부하 축열방식

㉮ 주간 냉방부하의 100%를 야간 (23:00~09:00)에 축열한다.

㉯ 심야전력 요금 (을1)이 적용되어 운전비용상으로는 경제적이다.

㉰ 초기투자비(축열조, 냉동기 등)가 커서 경제성이 높지 않다.

(나) 부분부하 축열방식

㉮ 주간 냉방부하의 일부만 담당한다 (법규상 축열률이 40 % 이상을 담당해야 하며, 심야전력 요금은 '을2'가 적용된다).

㉯ 초기투자비가 많이 절감되어 효율적인 투자가 가능하다 (경제성 높음).

③ 냉동기 운전방식에 따른 분류

(가) 냉동기 우선방식(부하 → 냉동기 → 축열조순)

㉮ 고정부하를 냉동기가 담당, 변동부하는 축열조가 담당한다 (소용량형).

㉯ 냉동기 상류방식 채택 : 냉동기가 축열조 기준 상류에 위치

㉰ 경제성은 떨어진다 (일일 처리부하가 적을 경우 축열조를 이용하지 못한다).

㉱ 일일 최대부하를 안전하게 처리할 수 있다는 장점이 있다.

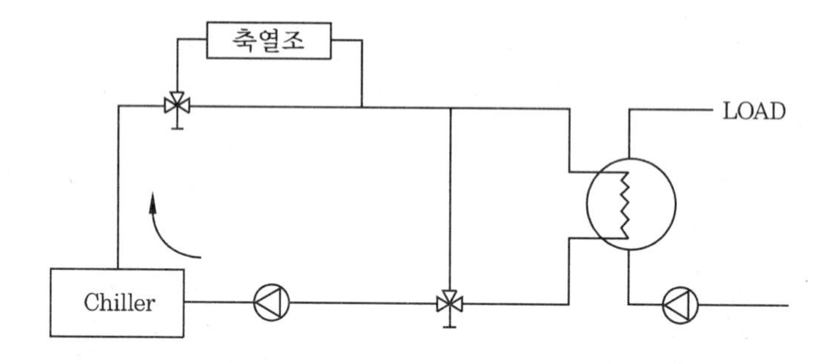

(나) 축열조 우선방식(부하 → 축열조 → 냉동기순)

㉮ 고정부하를 축열조가 담당, 변동부하는 냉동기가 담당한다 (대용량형).

㉯ 냉동기 하류방식 채택 : 냉동기가 축열조 기준 하류에 위치

㉰ 축열량을 모두 유용하게 사용할 수 있어 경제적이나, 최대부하 시 적응력이 떨어진다.

㉱ 열원기기 용량이 적고, 부분부하 대처가 용이하며, 열원기기 고장 시 대처가 용이하다.

㉮ 축열조가 커져 열손실, 보온재 선택 및 밀실구조 공사에 유의해야 하는 단점이 있다.

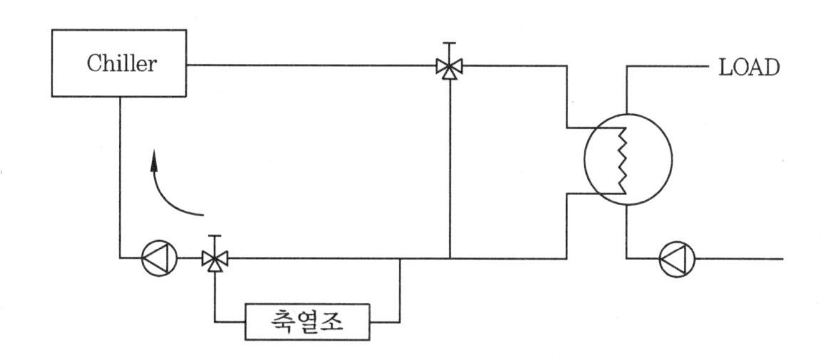

(2) 빙축열 시스템 설계 전 파악해야 할 사항

① 건물의 순간 최대 냉방부하값
② 건물의 운전시간대별 Load Profile
③ 건물의 Zone 구획
④ 냉수의 이용온도
⑤ 냉수/냉각수의 정압 수두압/운전압력
⑥ 기계실 내 기계 설치위치
⑦ 축열조 설치공간의 높이
⑧ 전원공급계통
⑨ 자동제어 구성 수준
⑩ 향후 예측 : 건축물의 미래 예측 (부하 측면)

✓핵심 • 빙축열 각 분류별 상세한 기술 및 원리를 이해할 필요가 있다. 빙축열 시스템은 축열방식에 따라 관외 착빙형, 관내 착빙형, 완전 동결형, 캡슐형, 빙박리형, 액체 빙 생성형 등으로, 축열률에 따라 전부하 축열방식과 부분부하 축열방식으로, 냉동기 운전방식에 따라 냉동기 우선방식과 축열조 우선방식으로, 축열조 해빙방식에 따라 내융형과 외융형 등으로 분류된다.

• 구조체 축열방식은 그 방식이 매우 간단하고, 초기투자비 · 유지관리비 등 여러 측면에서 장점이 많기 때문에 향후 많은 발전이 있을 것으로 보인다 [일본에서는 중앙공조뿐만 아니라, 시스템멀티(EHP)에도 구조체 축열을 적용하여 야간전력 사용, 쾌적성 향상 등을 많이 시도하고 있다].

Quiz 빙축열, 수축열, 구조체 축열을 비교하시오.

해설 1. 필요성

① 빙축열, 수축열, 구조체 축열은 열사용의 시간차 요구에 대응한 공조방식이다.

② 저렴한 야간전기 사용의 장점도 있고, 주간 첨두부하(피크부하) 삭감에도 도움을 준다.

③ 장비 용량을 줄여주어 초기투자비가 절감된다.

2. 3종류의 축열방식 비교

No.	비교항목	빙축열	수축열	구조체 축열	비 고
1	단위체적당 열저장 능력	크다	적다	적다	'열용량'에 따라
2	설치공간	중간	크다	적다	
3	시스템의 복잡성	복잡	중간	간단	
4	Mode(냉방, 난방)	냉방전용	모두 가능	모두 가능	
5	초기투자비	크다	중간	적다	
6	유지 관리성	어려움	중간	가장 유리	
7	자연에너지(태양열, 지열, 온도차 에너지 등) 이용	어려움	중간	가장 유리	
8	축열 매체	얼음	물	구조체	
9	열저장 방식	잠열	현열	현열	

03 빙축열 관련 단답형 용어

(1) IPF(Ice Packing Factor ; 제빙효율, 빙충진율, 얼음 충전율)

① 계산식

IPF = 빙중량/수중량×100 (%)

혹은

IPF = 빙체적/축랭재 충전체적×100 (%)

② IPF가 크면 동일 공급되는 열매체 기준 '축열열량'이 크다.

(2) 축열효율

① 계산식

$$\text{축열효율} = \frac{\text{방열량}}{\text{축열량}} \times 100\ (\%)$$

② 축열된 열량 중에서 얼마나 손실 없이 방열이 이루어질 수 있는가를 판단하는 개념이다 (변환손실이 얼마나 적은지를 가늠하는 척도이다).

(3) 축열률

① 1일 냉방부하량에 대한 축열조에 축열된 얼음의 냉방부하 담당비율을 말한다.

② 축열률에 따라 빙축열 시스템을 '전부하 축열방식'과 '부분부하 축열방식'으로 나눌 수 있다.

③ **계산** : '축열률'이라 함은 통계적으로 최대냉방부하를 갖는 날을 기준으로 기타 시간에 필요한 냉방열량 중에서 이용이 가능한 냉열량이 차지하는 비율을 말하며 아래와 같은 백분율 (%)로 표시한다.

$$\text{축열률} = \frac{\text{이용 가능한 냉열량}}{\text{심야시간 이외의 시간에 필요한 냉방열량}}$$

* 이용이 가능한 냉열량 : 축열조에 저장된 냉열량 중에서 열손실 등을 차감하고 실제로 냉방에 이용할 수 있는 열량

(4) 빙축열(축랭설비)

① 냉동기를 이용하여 심야시간 (23:00~09:00)대에 축열조에 얼음을 얼려 주간 시간대에 축열조의 얼음을 이용하여 냉방하는 설비를 말한다.

② 빙축열 시스템은 물을 냉각하면 온도가 내려가 0℃가 되고 더 냉각하면 얼음으로 상변환될 때 얼음 1 kg에 대해서 응고열 79.68 kcal를 저장하며, 반대로 얼음이 물로 변할 때는 융해열 79.68 kcal/kg가 방출되는 원리를 이용하는 시스템이다 (즉 용이하게 많은 열량을 저장 후 재사용 가능).

③ '건축물의 설비기준 등에 관한 규칙'에 의거 중앙집중 냉방설비를 설치할 때에는 해당 건축물에 소요되는 주간 최대냉방부하의 60 % 이상을 수용할 수 있는 용량의 축랭식 또는 가스를 이용한 중앙집중냉방방식으로 설치하여야 한다.

(5) 축열조

① 냉동기에서 생성된 냉열을 얼음의 형태로 저장하는 탱크를 말한다.

② 축열조는 축랭 및 방냉운전을 반복적으로 수행하는 데 적합한 재질의 축랭재를 사용해야 하며, 내부 청소가 용이하고 부식이 안 되는 재질을 사용하거나 방청 및 방식 처리를 하여야 한다.

③ **축열조의 용량** : 전체 축랭방식 또는 축열률이 40% 이상인 부분축랭 방식으로 설치한다.

④ 축열조는 보온을 철저히 하여 열손실과 결로를 방지해야 하며, 맨홀 등 점검을 위한 부분은 해체와 조립이 용이하도록 하여야 한다.

(6) 심야시간

① 한국전력공사에서 전기요금을 차등부과하기 위해 정해놓은 시간을 말한다.

② 23시~09시 : 야간 축랭을 진행하는 기간

> ✓ 핵심 • IPF는 빙축열 시스템에서 공급수의 결빙량(잠열량)을 나타내는 지표이다.
> • 빙축열 시스템은 저렴한 심야전력을 효과적으로 사용하기 위해 야간에 물 → 얼음으로 결빙시킨 후 주간에 사용(얼음 → 물 변환 시의 잠열을 이용)하는 방식이다.

04 수축열냉방(水蓄熱冷房) 시스템

(1) 개요

① 수축열 방식으로 냉열을 현열 형태로 축열 후 공조기나 FCU 등에 공급하여 그 냉열을 사용하는 방식이다.

② 수축열 방식은 '냉온수 겸용' 혹은 '냉수 전용'으로 사용할 수 있다.

(2) 수축열냉방의 원리

① 냉동기는 고열원 측의 물을 급수받아 냉각시킨 후 저열원 측으로 저장한다.

② 냉동기 측 3방변은 저열원 측에 층류화를 위한 일정온도(보통 약 5℃)를 유지하기 위하여 저열원 측의 물과 고열원 측의 물을 적정 비율로 혼합시키는 역할을 한다.

③ 공조기는 저열원 측의 냉수를 공급받아 열교환 후 고열원 측으로 보낸다.

④ 공조기 측 3방변은 고열원 측에 층류화를 위한 일정온도(보통 약 15℃)를 유지하기 위하여 저열원 측의 물과 고열원 측의 물을 적정 비율로 혼합시키는 역할을 한다.

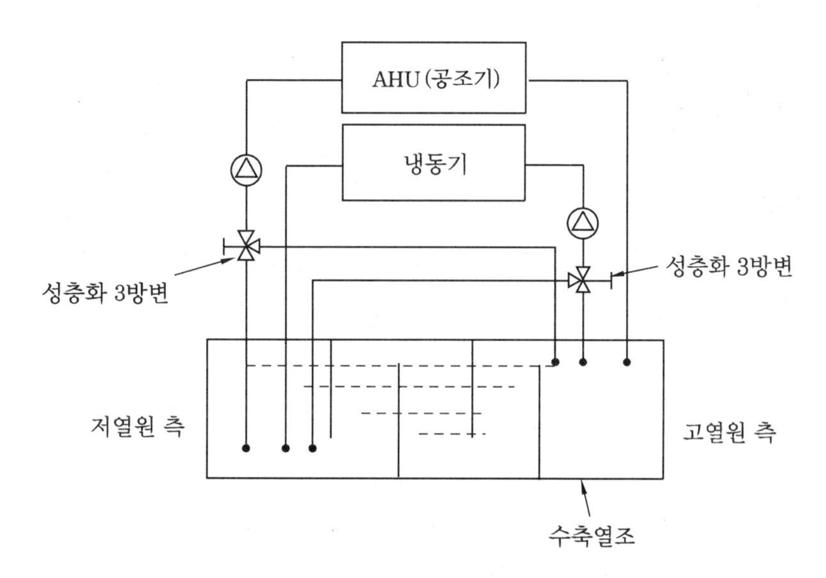

수축열냉방 시스템 적용사례

(3) 수축열냉방 시스템의 장점

① 빙축열과 더불어 야간 심야전력 사용이 용이하다.

② 판형열교환기 등의 특수 장비가 필요 없으므로 시스템이 간단하고 제어 및 조작이 용이하다.

③ **용량 증가** : 기존 냉동기에 수축열조만 추가하면 냉방능력이 증가되어 건물 증축 시에 유리하다.

④ 비상시에 수축열조를 소방용수로 사용 가능하여 전체 건축비용 절감이 가능하다.

⑤ **냉방, 난방 및 급탕의 겸용** : 온수를 저장하면 겨울철 난방 및 급탕으로도 사용 가능하다 (히트펌프, 태양열, 지열 등 활용이 용이).

(4) 수축열냉방 시스템의 단점

① 잠열을 이용하지 못하고 현열에만 의존하므로 설비규모가 커진다.

② 축열조 및 단열 보냉공사로 많은 비용이 소요된다.

③ 축열조 내에 저온의 매체가 저장됨에 따른 열손실이 발생된다.

④ 수처리가 필요하다 (수질 관리, 브라인의 농도 관리 등).

✓핵심 수축열은 빙축열과 더불어 축열의 대표적인 방식이며, 빙축열 대비 현열만을 이용하여 열용량이 부족하다는 단점이 있지만, 냉방/난방/급탕을 동시에 할 수 있다는 큰 장점도 있다.

05 축열 운용방식

(1) 연장운전형

① **축열 운용방식** : 열원을 연장운전(장시간)하여 열원용량을 줄일 수 있다.

② 그림

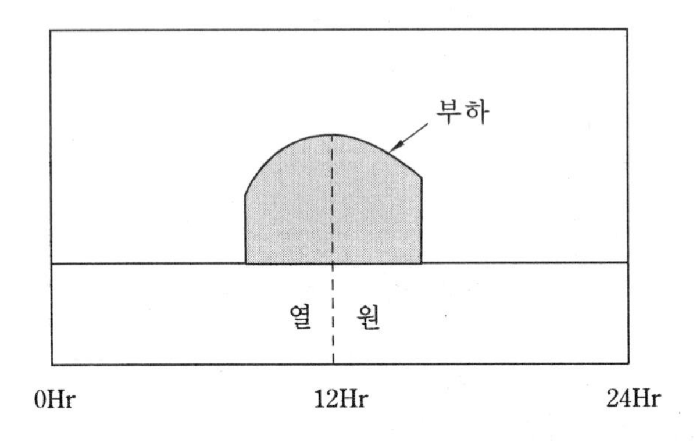

(2) 단축운전형

① **축열 운용방식** : 열원의 운전시간을 일정하게 정해두고 운전한다.

② 그림

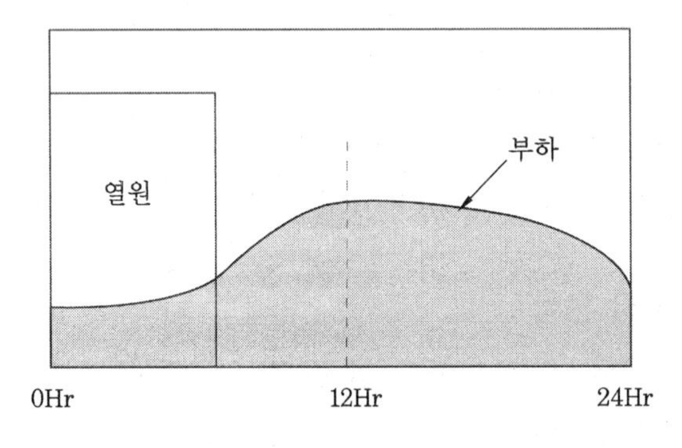

(3) 분리운전형

① **축열 운용방식** : 열원을 야간에만 운전함으로써 운전비용을 절감할 수 있다(심야전력 사용).

② 그림

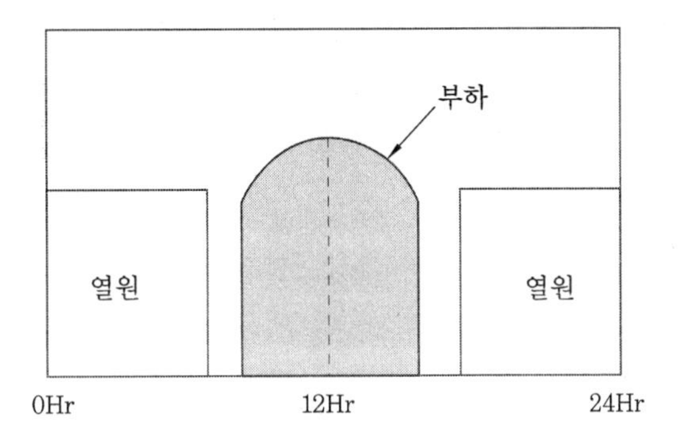

✓핵심 수축열 운용방식은 크게 연장운전형(열원용량 감소), 단축운전형(축열시간 단축), 분리운전형(야간에만 운전)의 세 가지로 나누어진다.

06 저냉수 · 저온 공조 방식 (저온 급기 방식)

(1) 개요

① 공조기나 FCU로 7℃ 정도의 냉수를 공급하는 대신 0℃에 가까운 낮은 온도의 냉수를 그대로 이용하면 빙축열의 부가가치(에너지 효율)를 높이는 데 결정적인 역할을 할 수 있다.

② 냉방에 있어 냉열원의 장비반송능력 측면에서 빙축열을 통해 냉열원과 펌프의 동력을 약 40% 이상 줄일 수 있고, 저온 공조기를 통해 Fan 동력을 약 30% 이상 절감할 수 있다.

③ 이는 빙축열 시스템의 경제성 및 에너지 절약의 중요한 목표라고도 할 수 있다.

(2) 원리

① 빙축열의 저온냉수(0~4℃)를 사용하여, 일반 공조 시 15~16℃인 송풍온도보다 4~5℃ 낮은 온도(10~12℃)의 공기 공급으로 일반 송풍량의 30~50%를 절약하여 반송동력을 절감하는 방식이다.

② 공조기 코일 입·출구 공기의 온도차를 일반 공조 시스템의 경우는 약 Δt = 10℃ 정도로 설계하나 저온 공조는 약 Δt = 15~20℃ 정도로 설계하여 운전하는 공조 시

스템이다.

③ 저온 냉풍 공조방식은 공조기 용량, 덕트 축소, 배관경 축소 등으로 초기비용 절감과 공기 및 수 반송동력 절약에 의한 운전비용 절감, Cold draft 방지를 위해 유인비가 큰 취출구, 결로 방지 취출구, 최소 환기량 확보 등을 고려해야 한다.

(3) 개략도

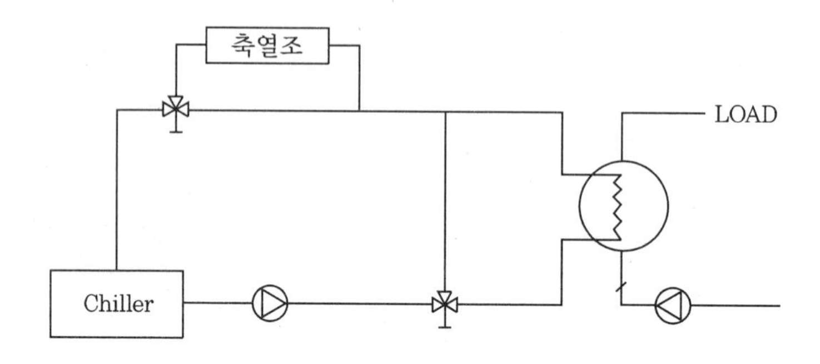

(4) 저온 공조의 특징

① $q = GC\Delta t$공식에서 Δt (온도차)를 크게 취하여 송풍량을 줄인다(취출온도차 기존 약 10℃를 15℃ 수준으로 증가시킴).

② 층고 축소, 설비비 절감, 낮은 습구온도로 인한 쾌적감 증가, 동력비 절감 효과가 있다.

③ 실내설정온도조건에 대한 응답성이 빠르다.

④ 주의사항 : 기밀 유지, 단열 강화, 천장 리턴 고려

⑤ 취출구 선정 주의 : 유인비가 큰 취출구 선정 필요

(5) 기대 효과

① 에너지 소비량의 감소

② 실내공기의 질과 쾌적성의 향상

③ 습도 제어가 용이

④ 덕트, 배관 사이즈의 축소

⑤ 송풍기, 펌프, 공조기 사이즈의 축소

⑥ 전기 수전설비 용량 축소

⑦ 초기투자비용 절감에 유리

⑧ 건물 층고의 감소

⑨ 쾌적한 근무환경 조성에 의한 생산성 향상
⑩ 기존 건물의 개보수에 적용하면, 낮은 비용으로 냉방능력의 증감이 용이

(6) 저온 급기 방식의 취출구

혼합이 잘되는 구조를 선택해야 한다.
① **복류형(다중 취출형)** : 팬형, WAY형, 아네모스탯 등
② **SLOT형** : 유인비를 크게 하는 구조
③ **분사형** : JET 기류

(7) 주의사항

① 저온 급기로 실내 기류분포 불균형에 주의해야 한다.
② Cold Dtaft, Cold Shock가 발생하지 않게 설치 시 유의해야 한다.
③ 배관단열, 결로 등에 취약 가능성이 있으므로 주의가 필요하다.

(8) 결론

① Pump의 반송동력 및 Fan의 반송동력을 줄일 수 있어 경제적이다.
② 현재 FPU를 많이 사용하고 있고, 이 경우 송풍동력 감소분에 대한 이점은 많이 감소된다.
③ 보온재의 두께 및 재질을 재검토하여 열손실 및 결로를 방지할 수 있어야 한다.

(9) 향후 전망

① 저온 공조 시스템은 다른 냉방시스템과 비교하여, 설비비, 운전비, 라이프사이클 비용이 최소이고, 또한 재실자에게 높은 쾌적성을 줄 수 있는 시스템으로 평가된다.
② 지구환경 보전을 배경으로 한 에너지 절약, 주간 전력 억제를 고려한다면 빙축열을 이용한 저온 공조 시스템은 앞으로 발전가능성이 크다.

✓핵심 저냉수 및 저온 공조 방식(저온 급기 방식)은 빙축열 시스템의 효율을 증대시키기 위한 매우 유효한 공조방식이며, 초기투자비 절감(공조기 용량, 덕트, 배관경 등 축소)과 운전비용 절감(냉동기 소비전력 감소, 공기 및 수 반송동력 절약 등)을 동시에 취할 수 있다는 큰 장점이 있다.

07 가스 냉열원 시스템과 빙축열 시스템의 비교

(1) 개요

① 현재 일정 규모 이상의 건축물에 중앙공조 방식 채용 시 냉열원은 가스 냉열원 시스템이나 축열 시스템을 60% 이상 사용하여 설계해야 한다.

② 이는 이러한 시스템들이 하절기 주간 Peak load를 줄일 수 있는 방식이기 때문이다.

(2) 시스템 특성

① 가스 냉열원 방식

㈎ 흡수식 냉동방식에서 사용연료가 가스일 때 냉온수 유닛이라고 하고, 증기 또는 고온수일 때 흡수식 냉동기라 한다.

㈏ 여름철에는 냉수를 생산하고 겨울철에 온수 생산도 가능하다.

② 빙축열 방식

㈎ 축열조, 제빙장비, 야간근무자 등이 필요하다.

㈏ 저렴한 심야전력의 사용으로 경제성이 높으며, 저온 급기 방식 채용 시 그 효과는 더 커진다.

(3) 경제성 비교

① 개략적으로 일반 전기식 냉동기 대비 '전력비용 20%, 투자비용 120%, 회수년수 약 5년'의 가스 냉열원 방식과 '전력비용 50%, 투자비용 140%, 회수년수 약 4년'의 빙축열 방식으로 대별된다.

② 단, 빙축열 방식은 축열조 건설을 위한 건축공간, 단열공사, 제빙시설 등 초기투자비가 상대적으로 높지만, 저렴한 심야전력을 사용할 수 있고, 피크전력 제어가 가능하며, 안정적인 냉열 공급, 정부의 금융적 지원, 저온 급기 방식 등의 기술적 잠재력이 크다는 등의 많은 장점도 가지고 있다.

③ 가스난방의 장점 : 전기사용량이 가장 적음, 저소음/저진동, 안전성 우수(내부 진공) 등

④ 가스난방의 단점 : 냉각탑 용량이 커짐, 굴뚝 필요, 수명 다소 짧음, 예냉 시간이 긺 등

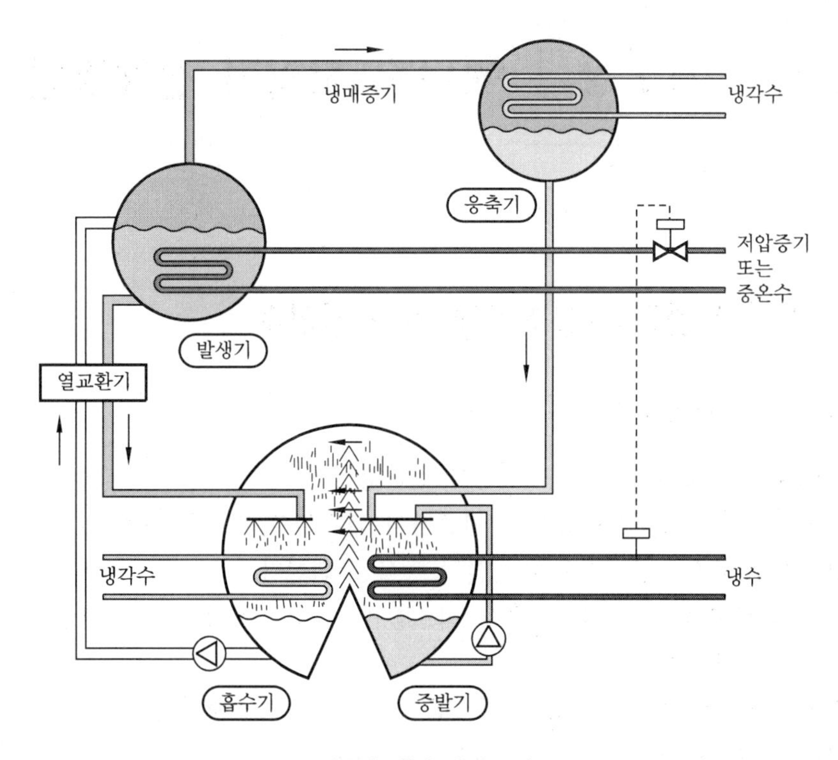

단효용 흡수식냉동기

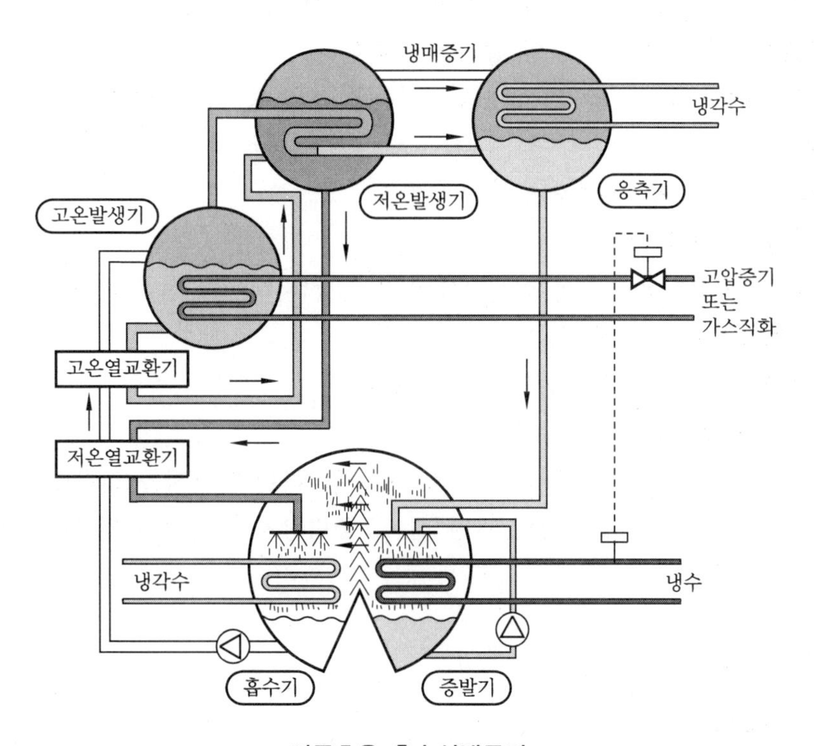

이중효용 흡수식냉동기

제7장 | 에너지 절약적 설계방안

01 에너지 절약적 공조설계 및 폐열회수

(1) 에너지 절약적 공조설계

① 패시브(Passive) 방법 : 건축적 · 자연적 접근방법

(가) 건물외벽의 단열 등을 철저히 시공하여 열손실을 최소화한다.

(나) 단열창, 2중창, Air Curtain 설치 등을 고려한다.

(다) 환기의 방법으로 자연환기 혹은 국소환기를 적극 고려하고, 환기량 계산 시 너무 과잉 설계하지 않는다.

(라) 건물의 각 용도별 Zoning을 잘 실시하면 에너지의 낭비를 막을 수 있다.

(마) 극간풍 차단을 철저히 한다.

(바) 건축 구조적 측면에서 자연친화적 및 에너지 절약적 설계를 고려한다.

(사) 자연채광 등 자연에너지의 활용을 강화한다.

(아) 기타 태양굴뚝(Solar Chimney), 맞통풍, 자연형 태양열(주택) 시스템 등을 적용한다.

② 액티브(Active) 방법 : 기계설비적 접근방법

(가) 고효율 기기를 사용한다.

(나) 장비 선정 시 'TAC초과 위험확률'을 잘 고려하여 설계한다.

(다) 각 '폐열회수 장치'를 적극 고려한다.

(라) 전동설비에 대한 인버터제어를 실시한다.

(마) 고효율조명, 디밍제어 등을 적극 고려한다.

(바) IT기술, ICT기술을 접목한 최적제어를 실시하여 에너지를 절감한다.

(사) 지열히트펌프, 태양열 난방/급탕 설비, 풍력장치 등의 신재생에너지 활용을 적극 고려한다.

(2) 폐열회수 방법

① 직접 이용방법

(가) 혼합공기 이용법 : 천장 내 유인 유닛(천장 FCU, 천장 IDU) – 조명열을 2차공

기로 유인하여 난방 혹은 재열에 사용하는 방법

㈏ 배기열 냉각탑 이용방법 : 냉각탑에 냉방 시의 실내 배열을 이용(여름철의 냉방 배열을 냉각탑 흡입공기 측으로 유도 활용)

② 간접 이용방법

㈎ Run Around 열교환기 방식 : 배기 측 및 외기 측에 코일을 설치하여 부동액을 순환시켜 배기의 열을 회수하는 방식, 즉 배기의 열을 회수하여 도입 외기 측으로 전달함

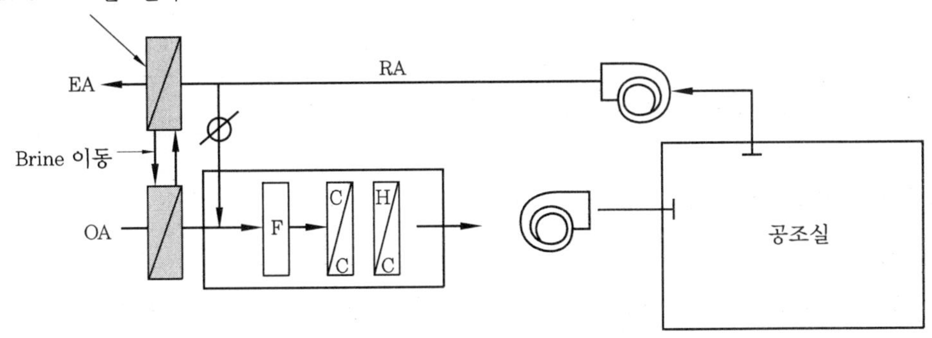

Run Around 열교환기 방식

㈏ 열교환 이용법

㉮ 전열교환기, 현열교환기 : 외기와 배기의 열교환(공기 : 공기 열교환)

㉯ Heat Pipe : 히트파이프의 열전달 효율을 이용한 배열 회수

㈐ 수냉 조명기구 : 조명열을 회수하여 히트펌프의 열원, 외기의 예열 등에 사용함 (Chilled Beam System이라고도 함)

㈑ 증발냉각 : Air Washer를 이용하여 열교환된 냉수를 FCU 등에 공급함

③ 승온 이용방법

㈎ 이중 응축기(응축부 Double bundle) : 병렬로 설치된 응축기 및 축열조를 이용하여 재열 혹은 난방을 실시함

㈏ 응축기 재열 : 항온항습기의 응축기 열을 재열 등에 사용

㈐ 소형 열펌프 : 소형 열펌프를 여러 개 병렬로 설치하여 냉방 흡수열을 난방에 활용 가능

㈑ 캐스케이드(Cascade) 방식 : 열펌프 2대를 직렬로 조합하여 저온 측 히트펌프의 응축기를 고온 측 히트펌프의 증발기로 열전단시켜, 저온 외기 상황에서도 난방 혹은 급탕용 온수(50~60℃)를 취득 가능

④ TES (Total Energy System) : 종합 효율을 도모 (이용)하는 방식

(가) 증기보일러(또는 지역난방 이용)+흡수식 냉동기(냉방)

(나) 응축수 회수탱크에서 재증발 증기 이용 등

(다) 열병합 발전 : 가스터빈+배열 보일러 등

✓핵심 폐열회수 방법은 크게 직접 이용방식, 열교환기 이용법, 승온 이용 (저온→고온 상승 후 사용), TES (종합 에너지효율 고려) 등으로 나눌 수 있다.

02 외기냉방에서 외기 취입방법

(1) 외기 엔탈피 제어방법→부하의 억제

① 개요

(가) 외기냉방을 행하기 위해 엔탈피 컨트롤(Entalpy Control)을 시행하는 방법이다.

(나) 주로 동계 혹은 중간기에 내부 Zone 혹은 남측 Zone에 생기는 냉방부하를 외기를 도입하여 처리하는 방법으로 에너지 절약적 차원에서 많이 응용되고 있다.

(다) 전수 (全水) 공조방식에서는 '외기 냉수냉방'을 동일한 목적으로 사용 가능하다.

② 방법

(가) 외기의 현열 이용방식 : 실내온도와 외기온도를 비교하여 외기량을 조절한다.

(나) 외기의 전열 이용방식 : 실내 엔탈피와 외기 엔탈피를 비교하여 외기량을 조절한다.

③ 그림

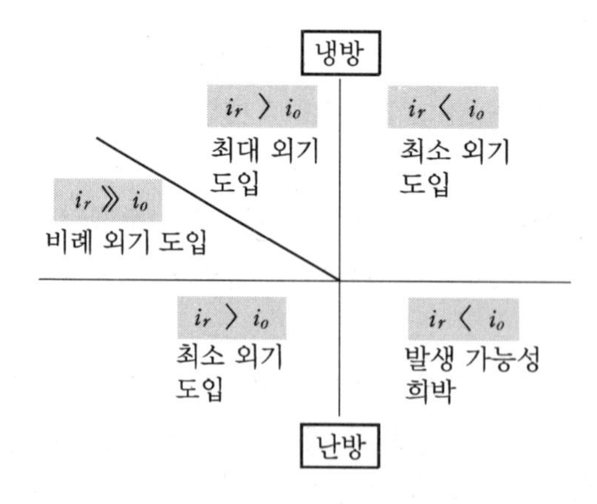

외기 엔탈피 제어방법

(2) CO_2 제어방법

CO_2 감지센서를 장착하여, 법규상 1000 ppm 혹은 필요 CO_2 농도를 유지하도록 자동 제어를 하는 방식이다(에너지 절약적 차원에서 불필요하게 과다한 외기도입량을 줄일 수 있다).

(3) 전열교환기 혹은 현열교환기를 이용한 폐열회수

환기를 위해 버려지는 배기에 대해 열교환 방법으로 폐열을 회수하는 장치이다.

(4) Run Around를 이용한 폐열회수

열교환기를 설치하고 Brine 등을 순환시켜 폐열을 회수하는 방법이다.

(5) 우리나라 기후에서 '외기냉방'의 가능성

① 봄, 가을, 겨울의 외기온도는 대개 실내온도보다 낮다.
② 점차 실내 냉방부하가 많이 발생한다(건물의 기밀성 증가, 사무용 전산기기 증가 등).
③ **실내오염 심해짐** : 각종 기구, OA기기 등
→ 따라서, 외기냉방은 에너지 절약 및 환기 차원에서 충분한 가능성이 있다.

(6) 백화점 외기냉방 적용의 타당성

① 여름뿐만 아니라, 연중 냉방부하가 많이 발생한다.
② 많은 재실인원으로 환기량이 많이 필요하다.
③ 분진 등의 발생이 많다(고청정 및 환기량 증가 필요).
④ 에너지 다소비형 건물이며, 에너지 절감이 절실하다.
⑤ 존별 특성이 뚜렷하여 외기엔탈피 제어가 용이하다.
⑥ 잠열부하가 큰 편이다.
⑦ 실내 발생 부하가 크고, 국부적 환기도 필요하다.
⑧ 부하변동이 심하다(저부하 시 특히 효과적임).

03 외기 냉수냉방(Free Cooling, Free Water Cooling)

(1) 중간기의 냉방수단으로 기존에는 외기냉방을 주로 사용하였으나, 심각한 대기오염, 소음, 필터의 빠른 훼손 등으로 '외기 냉수냉방'이 등장하였다.

(2) 외기 냉수냉방은 일반 외기냉방이 공해, 대기오염 등으로 사용 곤란 시 대체 설치하여 사용 가능하며, 개방식(냉각수 직접순환방식, 냉수 열교환기방식)과 밀폐식(밀폐식 냉각탑 사용)으로 대별된다.

(3) 외기 냉수냉방의 종류

① **개방식 냉수냉방** : 개방식 냉각탑을 사용함

(가) 열교환기를 설치하지 않은 경우 (냉각수 직접순환방식)

㉮ 1차 측 냉각수 : C/T (냉각탑) → 펌프 → 공조기, FCU(LOAD) → C/T로 순환

㉯ 2차 측 냉수 : 1차 측 냉각수에 통합

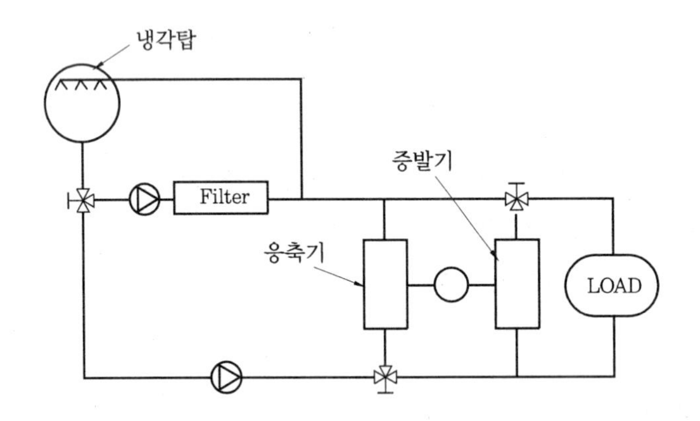

(나) 열교환기를 설치한 경우 (냉수 열교환기방식)

㉮ 1차 측 냉각수 : C/T (냉각탑) → 펌프 → 열교환기 → C/T로 순환

㉯ 2차 측 냉수 : 열교환기 → 공조기, FCU (LOAD) → 펌프 → 열교환기 순서로 순환

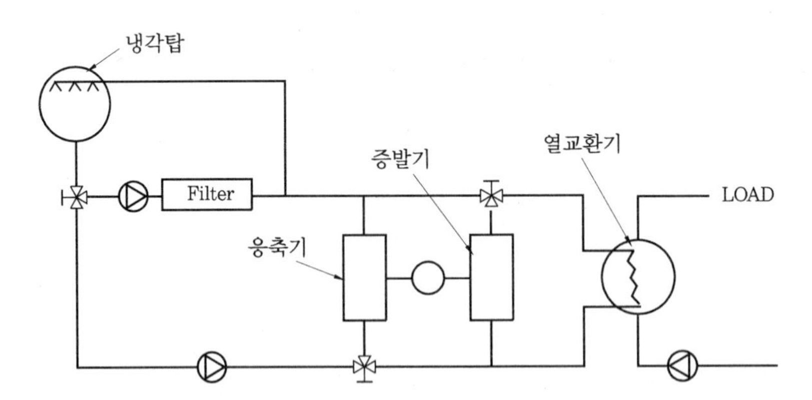

② **밀폐식 냉수냉방** : 밀폐식 냉각탑을 사용함

(가) 상기 개방식과 같은 수회로 계통이다 (열교환기 방식 혹은 냉각수 직접 순환방식).

(나) 장점 : 냉수가 외기에 노출되지 않아 부식이 없고 수처리 장치 불필요
(다) 단점 : 냉각탑이 커짐, 효율 저하 우려, 투자비 상승

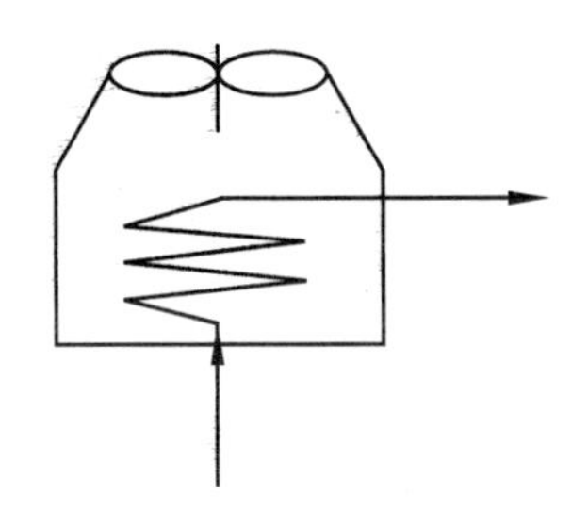

(4) 기술동향

① 냉각탑의 오염 방지를 위해 가급적 밀폐식 혹은 간접식(열교환기 방식)을 사용하는 것이 좋다.

② 외기 냉수냉방 시스템 도입은 초기설치비용이 다소 상승하지만, 중간기 냉방 등에 사용할 수 있어 충분한 경제성이 있다.

③ 현재 냉각탑을 전혀 사용하지 않고, 콘덴싱유닛이나 에어컨 실외기를 활용하고 그 내부에 이중열교환기를 장착하여 하나의 실외기팬으로 물과 냉매를 동시에 냉각하는 '공랭식 외기 냉수냉방'도 일부 개발 및 적용되고 있다(SK텔레콤 등에 적용).

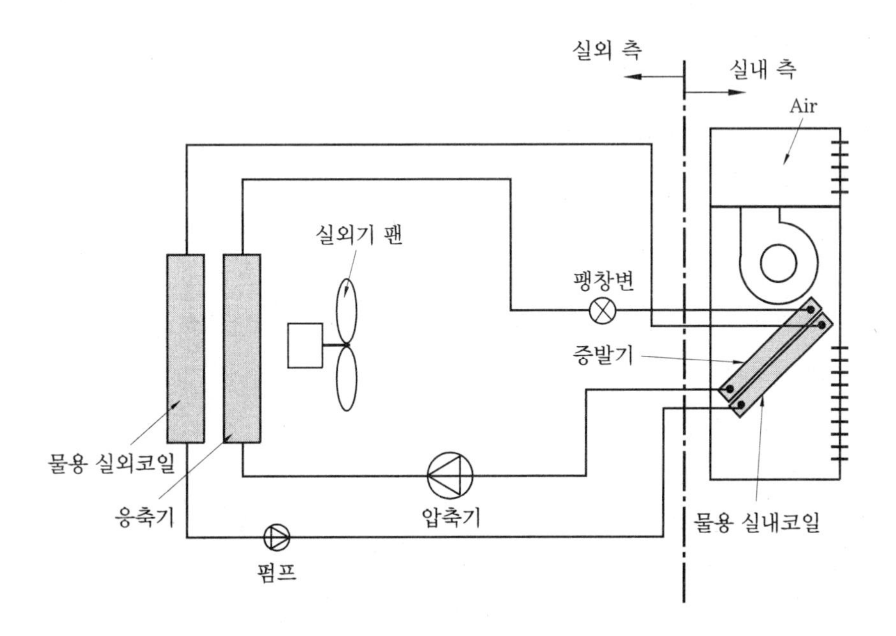

공랭식 외기 냉수냉방 적용사례

04 열병합 발전(熱併合 發電 ; Co-generation)

(1) 개요

① TES(Total Energy System) 혹은 CHP(Combined Heat and Power Generation) 라고도 한다.

② 보통 화력발전소나 원자력발전소에서는 전기를 생산할 때 발생하는 열을 버린다. 발전을 위해 들어간 에너지 중에서 전기로 바뀌는 것은 35% 정도밖에 안 되기 때문에 나머지는 모두 쓰지 못하는 폐열이 되어서 밖으로 버려지는 것이다.

③ 이렇게 버려지는 폐열은 에너지를 허비하는 것일 뿐만 아니라, 바다로 들어가면 어장이나 바다 생태계를 망치기도 한다.

④ 열병합 발전은 이렇게 버리는 열을 유용하게 재사용할 수 있다는 것이 장점이다(효율이 70~80% 이상 상승 가능).

(2) 열병합 발전의 분류별 특징

① 회수열에 의한 분류

(가) 배기가스 열회수

㉮ 배기가스의 온도가 높으므로 회수 가능한 열량이 많다.

㉯ 배기가스의 온도는 '가스터빈>가스엔진>디젤엔진>증기터빈'의 순이다.

㉰ 배기가스의 열회수 방식으로는 배기가스 열교환기를 통한 고온수 및 고(저)압 증기의 공급, 배기가스 보일러에 의한 고압증기 공급, 이중효용 흡수식 냉온수기를 통한 열회수 등의 방법을 사용한다.

(나) 엔진 냉각수 자켓 열회수

㉮ 가스엔진, 디젤엔진의 냉각수를 이용한 열회수 방법으로 온도는 그다지 높지 않다(주로 저온수 회수).

㉯ 회수 열매는 주로 온수이지만, '비등 냉각 엔진'의 경우에는 저압증기를 공급할 수 있다.

㉰ 자켓을 통과한 엔진 냉각수를 다시 배기가스 열교환기에 직렬로 통과시키면 회수되는 온수의 온도가 올라가 성적계수를 높일 수 있다.

(다) 복수 터빈(復水 Turbine)의 복수기 냉각수 열회수 : 증기터빈 발전방식의 경우로 복수터빈 출구의 복수기로부터 냉각수의 열을 저온수나 중온수 등의 형태로 회수한다.

㈑ 배압 터빈(背壓 Turbine)의 배압증기 열회수 : 증기터빈 발전방식의 경우로 배압터빈 출구의 증기를 직접 난방, 급탕 등에 사용하거나, 흡수식 냉동기의 가열원으로 사용한다.

② 회수열매에 의한 분류

㈎ 온수 회수방식

㉮ 가스엔진, 디젤엔진의 냉각수 자켓과 열교환한 온수를 난방과 급탕에 이용하는 방식이다.

㉯ 냉방은 배기가스 열교환기를 재차 통과시켜 고온의 온수로 단효용 흡수식 냉동기를 구동하게 한다.

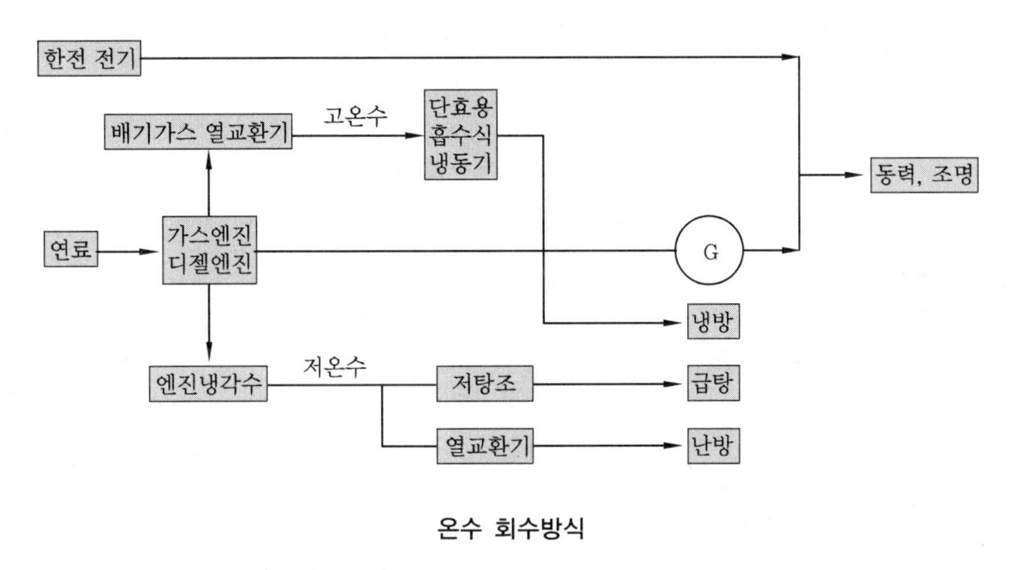

온수 회수방식

㈏ 증기 회수방식

㉮ 디젤엔진 및 가스엔진의 경우 비등 냉각엔진에서 발생하는 저압증기를 난방, 급탕, 단효용 흡수식 냉동기에 이용한다.

㉯ 배기가스 열교환기에서 회수한 고압증기는 단효용 및 이중효용 흡수식 냉동기의 가열원으로 사용하게 한다.

㉰ 가스터빈의 경우, 배기가스 열교환기를 이용하여 고압증기를 바로 난방, 급탕, 이중효용 흡수식 냉동기의 열원으로 이용한다.

㈐ 온수, 증기 회수방식

㉮ 디젤엔진 및 가스엔진의 냉각수를 온수로 회수하여 난방 및 급탕에 이용한다.

㉯ 배기가스 열교환기에서 회수된 중압증기로 이중효용 흡수식 냉동기를 운전하는 방식이다.

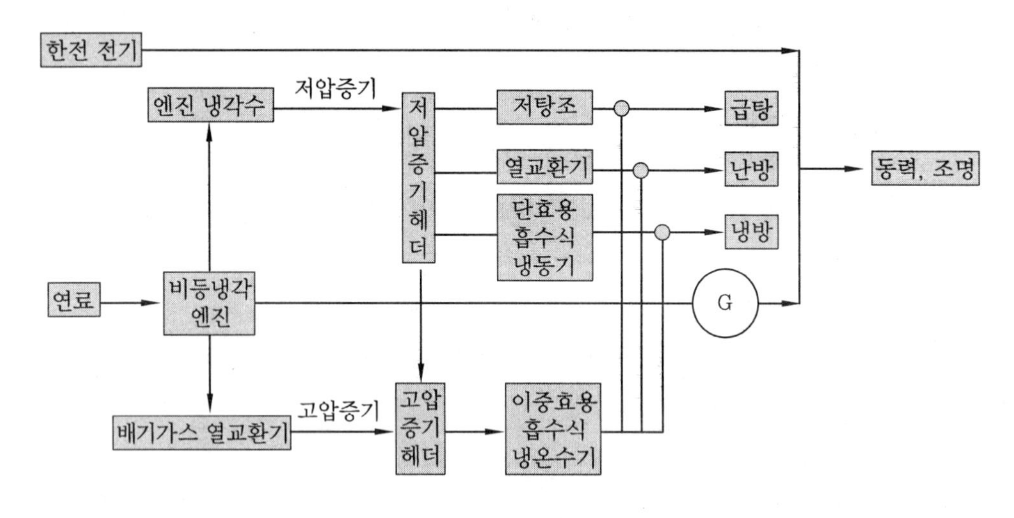

증기 회수방식

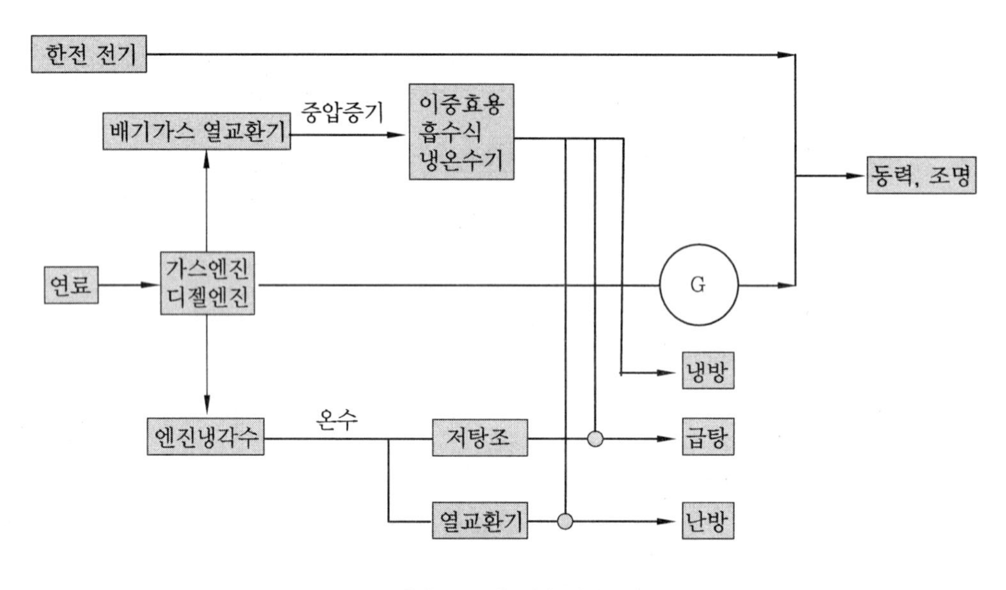

온수, 증기 회수방식

(라) 냉수, 온수 회수방식

㉮ 배기가스 열교환기를 이용하여 바로 급탕용 온수를 공급할 수 있다.

㉯ 가스터빈 방식에서는 배기가스를 직접 '배기가스 이중효용 흡수식 냉온수기'의 가열원으로 이용하여 냉수 및 온수를 제조하여 냉·난방에 이용한다.

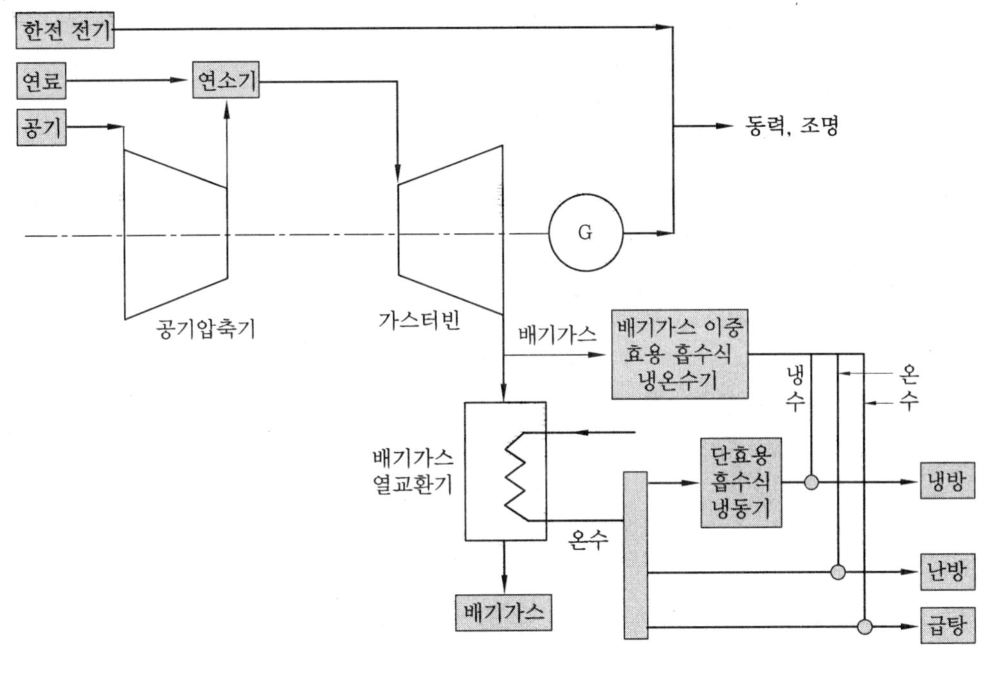

냉수, 온수 회수방식

05 용량가변(VVVF ; Variable Voltage Variable Frequency) 기술

(1) 개요

① VVVF는 일명 인버터라고도 하며 주파수를 조절하여 용량(운전 속도)을 조절한다.

② 교류↔직류로 변환 시 전압과 주파수를 조절하여 전동기의 속도를 조절할 수 있도록 해주는 장치이다(전압을 같이 조절하는 이유는 토크가 떨어지지 않게 하기위함).

③ 그래서 VVVF(Variable Voltage Variable Frequency)라고도 부르고 VSD(Variable Speed Drive)라고도 한다.

(2) 인버터의 정의

① 인버터란 원래 직류전류를 교류로 바꾸어주는 역변환장치를 말하며, 반도체를 이용한 정지형 장치를 말한다.

② 관련된 용어로 '컨버터'는 정류기를 이용하여 교류를 직류로 바꾸는 장치를 말한다.

③ 현재 용량가변형 전동기 혹은 압축기 분야에 사용되는 인버터란 용어의 의미는 '교류→직류로 변환→교류(원래의 교류와 다른 주파수의 교류)로 재변환'하는 장치이다.

④ 따라서, 전동기(압축기) 용량가변 분야의 인버터의 의미는 '컨버터형 인버터'라고 할 수 있다. 즉, 교류의 주파수를 변환하여 회전수를 가변하는 반도체를 이용한 장치라고 할 수 있다.

(3) 에너지 효율 측면

① 송풍기, 펌프, 압축기에서 풍량의 비는 회전수의 비와 같다.

$$\frac{V2}{V1} = \frac{N2}{N1}$$

② 축동력의 비는 회전수 비의 세제곱과 같다.

$$\frac{W2}{W1} = \left(\frac{N2}{N1}\right)^3$$

③ 따라서, 부하가 절반으로 되어 풍량을 1/2로 하면, 동력은 1/8로 절감할 수 있다(단, 축동력의 5~10 % 정도의 직·교류 변환 에너지손실 발생).

(4) 특징

① 전동기 운전을 위해 고가의 '인버터 운전 드라이버'가 필요하다.

② 초기투자비가 필요하지만 Energy saving 면에서 강조된다.

③ 미세한 부하조절이 가능하다.

(5) 기술응용

① 직류를 인버터를 이용하여 상용전력과 동등한 주파수의 교류전류로 변환 가능하다(에너지 절약 시스템과는 무관).

② 상품화되어 시판되는 인버터의 사례

DC24V~DC48V → AC220V로 변환용 인버터의 사례

06 차양장치

(1) 정의

태양 일사의 실내 유입을 차단하기 위한 장치를 말한다.

(2) 설치위치에 따른 종류

① **외부 차양** : 하절기 방위별 실내 유입 일사량이 최대로 되는 시각에 외부 직달 일사량의 70 % 이상을 차단할 수 있음

② **유리 간 사이 차양** : 유리와 유리 사이에 설치하는 차양 (블라인드)

③ **내부 차양** : 실의 내측에 설치하는 차양 (블라인드)

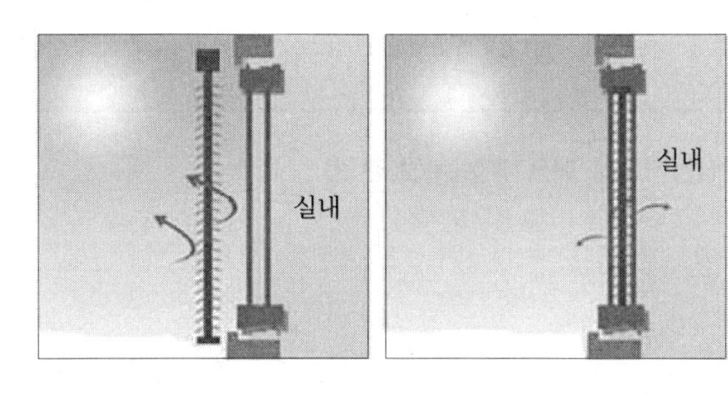

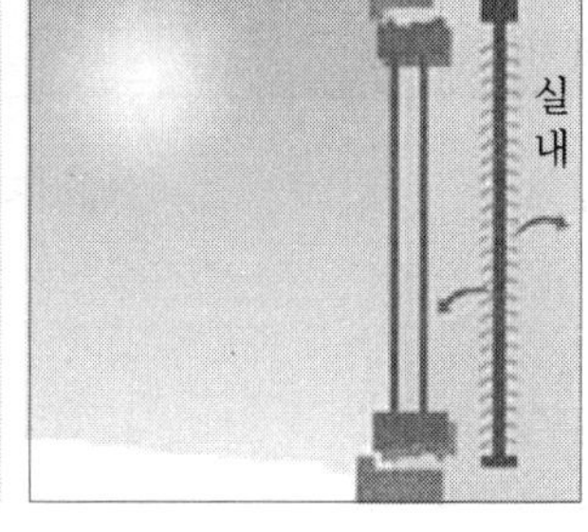

외부 차양 유리 간 사이 차양 내부 차양

(3) 가동 유무에 따른 종류

① **고정식** : 가동되지 않는 고정형 차양의 종류들을 말한다(주로 출입구, 창문 등의 상부벽에 덧붙이는 작은 지붕)

② **가변식** : 수동식, 전동식, 센서 또는 프로그램에 의해 가변 작동될 수 있는 형태의 차양장치를 말한다.

(4) 에너지성능지표상 배점 부여

① 에너지성능지표상 냉방부하 저감을 위해 '외부 차양'을 설치하면 주거형태에 따른 일정한 배점이 부여된다 (내부 차양은 자동제어가 연계되는 경우 인정).

② 단, 이 경우 남향 및 서향 창 면적의 80 % 이상 설치하여야 한다.

에너지성능지표											
항 목	기본 배점(a)				배 점(b)					평점	근거
	비주거		주거								
	대형 (3,000 m^2 이상)	소형 (500~ 3,000 m^2 미만)	주택 1	주택 2	1점	0.9점	0.8점	0.7점	0.6점		
냉방부하 저감을 위한 제5조제9호 거목에 따른 차양장치 설치	4	2	2	2	외부 차양에 한함. 내부 차양은 자동제어가 연계되는 경우 인정 (남향 및 서향 창 면적의 80% 이상 설치 시)						

에너지성능지표상 배점 부여(차양 관련)

07 스마트 그레이징 (Smart Glazing)

(1) 개요

① 겨울철 열유출의 47%(상업용 건물)~50%(주택)가 유리창을 통하여 유출되므로 에너지 절감형 창문 적용 시 에너지 절약에도 크게 기여할 수 있다.

② 스마트 그레이징(Smart Glazing)이란 선진 창틀재료, 투명단열재, 저방사 유리 등 에너지 절감형 창호기술의 총칭이다.

(2) 주요 스마트 그레이징 기술

① **투명단열재**(TIM ; Transparent Insulation Meterials) : 투명하면서도 단열기능을 동시에 갖춘 창유리 재료

② **로이유리**(Low Emissivity Glass ; **저방사 유리**) : 일반 유리가 적외선을 일부만 반사시키는데 반해 로이유리는 대부분을 반사시킴(보통 은, 산화주석 등의 다중 코팅방법 사용)

③ **투과율 가변유리** : 창문으로 들어오는 태양광의 투과율을 자유롭게 조절할 수 있는 유리

④ **슈퍼 윈도** (Super Window) : 이중유리창 사이에 '저방사 필름' 사용

⑤ **전기착색 유리**(Electrochromic Glazing) : 빛과 열에 반응하는 코팅(전장을 가하여 변색되게 함)으로 적외선을 반사시킴

⑥ **전기창** (Electric Glazing) : 보통 로이유리 위, 아래에 전극을 형성하여 가열시킴

⑦ **공기집열식창** (Air-flow Window)

(가) 보통 아래 그림과 같이 외창 (이중창), 내창 (단유리), 베네치안 블라인드 등으로 구성된다.

(나) 실내로부터 배기되는 공기가 창의 아래로 흡입되고, 수직 상승하면서 일사에 의해 데워져 있는 베네치안 블라인드를 통과하면서 서로 열교환이 이루어진다 (여름철에는 외부로 방출하고, 겨울철에는 재열/예열 등에 사용 가능).

(다) 창의 열관류율을 개선시키고, 직달 일사량을 줄여준다.

⑧ **기타** : 2중~5중 유리, 진공유리, 고밀도 가스 주입유리 등

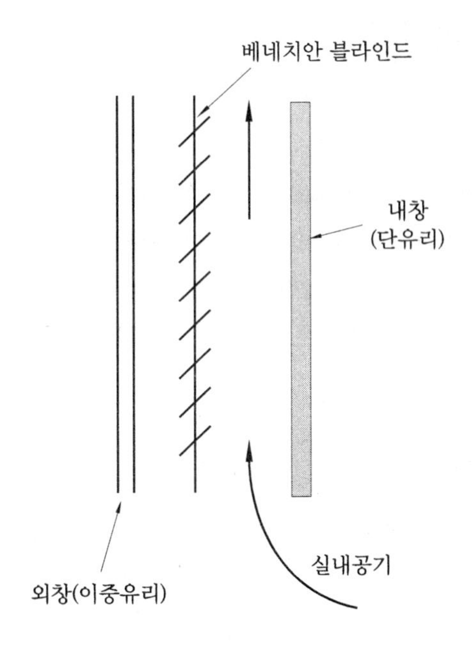

Air-flow Window (공기집열식창)

08 투명단열재 (TIM ; Transparent Insulation Meterials)

(1) 개요

① 친환경 건축재료로 유리 대체품으로 개발된 재료이다.

② 투명하면서도 단열기능을 복합적으로 갖춘 창유리 재료를 말한다.

(2) 투명단열재 기술동향

① **일본에서 개발된 '판상 실리카 에어로겔 투명단열재'** : 난방 부하를 약 11~40 % 절감 가능한 것으로 보고됨

② **강도와 가격 측면에서의 문제점** : 강도 보강을 위해 양쪽에 판유리를 끼운 '투명 단열재'도 나와있음

09 로이유리 적용방법

(1) 개요

① 로이유리(Low Emissivity Glass, 저방사 유리)는 요즘 건물 창유리의 단열을 개선하여 건물에너지를 절감하기 위해 많이 적용되고 있다.

② 일반 유리가 적외선을 일부만 반사시키는 데 반해 로이유리는 대부분을 반사시킨다 (은, 산화주석 등의 다중 코팅방법 사용).

(2) 적용방법

① **여름철 냉방 위주의 건물, 사무실 및 상업용 건물 등 냉방부하가 큰 건물, 커튼월 외벽, 남측 면 창호** : 로이유리의 특성상 코팅면에서 열의 반사가 일어나므로 다음의 (그림1)과 같이 ②면에 로이 코팅면을 위치하게 하여 적외선을 반사시키는 것이 냉방부하 경감에 가장 효율적인 방법이다.

② **겨울철 난방 위주의 건물, 주거용 건물, 공동주택 등 난방부하가 큰 건물, 패시브 하우스, 북측 면 창호** : 겨울철에 또는 난방 부하가 큰 건물의 경우 (우리나라 기후는 대륙성 기후로 보통 4계절 중 3계절이 난방이 필요한 기후)에는 창문을 통한 외부로의 난방열의 전도 손실이 가장 큰 문제가 되기 때문에, (그림2)와 같이 로이 코팅면을

③면에 위치하게 하여 실내의 열을 외부로 빠져나가지 못하게 하고, 내부로 다시 반사시킨다.

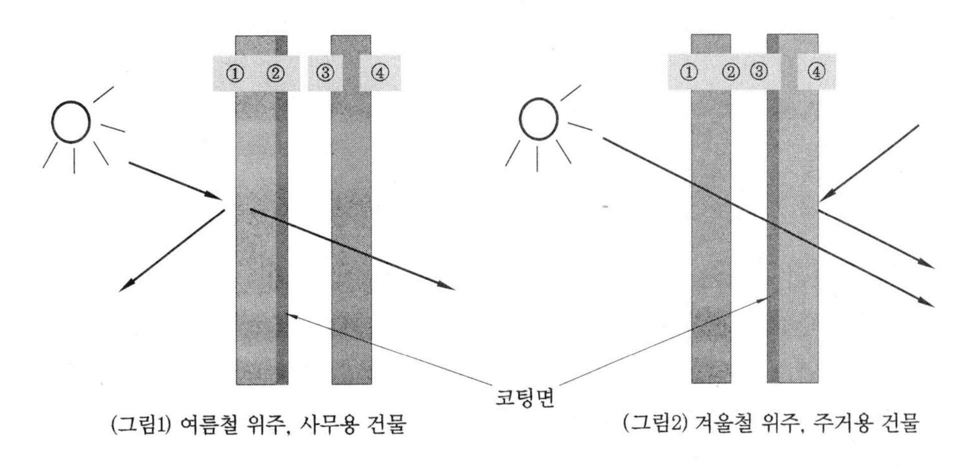

(그림1) 여름철 위주, 사무용 건물
(그림2) 겨울철 위주, 주거용 건물

㈜ 일반적으로 로이유리의 지속적 효과 유지를 위해 ①면과 ④면은 코팅을 잘 하지 않는다.

10 투과율 가변유리

(1) 정의

① 투과율 가변유리란 창문으로 들어오는 태양광의 투과율을 자유롭게 조절할 수 있는 유리로 보통 때는 진한 청색이었다가 전기를 통하는 등의 신호를 주면 1초도 못 돼 투명하게 변한다.

② 보통 유리의 가시광선 투과도 : 보통 유리의 가시광선 투과도는 스위치를 돌려 전압을 높게 가할수록 유리가 투명해지는 방식 등으로 무단계 가변이 가능하다.

(2) 투과율 가변유리의 원리

① 투과도를 변화시키는 요인은 유리와 유리 사이에 들어있는 필름으로 두 장의 필름 사이에 미세한 액체방울이 있고, 이 방울 속에 푸른색 광편광입자가 들어있다.

② 광편광입자들은 평소에는 자기들 멋대로 브라운운동을 하기 때문에 빛이 흡수, 산란되어 짙은 청색을 나타낸다.

③ 양쪽 필름에 전기를 가하면 광편광입자가 형성된 전기장과 평행하게 배열돼 투명한 상태로 전환된다.

(3) 투과율 가변유리의 종류

① 일렉트로 크로믹 유리

(가) 전기가 투입되지 않는 상황에서 투명하고 전기가 투입되면 불투명해지는 유리 (반대로도 가능)

(나) 산화 텅스텐 박막 코팅이 주로 사용된다.

② 서모크로믹 유리

(가) 온도에 따라 일사투과율이 달라지는 유리

(나) 산화팔라듐 박막 코팅이 주로 사용된다.

③ 포토크로믹 유리

(가) 실내 등 광량(光量)이 적은 곳에서는 거의 무색투명하고 투과율(透過率)이 높으며, 옥외에서는 빛에 감응하여 착색하며 흡수율이 높아지는 가변투과율 유리

(나) 원료에 감광성의 할로겐화은을 첨가하여 유리 속에 Ag, Cl 등의 이온 형태로 녹인 다음, 약간 낮은 온도로 다시 열처리함으로써 10 mm 정도의 미세한 AgCl 결정을 석출(析出), 콜로이드 입자로 분산시키는 방법을 이용한다.

(다) AgCl 결정 중에서는 빛(특히 단파장의 빛)에 의해 다음 반응이 일어난다.

$$\underset{\text{투명}}{AgCl} \underset{\text{어둠}}{\overset{\text{빛}}{\rightleftarrows}} \underset{\text{착색}}{Ag^0 + Cl^0}$$

(라) 빛의 조사에 의해 할로겐화은의 미세한 결정 중에 은콜로이드가 생겨 빛을 흡수하기 때문에 착색하고, 어두운 곳에 두면 역반응이 일어나 다시 투명한 할로겐화은 미립자가 되면서 유리도 투명해진다.

④ 가스크로믹 유리

(가) 2장의 유리 사이 공간에 가스를 충진하여 스위칭 한다.

(나) 물을 전기 분해해 발생한 수소를 도입하면 디밍 미러 박막에서 수소는 거울 상태에서 투명 상태로 스위칭 하며, 산소를 도입하면 탈수소화로 투명 상태에서 거울 상태로 돌아온다.

(다) 2장의 유리사에 아주 얇은(약 0.1 mm) 틈새를 형성하고 이 간격에 가스를 도입하여 가스크로믹 방식으로 스위칭 하는 방식, 단유리에도 사용할 수 있는 유리 등으로 계속 연구가 진행되고 있다.

(4) 투과도 가변유리의 응용(적용처)

① 에너지 절약형 건축물의 창
② 고급자동차의 선루프나 백미러
③ 선글라스(할로겐화은의 미립자를 함유)
④ 기타 기차나 항공기의 창

제8장 | 신재생에너지 시스템 평가방법

01 LCC (Life Cycle Cost)

(1) 개요

LCC (Life Cycle Cost, 생애주기 비용 등)는 계획, 설계, 시공, 유지관리, 폐각처분 등의 총비용을 말하는 것으로 경제성 검토 지표로 사용해 총비용을 최소화할 수 있는 수단이다.

(2) LCC구성

(가) 초기투자비(Initial Cost) : 제품가, 운반, 설치, 시운전

(나) 유지비(Running Cost) : 운전 보수관리비

유지비 = 운전비 + 보수관리비 + 보험료

(다) 폐각비 : 철거 및 잔존가격

(3) 회수기간 (回收期間)

초기투자비의 회수를 위한 경과 연수를 말한다.

$$회수기간 = \frac{초기투자비}{연간절약액}$$

(4) LCC인자

사용연수, 이자율, 물가상승률 및 에너지비 상승률 등을 말한다.

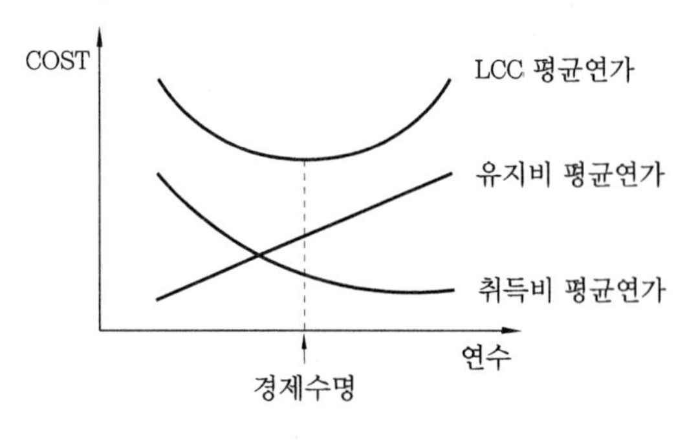

경제 수명곡선

(5) Life Cycle Cost 계산

$$LCC = C + Fr \cdot R + Fm \cdot M$$

* C : 초기투자비　　R : 운전비(보험료 포함)
M : 폐각비　　Fr, Fm : 종합 현재가격 환산계수

✓핵심 LCC (Life Cycle Cost)는 계획, 설계, 시공, 유지관리, 폐각처분 등의 종합적인 총비용을 말하는 것이므로 각 설비, 건축 등의 경제성 검토 지표로 많이 사용된다.

02 설비의 내구연한(耐久年限)

(1) 개요

① 각종 설비(장비)의 내구연한을 논할 때는 주로 물리적 내구연한을 위주로 말하며, 이는 설비의 유지보수와 밀접한 관계를 가진다.

② 내구연한은 일반적으로 물리적 내구연한, 사회적 내구연한, 경제적 내구연한, 법적 내구연한의 네 가지로 나뉜다.

(2) 내구연한의 분류 및 특징

① 물리적 내구연한

(가) 마모, 부식, 파손에 의한 사용불능의 고장빈도가 자주 발생하여 기능장애가 허용한도를 넘는 상태의 시기를 물리적 내구연한이라 한다.

(나) 물리적 내구연한은 설비의 사용수명이라고도 할 수 있으며 일반적으로는 15~20년을 잡고 있다(단, 15~20년이란 사용수명도 유지관리에 따라 실제로는 크게 달라질 수 있는 값이다).

② 사회적 내구연한

(가) 사회적 동향을 반영한 내구연수를 말하는 것으로 이는 진부화, 구형화, 신기종 등의 새로운 방식과의 비교로 상대적 가치 저하에 의한 내구연수이다.

(나) 법규 및 규정변경에 의한 갱신의무, 형식취소 등에 의한 갱신 등도 포함된다.

③ 경제적 내구연한 : 수리 수선을 하면서 사용하는 것이 신형제품 사용에 비하여 경제적으로 더 비용이 많이 소요되는 시점을 말한다.

④ **법적 내구연한** : 고정자산의 감가상각비를 산출하기 위하여 정해진 세법상의 내구연한을 말한다.

> ✓ 핵심 설비의 내구연한은 분석목적에 따라 크게 네 가지(물리적 내구연한, 사회적 내구연한, 경제적 내구연한, 법적 내구연한)로 나눌 수 있다.

03 TAB (시험, 조정, 균형)

(1) TAB의 개요

① TAB은 Testing (시험), Adjusting (조정), Balancing (균형)의 약어로 건물 내의 모든 공기조화 시스템의 설계에서 의도하는 바대로(설계 목적에 부합되도록) 기능을 발휘하도록 점검, 조정하는 것이다.

② 성능, 효율, 사용성 등을 현장에 맞게 최적화시킨다.

③ 에너지 낭비의 억제를 통하여 경제성을 도모할 수 있다.

④ 설계 부문, 시공 부문, 제어 부문, 업무상 부문 등 전 부분에 걸쳐 적용된다.

⑤ 최종적으로 설비계통을 평가하는 분야이다 (단, 설계가 약 80 % 이상 정도 완료된 후 시작한다).

(2) TAB의 역사

① 미국의 경우 일찍이 TAB의 필요성을 느끼고 1960년 이전부터 꾸준히 독자적인 기술과 기준을 개발하였으며, TAB 전문협회가 있어 엄격한 TAB 기준을 갖고 보다 나은 공기조화 시스템을 만들고자 노력하고 있다.

② 국내에서는 주로 1980년대 이후 해외 프로젝트에 참여하여 TAB 기술에 대한 경험을 쌓은 엔지니어링 및 건설업체 기술자들이 이의 중요성을 인식, 대형 건물에서부터 TAB를 적용하기 시작하였다.

③ 근래에는 건축기계설비공사 표준시방서(기계 부문)에도 TAB 부분이 반영되어 공사의 품질 향상을 기하도록 하고 있다.

(3) TAB 시행 전 체크사항

① **자료수집 및 검토** : 도면, 시방서, 승인서 등의 자료수집 및 검토

② **시스템 검토** : 공조설비, 배관계, 열원설비 등 검토

③ **작업계획**

(가) 계측기(마노메타, 온도계, 압력계 등), 기록지 등 준비

(나) 사전 예상되는 문제점 검토

(4) 시험, 조정, 균형의 의미

① **시험(Testing)** : 각 장비의 정량적인 성능 판정

② **조정(Adjusting)** : 터미널 기구에서의 풍량 및 수량을 적절하게 조정하는 작업

③ **균형(Balancing)** : 설계치에 따라 분배 시스템(주관, 분기관, 터미널) 내에 비율적인 유량이 흐르도록 배분

(5) TAB의 적용대상 건물 및 설비

① **적용대상 건물** : 냉·난방설비가 구비되어있는 (규모에 무관) 모든 건물

② **대상설비** : 공기조화설비를 구성하는 모든 기기와 장비가 포함됨

(가) 공기분배 계통

㉮ 공기조화기 ㉯ 변풍량 및 정풍량 유닛

㉰ 유인 유닛 ㉱ 가열 및 환기 유닛

㉲ 팬 ㉳ 전열교환기

㉴ 덕트 및 덕트기구 등

(나) 물분배 계통

㉮ 보일러 ㉯ 냉동기

㉰ 냉각코일 및 가열코일 ㉱ 냉각탑

㉲ 열교환기 ㉳ 펌프

㉴ 유닛히터 ㉵ 방열기 및 복사 패널

㉶ 냉온수, 냉각수 및 증기배관 ㉷ 각종 조절밸브 등

(6) TAB의 필요성

① **장비의 용량 조정**

(가) 설계 및 시공 상태에 따라 부여한 용량의 여유율에 상당한 차이가 있을 수 있다.

(나) 덕트나 배관 시스템의 시공상태에 따라 계산치와 차이가 있게 마련이며, 이로

인하여 설계 용량과 달리 운전되는 경우가 허다하다.

② **유량의 균형 분배를 위한 조정** : 배관이나 덕트의 설계 시 규격 결정(Sizing)은 일반적으로 수계산으로 간이 데이터를 이용하여 간단한 방법으로 하고 있으며, 실제 운전 시 배관이나 덕트에 Auto Balancing Valve나 CAV (Constant Air Volume)유닛을 사용하지 않는 한 각 분기관별 설계 유량보다 과다 혹은 과소한 유량이 흐르게 된다.

③ **장비의 성능 시험**

(가) 시공 과정에서 현장 사정에 의하여 설치 및 운전 조건 등의 변화로 제 성능을 발휘하지 못하는 경우가 있다.

(나) 이는 장비의 성능 점검을 하기 전에는 알 수 없으므로 적절한 시험을 통하여 성능을 확인할 필요가 있다.

④ **자동제어 및 장비 간의 상호 연결** : 자동설비는 각 Sensor와 Actuator 간에 적절한 연결, Calibration이 필수적인 요건이 되므로 이 계통의 정확한 점검이 없이는 원만한 자동제어가 되지 않으며, 최신의 고가 설비를 갖추고서도 적절히 사용치 못하고 수동운전을 하게 된다.

(7) TAB의 효과

① **에너지 절감** : 과용량의 장비를 적정 용량으로 조정하여 운전하고, 덕트의 누기 등을 방지하여 필요 이상의 에너지 소비와 손실을 미연에 방지할 수 있고, 장비의 작동 성능을 원활하게 하여 최고의 효율로 운전함으로써 에너지 절감을 기할 수 있다.

② **사후 개보수 방지** : 설치된 장비의 역기능을 미리 밝혀내고 시공 및 설치상의 하자를 해결함으로써 개보수 및 장비 교체 등의 발생 소지를 미연에 방지한다.

③ **공해 방지를 통한 쾌적한 환경 조성** : 장비의 용량 과다 또는 과소로 인한 소음, 진동을 방지하여 이의 공해에서 벗어날 수 있다.

④ **효율적이고 체계적인 건물 관리** : TAB를 함으로써 건물 내에 설치된 전체 기계 설비 시스템의 각 장비에 대한 용량, 효율, 성능, 작동상태, 운전 및 유지 관리자의 유의사항 등에 대한 종합적인 데이터가 작성되기 때문에 설비를 효율적 · 체계적으로 관리할 수 있다.

⑤ **기타 효과**

(가) 초기시설 투자비 절감 (나) 운전경비 절감

(다) 시공품질 증대 (라) 장비수명 연장

(마) 완벽한 계획하의 개보수

(8) TAB 발주시기

① TAB 발주시기는 발주 업체에 따라 다소 차이가 있으나 대체적으로 약 80 % 이상 설계가 완료된 후 장비 발주 전에 TAB 차원에서 설계도면 및 부하 계산서를 검토하여 설계 변경에 반영하고 있으며, 일부 업체는 설비공사가 50 % 이상된 시점에서 발주하는 업체도 있다.

② 적어도 설계가 완료되기 전에 TAB 용역을 발주하여 설계에 참여함으로써 TAB 기술자의 의견을 반영해야 한다.

③ 설계자가 TAB 업체의 의견을 참고하여 설계에 동시에 반영하는 것이 가장 바람직하다.

(9) 활성화 대책

① 법제화, 법규화

② Infra 구축 : 용역회사 증대, 전문인원 양성

③ 용역비 현실화

④ TAB 기술력 향상

⑤ TAB 첨단 계측기기 개발 등

✓ 핵심 TAB은 Testing (시험), Adjusting (조정), Balancing (균형)을 통하여 건물을 최적의 상태로 유지하기 위한 노력이며, 대체적으로 약 80 % 이상 설계가 완료된 후 장비 발주 전에 시작하여야 하며(TAB 차원에서 설계도면, 시방서 및 부하 계산서 등을 검토/반영), 공기 계통, 물 계통, 제어 계통 등 전체 계통을 점검・개선 조치하고, 최종적으로는 'TAB 보고서'를 작성한다.

제9장 | 신재생에너지 자동제어

01 자동제어 (自動制御)

(1) 개요

① 실내온도, 습도, 환기 등을 자동조절하며 검출부, 조절부, 조작부로 구성된다.

② ICT기술 및 전자기술의 발달과 소프트웨어의 발달로 자동제어에 컴퓨터와 인터넷이 본격적으로 도입되고 있다.

(2) 제어 방식(조절 방식)

① 시퀀스 (Sequence) 제어

㈎ 미리 정해진 순서에 따라 제어의 각 단계를 차례로 진행해가는 제어

㈏ 초기에는 릴레이 등을 사용한 유접점 시퀀스 제어를 주로 사용하였으나, 반도체기술의 발전에 힘입어 논리소자를 사용하는 무접점 시퀀스 제어도 현재 많이 이용되고 있다.

㈐ 사용 예(조작스위치와 접점)

㉮ a접점 : On 조작을 하면 닫히고, Off 조작을 하면 열리는 접점으로 메이크(Make) 접점 또는 No (Normal Open) 접점이라고도 한다.

㉯ b접점 : On 조작을 하면 열리고, Off 조작을 하면 닫히는 접점으로 브레이크(Break) 접점 또는 NC (Normal Close) 접점이라고도 한다.

㉰ c접점 : a접점과 b접점을 공유하고 있으며 On 조작을 하면 a접점이 닫히고 (b접점은 열리고) Off 조작을 하면 a접점이 열리는 (b접점은 닫히는) 접점으로 절환 (Change-over)접점 또는 트랜스퍼(Transfer)접점이라고도 한다.

② 피드백(Feedback) 제어

㈎ 피드백 제어는 어떤 시스템의 출력신호의 일부가 입력으로 다시 들어가서 시스템의 동적인 행동을 변화시키는 과정이다.

㈏ 출력을 감소시키는 경향이 있는 Negative Feedback, 증가시키는 Positive Feedback이 있다.

㈐ 양되먹임(Positive Feedback)

㉮ 입력신호에 출력신호가 첨가될 때 이것을 양되먹임(Positive Feedback)이라 하며, 출력신호를 증가시키는 역할을 한다.

㉯ 운동장에 설치된 확성기는 마이크에 입력되는 음성 신호를 증폭기에서 크게 증폭하여 스피커로 내보낸다. 가끔 삐이익- 하고 듣기 싫은 소리를 내는 경우가 있는데, 이것이 바로 양의 피드백의 예이다. 이것은 스피커에서 나온 소리가 다시 마이크로 들어가서 증폭기를 통해 더욱 크게 증폭되어 스피커로 출력되는 양의 피드백 회로가 형성될 때 생기는 소리이다.

㉰ 양의 피드백은 양의 비선형성으로 나타난다. 즉, 반응이 급격히 빨라지는 것이다. 생체에는 격한 운동을 하거나 잠을 잘 때 항상성, 즉 Homeostasis를 유지하기 위해 다양한 피드백이 짜여져있다. 자율신경계가 그 대표적인 보기이다. 그러나 그중에는 쇼크 증상과 같이 좋지 않은 효과를 유발하는 양의 피드백도 존재한다.

㉱ 전기회로에 있어서의 발진기도 그 한 예가 된다.

㈑ 음되먹임(Negative Feedback)

㉮ 입력신호를 약화시키는 것을 음되먹임(Negative Feedback)이라 하며, 그 양에 따라 안정된 장치를 만들 때 쓰인다.

㉯ 음의 피드백(음되먹임 피드백)은 일정 출력을 유지하는 제어장치에 이용된다.

㉰ 음의 피드백은 출력이 전체 시스템을 억제하는 방향으로 작용한다.

㈒ 여기서 중요한 것은 되먹임에 의해서 수정할 수 있는 능력을 계(系) 자체가 가지고 있어야 한다는 것이다. 수정신호가 나와도 수정할 수 있는 능력이 없으면 계는 동작하지 않게 된다.

③ 피드포워드 (Feedforward) 제어

㈎ Feedforward Control이란 공정(Process)의 외란(Disturbance)을 측정하여 그것이 앞으로의 공정에 어떤 영향을 가져올 것인가의 예측을 통해 제어의 출력을 계산하는 제어기법을 말한다.

㈏ 피드포워드 제어를 통하여 응답성이 향상되어 보다 더 고속의 공정이 가능해진다. 즉, 외란요소를 미리 감안하여 출력을 발하기 때문에 Feedback만으로 안정화되는 시간이 길어지는 것을 단축할 수 있다.

㈐ 반드시 Feedback Loop와 결합되어있어야 하고, System의 모델을 정확히 계산 가능해야 한다.

㈑ 제어변수와 조작변수 간에 공진현상이 나타나지 않도록 Feedforward가 되어야 하며, Feedback이 연결되어있기 때문에 조작기 출력속도보다 교란이 빠르게 변화되면 조작기가 따라갈 수 없으므로 시스템이 안정화될 수 없다.

(마) Feedforward의 동작속도를 지나치게 빠르게 하면, 출력값이 불안정하거나 시스템에 따라서는 공진현상이 올 수도 있으므로 주의가 필요하다.

(바) Feedforward 제어는 제어기 스스로 시스템의 특성을 자동학습하도록 하여 조절토록 하는 Self-Tuned Parameter Adjustment 기능이 없으므로 시스템을 정확히 해석하기가 어려운 경우에는 사용하지 않는 것이 좋다.

(사) 사례 : 흘러들어오는 물을 스팀으로 데워서 내보내는 탱크에서 단순히 데워진 물의 온도를 맞추기 위해 스팀밸브를 제어하는 Feedback Control Loop에서 갑자기 유입되는 물의 유량이 늘거나 유입되는 물의 온도가 낮아질 때 설정온도에 도달할 때까지 안정화시간이 늦어지게 되는데 물의 유량이나 물의 온도 혹은 이들의 곱을 또 다른 입력변수로 해서 Feedforward 제어계를 구성하면 제어상태가 좋아지게 된다.

④ **피드백 피드포워드 제어** : 상기 '피드백 제어 + 피드포워드 제어'를 지칭함

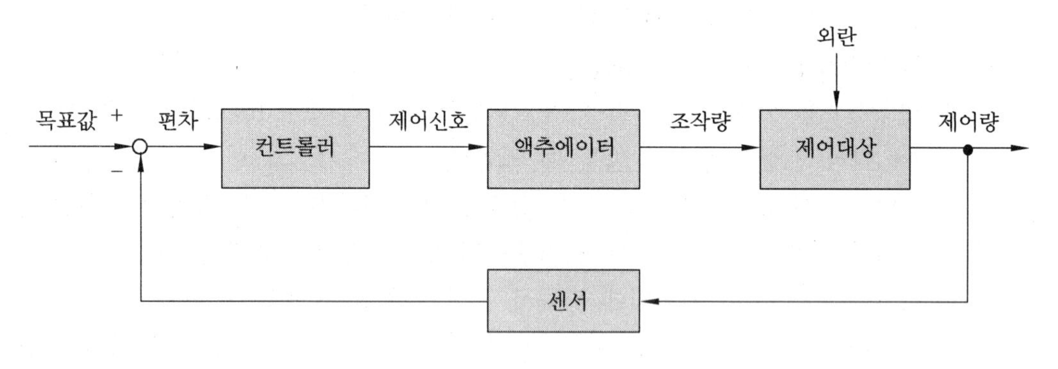

피드백 제어

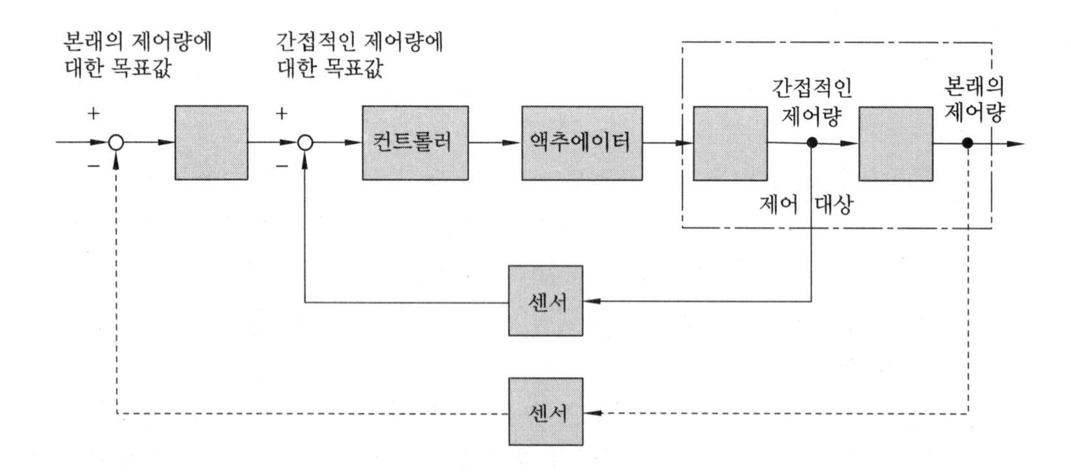

피드포워드 제어

(3) 신호 전달

① **자력식** : 검출부에서 얻은 힘을 바로 정정 동작에 사용 (Tev팽창변, 바이메탈식 트랩 등)

② **타력식**

(가) 전기식 : 전기 신호 이용 (기계식 온도조절기, 기체봉입식 온도조절기 등)

(나) 유압식 : 유압 사용, Oil에 의해 Control부 오염 가능 (유압기계류 등)

(다) 전자식 : 전자 증폭기구 사용 (Pulse DDC제어, 마이컴 제어 등)

(라) 공기식 : 공기압 사용 (공압기계류 등)

(마) 전자 공기식 : 검출부는 전자식, 조절부는 공기식(생산 공정설비 등)

(4) 제어 동작

① **불연속동작** : On-Off제어, Solenoid 밸브 방식 등

② **연속동작**

(가) PID제어 : 비례제어(Proportional) + 적분제어(Integral) + 미분제어(Differential)

(나) PI제어 : 비례제어(Proportional) + 적분제어(Integral) → 정밀하게 목표값에 접근 (오차값을 모아 미분)

(다) PD제어 : 비례제어(Proportional) + 미분제어(Differential) → 응답속도를 빨리 함 ('전회편차-당회편차'를 관리)

> **주** 1. P제어 : 목표값 근처에서 정지하므로, 미세하게 목표값에 다가갈 수 없다. → Offset (잔류편차) 발생 가능성 큼
> 2. 단순 On/Off제어 : 단순 : 0 % 혹은 100 %로 작동하므로 목표값에서 Sine커브로 왕래할 수 있다.

(라) PID제어의 함수식 표시

$$\text{조작량} = \underbrace{Kp \times \text{편차}}_{\text{(비례항)}} + \underbrace{Ki \times \text{편차의 누적값}}_{\text{(적분항)}} + \underbrace{Kd \times \text{현재편차와 전회 편차와의 차}}_{\text{(미분항)}}$$

* 편차 : 목표값 − 현재값

(5) 디지털화 구분

① **아날로그(Analog)제어**

(가) 제어기능 : Hardware적 제어

㈏ 감시 : 상시 감시

㈐ 제어 : 연속적 제어

② 디지털 직접제어(DDC ; Digital Direct Control)

㈎ 자동제어방식은 Analog → DDC, DGP (Data Gathering Panel) 등으로 발전되고 있음 (고도화, 고기능화)

㈏ 제어기능 : Software

㈐ 감시 : 선택 감시

㈑ 제어 : 불연속 (속도로 불연속성을 극복)

㈒ 검출기 : 계측과 제어용 공용

㈓ 보수 : 주로 제작사에서 실시

㈔ 고장 시 : 동일 조절기 연결 제어로 작동 불가

③ 핵심적 차이점 : Analog방식은 개별식, DDC방식은 분산형(Distributed)

(6) '정치제어'와 '추치제어'

① 목표치가 시간에 관계없이 일정한 것을 정치제어, 시간에 따라 변하는 것을 추치제어라고 한다.

② 추치제어에서 목표치의 시간변화를 알고 있는 것을 공정제어(Process Control), 모르는 것을 추정제어(Cascade Control)라 한다.

③ 공기조화제어는 대부분 Process Control(공정제어)을 많이 활용한다.

(7) VAV 방식 자동제어 계통도

외기 → T (온도검출기) → 환기RA혼합

→ 냉각코일(T : 출구공기온도검출기, $V1$: 전동2방 밸브)

→ 가열코일(T : 송풍공기온도검출기, $V2$: 전동2방 밸브)

→ 가습기($V3$: 전동2방 밸브, HC : 습도조절기)

→ 송풍기(출구온습도검출기) → VAV유닛

→ 실내(T : 실내온도검출기, TC : 온도조절기, H : 실내습도검출기, HC : 실내습도조절기)

(8) 에너지 절약을 위한 자동제어법

① 절전 Cycle제어(Duty Cycle Control) : 자동 On/Off 개념의 제어

② 전력 수요제어(Demand Control) : 현재의 전력량과 장래의 예측 전력량을 비교 후 계약전력량 초과가 예상될 때, 운전 중인 장비 중 가장 중요성이 적은 장비부터 Off함

③ **최적 기동/정지 제어** : 쾌적범위 대역에 도달 소요시간을 미리 계산하여 계산된 시간에 기동/정지하게 하는 방법

④ **Time Schedule제어** : 미리 Time Scheduling 하여 제어하는 방식

⑤ **분산 전력 수요제어** : DDC 간 자유로운 통신을 통한 전체 시스템 통합제어(상기 4개 항목 등을 연동한 다소 복잡한 제어)

⑥ **HR** : 중간기 혹은 연간 폐열회수를 이용하여 에너지를 절약하는 방식

⑦ **VAV** : 가변 풍량 방식으로 부하를 조절하는 방식

⑧ **대수제어** : 펌프, 송풍기, 냉각탑 등에서 사용대수를 조절하여 부하를 조절하는 방식

⑨ **인버터제어** : 전동기 운전방식에 인버터 제어방식을 도입하여 회전수제어를 통한 최대의 소비전력 절감을 추구하는 방식

> ✓핵심 **에너지 절약을 위한 자동제어법** : Duty Control (자동 On/Off 제어), Demand Control (계약 전력량 초과가 예상될 때 운전 중인 장비 중 중요성이 적은 장비 순으로 Off함), 최적 기동/정지 제어(정해진 시간에 On/Off 하는 제어), Time Schedule 제어, 분산 전력 수요제어(상기 여러 방법을 연동한 제어) 등이 있다.

02 IT (정보기술) 발달에 따른 공조 응용제어

(1) 쾌적공조

① DDC 등을 활용하여 실(室)의 PMV값을 자동으로 연산하여 공조기, FCU 등을 제어하는 방법

② 실내 부하변동에 따른 VAV유닛의 풍량 제어 시 압축기, 송풍기 등의 용량제어와 연동시켜 에너지를 절감하는 방법

(2) 자동화 제어

① 공조, 위생, 소방, 전력 등을 '스케줄 관리 프로그램'을 통하여 자동으로 시간대별 제어하는 방법

② 현재의 설비 상태 등을 자동인식을 통하여 감지하고 제어하는 방법

(3) 원격제어

① 집중관리(BAS) → IBS에 통합화 → Bacnet, Lonworks 등을 통해 인터넷 제어 가능

② 핸드폰으로 가전제품을 원거리에서 제어할 수 있게 하는 방법

(4) 에너지 절감

① Duty control : 설정온도에 도달하면 자동으로 On/Off 하는 제어

② Demand control (전력량 수요제어) : 계약전력량의 범위 내에서 우선순위별 제어하는 방법

(5) 공간의 유효활용

① 소형 공조기의 분산 설치(개별운전) → 중앙집중관리 시스템으로 제어

② 열원기기, 말단 방열기, 펌프 등이 서로 멀리 떨어져 있어도 원격통신 등을 통하여 신속히 정보 교환 → 유기적 제어 가능

(6) 자동 프로그램의 발달

① 부하계산을 자동연산 프로그램을 통하여 쉽게 산출해내고, 열원기기, 콘덴싱 유닛, 공조기 등을 컴퓨터가 자동으로 선정해준다.

② **환경** : LCA 분석(자동 프로그램 연산)을 통해 '환경부하' 최소화

(7) 빌딩에너지관리시스템(BEMS ; Building Energy Management System)에 의한 커미셔닝

BEMS 시스템은 빌딩자동화 시스템에 축적된 데이터를 활용해 시간대별 · 날짜별 · 장소별 최적의 전기, 가스, 수도, 냉방, 난방, 조명, 전열, 동력 등의 운전을 행한다.

(8) BAS(Building Automation System, 건물자동화시스템)

DDC (Digital Direct Control) 시스템을 빌딩 내 설비에 대한 자동화, 분산화 및 에너지 절감 프로그램에 적용한다.

(9) BMS (Building Management System, 건물관리시스템)

1980년대의 PC제어 + MMS (Maintanance Management System, 보수유지관리 프로그램) 기능이 추가되었다.

(10) FMS (Facility Management System, 통합건물 시설관리시스템)

1990년대 빌딩관리에 필요한 데이터를 온라인으로 접속하고 MMS를 흡수하여 Total Building Management System을 구축하여 독자적으로 운영하는 시스템을 말한다.

(11) 유비쿼터스(Ubiquitous)

시간과 장소에 상관없이 자유롭게 네트워크에 접속할 수 있는 정보통신 환경("Any Where Any Time")을 말한다. → 사물인터넷(IOT ; Internet of Things)으로 발전됨.

(12) 기타

① **빌딩군 관리 시스템**(Building Group Control & Management System) : 다수의 빌딩군을 서로 묶어 통합 제어하는 방식(통신프로토콜 간의 호환성 유지 필요)

② **수명주기 관리 시스템**(Life Cycle Management ; LCM) : 컴퓨터를 통한 설비의 수명 관리 시스템

③ **스마트그리드(Smart Grid) 제어** : 전기, 연료 등의 에너지의 생산, 운반, 소비 과정에 정보통신기술을 접목하여 공급자와 소비자가 서로 상호작용함으로써 효율성을 높인 '지능형 전력망시스템'

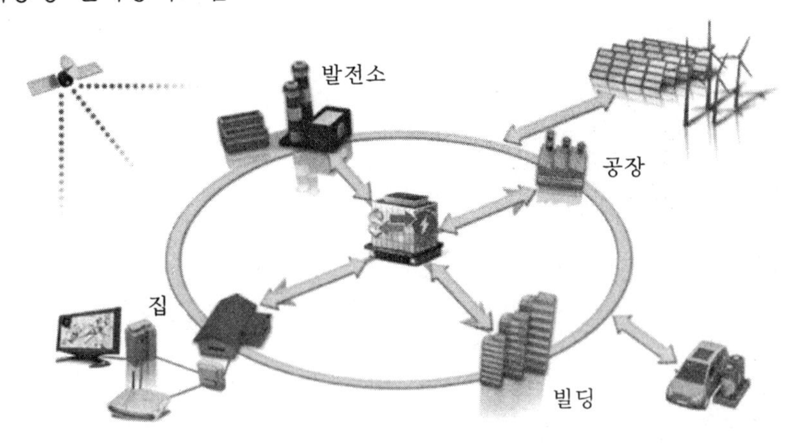

기존 전력망(Grid)
• 공급자 중심 • 일방향성 • 폐쇄성 • 획일성

\+

정보통신(Smart)
• 실시간 정보 공유 • 실시간 정보 교환 • 실시간 정보 개량

=

스마트그리드
• 수요자 중심 • 양방향성 • 개방성 • 다양한 서비스

스마트그리드 제어 개념도

03 BEMS (빌딩에너지관리시스템)

(1) 개요

① BEMS는 IB (Intelligent Building)의 4대 요소 (OA, TC, BAS, 건축) 중 BAS의 일환으로 일종의 빌딩 에너지관리 및 운용의 최적화 개념이다.

② 전체 건물의 전기, 에너지, 공조설비 등의 운전상황과 효과를 BEMS (Building Energy Management System)가 감시하고 제어를 최적화하고 피드백 한다.

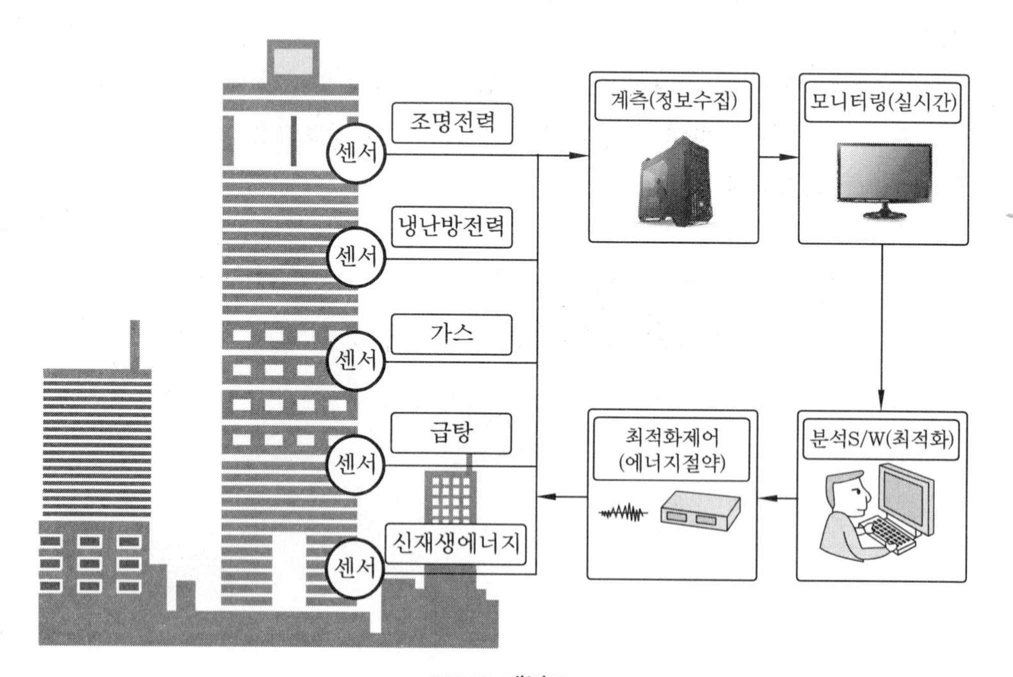

BEMS 개념도

(2) 구현방법

① BEMS 시스템은 빌딩자동화 시스템에 축적된 데이터를 활용해 전기, 가스, 수도, 냉방, 난방, 조명, 전열, 동력, 신재생 등의 분야로 나눠 시간대별, 날짜별, 장소별 사용내역을 면밀히 모니터링 및 분석하고 기상청으로부터 약 3시간마다 날씨자료를 실시간으로 제공받아 최적의 냉난방, 조명 여건 등을 예측한다.

② 사전 시뮬레이션을 통해 가장 적은 에너지로 최대의 효과를 볼 수 있는 조건을 정하면 관련 데이터가 자동으로 제어시스템에 전달되어 실행됨으로써 에너지 비용을 크게 줄일 수 있는 시스템이다.

③ 세부 제어의 종류로는 열원기기 용량제어, 엔탈피제어, CO_2제어, 조명제어, 부스터펌프 토출압제어, 전동기 인버터제어 등을 들 수 있다.

④ **제어 프로그램 기법** : 스케줄제어, 목표설정치제어, 외기온도 보상제어, Duty Control, 최적 기동/정지제어 등

⑤ BEMS는 건물 에너지사용 현황에 대한 지속적인 관리와 에너지 절감에 대한 과학적 도구로 활용되어야 한다.

✓ 핵심
- 정보통신(IT, ICT) 분야의 공조 활용 : 정보통신 기술은 쾌적공조 분야, 자동화 부문, 원격제어, 에너지 절감, BAS 등 공조의 각 분야에 적용되고 있으며, 미래형 공조에서는 IT 및 ICT기술을 떼어놓고는 공조를 생각조차 할 수 없을 정도로 중요성을 더해가고 있다.
- BEMS는 BMS (Building Management System, 건물관리시스템) 중 에너지관리에 관한 것이다(전기, 가스, 수도, 공조, 동력 등 전 분야에 대한 통합적 관리기술임).

New Renewable Energy

제10장 | 신재생에너지 전력과 조명

01 전력과 역률

(1) 피상전력 : 교류의 부하 또는 전원의 용량을 표시하는 전력, 전원에서 공급되는 전력

① **단위** : [VA]

② **피상전력의 표현**

$$Pa = VI$$

(2) 유효전력 : 전원에서 공급되어 부하에서 유효하게 이용되는 전력, 전원에서 부하로 실제 소비되는 전력

① **단위** : [W]

② **유효전력의 표현**

$$P = VI\cos\theta$$

(3) 무효전력 : 실제로는 아무런 일을 하지 않아 부하에서는 전력으로 이용될 수 없는 전력, 실제로 아무런 일도 할 수 없는 전력

① **단위** : [Var]

② **무효전력의 표현**

$$Pr = VI\sin\theta$$

(4) 유효 · 무효 · 피상전력 사이의 관계

$$P_a = \sqrt{P^2 + P_r^2}$$

(5) 역률 : 피상전력 중에서 유효전력으로 사용되는 비율

$$\text{역률} = \frac{\text{유효전력}}{\text{피상전력}} = \frac{P}{VI} = \cos\theta$$

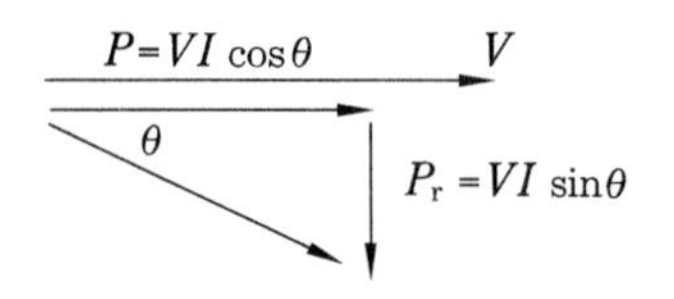

(6) 역률의 개선

① 역률이 낮으면, 부하에 동일한 전력을 전달하기 위해 더 많은 전류를 흘려야 한다.

② 이런 문제를 해결하기 위하여, 인덕턴스가 주성분인 부하에 커패시터를 병렬연결하여 역률을 개선한다.

③ 이러한 커패시터를 역률 개선용 진상 콘덴서라고 한다.

④ 역률 개선은 부하 자체의 역률을 개선한다는 의미가 아니고, 전원의 입장에서 전력에 기여하지 못하는 리액턴스의 전류를 상쇄하여 전원 전류의 크기를 줄이는 것이다.

⑤ 진상콘덴서를 설치해서 역률을 $\cos\theta$로부터 $\cos\phi$로 개선하는 데에 요하는 콘덴서 용량 Q [kVA]

$$Q = \text{부하전력[kW]} \times \left\{ \sqrt{\frac{1}{\cos^2\theta} - 1} - \sqrt{\frac{1}{\cos^2\phi} - 1} \right\} \text{[kVA]}$$

Quiz 역률을 0.8에서 0.95로 개선하면 18,000 W의 동력부하의 연간 절감액은 얼마인가? (단, kW당 기본요금은 6000원이라고 가정)

해설 18 kW×6,000원/kW×(0.95−0.8)×12개월 = 194,400원/년

02 전압강하 계산

(1) 옥내배선 등 비교적 전선의 길이가 짧고, 전선이 가는 경우에 전압강하는 아래와 같이 계산한다.

배전방식	전압강하	대상 전압강하
직류 2선식, 교류 2선식	$e = \dfrac{35.6 \times L \times I}{1000 \times A}$	선간
3상 3선식	$e = \dfrac{30.8 \times L \times I}{1000 \times A}$	선간
단상 3선식	$e = \dfrac{17.8 \times L \times I}{1000 \times A}$	대지간
3상 4선식	$e = \dfrac{17.8 \times L \times I}{1000 \times A}$	대지간

* e : 전압강하 (V), I : 부하전류 (A), L : 전선의 길이(m), A : 사용전선의 단면적(mm^2)

03 부하관계 용어

- $\text{부하율} = \dfrac{\text{평균 수용 전력}}{\text{최대 수용 전력}} \times 100\,[\%]$
- $\text{수용률} = \dfrac{\text{최대 수용 전력}}{\text{설비 용량}} \times 100\,[\%]$
- $\text{부등률} = \dfrac{\text{부하 각각의 최대 수용 전력의 합}}{\text{합성 최대 수용 전력}}$
- $\text{설비 이용률} = \dfrac{\text{평균 발전 또는 수전 전력}}{\text{발전소 또는 변전소의 설비용량}} \times 100[\%]$
- $\text{전일 효율} = \dfrac{\text{1일 중의 공급 전력량}}{\text{1일 중의 공급 전력량} + \text{1일 중의 손실 전력량}} \times 100[\%]$

04 조도 계산

(1) 개요

① 조도 계산 방법은 평균조도를 구하는 광속법과 축점조도법의 두 가지가 있다.

② 광속법은 광원에서 나온 전광속이 작업면에 비춰지는 비율(조명률)에 의해 평균조도를 구하는 것으로 실내 전반 조명설계에 사용한다.

③ 축점법은 조도를 구하는 점에서 각 광원에 대해 구하는 것으로 광속법에 비해 많은 계산을 필요로 하므로 국부조명 조도 계산이나 경기장, 체육관 조명의 경우와 비상 조명설비에 사용한다.

(2) 평균조도 계산방법(광속법)

① **평균조도 계산원리** : N개의 램프에서 방사되는 빛을 평면상의 면적 $A\,[\mathrm{m^2}]$에 모두 집중 조사할 수 있다고 하고 램프 1개당 광속을 $F\,[\mathrm{lm}]$이라 하면,

$$\text{평균조도 } E = \frac{F \cdot N}{A}[\mathrm{lx}]$$

② 평균조도 계산은 설계여건에 따라 ZCM (Zonal Cavity Method)법을 채택할 수 있다.

$$E=\frac{F\cdot N\cdot U\cdot M}{A}$$

* E : 평균조도 (lx) F : 램프 1개당 광속 (lm)
N : 램프수량 (개) U : 조명률
M : 보수율 A : 방의 면적[m^2] (방의 폭×길이)

또한 요구되는 조도 (E)에 대한 최소 필요등수 (N)를 구하면,

$$N=\frac{E\cdot A}{F\cdot U\cdot M}$$

③ 조명률

(가) 조명률은 다음과 같이 계산된다.

$$U=\frac{Fs}{F}$$

* U : 조명률 Fs : 조명 목적면에 도달하는 광속 (lm)
F : 램프의 발산광속 (lm)

(나) 조명률의 영향요소는 조명기구의 광학적 특성(기구효율, 배광), 실의 형태 및 천장높이, 조명기구 설치높이, 건축재료 (천장, 벽, 바닥)의 반사율이며, 다음 표를 참조한다.

(다) 조명률은 데이터 또는 해당조명기구 제조회사의 제시자료에 의하며, (나)항의 표를 찾기 위해서는 방지수 (실지수)를 계산해야 한다.

(라) 방지수란 방의 특징을 나타내는 계수로서 조명기구의 형상, 배광이 조명대상에 유효하게 된 구조인지를 나타낸다. 즉,

$$\text{방지수}=\frac{\text{바닥 면적}+\text{천장 면적}}{\text{벽 면적}}=\frac{2\times(\text{바닥 면적})}{\text{벽 면적}}$$

이며, 간단 계산식으로 주로 아래 공식을 사용한다.

$$K=\frac{W\cdot L}{H(W+L)}$$

* K : 방지수 (실지수)
W : 방의 폭 (m)
L : 방의 길이(m)
H : 작업면에서 조명기구 중심까지 높이(m)

만약, 방의 크기가 앞으로 분할될 요소가 계획되어있거나, 높은 가구 등으로 구획되는 경우 그 분할 및 구획을 하나의 방으로 가정하여 계산한다.

배 광	기구의 예	감광보상률(*D*)			반사율 천장	0.75 %			0.50 %			0.30 %	
		보수상태			벽	0.5	0.3	0.1	0.5	0.3	0.1	0.3	0.1
설치간격		상	중	하	방지수	조명률 *U* %							
간접		백열등			J	16	13	11	12	10	08	06	05
					I	20	16	15	15	13	11	08	07
					H	23	20	17	17	14	13	10	08
↑0.80 ↓0		1.5	1.8	2.0	G	28	23	20	20	17	15	11	10
					F	29	26	22	22	19	17	12	11
$S \leq 1.2H$					E	32	29	26	24	21	19	13	12
		형광등			D	36	32	30	26	24	22	15	14
					C	38	35	32	28	25	21	16	15
		1.6	2.0	2.4	B	42	39	36	30	29	27	18	17
					A	44	41	39	33	30	29	19	18
반간접		백열등			J	18	14	12	14	11	09	08	07
					I	22	19	17	17	15	13	10	09
					H	26	22	19	17	17	15	12	10
↑0.70 ↓0.10		1.4	1.5	1.8	G	29	25	22	22	19	17	14	12
					F	32	28	25	24	21	19	15	14
$S \leq 1.2H$		형광등			E	35	32	29	27	24	21	17	15
					D	39	35	32	29	26	21	19	18
					C	42	38	35	31	28	27	20	19
		1.6	1.8	2.0	B	46	42	39	34	31	29	22	21
					A	48	44	42	36	33	31	23	22
전반확산		백열등			J	24	19	16	22	18	15	16	14
					I	29	25	22	27	23	20	21	19
					H	33	28	26	30	26	24	24	21
↑0.40 ↓0.40		1.4	1.5	1.7	G	37	32	29	33	29	26	26	24
					F	40	36	31	36	32	29	29	26
$S \leq 1.2H$		형광등			E	45	40	36	40	36	33	32	29
					D	48	43	39	43	39	36	34	33
					C	51	46	42	45	41	38	37	34
		1.4	1.5	1.7	B	55	50	47	49	45	42	40	38
					A	57	53	49	54	47	44	41	40

배 광	기구의 예	감광보상률(*D*)			반사율 천장	0.75 %			0.50 %			0.30 %	
		보수상태			벽	0.5	0.3	0.1	0.5	0.3	0.1	0.3	0.1
설치간격		상	중	하	방지수	조명률 *U* [%]							
반직접 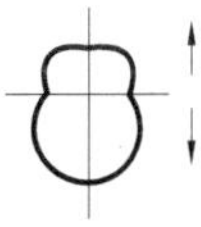	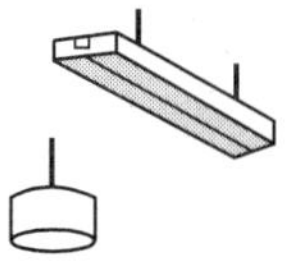	백열등			J	26	22	19	24	21	18	19	17
↑ 0.25					I	33	28	26	30	26	24	25	23
↓ 0.55					H	36	32	30	33	30	28	28	26
$S \leq H$		1.3	1.5	1.7	G	40	36	33	36	33	30	30	29
					F	43	39	35	39	35	33	33	31
		형광등			E	47	44	40	43	39	36	36	34
					D	51	47	43	46	42	40	39	37
					C	54	49	45	48	44	42	42	38
		1.3	1.5	1.8	B	57	53	50	51	47	45	43	41
					A	59	55	52	53	49	47	47	43
직접 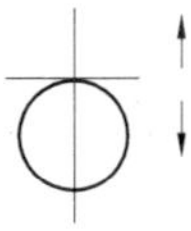	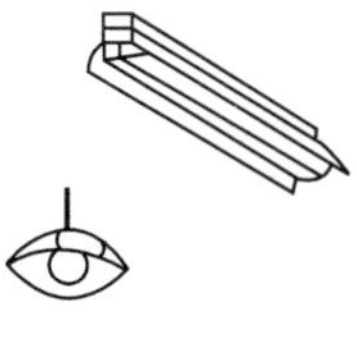	백열등			J	34	29	26	34	29	26	29	26
↑ 0.0					I	43	38	35	42	37	35	37	34
↓ 0.60					H	47	43	40	46	43	40	42	40
$S \leq 1.3H$		1.3	1.5	1.7	G	50	47	44	49	46	43	45	43
					F	52	50	47	54	49	46	48	46
		형광등			E	58	55	52	57	54	51	53	51
					D	62	58	56	60	59	56	57	56
					C	64	61	58	62	60	58	59	58
		1.5	1.8	2.0	B	67	64	62	65	63	64	62	60
					A	68	66	64	66	64	63	63	63
직접 	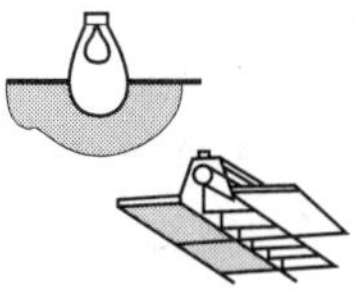	백열등			J	32	29	27	32	29	27	29	27
↑ 0.0					I	39	37	35	39	36	35	36	34
↓ 0.75					H	42	40	39	47	40	38	40	38
$S \geq 0.9H$		1.4	1.5	1.7	G	45	44	42	44	43	41	42	41
					F	48	46	44	46	44	43	44	43
		형광등			E	50	49	47	49	48	49	47	46
					D	54	51	50	52	51	49	50	49
					C	55	53	51	54	52	54	51	50
		1.4	1.6	1.8	B	56	54	54	55	53	52	52	52
					A	58	55	54	56	54	53	54	52

(마) 반사율은 조명률에 영향을 주며 천장과 벽 등이 특히 영향이 크다. 천장에 있어서 반사율은 높은 부분일수록 영향이 크다. 이 반사율 값은 계산상의 오차를 고려하면 낮춰진 값으로 해야 한다. 각종 재료별 반사율은 다음 표를 참고한다.

(단위 : %)

구 분	재 료	반사율	구 분	재 료	반사율
건축재료	플래스터(백색)	60~80	유리	투명	8
	타일(백색)	60~80		무광 (거친 면으로 입사)	10
	담색크림벽	50~60		무광 (부드러운 면으로 입사)	12
	짙은 색의 벽	10~30		간유리(거친 면으로 입사)	8~10
	텍스 (백색)	50~70		간유리(부드러운 면으로 입사)	9~11
	텍스 (회색)	30~50		연한 유백색	10~20
	콘크리트	25~40		짙은 유백색	40~50
	붉은 벽돌	10~30		거울면	80~90
	리놀륨	15~30			
플라스틱	반투명	25~60	금속	알루미늄 (전해연마)	80~85
				알루미늄 (연마)	65~75
도료	알루미늄페인트	60~75		알루미늄 (무광)	55~65
	페인트 (백색)	60~70		스테인리스	55~65
	페인트 (검정)	5~10		동 (연마)	50~60
				강철(연마)	55~65

(바) 각종 재료의 투과율은 다음 표를 참조한다.

구 분	재 료	형 태	투과율
유리문	투명유리(수직입사)	투명	90
	투명유리	투명	83
	무늬유리(수직입사)	반투명	75~85
	무늬유리	반투명	60~70
	형관유리(수직입사)	반투명	85~90
	형관유리	반투명	60~70
	연마망입유리	투명	75~80
	열반망입유리	반투명	60~70
	유백 불투명유리	확산	40~60
	전유백유리	확산	8~20
	유리블록 (줄눈)	확산	30~40
	사진용 색필터(열은 색)	투명	40~70
	사진용 색필터(짙은 색)	투명	5~30

종이류	트레이싱 페이퍼	반확산	65~75
	얇은 미농지	반확산	50~60
	백색흡수지	확산	20~30
	신문지	확산	10~20
	모조지	확산	2~5
헝겊류 · 기타	투명 나일론천	반투명	66~75
	얇은 천, 흰 무명	반투명	2~5
	엷고 얇은 커튼	확산	10~30
	짙고 얇은 커튼	확산	1~5
	두꺼운 커튼	확산	0.1~1
	차광용 검정 빌로드	확산	0
	투명 아크릴라이트 (무색)	투명	70~90
	투명 아크릴라이트 (짙은 색)	투명	50~75
	반투명 플라스틱(백색)	반투명	30~50
	반투명 플라스틱(짙은 색)	반투명	1~30
	얇은 대리석판	확산	5~20

④ 보수율

㈎ 보수율은 다음과 같이 계산한다.

$$M = Mt \times Mf \times Md$$

* M : 보수율
Mt : 램프 사용시간에 따른 효율 감소
Mf : 조명기구 사용시간에 따른 효율 감소
Md : 램프 및 조명기구 오염에 따른 효율 감소.

㈏ 보수율은 조명설계에 있어서 신설했을 때의 조도 (초기조도 Ei)와 램프교체와 조명기구 청소 직전의 조도 (대상물의 최저조도 Ee) 사이의 비를 말한다. 즉, 설계상 조도는 이 보수율을 감안하여 초기조도를 높게 하는 것이다.

㈐ 램프 사용시간에 따른 효율 감소 (Mt)는 램프의 동정특성과 램프의 교체방법에 따른 보수율로 구성되고, 조명기구 사용시간에 따른 효율 감소 (Mf)는 기구의 경년변화 보수율이며, 램프 및 기구 오염에 따른 효율 감소(Md)는 조명기구 종류에 따른 오염손실 특성과 광원 (램프)의 오염손실 특성에 따른 보수율로 구성된다.

㈑ 이것을 감안한 보수율은 다음 표를 참고한다.

조명기구의 종류 \ 주위환경				좋음	보통	나쁨	비 고
I_1	노출형	HID등 백열등		0.95 (A)	0.95 (B)	0.90 (C)	• 좋음 : 먼지발생이 적고 항상 실내공기가 청정하게 유지되는 장소 • 보통 : 일반적 장소 • 나쁨 : 수증기, 먼지, 연기의 발생 장소
		형광등		0.90 (C)	0.85 (D)	0.75 (F)	
I_2	하면개방형			0.90 (C)	0.85 (D)	0.75 (F)	
I_3	간이밀폐형 (하면커버설치)			0.85 (D)	0.80 (E)	0.75 (F)	
I_4	완전밀폐형 (패킹 부착)			0.95 (B)	0.90 (C)	0.85 (D)	

*1. 기구 청소주기는 연 1회 기준
2. 램프 교환시기는 HID 램프 10,000 [시간], 형광램프 8,000 [시간]
3. 기구모양은 참고임

Quiz

9000×7500 mm의 사무실이고 층고높이는 3.3m이고 텍스는 300이다.
필요조도는 300 lx 이상이고 등은 FL40W (천장매입형 형광등 ; 3100 lm)이다.
실지수와 등의 개수를 구하시오 (단, 조명률은 0.9, 보수율은 0.75로 한다).

해설 1. 실지수 $K = \dfrac{(W \times L)}{H(W+L)}$

$= 9 \times 7.5 / 3.3(9+7.5)$

$=$ 약 1.24

2. 등의 개수 $N = E \times \dfrac{A}{FUM}$

$= 300 \times (9 \times 7.5)/(3100 \times 0.9 \times 0.75)$

$= 9.7$

그러므로 등의 개수는 10등이다.

05 색온도

(1) 색온도는 완전 방사체(흑체)의 분광 복사율 곡선으로 흑체의 온도, 즉 절대 온도인 273℃와 그 흑체의 섭씨 온도를 합친 색광의 절대 온도이다.

(2) 표시 단위로 K(Kelvin)를 사용한다.

(3) 완전 방사체인 흑체는 열을 가하면 금속과 같이 달궈지면서 붉은색을 띠다가 점차 밝은 흰색 및 청색을 띠게 된다(흑색 → 적색 → 분홍색 → 백색 → 청백색 → 청색).

(4) 흑체는 속이 빈 뜨거운 공과 같으며 분광 에너지 분포가 물질의 구성이 아닌 온도에 의존하는 특징이 있다.

(5) 색온도 대비

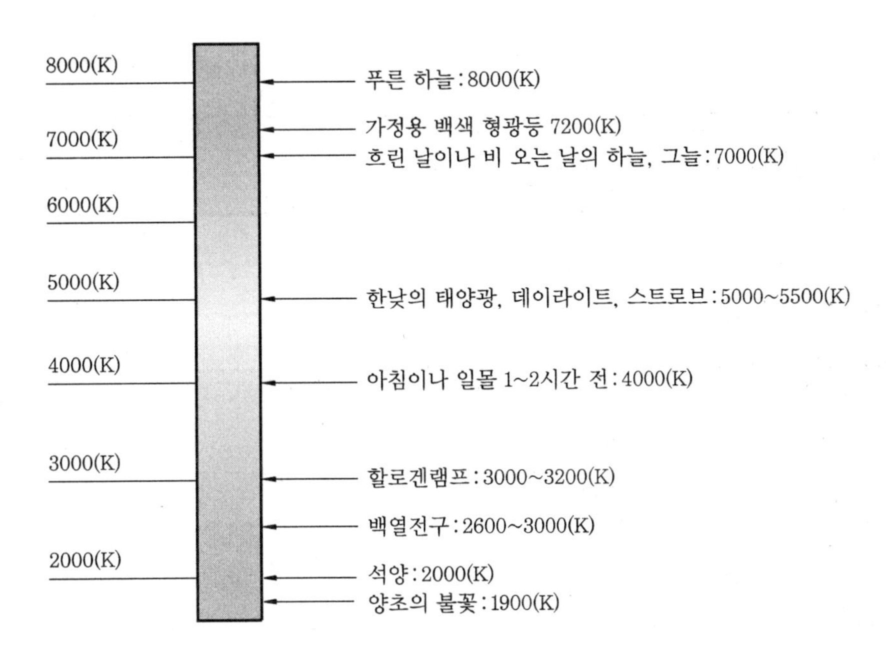

06 연색성

(1) 같은 색도의 물체라도 어떤 광원으로 조명해서 보느냐에 따라 그 색감이 달라진다.

(2) 가령 백열전구의 빛에는 주황색이 많이 포함되어있으므로 그 빛으로 난색계(暖色系)의 물체를 조명하면 선명하게 돋보이는 데 반해 형광등의 빛은 청색부가 많으므로 흰

색·한색계(寒色系)의 물체가 선명하게 보인다.

(3) 의복·화장품 등을 살 때 상점의 조명에 주의해야 하는 것은 이 때문이다.

(4) 조명으로 가장 바람직한 것은 되도록이면 천연 주광(晝光)과 가까운 성질의 빛인데, 이러한 연색성의 문제를 해결하기 위해 천연색 형광 방전관을 사용하든지(천연색형), 형광 방전관과 백열전구 또는 기타 종류의 형광 방전관을 배합하든지(딜럭스형) 하는 램프가 고안되고 있다.

(5) 원래의 색의 평가기준인 자연광(태양광)을 기준으로 물체의 색을 평가한다.

(6) 즉, 연색지수(연색성)가 100에 가까울수록 태양광 광원을 비출 때의 색에 가까워지고, 색이 자연스러워진다.

(7) 연색성(연색지수)에 따른 색 재현 능력 차이

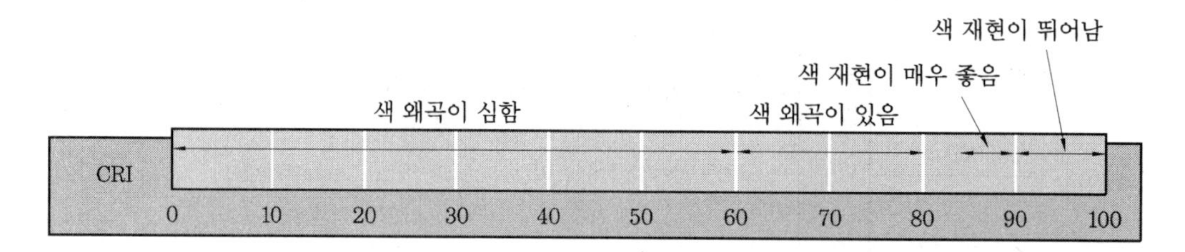

(8) 연색성의 대략치

연색지수(연색성)	조 명	연색지수(연색성)	조 명
100	태양광(기준)	60	LED
90	백열전구	40	나트륨등
80	형광등(고연색형)	20	수은등
65	형광등(일반형)		

부 록 연습문제

부 록 | 연습문제

1. 다음 표를 참조하여 최대 조명전력이 필요한 장소와 해당 전력을 구하고 해당구역에 30 W 조명기구를 설치할 때 필요한 수량을 구하시오.

	복도 및 홀	제1 사무실	제2 사무실	민원실	상황실	고객지원실	문서고	숙직실	계단실	화장실(여)	화장실(남)	휴게실
조명밀도 (W/m^2)	12	11.5	10	14	8.7	15	6.2	6.2	5.1	5.1	5.1	10
면적 (m^2)	160	36	36	36	36	36	16	24	24	24	24	24

정답 ① 최대 조명전력이 필요한 장소

- 복도 및 홀 : 최대 조명전력 = 12×160 = 1920 W
- 제1사무실 : 최대 조명전력 = 11.5×36 = 414 W
- 제2사무실 : 최대 조명전력 = 10×36 = 360 W
- 민원실 : 최대 조명전력 = 14×36 = 504 W
- 상황실 : 최대 조명전력 = 8.7×36 = 313.2 W
- 고객 지원실 : 최대 조명전력 = 15×36 = 540 W
- 문서고 : 최대 조명전력 = 6.2×16 = 99.2 W
- 숙직실 : 최대 조명전력 = 6.2×24 = 148.8 W
- 계단실 : 최대 조명전력 = 5.1×24 = 122.4 W
- 화장실(여) : 최대 조명전력 = 5.1×24 = 122.4 W
- 화장실(남) : 최대 조명전력 = 5.1×24 = 122.4 W
- 휴게실 : 최대 조명전력 = 10×24 = 240 W

→ 그러므로 최대 조명전력이 필요한 장소는 '복도 및 홀'이다.

② 상기 계산에서 복도 및 홀의 최대전력 = 12×160 = 1920 W

③ 필요한 조명기구의 수 = 1920/30 = 64개

2. 다음 표와 그림을 보고 태양광발전의 최대출력을 구하고, 각 월별 발전량을 구하시오 (표준상태에서의 일사강도 : 1 kW/m^2).

구 분	1	2	3	4	5	6	7	8	9	10	11	12
월 적산 경사면 (30°) 일사량 (kWh/m^{2}월)	113.77	104.44	126.34	121.6	136.09	111.1	115.94	130.42	101.7	102.92	93	101.99
종합설계계수	0.81	0.81	0.81	0.81	0.76	0.76	0.66	0.76	0.76	0.81	0.81	0.81
월간 발전량 (kWh/m^2)	①						②		③			

* 종합설계계수 : 태양전지 모듈 출력의 불균형 보정, 회로손실, 기기에 의한 손실 등을 포함

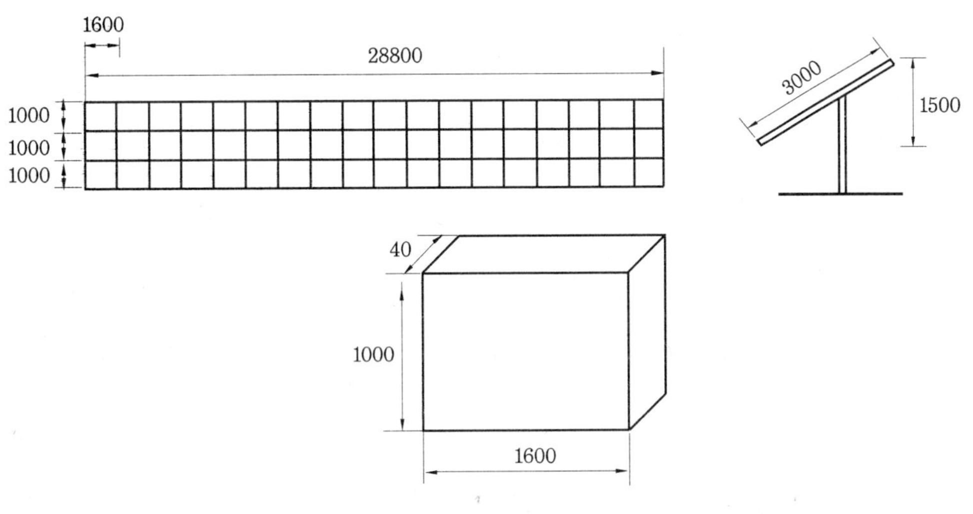

Maximum Power (P_{max})	200 W
Voltage P_{max} Point (V_{max})	30.40 V
Currunt P_{max} Point (I_{max})	6.58 A
Open Current Voltage (V)	37.8 V
Short Circuit Current (I)	7.09 A
Max System Voltage (V)	1000 V
Weight	19.11 kg

(tolerance 3 %)

정답 태양광 발전소 월 발전량(P_{AM} ; kWh/m^2) 공식에서,

$$P_{AM} = P_{AS} \times \frac{H_A}{G_S} \times K$$

여기서, P_{AS} : 표준상태에서의 태양광 어레이의 생산출력(kW/m^2)

H_A : 태양광 어레이면 일사량(kWh/m^2)

G_S : 표준상태에서의 일사강도(kW/m^2)

K : 종합설계지수(태양전지 모듈 출력의 불균형 보정, 회로손실, 기기에 의한 손실 등을 포함 ; <1.0)

① 1월의 발전량 $= \frac{(3 \times 18 \times 200)}{(3 \times 28.8)} \times \frac{113.77}{1} \times 0.81 = 11.52\ kWh/m^2$

② 2월의 발전량 $= \frac{(3 \times 18 \times 200)}{(3 \times 28.8)} \times \frac{104.44}{1} \times 0.81 = 10.57\ kWh/m^2$

③ 3월의 발전량 $= \frac{(3 \times 18 \times 200)}{(3 \times 28.8)} \times \frac{126.34}{1} \times 0.81 = 12.79\ kWh/m^2$

④ 4월의 발전량 $= \frac{(3 \times 18 \times 200)}{(3 \times 28.8)} \times \frac{121.6}{1} \times 0.81 = 12.31\ kWh/m^2$

⑤ 5월의 발전량 $= \frac{(3 \times 18 \times 200)}{(3 \times 28.8)} \times \frac{136.09}{1} \times 0.76 = 12.93\ kWh/m^2$

⑥ 6월의 발전량 $= \frac{(3 \times 18 \times 200)}{(3 \times 28.8)} \times \frac{111.1}{1} \times 0.76 = 10.55\ kWh/m^2$

⑦ 7월의 발전량 $= \frac{(3 \times 18 \times 200)}{(3 \times 28.8)} \times \frac{115.94}{1} \times 0.66 = 9.57\ kWh/m^2$

⑧ 8월의 발전량 $= \frac{(3 \times 18 \times 200)}{(3 \times 28.8)} \times \frac{130.42}{1} \times 0.76 = 12.39\ kWh/m^2$

⑨ 9월의 발전량 $= \frac{(3 \times 18 \times 200)}{(3 \times 28.8)} \times \frac{101.7}{1} \times 0.76 = 9.66\ kWh/m^2$

⑩ 10월의 발전량 $= \frac{(3 \times 18 \times 200)}{(3 \times 28.8)} \times \frac{102.92}{1} \times 0.81 = 10.42\ kWh/m^2$

⑪ 11월의 발전량 $= \frac{(3 \times 18 \times 200)}{(3 \times 28.8)} \times \frac{93}{1} \times 0.81 = 9.42\ kWh/m^2$

⑫ 12월의 발전량 $= \frac{(3 \times 18 \times 200)}{(3 \times 28.8)} \times \frac{101.99}{1} \times 0.81 = 10.33\ kWh/m^2$

3. 냉온수기(냉각수 순환용 ; 20 kW)펌프 현재 역률을 0.8에서 0.95로 높일 때 설치해야 할 콘덴서 용량을 구하시오.

정답 진상콘덴서를 설치해서 역률을 $\cos\theta$로부터 $\cos\phi$로 개선하는 데에 요하는 콘덴서 용량 Q[kVA]은

$$Q = \text{부하 전력}[\text{kW}\ ] \times \left\{ \sqrt{\frac{1}{\cos^2\theta} - 1} - \sqrt{\frac{1}{\cos^2\phi} - 1} \right\} [\text{kVA}]\text{이므로},$$

$$Q = P\left(\frac{\sqrt{1-\cos^2\theta_1}}{\cos\theta_1} - \frac{\sqrt{1-\cos^2\theta_2}}{\cos\theta_2} \right)$$

$$= 20 \times \left(\frac{\sqrt{1-0.8^2}}{0.8} - \frac{\sqrt{1-0.95^2}}{0.95} \right) = 8.426\ \text{kVAR}$$

4. **고효율에너지기자재 보급 촉진에 관한 규정에 따른 고효율에너지기자재 인증의 목적 및 품목은 무엇인가?**

정답 ① **목적** : 에너지 절약효과가 큰 설비 · 기기를 고효율기자재로 인증하여 초기시장 형성 및 보급을 촉진하고 중소기업 기술기준의 상향을 통해 국가 에너지 절감효과를 극대화하는 데 그 목적이 있다.

② **품목** : 고효율에너지기자재 제조업자 또는 수입업자를 대상으로 7개 분야 45개 품목을 운영 중이다.

분 야	품 목
조명설비 (21개 품목)	• 조도자동조절조명기구, 메탈할라이드 램프용 안정기, 나트륨 램프용 안정기, 메탈할라이드 램프, PLS (Plasma Lighting System)등기구, 초정압 방전램프용 등기구, 고휘도방전(HID)램프용 고조도 반사갓, LED교통신호등, LED유도등, 컨버터 외장형 LED램프, 컨버터 내장형 LED램프, 매입형 및 고정형 LED등기구, LED보안등기구, LED센서 등기구, LED 모듈 전원공급용컨버터, LED가로등기구, LED투광등기구, LED터널등기구, 직관형 LED램프, 문자간판용 LED모듈, 형광램프대체형 LED램프 (컨버터 내장형)
단열설비 (2개 품목)	• 고기밀성 단열문, 냉방용 창유리필름
전력설비 (11개 품목)	• 무정전전원장치, 인버터, 복합기능형 수배전시스템, 단상 유도전동기, 펌프, 환풍기, 원심식 송풍기, 수중폭기기, 터보블로어, 전력저장장치(ESS), 최대수요전력제어장치
보일러 및 냉난방설비 (11개 품목)	• 산업 · 건물용 가스보일러, 기름연소 온수보일러, 산업 · 건물용 기름보일러, 축열식버너, 열회수형 환기장치, 원심식 · 스크루 냉동기, 난방용 자동온도조절기, 직화흡수식 냉온수기, 항온항습기, 가스히트펌프, 가스진공온수보일러

5. 냉방과 조명의 에너지 소요량의 비는 57.5 : 21.1이나, 1차 에너지 소요량의 비는 65.0 : 58.1이다. 이를 참조하여, 주요에너지의 종류를 추정하고, 그 추정 이유를 쓰시오.

정답 '1차 에너지 소요량 = 에너지 소요량×1차 에너지 환산계수' 이므로,

① 주요에너지의 종류 추정

$\frac{65}{57.5} = 1.13$ → '연료'로 추정

$\frac{58.1}{21.1} = 2.754$ → '전기'로 추정

② 추정 이유

구 분	1차 에너지 환산계수
연료 (가스, 유류, 석탄 등)	1.1
전력	2.75
지역난방	0.728
지역냉방	0.937

6. 모듈과 접속함 사이의 전선에 관하여 아래의 경우 전압강하율을 산출하시오.

"사용한 전선의 길이 100 m, 95SQ, 전선에 흐르는 전류 30 A, 전압 33 V"

정답 ① 전압강하 (e)를 계산하면

$$e = \frac{35.6 \times L \times I}{1000 \times A} = \frac{35.6 \times 100 \times 30}{1000 \times 95} = 1.12421\,\text{V}$$

② 전압강하율 $= \frac{1.12421}{(33 - 1.12421)} \times 100\,\% = 3.53\,\%$

7. 풍력발전소에서 날개의 지름 (d)이 9 m인 수평축 풍력발전기로 들어오는 바람의 풍속이 11 km/h일 경우 아래를 구하시오 (단, 공기의 밀도는 1.22 kg/m^{3}으로 한다).

(1) 풍력발전량이 0.4 kW라고 하면 풍력발전 효율은 얼마인가?

(2) 이때 풍력발전기로 들어오는 바람의 풍속이 23 km/h로 증가한다면 풍력발전량은 몇 W인가?

(3) 풍속이 두 배가 되면 발전량은 몇 배가 되는가?

정답 (1) 풍력발전 효율 계산

① 풍속 (V) : 11 km/h = 11 km/h × h/3600s × 1000 m/km = 3.056 m/s

② 바람 통과 면적$(A) = \frac{\pi \times d^2}{4} = \frac{\pi \times 9^2}{4} = 63.617\ m^2$

③ 질량유량 $(m) = \rho$ (밀도) × A × V = 1.22 kg/m^3 × 63.617 m^2 × 3.056 m/s

= 237.185 kg/s

④ 바람이 가진 동력$(E) = \frac{mV^2}{2}$ = 237.185 kg/s × $\frac{(3.056 m/s)^2}{2}$ = 1107.55 W

⑤ 풍력발전 효율 = $\frac{400W}{1107.55W} \times 100\ \% = 36.12\ \%$

(2) 풍력발전량 계산

① 풍속 (V) : 22 km/h = 22 km/h × h/3600s × 1000 m/km = 6.111m/s

② 질량유량 $(m) = \rho$ (밀도) × A × V = 1.22 kg/m^3 × 63.617 m^2 × 6.111 m/s

= 474.29 kg/s

③ 바람이 가진 동력$(E) = \frac{mV^2}{2}$ = 474.29 kg/s × $\frac{(6.111 m/s)^2}{2}$ = 8856 W

④ 풍력발전량 = 바람이 가진 동력(E) × 풍력발전 효율 = 8856 W × 0.3612

= 3199 W

(3) 이렇게 풍속이 두 배가 되면 발전량은 2^3배(8배)가 된다.

8. **신재생에너지 중에서 발전원별 이산화탄소의 배출량이 가장 적은 순서부터 네 가지를 쓰시오.**

정답 신재생에너지 중에서 이산화탄소의 배출량이 가장 적은 것부터 네 가지를 쓰면, 수력 < 지열 < 풍력 < 태양광이다.

해설 화석연료-신재생에너지의 이산화탄소 배출량 비교표 (발전원별)

구 분	이산화탄소 배출량 (g/kWh)
석탄 화력	975.2
석유 화력	742.1
LNG 화력	607.6
LNG	518.8
원자력	28.4
태양광	53.4
풍력	29.5
지열	15
수력	11.3

9. 풍력발전 시스템에서 벳츠의 법칙을 이용하여 이론적 최대효율이 얼마가 나올 수 있는지를 증명하시오 (단, 공기의 밀도는 ρ, 풍력발전기 날개로 들어오는 바람이 가진 에너지는 E_1, 풍력발전기 생산 동력은 $\dot{E}$, 바람의 질량유량은 $\dot{m}$, 풍력발전기 날개의 면적은 S, 들어가는 바람의 풍속은 v_1, 나가는 바람의 풍속은 v_2, 평균풍속은 v로 표기한다).

정답

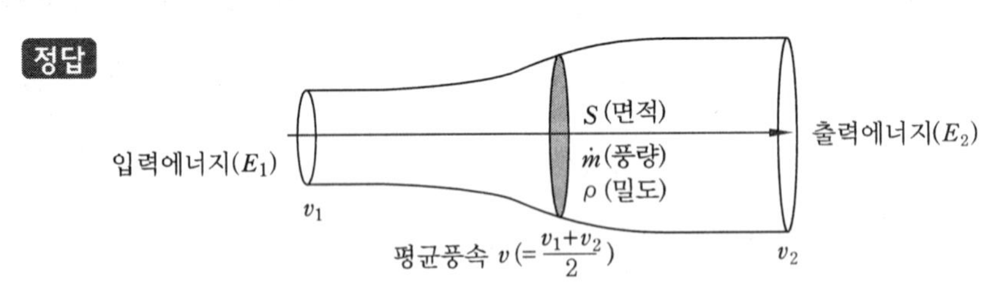

$$E_1=\frac{1}{2}\cdot\dot{m}\cdot v_1^2=\frac{1}{2}\cdot\rho\cdot S\cdot v_1^3,\ \ E_2=\frac{1}{2}\cdot\dot{m}\cdot v_2^2$$

$$\dot{E}=E_1-E_2=\frac{1}{2}\cdot\dot{m}\cdot\left(v_1^2-v_2^2\right)$$

$$=\frac{1}{2}\cdot\rho\cdot S\cdot v\cdot\left(v_1^2-v_2^2\right)$$

$$=\frac{1}{4}\cdot\rho\cdot S\cdot\left(v_1+v_2\right)\cdot\left(v_1^2-v_2^2\right)$$

$$=\frac{1}{4}\cdot\rho\cdot S\cdot v_1^3\cdot\left\{1-\left(\frac{v_2}{v_1}\right)^2+\left(\frac{v_2}{v_1}\right)-\left(\frac{v_2}{v_1}\right)^3\right\}=\frac{1}{2}\cdot\rho\cdot S\cdot v_1^3\times 0.593$$

$\left(\because E\text{가 최대가 되려면 } \frac{v_2}{v_1}\fallingdotseq\frac{1}{3}\right)$

따라서 $\dot{E}=\frac{1}{2}\cdot\rho\cdot S\cdot v_1^3\times 0.593=E_1\times 0.593$ → 풍력발전의 이론적 최고 효율 = 59.3 %

10. 유량 500 CMH, 양정 20 m로 운전되고 있는 펌프의 소비전력이 40 kW라고 한다면 (전동기 효율은 90 %) 펌프의 효율은 얼마인가? (단, 전달계수 (k)는 무시하고, 물의 비중량 (γ)은 1,000 kgf/m^3으로 한다.)

정답 펌프의 소비전력 $= \dfrac{\gamma \cdot Q \cdot H \cdot k}{(102 \cdot \eta_P \cdot \eta_M)}$ 식에서,

펌프의 효율 $(\eta_P) = \dfrac{1000 \times 500 \times 20}{(3600 \times 102 \times 0.9 \times 40)} = 0.756$

따라서, 펌프의 효율은 75.6 %이다.

11. 소비전력 200 kW인 펌프의 효율을 75 %에서 85 %로 개선한다면 연간 소비전력 절감량 (MWh)은 얼마인가? (단, 연간 운전시간은 5,000시간으로 한다.)

정답 펌프의 소비전력 $= \dfrac{\gamma \cdot Q \cdot H \cdot k}{(102 \cdot \eta_P \cdot \eta_M)}$ 식에서, 펌프의 소비전력과 효율 (η_P)은 반비례 관계이므로, 개선 후 소비전력 $= 200\ \text{kW} \times \dfrac{75}{85} = 176.5\ \text{kW}$

$\therefore$ 소비전력 절감량 $= (200 - 176.5) \times 5,000 = 117,500\ \text{kWh} = 117.5\ \text{MWh}$

12. 지열 히트펌프 시스템의 시공 시 천공 및 PE 배관 삽입 후 그라우팅을 하는 목적은 무엇인가?

정답 그라우팅의 목적은 다음과 같다.

① 오염물질 침투 방지
② 지하수 유출 방지
③ 천공 붕괴 방지
④ 지중 열교환기 파이프와 지중 암반의 밀착
⑤ 열전달 성능 향상

13. 건물의 냉방 및 난방을 위한 지열 히트펌프 시스템의 시공 절차를 순서대로 쓰시오 (케이싱 설치부터 시운전까지).

정답 케이싱 설치 → 천공 → PE 배관 삽입 → 그라우팅 → 트렌치 파기 → 존별 루프 배관 설치 → 샌드 포설 → 되메우기 → 기계실 장비 설치 → 기계실 배관 공사 → 시운전

해설

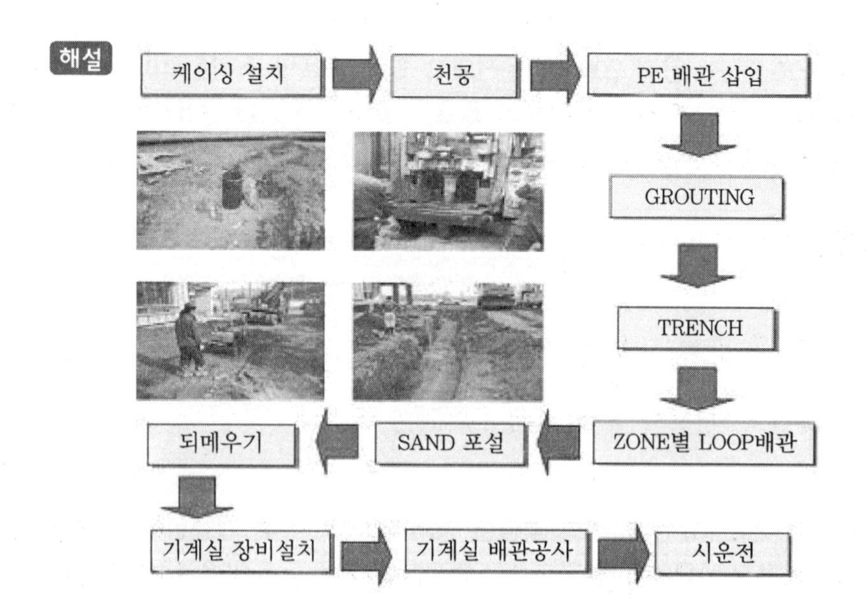

14. 해양에너지를 이용하여 발전을 할 수 있는 방법을 7가지 쓰고 간략히 설명하시오.

정답 ① 조력발전 (OTE ; Ocean Tide Energy) : 조석간만의 차를 동력원으로 해수면의 상승, 하강 운동을 이용하여 전기를 생산하는 기술

② 파력발전 (OWE ; Ocean Wave Energy) : 연안 또는 심해의 파랑에너지를 이용하여 전기를 생산, 입사하는 파랑에너지를 기계적 에너지로 변환하는 기술

③ 조류발전 (OTCE ; Ocean Tidal Current Energy) : 조차에 의해 발생하는 물의 빠른 흐름 자체를 이용하는 방식, 해수의 유동에 의한 운동에너지를 이용하여 전기를 생산하는 발전기술

④ 온도차발전 (OTEC ; Ocean Thermal Energy Conversion) : 해양 표면층의 온수 (25~30℃)와 심해 500~1000 m 정도의 냉수 (5~7℃)와의 온도차를 이용하여 열에너지를 기계적 에너지로 변환시켜 발전하는 기술

⑤ 해류발전 (OCE ; Ocean Current Energy) : 해류를 이용하여 대규모의 프로펠러식 터빈을 돌려 전기를 일으키는 방식

⑥ 염도차 또는 염분차 발전 (SGE ; Salinity Gradient Energy)

㈎ 삼투압 방식 : 바닷물과 강물 사이에 반투과성 분리막을 두면 삼투압에 의해 물의 농도가 높은 바닷물 쪽으로 이동함 → 바닷물의 압력

이 늘어나고 수위가 높아지면 그 윗부분의 물을 낙하시켜 터빈을 돌림으로써 전기를 얻게 됨

(나) 이온교환막 방식 : 이온교환막을 통해 바닷물 속 나트륨 이온과 염소 이온을 분리하는 방식, 양이온과 음이온을 분리해 한 곳에 모으고 이온 사이에 미는 힘을 이용해서 전기를 만들어내는 방식

⑦ 해양 생물자원의 에너지화 발전 : 해양 생물자원으로 발전용 연료를 만들어 발전하는 방식

15. **아래와 같은 연료전지의 발전 프로세스에서 화학 반응식을 양극측, 음극측, 전반응으로 나누어 각각 기술하시오.**

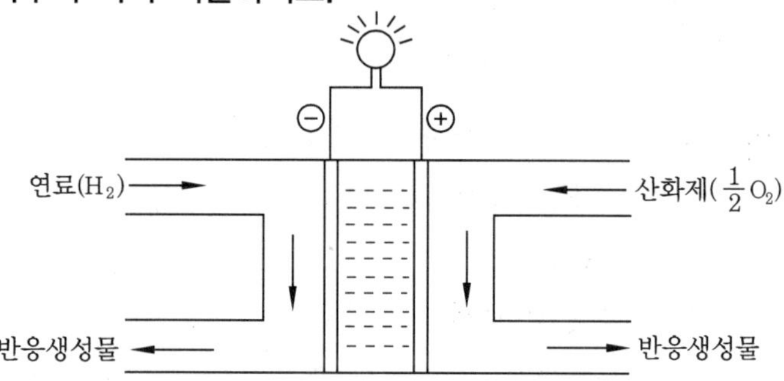

정답 ① 음극측 : $H_2 \rightarrow 2H^+ + 2e^-$

② 양극측 : $\frac{1}{2}O_2 + 2H^+ + 2e^- \rightarrow H_2O$

③ 전반응 : $H_2 + \frac{1}{2}O_2 \rightarrow H_2O$

16. **분산형 전원의 연계용 변압기의 용량이 1 MVA인 경우, 5 %의 임피던스를 가지고 있다면 100 MVA 기준으로 한 % 임피던스는 얼마인가?**

정답 계산 : $\%Z = \frac{100\text{MVA}}{1\text{MVA}} \times 5\% = 500\%$

따라서, %임피던스는 500 %이다.

해설 %Z (%임피던스)란?

① 하나의 루프를 이루는 전기회로에서 특정 설비가 가지고 있는 부하비율을 백분율로 표시한 값이다.

② 하나의 루프 전체의 %임피던스의 총합이 항상 100 %가 된다.

③ %Z를 산정하는 계통의 폐 루프를 어디로 잡는가에 따라서 그 비율이 달라진다.

17. **독립형 태양광 시스템이 일일 적산 부하량이 20 kWh인 부하에 연결되어 운전되고 있다. 축전지 용량(Ah)은 얼마인가?(단, 보수율 : 0.9, 일조가 없는 날 : 10일, 공칭 축전지 전압 : 12 V, 축전지 직렬 연결 개수 : 30, 방전심도 : 70 %로 한다.)**

정답 ① 독립형 전원시스템용 축전지이므로,

$$C = \frac{L_d \times D_r \times 1000}{L \times V_b \times N \times DOD} \text{ [Ah]}$$

여기서, L_d : 1일 적산 부하전력량(kWh)

D_r : 불일조 일수

L : 보수율

V_b : 공칭 축전지 전압(V)

N : 축전지 직렬 연결 개수

DOD : 방전심도(일조가 없는 날의 마지막 날을 기준으로 결정)

② 상기 식으로부터 축전지 용량(Ah)은,

$$C = \frac{20 \times 10 \times 1000}{0.9 \times 12 \times 30 \times 0.7} = 881.83 \text{ Ah}$$

18. **어떤 인버터의 효율이 다음 표와 같다고 할 때 European 효율의 계산식을 쓰고 결과를 계산하시오.**

운전 용량	효 율
5 % 운전 시	92.2 %
10 % 운전 시	95.8 %
20 % 운전 시	97.6 %
30 % 운전 시	98.5 %
50 % 운전 시	99.5 %
100 % 운전 시	98.2 %

정답 European 효율 $(\eta_{euro}) = 0.03 \times \eta_{5\%} + 0.06 \times \eta_{10\%} + 0.13 \times \eta_{20\%} + 0.1 \times \eta_{30\%}$

$+0.48\times\eta_{50\,\%}+0.2\times\eta_{100\,\%}=(0.03\times92.2\,\%)+(0.06\times95.8\,\%)+(0.13\times97.6\,\%)+(0.1\times98.5\,\%)+(0.48\times99.5\,\%)+(0.2\times98.2\,\%)=98.45\,\%$

19. **태양광 발전소 부지면적이 19 m (가로)×16 m (세로), 설치할 모듈이 250 Wp, 1,700 mm×800 mm, 어레이 경사각을 31°, 동지 시 발전 한계시각에서의 태양 고도각을 14°라고 할 때 최대 발전 가능 전력(kWp)은 얼마인가? (단, 모듈의 배열은 1단 가로 깔기로 가정)**

정답 ① 세로 최대 배치수 : $\frac{19\text{m}}{0.8\text{m}}=23.75\rightarrow$23장 가능

② 이격거리 $D=\frac{\sin(180°-\alpha-\beta)}{\sin\beta}\times L$

$=\frac{\sin(180°-31°-14°)}{\sin 14°}\times 1.7$

$=4.97\text{ m}$

③ 열수 : $\frac{16\text{m}}{4.97\text{m}}=3.22\rightarrow$3열(또한, 마지막 열은 음영을 고려하지 않아도 되므로, 1열을 더 추가할 수 있는지 알아보면, 3열×4.97 m+ 1.7×cos31° = 16.37 m > 16 m (부지면적의 세로변)이므로 4열은 불가하다.)

④ 모듈의 최대 장수 = 23장×3열 = 69장

⑤ 따라서, 최대 발전 가능 전력(kWp) = 69장×0.25 = 17.25 kWp

20. **다음 조건은 태양광 발전소를 건설하기 위해 주어지는 조건이다. 조건에 맞도록 태양광 발전소를 설계하여라.**

〈조 건〉

- 70 m (가로)×150 m (세로)
- 경계선 : 상하좌우 3 m씩 빈 공간
- 계산은 소수점 두 번째 자리까지 표시
- 반올림은 하지 않는다.

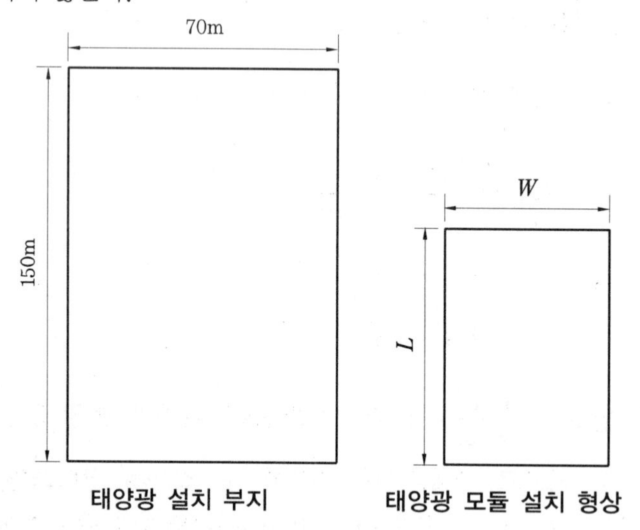

태양광 설치 부지 **태양광 모듈 설치 형상**

태양광 모듈 사양

구 분	태양전지 모듈 사양
최대전력 P_{max} [W]	250 W
개방전압 V_{oc} [V]	37.50 V
최대전압 V_{mpp} [V]	30.50 V
V_{oc}의 온도 보정계수	−0.33 [%/℃]
V_{mpp}의 온도 보정계수	−0.33 [%/℃]
모듈 치수	1800 (L)×950 (W)×35.5 (D) [mm]
NOCT	46℃

구 분	인버터 사양
정격 출력전력(kWp)	200 kWp
효율	96.2 %
입력전압 범위 VDC	450~820 V

(1) 최대 발전 가능 전력량은?(어레이 경사각 33°, 동지 시 발전 한계시각에서의 태양고도각 21°)

(2) 모듈 표면온도가 최저인 −10℃에서의 개방전압(V_{oc}) 및 최대출력 동작전압(V_{mpp})과 주변온도 최고 40℃에서의 개방전압(V_{oc}) 및 최대출력 동작전압(V_{mpp})을 구하시오.(단, 일사량은 1,000 kW/m²로 한다.)

(3) 최대 직병렬 모듈수는?

(4) 발전부지에 설치될 수 있는 인버터의 용량 및 대수를 설계하시오.

정답 (1) 최대 발전 가능 전력량 계산

① 가로 모듈수 $= \dfrac{\text{가로 길이} - 6}{\text{모듈 폭}} = \dfrac{64}{0.95} = 67.36 \rightarrow 67$개

② 이격거리 계산

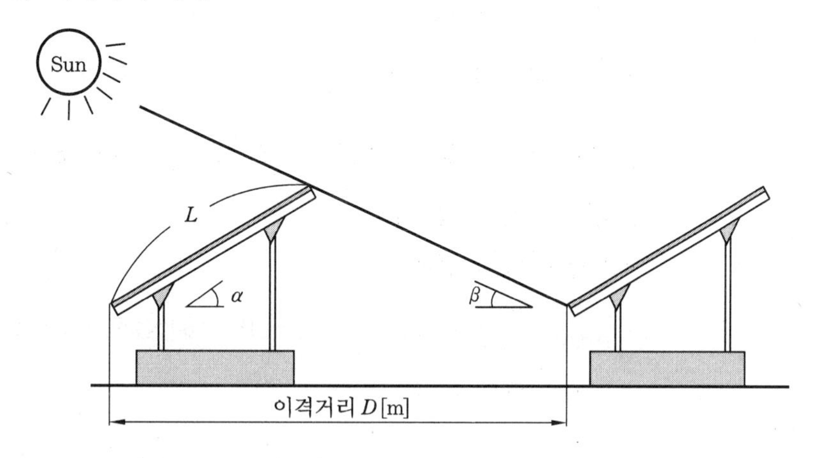

이격거리 $D = \dfrac{\sin(180° - \alpha - \beta)}{\sin\beta} L$

$= \dfrac{\sin(180° - 32° - 21°)}{\sin 21°} \times 1.8 = 4.06 \text{ m}$

③ 세로 모듈수 $= \dfrac{\text{세로 길이}}{\text{모듈 이격거리}} = \dfrac{150 - 6}{4.06} = 35.46 \rightarrow 35$개 이상(단, 마지막 열에 대해서는 음영의 고려 없이 투영면적만 고려하면 되므로, 4.06×35개 $+ 1.8 \times \cos 33° = 143.60 \leq 150$ m → 최종 36개로 선정

④ 따라서, 총 모듈수 = 67개 × 36개 = 2,412개

⑤ 최대 발전 가능 전력량 = 2,412 × 250 = 603,000 W

(2) 모듈 표면온도가 최저인 −10℃에서의 V_{oc}, V_{mpp}와 주변온도 최고 40℃

에서의 V_{oc}, V_{mpp} 계산

① $T_{cell} = T_{air} + \frac{\text{NOCT} - 20}{800} \times S$ (기준 일사강도)

$$= 40 + \frac{46 - 20}{800} \times 1{,}000 = 72.5℃$$

② V_{oc} (−10℃) = Voc×(1+$\gamma \cdot \theta$) = 37.5×(1−0.0033×(−10−25)) = 41.83 V

여기서, γ : Voc 온도계수

θ : STC 조건 온도편차 (T_{cell} − 25℃)

③ V_{mpp} (−10℃) = 30.5×(1−0.0033×(−10−25)) = 34.02 V

④ V_{oc} (72.5℃) = 37.5(1−0.0033×(72.5−25)) = 31.62 V

⑤ V_{mpp} (72.5℃) = 30.5(1−0.0033×(72.5−25)) = 25.71 V

(3) 최대 직병렬 모듈수 계산

① 입력전압 범위가 450~820 VDC 이므로,

- 최대 직렬 모듈수 = $\frac{820}{41.83}$ = 19.60 이하 → 19개
- 최소 직렬 모듈수 = $\frac{450}{25.71}$ = 17.50 이상 → 18개

② 병렬 모듈수 및 출력

- 18개 직렬인 경우

$\frac{603\text{kW}}{250\text{W} \times 18}$ = 134 → 134개 → 18×134×250 = 603 kW

- 19개 직렬인 경우

$\frac{603\text{kW}}{250\text{W} \times 19}$ = 126.94 → 126개 → 19×126×250 = 598.50 kW

따라서 발전량이 제일 큰 '직렬 18개×병렬 134개'로 연결한다.

(4) 발전부지에 설치될 수 있는 인버터의 용량 및 대수 계산

모듈 설치 용량이 인버터 용량의 105 % 이내이면 된다.

200 kW×3대×1.05 = 630 kW > 603 kW

따라서, 200 kW 3대로 선정할 수 있다.

◈ 주요 참고문헌

1. 국내서적

조용덕 외, 『신재생에너지』, 이담.
일본화학공학회, 『신재생에너지공학』, 북스힐.
이재근 외, 『신재생에너지 시스템설계』, 홍릉과학출판사.
김원정 외, 『신재생에너지』, 한티미디어.
박형동 외, 『신재생에너지』, 씨아이알.
위용호(역), 『공기조화 핸드북』, 세진사.
신치웅, 『SI단위 공기조화설비』, 기문당.
신정수, 『공조냉동기계 · 건축기계설비 기술사 용어풀이대백과』, 일진사.
신정수, 『공조냉동 · 건축기계설비 기술사 핵심문제 600제』, 일진사.

2. 외국서적

R. Gavasci, *Environmental Engineering and Renewable Energy*, Elsevier.
IEA-RETD, *READy Renewable Energy Action on Deployment*, Elsevier.
Luo, Fang Lin, *Renewable Energy Systems*, Taylor & Francis.
Sayigh, Ali, *Comprehensive Renewable Energy*, Elsevier.
Aldo V. da Rosa, *Fundamentals of Renewable Energy Processes*, Elsevier.
Goodstal, Gary, *Electrical Theory for Renewable Energy*, Cengage Learning.
Phillip Olla, *Global Sustainable Development and Renewable Energy Systems*, Igi Global.
Ehrilich, Robert, *Renewable Energy*, Taylor & Francis.

찾아보기

ㄱ

ㅂ

ㅅ

ㅇ

ㅊ

ㅋ

ㅌ

ㅍ

ㅎ

영문 · 숫자

신정수

- (주) 제이앤지 에너지연구소장
- 전주 비전대학교 신재생에너지과 겸임교수
- 건축기계설비기술사
- 공조냉동기계기술사
- 건축물에너지평가사
- 신재생에너지발전설비기사
- 한국에너지기술평가원 평가위원
- 한국산업기술평가관리원 평가위원
- 한국기술사회 정회원
- 저서 : 『공조냉동기계/건축기계설비기술사 핵심 700제』
  『공조냉동기계/건축기계설비 기술사용어해설』
  『신재생에너지발전설비 기사·산업기사 필기/실기』
  『건축물에너지평가사 필기 총정리』
  『친환경 저탄소 에너지 시스템』 외

신재생에너지 시스템공학

2015년 1월 10일 1판1쇄
2018년 2월 20일 1판4쇄

저　자 : 신정수
펴낸이 : 이정일

펴낸곳 : 도서출판 **일진사**
www.iljinsa.com
(우) 04317 서울시 용산구 효창원로 64길 6
전화 : 704-1616 / 팩스 : 715-3536
등록 : 제1979-000009호 (1979.4.2)

값 18,000 원

ISBN : 978-89-429-1416-6